人工智能算法

从基础到实战

孙玉林 编著

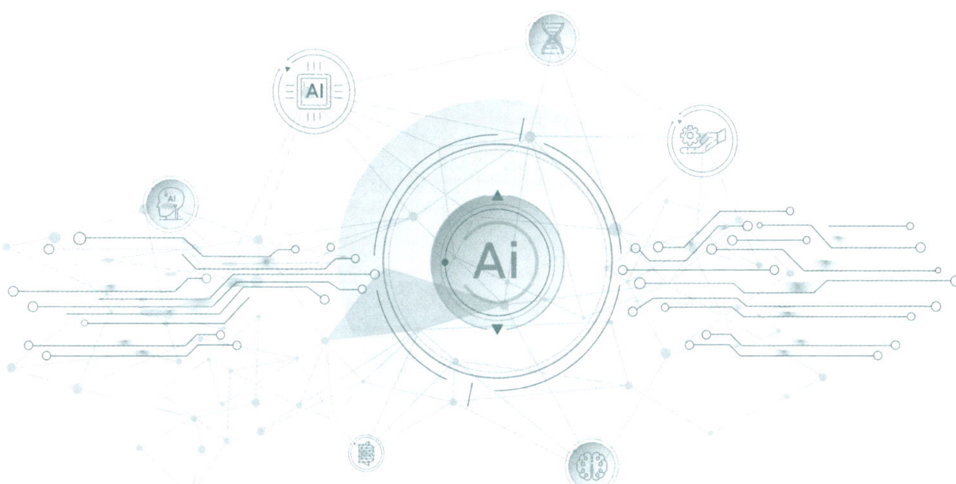

化学工业出版社
北·京

内容简介

本书基于 Python 与 Pytorch 对人工智能算法基础知识与实战应用进行了介绍，主要包含两部分内容。第一部分为人工智能算法知识的相关理论介绍，主要包含：人工智能的线性代数基础、概率统计基础、数据分析基础、机器学习基础以及深度学习基础。对机器学习中的回归、聚类以及分类等经典算法进行了介绍。对深度学习中的卷积、循环、Transformer 等深度学习网络在计算机视觉与自然语言中的应用，以及大模型与微调相关的内容进行了介绍。第二部分为基于 Python 与 Pythoch 的人工智能算法实战案例应用，主要介绍：数据的预测回归分析案例；数据无监督学习中的聚类、降维以及关联规则案例；数据有监督分类模型的应用案例，以及深度学习中图像分类、图像语义分割、图像迁移学习、自然语言聚类与分类等经典算法的实战案例。

本书为读者提供了 Notebook 形式的源程序和使用的数据集，方便读者边学边实践。本书适合数据分析、机器学习、人工智能以及大数据领域的工程师学习，也可用作高等院校相关专业的教材及参考书。

图书在版编目（CIP）数据

人工智能算法从基础到实战 / 孙玉林编著. -- 北京 : 化学工业出版社，2025. 11. -- ISBN 978-7-122-48948-7

Ⅰ. TP183

中国国家版本馆CIP数据核字第2025A2V201号

责任编辑：要利娜
文字编辑：张　琳
责任校对：李露洁
装帧设计：王晓宇

出版发行：化学工业出版社
（北京市东城区青年湖南街 13 号　邮政编码 100011）
印　　装：河北鑫兆源印刷有限公司
710mm×1000mm　1/16　印张 19¾　字数 400 千字
2026 年 1 月北京第 1 版第 1 次印刷

购书咨询：010-64518888　　售后服务：010-64518899
网　　址：http://www.cip.com.cn
凡购买本书，如有缺损质量问题，本社销售中心负责调换。

定　　价：99.00元

前言
Preface

人工智能正在改变我们生活和工作的方方面面。随着科技的飞速发展，人工智能已经从科幻小说的幻想变为现实。本书旨在为读者提供一个全面了解这个引领未来的技术领域的入门指南。本书将带领读者从基础概念入手，深入剖析机器学习、深度学习、计算机视觉、自然语言处理等关键技术，并探讨它们在各个领域的应用。无论是人工智能领域的新手，还是已经深耕于此的专业人士，都可以通过本书深入浅出的讲解和实战应用，更好地理解和应用人工智能。

本书不仅关注理论与技术的传授，还强调实际问题的解决，注重人工智能算法实战应用，力求将复杂的人工智能概念转化为实际可行的项目，通过编程实例演示如何利用 Python 与 Pytorch 框架来解决真实世界中的问题。希望本书为读者人工智能学习之路提供有力帮助，引导读者深入了解并参与到这场技术变革的浪潮中。

本书的内容结构一共分为 16 章，前 8 章是人工智能基础知识介绍部分，后 8 章是基于 Python 与 Pytorch 的人工智能实战部分。本书尽可能地做到了内容全面与循序渐进，代码通过 Jupyter Notebook 展示了经典人工智能算法的案例分析与使用。即使没有 Python 与 Pytorch 学习基础的读者也能复现本书的案例，因此本书对初学者非常友好。本书各章的主要内容如下：

第 1 章：人工智能简介。介绍人工智能的发展历程，以及人工智能的基础应用领域等内容。

第 2 章：人工智能基础。介绍与人工智能相关的基础知识，例如：线性代数基础知识，概率统计基础知识，数据分析、机器学习以及深度学习中的基础内容。

第 3 章：回归分析。介绍人工智能中的一些回归分析算法，例如：线性回归、正则化回归、逻辑回归分类、时间序列回归等算法。

第 4 章：无监督学习。介绍机器学习中的经典无监督学习算法，例如：相似性度量算法、聚类分析算法、数据降维算法、关联规则算法以及稀疏表示算法等。

第 5 章：有监督学习。介绍机器学习中的经典有监督学习算法，例如：决策树、集成学习、k 近邻、判别分析、贝叶斯分类，以及支持向量机等算法。

第 6 章：深度学习。主要介绍深度学习中的基础知识以及相应的经典模型，例如：人工神经网络、经典卷积神经网络、循环神经网络、自编码器模型、自注意力机制与 Transformer、生成对抗网络、图神经网络以及强化学习等内容。

第 7 章：计算机视觉基础。主要介绍人工智能在计算机视觉方面的经典应用以及相应的算法，例如：基于 Transformer 的图像分类网络、经典的目标检测算法、经典的语义分割算法、图像迁移学习以及图像去噪的经典算法。

第 8 章：自然语言处理基础。主要介绍如何对自然语言数据进行完整的处理以及建模，例如：文本数据处理、文本特征表示、文本聚类、文本分类，以及大模型、多模态大模型的应用等。

第 9 章：实战案例 1：药物活性预测回归分析实战。以一个回归实战数据集为例，基于 Python 介绍经典的回归分析算法对药物活性的预测过程。主要有数据的预处理、特征选择以及回归预测等内容。

第 10 章：实战案例 2：手写数字降维与聚类实战。以手写数字数据为例，介绍主成分分析降维、t-SNE 降维、k 均值聚类、密度聚类、层次聚类等经典机器学习算法的实战应用。

第 11 章：实战案例 3：购物篮关联规则挖掘实战。以一个购物篮数据为例，介绍了经典关联规则算法的实战应用。

第 12 章：实战案例 4：手写数字分类实战。以手写数字数据为例，介绍 k 近邻、决策树、随机森林、支持向量机、全连接神经网络、逻辑回归等经典机器学习分类算法的实战应用。

第 13 章：实战案例 5：深度学习图像分类实战。介绍使用 Pytorch 建立多种深度学习模型，对图像数据进行分类的实战。例如：LeNet-5、ResNet、ViT 等深度学习网络的图像分类实战应用。

第 14 章：实战案例 6：深度学习语义分割实战。介绍使用 Pytorch 建立 U-Net 网络，对图像进行语义分割的实战应用。

第 15 章：实战案例 7：深度图像迁移学习实战。介绍使用 Pytorch 建立深度学习模型对图像进行迁移学习的实战应用，例如：图像风格迁移、图像迁移学习分类等。

第 16 章：实战案例 8：自然语言聚类与分类实战。介绍了自然语言数据从预处理到模型预测的整个过程，例如：文本数据的特征提取、朴素贝叶斯分类、LDA 主题模型聚类，以及文本深度学习分类等。

本书在编写时基于 Python 3.9 与 Pytorch 2.x 框架，为了尽可能减少对高性能 GPU 设备的依赖，书中的案例均基于 Windows 系统的英伟达 3060Ti，对读者运行程序的设备要求较低，并且尽可能地使用较新的 Python 库。但是随着 Python 以及相关库的迅速发展与更新，以及作者水平所限，书中难免存在疏漏，敬请读者不吝赐教。

编著者

目录
contents

第1章 人工智能简介 001

1.1 什么是人工智能 002
1.2 人工智能简史 003
1.3 人工智能应用 006
1.4 本章小结 007

第2章 人工智能基础 009

2.1 线性代数基础 010
2.1.1 向量的定义 010
2.1.2 向量运算 010
2.1.3 矩阵的定义 012
2.1.4 矩阵基本运算 013
2.1.5 矩阵特征值与特征向量 015
2.2 概率统计基础 016
2.2.1 随机事件及其概率 016
2.2.2 条件概率 018
2.2.3 独立性 018
2.2.4 随机变量 019
2.2.5 边缘分布 024
2.2.6 大数定律 024
2.3 数据分析基础 025
2.3.1 假设检验 025

2.3.2 方差分析 027
2.3.3 相关分析 030
2.4 机器学习基础 031
2.4.1 机器学习分类 032
2.4.2 机器学习性能度量 034
2.4.3 模型过拟合与欠拟合 036
2.5 深度学习基础 037
2.5.1 深度学习发展过程 038
2.5.2 深度学习任务 040
2.6 本章小结 042

第3章 回归分析 043

3.1 线性回归 045
3.1.1 一元线性回归 045
3.1.2 多元线性回归 047
3.1.3 回归诊断 050
3.2 正则化回归 051
3.2.1 Ridge 回归 051
3.2.2 Lasso 回归 051
3.2.3 弹性网回归 052
3.3 逻辑回归 053
3.4 时间序列回归 054
3.4.1 白噪声检验与平稳检验 054
3.4.2 自相关与偏自相关 057
3.4.3 ARMA 模型 058
3.4.4 ARIMA 模型 059
3.4.5 SARIMA 模型 060
3.4.6 Prophet 算法 061
3.5 本章小结 062

第4章

无监督学习

063

4.1 相似性度量 064

4.1.1 距离度量 064

4.1.2 分布度量 065

4.2 聚类分析 066

4.2.1 聚类的基本概念 066

4.2.2 k 均值聚类 068

4.2.3 层次聚类 070

4.2.4 密度聚类 071

4.3 数据降维 073

4.3.1 主成分分析 073

4.3.2 局部线性嵌入（LLE） 075

4.3.3 t 分布 - 随机邻近嵌入（t-SNE） 077

4.4 关联规则 078

4.4.1 关联规则基本概念 078

4.4.2 Apriori 算法 079

4.4.3 FP-Growth 算法 081

4.5 稀疏表示与字典学习 084

4.6 本章小结 085

第5章

有监督学习

087

5.1 决策树 088

5.1.1 决策树简介 088

5.1.2 节点特征选择 089

5.1.3 决策树算法 090

5.1.4 决策树剪枝 092

5.2 集成学习 093

5.2.1 集成学习模式与方法 093

5.2.2 随机森林算法 094

5.2.3 AdaBoost 算法 094
5.2.4 梯度提升树算法 095
5.3 k 近邻 096
5.4 判别分析 097
5.4.1 线性判别分析 098
5.4.2 二次判别分析 099
5.5 贝叶斯分类 099
5.5.1 贝叶斯定理 099
5.5.2 朴素贝叶斯分类器 100
5.6 支持向量机 101
5.6.1 支持向量与最大间隔 102
5.6.2 线性支持向量机建模 102
5.6.3 非线性支持向量机与核方法 103
5.7 本章小结 104

第6章 深度学习

105
6.1 人工神经网络 106
6.1.1 感知机与全连接神经网络 106
6.1.2 梯度下降算法 107
6.2 卷积神经网络 110
6.2.1 卷积 110
6.2.2 池化 112
6.2.3 Dropout 112
6.2.4 LeNet-5 网络 113
6.2.5 AlexNet 网络 113
6.2.6 VGG 网络 114
6.2.7 GoogLeNet 网络 115
6.2.8 ResNet 网络 116
6.2.9 DenseNet 网络 118

6.2.10 MobileNet 网络 119
6.3 循环神经网络 121
6.3.1 RNN 122
6.3.2 LSTM 网络 123
6.3.3 GRU 124
6.4 自编码器模型 125
6.4.1 自编码器 125
6.4.2 变分自编码器 126
6.4.3 生成扩散模型（diffusion models） 127
6.5 自注意力机制与 Transformer 128
6.5.1 自注意力 128
6.5.2 交叉注意力 129
6.5.3 Transformer 130
6.6 生成对抗网络 130
6.6.1 生成对抗网络基本工作原理 131
6.6.2 条件生成对抗网络（CGAN） 132
6.6.3 Wasserstein GAN（WGAN） 132
6.6.4 深度卷积生成对抗网络（DCGAN） 133
6.6.5 循环生成对抗网络（CycleGAN） 134
6.7 图神经网络 135
6.7.1 图卷积网络 137
6.7.2 图注意力网络 139
6.7.3 图自编码网络 141
6.7.4 时空图神经网络 142
6.8 强化学习 143
6.8.1 Q-Learning 144
6.8.2 深度 Q 网络（deep Q-networks） 145
6.8.3 Actor-Critic 方法 147
6.9 本章小结 149

第7章

计算机视觉基础

151

7.1 图像分类 152

7.1.1 ViT 152

7.1.2 Swin Tramsformer 153

7.1.3 CLIP 模型 155

7.1.4 MaxViT 156

7.2 目标检测 158

7.2.1 R-CNN 系列算法 158

7.2.2 YOLO 系列算法 160

7.2.3 SSD 系列算法 162

7.2.4 目标检测评价指标 163

7.3 语义分割 164

7.3.1 FCN 语义分割网络 164

7.3.2 SegNet 语义分割网络 165

7.3.3 U-Net 语义分割网络 165

7.3.4 DeepLab 系列语义分割网络 166

7.3.5 Segment Anything Model（SAM） 167

7.3.6 语义分割评价指标 168

7.4 图像风格迁移 169

7.4.1 固定风格固定内容的风格迁移 169

7.4.2 固定风格任意内容的快速风格迁移 169

7.4.3 图像迁移学习分类 171

7.5 图像去噪 174

7.5.1 基于卷积神经网络的去噪方法 174

7.5.2 基于生成对抗网络的去噪方法 175

7.5.3 图像去噪评价指标 176

7.6 本章小结 176

第8章

自然语言处理基础

177

8.1 文本数据处理 178

8.1.1 字符串处理 179

8.1.2 中文分词 179

8.1.3 词频统计与可视化 180

8.2 文本特征表示 181

8.2.1 N-gram 与 TF-IDF 矩阵 181

8.2.2 词嵌入 182

8.3 文本聚类 183

8.3.1 LDA 主题模型 183

8.3.2 深度文本聚类算法 184

8.4 文本分类 185

8.4.1 FastText 文本分类 185

8.4.2 TextCNN 文本分类 186

8.4.3 TextRNN 文本分类 186

8.4.4 TextRCNN 文本分类 187

8.5 大模型 188

8.5.1 BERT 188

8.5.2 GPT 190

8.5.3 Meta LLaMA 192

8.5.4 GLM 193

8.5.5 大模型微调 195

8.6 多模态大模型 198

8.6.1 主流多模态大模型 198

8.6.2 多模态大模型架构 201

8.6.3 多模态大模型未来趋势 202

8.7 本章小结 203

第9章

实战案例 1：药物活性预测回归分析实战

205

9.1 数据预处理与探索 207

9.1.1 自变量数据可视化探索 208

9.1.2 因变量数据可视化探索 210

9.2 数据特征选择 213

9.3 线性回归模型 216

9.3.1 逐步线性回归预测 216

9.3.2 Lasso 回归模型预测 219

9.4 集成学习回归模型 221

9.4.1 随机森林回归预测 221

9.4.2 提升树回归预测 223

9.5 支持向量机回归 224

9.6 本章小结 226

第10章

实战案例 2：手写数字降维与聚类实战

227

10.1 数据准备 228

10.2 主成分分析降维 230

10.2.1 特征主成分分析 230

10.2.2 样本主成分分析 232

10.3 t-SNE 与 LLE 降维 233

10.3.1 t-SNE 降维 233

10.3.2 LLE 降维 234

10.4 k 均值聚类 235

10.4.1 主成分特征 k 均值聚类 236

10.4.2 t-SNE 特征 k 均值聚类 238

10.5 密度聚类 239

10.6 层次聚类 241

10.7 本章小结 244

第11章

实战案例 3：购物篮关联规则挖掘实战

245

11.1 数据准备与探索 246
11.2 Apriori 算法关联规则分析 250
11.2.1 发现频繁项集 250
11.2.2 关联规则挖掘与分析 251
11.3 FP-Growth 算法关联规则分析 252
11.3.1 发现频繁项集 252
11.3.2 关联规则发现与分析 253
11.4 本章小结 256

第12章

实战案例 4：手写数字分类实战

257

12.1 k 近邻分类 260
12.2 基于决策树算法分类 261
12.2.1 决策树分类 261
12.2.2 随机森林分类 264
12.3 支持向量机分类 266
12.3.1 线性 SVM 266
12.3.2 非线性 SVM 267
12.4 全连接网络分类 267
12.5 逻辑回归分类 268
12.6 本章小结 270

第13章

实战案例 5：深度学习图像分类实战

271

13.1 CIFAR10 图像数据准备与探索 272
13.2 LeNet-5 实现 CIFAR10 图像分类 277
13.2.1 LeNet-5 网络搭建 277
13.2.2 LeNet-5 网络训练与测试 278
13.3 ResNet 实现 CIFAR10 图像分类 280

13.3.1 ResNet 网络搭建 280
13.3.2 ResNet-50 网络训练与测试 283
13.4 ViT 实现 CIFAR10 图像分类 284
13.4.1 ViT 网络搭建 284
13.4.2 ViT 网络训练与预测 287
13.5 预训练网络的 CIFAR10 图像分类 289
13.6 基于 LoRA 微调的 CIFAR10 图像分类 290
13.7 本章小结 292

第14章 实战案例6：深度学习语义分割实战 293

第15章 实战案例7：深度图像迁移学习实战 295

第16章 实战案例8：自然语言聚类与分类实战 297

参考文献 299

第1章

人工智能简介

人工智能（artificial intelligence，AI）指由人制造出来的机器所表现出来的智能。人工智能可以定义为模仿人类与人类思维相关认知功能的机器或计算机，如：计算机模仿人类学习和解决问题。

人工智能是计算机科学的一个分支，它通过感知其所处环境并采取行动，最大限度地提高成功概率。此外，人工智能可以从过去的经验中学习，做出合理的决策，并快速回应。因此，人工智能研究人员的科学目标是通过构建具有象征意义的推理或推理的计算机程序来理解智能。

人工智能的研究涵盖了多个领域，包括机器学习、自然语言处理、计算机视觉、专家系统等。其中机器学习是人工智能中的一个关键分支，通过让计算机系统从数据中学习和改进，使其能够执行特定任务而无需明确编程。深度学习是机器学习中的一种技术，通过模拟人脑神经网络的结构来处理复杂的任务。

1.1 什么是人工智能

人工智能的定义可以分为两部分，即“人工”和“智能”。“人工”即由人设计，为人创造、制造。关于什么是“智能”，仍然具有争议性。人唯一了解的智能是人本身的智能，这是普遍认同的观点，因此人工智能的研究往往涉及对人智能本身的研究。但是智能已经是现代生活中很常见的一个词，比如：智能手机、智能家居、智能驾驶、智能城市等。在不同使用场合中，智能的含义也不太一样。

图灵测试（Turing test）是英国计算机科学家艾伦·图灵于1950年提出的思想实验，如图1-1所示，目的是测试机器能否表现出与人一样的智力水准。测试中一个人（代号C）使用测试对象皆理解的语言去询问两个他不能看见的对象任意一串问题，对象一个是正常思维的人（代号B），一个是机器（代号A），如果经过若干询问以后，C不能得出A与B实质的区别，则此机器A通过图灵测试。

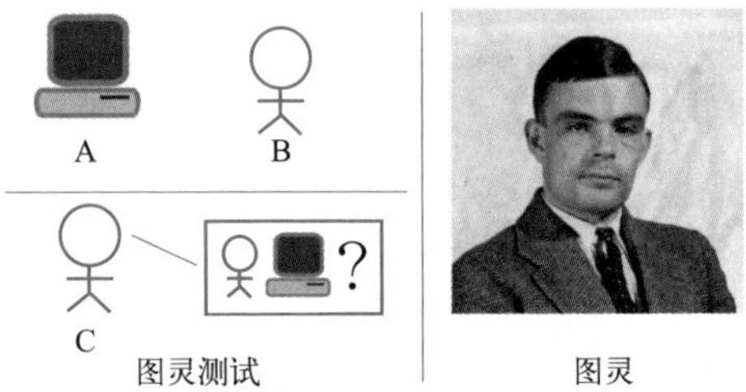

图1-1　图灵测试与图灵

2014年6月8日，首次有计算机通过图灵测试，该计算机成功在雷丁大学所举办的测试中骗过研究人员，令他们以为“它”是一个名为尤金·古斯特曼的13岁男孩，但后来也有文章指出它其实并没有真正通过测试。2023年7月25日，*Nature* 刊登新闻指出ChatGPT已经能通过图灵测试，并建议寻求新的人工智能评估方法。

人工智能是计算机科学的一个分支，主要研究、开发用于模拟、延伸和扩展人类智能的理论、方法、技术及应用系统等。目前，人工智能的主要领域大体上可以分为以下几个方面:

① 感知：即模拟人的感知能力，对外部刺激信息（视觉和语音等）进行感知和加工。主要研究领域包括语音信息处理和计算机视觉等。

② 学习：即模拟人的学习能力，主要研究如何从样例或与环境交互中进行学习。主要研究领域包括有监督学习、无监督学习和强化学习等。

③ 认知：即模拟人的认知能力，主要研究领域包括知识表示、自然语言理解、推理、规划、决策等。

1.2 人工智能简史

人工智能从诞生至今，经历了一次又一次的繁荣与低谷，其发展历程也经过了多个阶段。下面将会简单介绍每个阶段的一些重要事件。

（1）人工智能孕育期（1943—1956年）

在 20 世纪 40 年代和 50 年代，来自不同领域（数学、心理学、工程学、经济学和政治学）的一批科学家开始探讨制造人工大脑的可能性。1950 年，图灵发表了一篇划时代的论文，文中预言了创造出具有真正智能机器的可能性。1951 年，马文・明斯基与 Dean Edmonds 一起建造了第一台神经网络机，称为 SNARC。1951 年，Christopher Strachey 使用曼彻斯特大学的 Ferranti Mark 1 机器写出了一个西洋跳棋（checkers）程序；Dietrich Prinz 则写出了一个国际象棋程序。亚瑟・李・塞谬尔（Arthur Lee Samuel）在 20 世纪 50 年代中期和 60 年代初开发的国际象棋程序，棋力已经可以挑战具有相当水平的业余爱好者。

1956 年，马文・明斯基、约翰・麦卡锡和克劳德・香农以及内森・罗彻斯特组织达特茅斯会议。会议提出的断言之一是学习或者智能的任何特性的每一个方面都应能被精确地加以描述，使得机器可以对其进行模拟，麦卡锡则说服与会者接受“人工智能”（AI）一词作为本领域的名称。因此，AI 的名称和任务得以确定，同时出现了最早的一批研究者，达特茅斯会议被广泛承认为 AI 诞生的标志。

（2）黄金年代（1957—1970年）

20 世纪 50 年代后期到 60 年代涌现了大批成功的 AI 程序和新的研究方向，它们引入了包括知识表示、学习算法、神经计算和文字计算领域在内的许多新的基础理论。尽管当时由于计算机性能的限制而无法实现这些新的思想，但是它们为 20 年后在实际生活中应用这些思想指明了方向。例如搜索式推理，表示为了实现一个目标（如赢得游戏或证明定理），一步步地前进，就像在迷宫中寻找出路一般，如果遇到了死胡同则进行回溯。艾伦·纽厄尔和赫伯特·西蒙试图通过“通用解题器”程序，将这一算法推广到一般情形。

AI 研究的一个重要目标是使计算机能够通过自然语言进行交流。Joseph Weizenbaum 的 ELIZA 是第一个聊天机器人，与 ELIZA“聊天”的用户有时会误以为自己是在和人类交谈，而不是和一个程序交谈。但是实际上 ELIZA 根本不知道自己在说什么。它只是按固定套路作答，或者用符合语法的方式将问题复述一遍。

第一代 AI 研究者们也给出了一些相关的预言。例如：1958 年，艾伦·纽厄尔和赫伯特·西蒙预言“十年之内，数字计算机将成为国际象棋世界冠军”以及“十年之内，数字计算机将发现并证明一个重要的数学定理”；1965 年，赫伯特·西蒙预言“二十年内，机器将能完成人能做到的一切工作”；1967 年，马文·明斯基预言“一代之内创造‘人工智能’的问题将获得实质上的解决”，并在 1970 年预言“在三到八年的时间里我们将得到一台具有人类平均智能的机器”。

（3）AI低谷（1971—1980年）

随着研究的深入，人工智能发展面临一些困难，导致其陷入低谷。

第一类困难来自早期的程序很少包含或者不包含主体知识，它们只是在简单句法处理上取得了成功。例如：在早期的俄语到英语的机器翻译中，最初设想是利用基于俄语和英语语法的简单句法转换，根据电子词典进行词语替换，就足以保留语句的确切意思。而实际上翻译需要关于主体的一般知识，用以消除歧义和建立语句的内容。

第二类困难是 AI 试图解决的很多问题不可操作。大部分早期的 AI 程序求解问题的方式是尝试各步骤的不同组合，直到找到解。这种策略初期的时候是奏效的，但是程序原则上能够找到解并不意味着程序实际上包含找到解的机制。

第三类困难源自用于产生智能行为的基本结构的某些基础限制。例如，在明斯基和 Papert 的《感知机》一书中证明了：尽管感知机能学习它们有能力表示的任何东西，但是它们能表示的东西很少。

AI 开始遭遇批评后，随之而来的还有资金上的困难。AI 研究者们对其课题的难度未能作出正确判断，此前的过于乐观使人们期望过高，当承诺无法兑现时，对 AI 的资助就缩减或取消了。同时，由于明斯基对感知机的激烈批评，联结主义（即神经网络）销声匿迹了十年。

由于计算复杂性和困难的指数爆炸，因此当时的计算机有限的内存和处理速度不足以解决任何实际的 AI 问题。1972 年，理查德·卡普根据史提芬·古克于 1971 年提出的 Cook-Levin 理论证明，许多问题只可能在指数时间内获解（即计算时间与输入规模的幂成正比）。除了那些最简单的情况，这些问题的解决需要近乎无限长的时间，这就意味着 AI 中的许多程序恐怕永远也不会发展为实用的系统。许多重要的 AI 应用，例如机器视觉和自然语言，都需要大量对世界的认识信息，程序应该知道它在看什么，或者在说些什么，这要求程序对这个世界具有儿童水平的认识。研究者们很快发现这个要求太高了，当年没人能够做出如此巨大的数据库，也没人知道一个程序怎样才能学到如此丰富的信息。

（4）AI成为工业（1981年至今）

1981 年，日本公布了“第五代计算机计划”，这个 10 年计划目的是建造运行 Prolog 语言的智能计算机。作为回应，美国组建了微电子和计算机技术公司（MCC）作为国家竞争力的研究集团。

1982 年，物理学家 John Hopfield 证明一种新型的神经网络（现被称为“Hopfield 网络”）能够用一种全新的学习方式来处理信息。大约在同时期，David Rumelhart 推广了一种神经网络训练方法——反向传播算法，这些发现使 1970 年以来一直遭人遗弃的联结主义重获新生。20 世纪 90 年代神经网络获得了商业上的成功，它们被应用于光字符识别和语音识别软件。

虽然 AI 工业由 1980 年的几百万美元，提升到 1988 年的数十亿美元，但是之后很快迎来了另一个“冬天”。1987—1993 随着政府机构和投资者对 AI 投入的减少，人工智能（AI）的泡沫再次破裂。尽管遇到各种批评，但是这一领域仍在不断前进。

1997 年 5 月 11 日，深蓝成为战胜国际象棋世界冠军卡斯帕罗夫的第一个计算机系统，如图 1-2（a）所示。2005 年，Stanford 开发的一台机器人在一条沙漠小径上成功地自动行驶了 131 英里[❶]，赢得了 DARPA 挑战大赛头奖。2009 年，蓝脑计划声称已经成功地模拟了部分鼠脑。2011 年，IBM 超级电脑沃森参加《危险边缘》节目，在最后一集打败了人类选手。2016 年 3 月，AlphaGo 击败李世石，成为第一个不让子而击败职业围棋棋士的电脑围棋程式。2017 年 5 月，AlphaGo 在中国乌镇围棋峰会的三局比赛中击败当时世界排名第一的中国棋手柯洁，如图 1-2（b）所示。

(a) 深蓝VS卡斯帕罗夫　　(b) AlphaGo VS柯洁

图 1-2　人工智能 VS 人类

这些成就的取得并不是因为范式上的革命，但是计算机性能已经今非昔比了。事实上，深蓝计算机比克里斯多福·斯特雷奇（Christopher Strachey）在 1951 年用来下棋的 Ferranti Mark 1 快 1000 万倍。这种剧烈增长可以用摩尔定律描述：计算速度和内存容量每两年翻一番。计算性能上的基础障碍已被逐渐克服。

---

❶ 1mile（英里）=1609.344m。

进入 21 世纪，得益于大数据和计算机技术的快速发展，许多先进的机器学习技术成功应用于经济社会中的许多问题。

到 2016 年，AI 相关产品、硬件、软件等的市场规模已经超过 80 亿美元，《纽约时报》评价道 AI 已经到达了一个热潮。大数据应用也开始逐渐渗透到其他领域，例如：生态学模型训练，经济领域中的各种应用，医学研究中的疾病预测及新药研发等。深度学习更是极大地推动了图像和视频处理、文本分析、语音识别等问题的研究进程。

2022 年，人工智能聊天机器人程序 ChatGPT，基于 GPT-3.5 架构的大型语言模型，通过强化学习进行训练，可通过人类自然对话方式进行交互，还可用于相对复杂的语言工作，包括自动文本生成、自动问答、自动摘要等在内的多种任务。到了 2023 年，将图像、视频、语音和自然语言相结合的多模态大模型应用也取得了一定的成功。

1.3 人工智能应用

人工智能提出后，我们期望通过人工智能系统来模仿人类自动处理不同的事物，如：理解一段文章的内容和情感，正确地识别出图片上出现的内容，甚至将一段语音翻译成另外一种语言。图 1-3 描述了人工智能的基本组成部分和经典的算法，其中对其发展有巨大影响的就是深度学习，而本书的重点也是探索人工智能中的机器学习与深度学习相关算法的应用和实现。

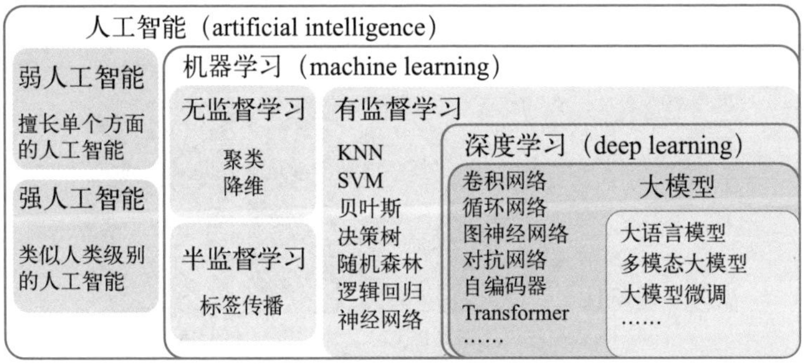

图 1-3　人工智能基础算法

KNN—k 近邻；SVM—支持向量机

人工智能是一个非常广泛的领域，涵盖很多大的学科，朱松纯老师在《浅谈人工智能：现状、任务、构架与统一》报告中，将人工智能应用领域简单地归纳为下面几个方面：

① 计算机视觉（暂且把模式识别、图像处理等问题归入其中），视觉是人脑最主要的信息来源，也是进入人工智能这个殿堂的大门，当然该领域也包含很多其他

方面的应用。

② 自然语言理解与交流（暂且把语音识别、合成，以及对话归入其中）。

③ 认知与推理（包含各种物理和社会常识）。

④ 机器人学（机械控制与设计、运动规划、任务规划等），其不仅要调度视觉识别、语言交流、认知推理等任务，还要执行大量的行动去改变环境。

⑤ 博弈与伦理（多代理人 Agents 的交互、对抗与合作，机器人与社会融合等议题）。

⑥ 机器学习（各种统计的建模、分析工具和计算的方法）。

前面的五个领域，属于各个层面上的“问题领域”。机器学习是研究解决问题的“方法领域”，研究如何去拟合、获取上面的那些知识。

1.4 本章小结

本章主要介绍了与人工智能相关的基本知识，主要包括：人工智能的定义、人工智能的发展简史，以及人工智能的算法应用场景等内容。为读者提供一个对人工智能的基础的认知，为后面进一步的阅读提供基础。

第2章

人工智能基础

人工智能的快速发展除了计算机性能的提升外，还离不开广泛数学知识的应用。因此，本章将会介绍与人工智能相关的数学基础知识，例如：线性代数基础、概率统计基础、数据分析基础、机器学习基础以及深度学习基础等内容。

2.1 线性代数基础

线性代数是数学的一个分支，研究向量空间和线性映射的性质。它涉及线性方程组的求解、向量的运算、矩阵的性质等内容。在人工智能中，线性代数有着广泛的应用，为机器学习、图像处理、自然语言处理、神经网络和数据分析等领域提供了基础工具和数学理论支持。

2.1.1 向量的定义

向量：指具有大小（模）和方向的量。在数学中，向量通常用箭头表示，箭头的长度表示向量的大小，箭头的方向表示向量的方向。向量通常是由多个数构成的一维数组，每个数称为向量的分量，数的数量称为向量的维数。

与向量相对的概念称标量、纯量、数量，即只有大小、绝大多数情况下没有方向的量。

n 维向量 $\boldsymbol{a}$ 包含 n 个分量，可以写成行向量的形式：$\boldsymbol{a}=(a_1,a_2,\cdots,a_n)$。相对应地，如果每个分量按列排列，则称为列向量，其可表示为：

$$\boldsymbol{a}=\begin{pmatrix}a_1\\ \vdots\\ a_n\end{pmatrix}$$

值得注意的是：n 维列向量可视作 $n\times1$ 矩阵，n 维行向量可视作 $1\times n$ 矩阵。

在线性代数中，向量常常采用更为抽象的向量空间（也称为线性空间）来定义。向量是向量空间中的基本构成元素。向量空间是基于物理学或几何学中的空间概念，抽象出其代数性质所形成的一个概念，是一个满足一系列法则的代数结构。向量空间相伴的标量未必是实数，可以是复数、有理数等。

2.1.2 向量运算

（1）向量转置

转置运算可以将行向量转变为列向量，将列向量转变为行向量。向量 $\boldsymbol{a}$ 的转置可以记作：$\boldsymbol{a}^{\mathrm{T}}$。下面是一个对行向量转置的表示：

$$(a_1,a_2,\cdots,a_n)^{\mathrm{T}}=\begin{pmatrix}a_1\\ \vdots\\ a_n\end{pmatrix}$$

（2）向量加法与数乘

两个向量的加法定义为对应分量相加，因此要求两个向量的维数相同。向量 $\boldsymbol{a}=(a_1,a_2,\cdots,a_n)^{\mathrm{T}}$ 和向量 $\boldsymbol{b}=(b_1,b_2,\cdots,b_n)^{\mathrm{T}}$ 相加可以表示为：

$$\boldsymbol{a}+\boldsymbol{b}=(a_1+b_1,a_2+b_2,\cdots,a_n+b_n)^{\mathrm{T}}$$

同时，向量的加法满足交换律和结合律：$\boldsymbol{a}+\boldsymbol{b}=\boldsymbol{b}+\boldsymbol{a}$，$\boldsymbol{a}+\boldsymbol{b}+\boldsymbol{c}=\boldsymbol{a}+(\boldsymbol{b}+\boldsymbol{c})$。

两个向量的减法定义为对应分量相减，要求两个向量的维数相同。向量 $\boldsymbol{a}=(a_1,a_2,\cdots,a_n)^{\mathrm{T}}$ 和向量 $\boldsymbol{b}=(b_1,b_2,\cdots,b_n)^{\mathrm{T}}$ 相减可以表示为：

$$\boldsymbol{a}-\boldsymbol{b}=(a_1-b_1,a_2-b_2,\cdots,a_n-b_n)^{\mathrm{T}}$$

一个向量与标量相乘定义为标量与向量中的每个分量相乘。向量 $\boldsymbol{a}=(a_1,a_2,\cdots,a_n)^{\mathrm{T}}$ 和标量 k 相乘可以表示为：$k\times\boldsymbol{a}=(k\times a_1,k\times a_2,\cdots,k\times a_n)^{\mathrm{T}}$。

向量加法（减法）和数乘满足分配律：

$$k\times(\boldsymbol{a}+\boldsymbol{b})=k\times\boldsymbol{a}+k\times\boldsymbol{b}\ ;\qquad k\times(\boldsymbol{a}-\boldsymbol{b})=k\times\boldsymbol{a}-k\times\boldsymbol{b}$$

（3）向量内积

向量 $\boldsymbol{a}=(a_1,a_2,\cdots,a_n)^{\mathrm{T}}$ 和向量 $\boldsymbol{b}=(b_1,b_2,\cdots,b_n)^{\mathrm{T}}$ 的内积定义为它们对应分量乘积的和，向量的内积也称为向量的点乘，表示为：

$$\boldsymbol{a}\cdot\boldsymbol{b}=\boldsymbol{a}^{\mathrm{T}}\boldsymbol{b}=\sum_{i=1}^{n}a_i\times b_i$$

内积的运算同样满足交换律和结合律：

$$\boldsymbol{a}^{\mathrm{T}}\boldsymbol{b}=\boldsymbol{b}^{\mathrm{T}}\boldsymbol{a}\qquad (k\boldsymbol{a})^{\mathrm{T}}\boldsymbol{b}=k\boldsymbol{a}^{\mathrm{T}}\boldsymbol{b}$$

$$(\boldsymbol{a}+\boldsymbol{b})^{\mathrm{T}}\boldsymbol{c}=\boldsymbol{a}^{\mathrm{T}}\boldsymbol{c}+\boldsymbol{b}^{\mathrm{T}}\boldsymbol{c}\qquad \boldsymbol{c}^{\mathrm{T}}(\boldsymbol{a}+\boldsymbol{b})=\boldsymbol{c}^{\mathrm{T}}\boldsymbol{a}+\boldsymbol{c}^{\mathrm{T}}\boldsymbol{b}$$

向量与自身内积的结果为每个分量的平方和，即 $\boldsymbol{a}^{\mathrm{T}}\boldsymbol{a}=\sum_{i=1}^{n}a_i^2$，显然 $\boldsymbol{a}^{\mathrm{T}}\boldsymbol{a}>0$。

（4）向量的阿达玛乘积

向量的阿达玛乘积又称为元素乘积、逐项积，两个维数相同的向量的阿达玛乘积定义为它们对应的分量相乘，结果为维数相同的向量。向量 $\boldsymbol{a}=(a_1,a_2,\cdots,a_n)^{\mathrm{T}}$ 和向量 $\boldsymbol{b}-(b_1,b_2,\cdots,b_n)^{\mathrm{T}}$ 的阿达玛乘积为：

$$\boldsymbol{a}\odot\boldsymbol{b}=(a_1\times b_1,a_2\times b_2,\cdots,a_n\times b_n)^{\mathrm{T}}$$

阿达玛乘积在反向传播算法、梯度下降等算法中经常被使用。

（5）向量的范数

向量范数是向量的模这一概念的推广，向量的 L_p 范数是一个标量，向量 $\boldsymbol{a}=(a_1,a_2,\cdots,a_n)^{\mathrm{T}}$ 的 L_p 范数可以表示为：

$$\|\boldsymbol{a}\|_p=\left(\sum_{i=1}^{n}|a_i|^p\right)^{1/p}$$

其中，$p=1$ 时称为 L_1 范数，是所有分量的绝对值之和，表示为 $\|\boldsymbol{a}\|_1=\sum_{i=1}^{n}|a_i|$；$p=2$ 时称为 L_2 范数，也就是向量的模长，也叫欧几里得范数，表示为 $\|\boldsymbol{a}\|_2=\sqrt{\sum_{i=1}^{n}a_i^{\ 2}}$；当 $p=\infty$ 时称为 L_∞ 范数，即向量所有分量中绝对值的最大值，表示为 $\|\boldsymbol{a}\|_\infty=\max|a_i|$。

（6）向量的夹角

针对向量 $\boldsymbol{a}=(a_1,a_2,\cdots,a_n)^{\mathrm{T}}$ 和向量 $\boldsymbol{b}=(b_1,b_2,\cdots,b_n)^{\mathrm{T}}$，向量内积、向量模以及向量夹角之间的关系为：

$$\boldsymbol{a}^{\mathrm{T}}\boldsymbol{b}=\|\boldsymbol{a}\|\|\boldsymbol{b}\|\cos\theta$$

其中，θ 为两个向量之间的夹角，取值范围为 $[0,\pi]$，$\|\boldsymbol{a}\|$、$\|\boldsymbol{b}\|$ 表示向量的模长。因此可以获得向量夹角的计算公式为：

$$\cos\theta=\frac{\boldsymbol{a}^{\mathrm{T}}\boldsymbol{b}}{\|\boldsymbol{a}\|\|\boldsymbol{b}\|}$$

2.1.3 矩阵的定义

一个 $m\times n$ 的矩阵是一个有 m 行（row）、n 列（column）元素的矩形阵列，矩阵里的元素可以是数字或符号，甚至是函数。第 i 行 j 列为 a_{ij} 的 $m\times n$ 矩阵 $\boldsymbol{A}$ 可以表示为：

$$\boldsymbol{A}=\begin{bmatrix} a_{11} & \cdots & a_{1n} \\ \vdots & & \vdots \\ a_{m1} & \cdots & a_{mn} \end{bmatrix}$$

方阵：行数与列数相同的矩阵。针对 $n\times n$ 的方阵 $\boldsymbol{A}$，如果满足 $a_{ij}=a_{ji}$，则称其为对称矩阵，下面的方阵 $\boldsymbol{A}$ 则是一个对称矩阵：

$$\boldsymbol{A}=\begin{bmatrix} 1 & 4 & 5 \\ 4 & 2 & 6 \\ 5 & 6 & 3 \end{bmatrix}$$

对角矩阵：行号和列号相同所对应的元素称为矩阵的主对角线，如果除对角线外其余的元素都为 0，则称其为对角矩阵。对角矩阵 $\boldsymbol{A}$ 可以表示为：

$$\boldsymbol{A}=\operatorname{diag}(1,2,3)=\begin{bmatrix}1 & 0 & 0\\0 & 2 & 0\\0 & 0 & 3\end{bmatrix}$$

单位矩阵：主对角线元素全为 1，其余元素全为 0 的矩阵，可以记作 $\boldsymbol{I}$，可以表示为：

$$\boldsymbol{I}=\begin{bmatrix}1 & 0 & 0\\0 & 1 & 0\\0 & 0 & 1\end{bmatrix}$$

上三角矩阵和下三角矩阵：矩阵主对角线以下的元素全为 0，则称为上三角矩阵；反之，主对角线以上的元素全为 0，则称为下三角矩阵。例如上三角矩阵 $\boldsymbol{A}$ 和下三角矩阵 $\boldsymbol{B}$：

$$\boldsymbol{A}=\begin{bmatrix}1 & 2 & 3\\0 & 1 & 0\\0 & 0 & 1\end{bmatrix}\qquad \boldsymbol{B}=\begin{bmatrix}1 & 0 & 0\\0 & 1 & 0\\3 & 2 & 1\end{bmatrix}$$

矩阵的转置：将一个 $m\times n$ 的矩阵行列下标相互交换，可获得一个 $n\times m$ 的矩阵，其称为矩阵的转置。矩阵 $\boldsymbol{A}$ 的转置可以使用 $\boldsymbol{A}^{\mathrm{T}}$ 来表示，例如下面的示例：

$$\boldsymbol{A}=\begin{bmatrix}1 & 2 & 3\\4 & 5 & 6\\7 & 8 & 9\end{bmatrix}\qquad \boldsymbol{A}^{\mathrm{T}}=\begin{bmatrix}1 & 4 & 7\\2 & 5 & 8\\3 & 6 & 9\end{bmatrix}$$

格拉姆矩阵：格拉姆矩阵由于其对称性等特点，在人工智能算法中会经常用到。一组向量 $\boldsymbol{x}_1,\boldsymbol{x}_2,\cdots,\boldsymbol{x}_n$ 的格拉姆矩阵 $\boldsymbol{G}$ 是一个 $n\times n$ 对称矩阵，其中的元素 G_{ij} 为向量 $\boldsymbol{x}_i$ 与 $\boldsymbol{x}_j$ 的内积。格拉姆矩阵 $\boldsymbol{G}$ 可以表示为：

$$\boldsymbol{G}=\begin{bmatrix}\boldsymbol{x}_1^{\mathrm{T}}\boldsymbol{x}_1 & \cdots & \boldsymbol{x}_1^{\mathrm{T}}\boldsymbol{x}_n\\ \vdots & & \vdots\\ \boldsymbol{x}_n^{\mathrm{T}}\boldsymbol{x}_1 & \cdots & \boldsymbol{x}_n^{\mathrm{T}}\boldsymbol{x}_n\end{bmatrix}$$

2.1.4 矩阵基本运算

大小相同（行数列数都相同）的矩阵之间可以相互加减，具体是对每个位置上的元素做加减法。

矩阵加法：矩阵 $\boldsymbol{A}$ 和矩阵 $\boldsymbol{B}$ 相加可以表示为 $\boldsymbol{A}+\boldsymbol{B}$，例如：

$$\boldsymbol{A}=\begin{bmatrix}1 & 2 & 3\\4 & 5 & 6\end{bmatrix},\boldsymbol{B}=\begin{bmatrix}7 & 9 & 11\\8 & 10 & 12\end{bmatrix},\boldsymbol{A}+\boldsymbol{B}=\begin{bmatrix}1+7 & 2+9 & 3+11\\4+8 & 5+10 & 6+12\end{bmatrix}=\begin{bmatrix}8 & 11 & 14\\12 & 15 & 18\end{bmatrix}$$

矩阵加法满足交换律和结合律：

$$\boldsymbol{A}+\boldsymbol{B}=\boldsymbol{B}+\boldsymbol{A},\qquad \boldsymbol{A}+\boldsymbol{B}+\boldsymbol{C}=\boldsymbol{A}+(\boldsymbol{B}+\boldsymbol{C})$$

矩阵加法和转置满足：

$$(\boldsymbol{A}+\boldsymbol{B})^{\mathrm{T}}=\boldsymbol{A}^{\mathrm{T}}+\boldsymbol{B}^{\mathrm{T}}$$

矩阵减法：矩阵 $\boldsymbol{A}$ 和矩阵 $\boldsymbol{B}$ 相减可以表示为 $\boldsymbol{A}-\boldsymbol{B}$ ，例如：

$$\boldsymbol{A}=\begin{bmatrix}1 & 2 & 3\\4 & 5 & 6\end{bmatrix},\boldsymbol{B}=\begin{bmatrix}7 & 9 & 11\\8 & 10 & 12\end{bmatrix},\boldsymbol{A}-\boldsymbol{B}=\begin{bmatrix}1-7 & 2-9 & 3-11\\4-8 & 5-10 & 6-12\end{bmatrix}=\begin{bmatrix}-6 & -7 & -8\\-4 & -5 & -6\end{bmatrix}$$

矩阵数乘：一个标量 k 和矩阵相乘等于矩阵每个元素分别与 k 相乘。例如：

$$\boldsymbol{A}=\begin{bmatrix}1 & 2 & 3\\4 & 5 & 6\end{bmatrix},k=2,k\boldsymbol{A}=\begin{bmatrix}2\times1 & 2\times2 & 2\times3\\2\times4 & 2\times5 & 2\times6\end{bmatrix}=\begin{bmatrix}2 & 4 & 6\\8 & 10 & 12\end{bmatrix}$$

矩阵数乘和加法满足分配律：

$$k(\boldsymbol{A}+\boldsymbol{B})=k\boldsymbol{A}+k\boldsymbol{B}$$

矩阵乘法：当且仅当第一个矩阵的列数等于第二个矩阵的行数时，两个矩阵可以相乘。一个 $m\times n$ 的矩阵 $\boldsymbol{A}$ 与一个 $n\times p$ 的矩阵 $\boldsymbol{B}$ 相乘，结果矩阵的第 i 行与 j 列的元素为矩阵 $\boldsymbol{A}$ 的第 i 行与矩阵 $\boldsymbol{B}$ 的第 j 列的内积，例如：

$$\begin{bmatrix}1 & 0 & 2\\-1 & 3 & 1\end{bmatrix}\times\begin{bmatrix}3 & 1\\2 & 1\\1 & 0\end{bmatrix}=\begin{bmatrix}1\times3+0\times2+2\times1 & 1\times1+0\times1+2\times0\\-1\times3+3\times2+1\times1 & -1\times1+3\times1+1\times0\end{bmatrix}=\begin{bmatrix}5 & 1\\4 & 2\end{bmatrix}$$

矩阵的乘法满足结合律和分配律，但不满足交换律：

结合律：$(\boldsymbol{AB})\boldsymbol{C}=\boldsymbol{A}(\boldsymbol{BC})$；

左分配律：$(\boldsymbol{A}+\boldsymbol{B})\boldsymbol{C}=\boldsymbol{AC}+\boldsymbol{BC}$；

右分配律：$\boldsymbol{C}\ (\boldsymbol{A}+\boldsymbol{B})=\boldsymbol{CA}+\boldsymbol{CB}$ 。

线性方程组：矩阵乘法的一个基本应用是在线性方程组上。线性方程组是方程组的一种，它符合以下的形式：

$$\begin{cases}a_{11}x_1+a_{12}x_2+\cdots+a_{1n}x_n=b_1\\ \qquad\vdots\\ a_{m1}x_1+a_{m2}x_2+\cdots+a_{mn}x_n=b_m\end{cases}$$

其中，$a_{11},a_{12},\cdots,a_{mn}$ 以及 $b_1,\cdots,b_m$ 是已知的常数；$x_1,\cdots,x_n$ 是要求的未知数。运用矩阵的方式，可以将线性方程组写成一个向量方程：

$$\boldsymbol{Ax}=\boldsymbol{b}$$

其中，$\boldsymbol{A}$ 是由方程组里未知量的系数排成的 $m\times n$ 矩阵；$\boldsymbol{x}$ 是含有 n 个元素的列向量；$\boldsymbol{b}$ 则是有 m 个元素的列向量，即：

$$\boldsymbol{A}=\begin{bmatrix}a_{11} & a_{12} & \cdots & a_{1n}\\ \vdots & & & \vdots\\ a_{m1} & a_{m2} & \cdots & a_{mn}\end{bmatrix},\boldsymbol{x}=\begin{bmatrix}x_1\\x_2\\\vdots\\x_n\end{bmatrix},\boldsymbol{b}=\begin{bmatrix}b_1\\\vdots\\b_m\end{bmatrix}$$

这个写法下，将原来的多个方程转化成一个向量方程，在已知矩阵$\boldsymbol{A}$和向量$\boldsymbol{b}$的情况下，求未知向量$\boldsymbol{x}$。

矩阵的阿达玛乘积： 两个矩阵$\boldsymbol{A}$和$\boldsymbol{B}$具有相同的维度$m \times n$，则它们的阿达玛乘积$\boldsymbol{A} \odot \boldsymbol{B}$是有相同维度的矩阵，其元素值为矩阵$\boldsymbol{A}$和$\boldsymbol{B}$中对应元素的乘积。

阿达玛乘积满足交换律（当其元素属于交换环时）、结合律和对加法的分配律：

$$\boldsymbol{A} \odot \boldsymbol{B} = \boldsymbol{B} \odot \boldsymbol{A}; \quad \boldsymbol{A} \odot (\boldsymbol{B} \odot \boldsymbol{C}) = (\boldsymbol{A} \odot \boldsymbol{B}) \odot \boldsymbol{C}; \quad \boldsymbol{A} \odot (\boldsymbol{B} + \boldsymbol{C}) = \boldsymbol{A} \odot \boldsymbol{B} + \boldsymbol{A} \odot \boldsymbol{C}$$

行列式： n阶方阵$\boldsymbol{A}$的行列式记为$|\boldsymbol{A}|$或者$\det(\boldsymbol{A})$。计算公式为：

$$|\boldsymbol{A}| = \begin{vmatrix} a_{11} & \cdots & a_{1n} \\ \vdots & & \vdots \\ a_{n1} & \cdots & a_{nn} \end{vmatrix} = \sum_{j_1, j_2, \cdots, j_n \in S_n} (-1)^{\tau(j_1 j_2 \cdots j_n)} \prod_{i=1}^{n} a_{i, j_i}$$

其中，$j_1 j_2 \cdots j_n$为正整数$1, 2, \cdots, n$的一个排列，S_n是这n个正整数所有排列构成的集合，显然有$n!$种排列；$\tau(j_1 j_2 \cdots j_n)$表示为排列$j_1 j_2 \cdots j_n$的逆序数，对于一个排列$j_1 j_2 \cdots j_n$，如果$m < n$但$j_m > j_n$，则称为一个逆序，排列中所有逆序的数量称为排列的逆序数。

2 阶和 3 阶矩阵的行列式计算时较为方便，它们的计算公式如下：

$$\begin{vmatrix} a_{11} & a_{12} \\ a_{21} & a_{22} \end{vmatrix} = a_{11} a_{22} - a_{12} a_{21}$$

$$\begin{vmatrix} a_{11} & a_{12} & a_{13} \\ a_{21} & a_{22} & a_{23} \\ a_{31} & a_{32} & a_{33} \end{vmatrix} = a_{11} a_{22} a_{33} + a_{12} a_{23} a_{31} + a_{13} a_{21} a_{32} - a_{13} a_{22} a_{31} - a_{11} a_{23} a_{32} - a_{12} a_{21} a_{33}$$

逆矩阵： 又称乘法反方阵、反矩阵。在线性代数中给定一个n阶方阵$\boldsymbol{A}$，若存在一个n阶方阵$\boldsymbol{B}$，使得$\boldsymbol{AB} = \boldsymbol{BA} = \boldsymbol{I}$，其中$\boldsymbol{I}$为$n$阶单位矩阵，则称$\boldsymbol{A}$是可逆的，且$\boldsymbol{B}$为$\boldsymbol{A}$的逆矩阵，记作：$\boldsymbol{A}^{-1}$。

对于逆矩阵有如下性质：

$$(\boldsymbol{A}^{-1})^{-1} = \boldsymbol{A}$$

$$(\lambda \boldsymbol{A})^{-1} = \frac{1}{\lambda} \times \boldsymbol{A}^{-1}$$

$$(\boldsymbol{AB})^{-1} = \boldsymbol{B}^{-1} \boldsymbol{A}^{-1}$$

$$(\boldsymbol{A}^{\mathrm{T}})^{-1} = (\boldsymbol{A}^{-1})^{\mathrm{T}}$$

$$\det(\boldsymbol{A})^{-1} = \frac{1}{\det(\boldsymbol{A})}$$

2.1.5 矩阵特征值与特征向量

对于一个给定的n阶方阵$\boldsymbol{A}$，其特征向量$\boldsymbol{v}$经过这个矩阵的线性变换之后，得到的新向量仍然与原来的向量$\boldsymbol{v}$保持在同一直线上，但是长度和方向可能会改变。

即存在一个数 λ 满足：

$$\boldsymbol{Av} = \lambda \boldsymbol{v}$$

其中，λ 称为矩阵的特征值；$\boldsymbol{v}$ 为该特征值对应的特征向量。如果特征值为正，则表示 $\boldsymbol{v}$ 在经过线性变换的作用后方向不变；如果特征值为负，说明方向会反转；如果特征值为 0，则表示缩回零点。上面的公式经过变换后可得：

$$(\boldsymbol{A} - \lambda \boldsymbol{I})\boldsymbol{v} = \boldsymbol{0}$$

其中，$\boldsymbol{A} - \lambda \boldsymbol{I}$ 称为特征矩阵。按照线性方程组的理论，上面的齐次方程有非 $\boldsymbol{0}$ 解的条件是矩阵 $\boldsymbol{A} - \lambda \boldsymbol{I}$ 的行列式必须为 0，即：$|\boldsymbol{A} - \lambda \boldsymbol{I}| = 0$ 。

在一定条件下（如其矩阵形式为实对称矩阵的线性变换），一个变换可以由其特征值和特征向量完全表述，也就是说：所有的特征向量组成了向量空间的一组基底。一个特征空间是具有相同特征值的特征向量与一个同维数的零向量的集合，可以证明该集合是一个线性子空间，比如 $\boldsymbol{E}_\lambda = \{\boldsymbol{v} \in \boldsymbol{V} \mid \boldsymbol{Av} = \lambda \boldsymbol{v}\}$ 即为线性变换 $\boldsymbol{A}$ 中以 λ 为特征值的特征空间。

若矩阵很小，我们可以用特征多项式进行符号演算计算矩阵的特征值，但是，对于大型矩阵这通常是不可行的。阿贝尔 - 鲁菲尼定理显示五次或更高次的多项式的根无法用 n 次方根来简单表达。对于估算多项式的根的有效算法是有的，但特征值中的微小误差会导致特征向量的巨大误差。因此，寻找特征多项式和特征值的一般算法，是迭代法。

幸运的是在计算机的帮助下，针对矩阵相关的运算已经非常简单，直接通过 Python 中的相关函数就可以完成。

2.2 概率统计基础

概率论与统计学知识在机器学习和深度学习中有着至关重要的作用。现实世界中的客观事实，都呈现某种规律性，而这种规律性，则可通过概率论与统计学进行总结表述，而机器学习或深度学习，则是尝试发现该规律，即统计规律。因此学习机器学习与深度学习，需要先了解一些概率论与统计学基础。

2.2.1 随机事件及其概率

生活中处处充满了随机现象，而概率论对随机现象进行数学建模，提供研究随机现象的数学工具。

有些现象的结果有一个确定的范围（如掷骰子一定会得到 1 到 6 中的一个点数），但我们不能或很难预先知道该结果（究竟会掷出哪个点数），那么这种现象就可认为具有随机性，称为随机现象。相应地，能预先确定结果的现象称为确定性现象。

我们广义上认为确定性现象是随机现象的一种特例。对随机现象结果的观察、记录称为随机试验，简称为试验。

随机现象的每一个可能的结果称为一个基本结果或样本点 ω，所有样本点的集合称为样本空间 Ω。例如：掷骰子的样本空间为： $\Omega=\{1,2,3,4,5,6\}$。仅含有一个样本点的随机事件称为基本事件。整个样本空间也是个事件，称为必然事件。空集 $\varnothing$ 也是个事件，称为不可能事件。

随机事件：在随机试验中，可能发生也可能不发生，而在大量重复试验中具有某种规律性的事件叫作随机事件。

事件是一个集合，因而事件间的关系与事件的运算自然由集合论中的集合之间的关系和运算来处理。设试验 E 的样本空间为 S，而 A、B 是 S 的子集，可以使用如图 2-1 所示的 Venn 图来画出事件间的关系。在图中长方形表示样本空间 S，圆 A 和圆 B 分别表示事件 A 和事件 B。

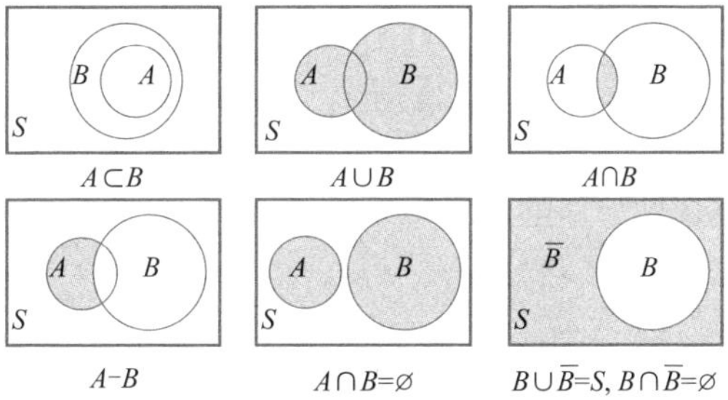

图 2-1　事件之间的关系

对于一个事件（除必然事件和不可能事件）来说，它在一次试验中可能发生也可能不发生。我们希望知道某些事件在一次试验中发生的可能性大小，为此，引入频率描述事件发生的频繁程度，进而引出表示事件在一次试验中发生的可能性大小的数——概率。

频率：在相同的条件下，进行了 n 次试验，在这 n 次试验中，事件 A 发生的次数 n_A 称为事件 A 发生的频数，比值 n_A/n 称为事件 A 发生的频率。可以发现，频率越大，事件 A 发生就频繁，这意味着事件 A 在一次试验中发生的可能性就大，反之亦然。

大量试验证明，当重复试验的次数 n 逐渐增大，频率会呈现出稳定性，逐渐稳定于某个常数，这种“频率稳定性”即通常所说的统计规律。

概率：设 E 是随机试验，S 是它的样本空间。对于 E 的每一个事件 A 赋予一个实数，记为 $P(A)$，称为事件 A 的概率，如果集合函数 $P(\cdot)$ 满足下列条件：

① 非负性：对于每一个事件 A，有 $P(A)\geqslant 0$；

② 规范性：对于必然事件 S，有 $P(S)=1$；

③ 可列可加性：设 $A_1,A_2,\cdots$ 是两两互不相容事件，即对于 $A_i\cap A_j=\varnothing$，$i\neq j,i,j=1,2,\cdots$，有 $P\left(A_1\cup A_2\cup\cdots\right)=P\left(A_1\right)+P\left(A_2\right)+\cdots$。

那么概率 $P(A)$ 可以用来表征事件 A 在一次试验中发生的可能性大小。

2.2.2 条件概率

条件概率是概率论中很重要也很实用的概念。它所考虑的是，在已知事件 A 已发生的条件下，事件 B 发生的概率。条件概率的定义如下：

设 A、B 是两个事件，且 $P(A)>0$，称 $P(B|A)=\dfrac{P(AB)}{P(A)}$ 为在事件 A 发生的条件下事件 B 发生的概率。

不难验证，条件概率 $P(\cdot|A)$ 符合概率定义中的三个条件，即：

① 非负性：对于每一个事件 B，有 $P(B|A)\geqslant 0$；

② 规范性：对于必然事件 S，有 $P(S|A)=1$；

③ 可列可加性：设 $B_1,B_2,\cdots$ 是两两互不相容事件，则有

$$P\left(B_1\cup B_2\cup\cdots|A\right)=P\left(B_1|A\right)+P\left(B_2|A\right)+\cdots$$

条件概率的 Venn 图如图 2-2 所示。已知 A 发生时，样本空间中只剩下了 A 中的那些样本点，此时 B 发生的概率就是 AB 的面积（图中斜线阴影部分）比上 A 的面积。

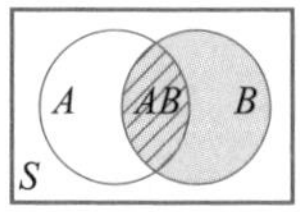

图 2-2　条件概率

全概率公式：设试验 E 的样本空间为 S，A 为 E 的事件，$B_1,B_2,\cdots,B_n$ 为 S 的一个划分，且 $P(B_i)>0(i=1,2,\cdots,n)$，则：

$$P(A)=P(A|B_1)P(B_1)+P(A|B_2)P(B_2)+\cdots+P(A|B_n)P(B_n)$$

上式称为全概率公式。

贝叶斯公式：设试验 E 的样本空间为 S，A 为 E 的事件，$B_1,B_2,\cdots,B_n$ 为 S 的一个划分，且 $P(A)>0,P(B_i)>0(i=1,2,\cdots,n)$，则：

$$P(B_i|A)=\frac{P(A|B_i)P(B_i)}{\sum_{j=1}^{n}(A|B_j)P(B_j)},i=1,2,\cdots,n$$

上式称为贝叶斯公式。

2.2.3 独立性

独立指的就是互不影响概率，利用独立性可以简化概率的计算。

设 A、B 是两个事件，如果满足等式 $P(AB)=P(A)P(B)$，则称事件 A、B 相互独立，简称 A、B 独立。

易知，若 A 与 B 独立，则 A 与 $\bar{B}$ 独立，$\bar{A}$ 与 B 独立，$\bar{A}$ 与 $\bar{B}$ 独立。

多个事件的独立性：对于 n 个事件 $A_1,A_2,\cdots,A_n$，若 $P(A_iA_j)=P(A_i)P(A_j)$，对于任意的 $1\leqslant i<j\leqslant n$ 恒成立，则称这 n 个事件两两独立。若还有：

$$P(A_iA_jA_k)=P(A_i)P(A_j)P(A_k)$$

$$\vdots$$

$$P(A_1A_2\cdots A_n)=P(A_1)P(A_2)\cdots P(A_n)$$

对任意的 $1 \leqslant i < j < k < \cdots \leqslant n$ 恒成立（即随便取任意多个事件，都有交事件的概率等于各自概率的乘积），称这 n 个事件相互独立。

2.2.4 随机变量

（1）随机变量的定义及其类型

设随机试验的样本空间为 $S=\{e\}$ 。$X=X(e)$ 是定义在样本空间 S 上的实值单值函数，称 $X=X(e)$ 为随机变量，如图 2-3 所示。

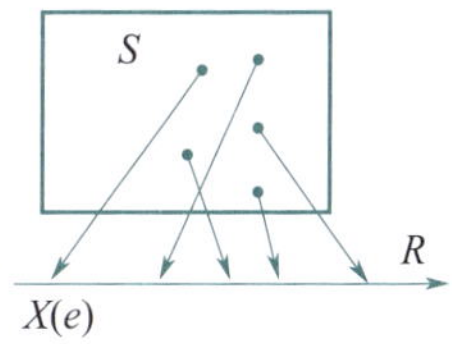

图 2-3　样本点 e 与实数 $X=X(e)$ 对应示意图

随机变量的取值根据随机试验的结果而定，而试验的各个结果出现有一定的概率，因此随机变量的取值有一定的概率。随机变量的引入，使我们能用它来描述各种随机现象，并能利用数学分析的方法对随机试验的结果进行深入广泛的研究和讨论。

如果随机变量 X 的取值是有限的或者是可数无穷尽的值，$X=\{x_1,x_2,\cdots,x_n\}$ ，则称 X 为离散型随机变量。如果 X 由全部实数或者由一部分区间组成，$X=\{x \mid a \ll x \ll b\}, -\infty < a < b < \infty$ ，则称 X 为连续型随机变量。

离散型随机变量，即在一定区间内变量取值为有限个，或数值可以一一列举出来。例如：某地区某年人口的出生数、死亡数等。连续型随机变量，即在一定区间内变量取值有无限个，或数值无法一一列举出来。例如：某地区男性健康成人的身高值、体重值等。

（2）随机变量的几种分布

在概率论中，每一种数据分布都分别对应于一个概率密度（质量）函数（针对离散概率分布族对应于概率质量函数，连续概率分布族对应于概率密度函数）、概率分布函数、与分位数函数。

常见的离散概率分布有：伯努利分布、二项分布、几何分布、泊松分布、超几何分布等。

① **伯努利分布：**又名两点分布或者 0-1 分布，是一个离散概率分布。设试验 E 只有两个可能结果，即 A 与 $\bar{A}$ ，则称 E 为伯努利试验。设 $P(A)=p(0<p<1)$，此时 $P(\bar{A})=1-p$ 。将 E 独立重复地进行 n 次，则称这一串重复的独立试验为 n 重伯努利试验。这里的“重复”是指每次试验中 $P(A)=p$ 保持不变；“独立”是指各次试验的结果互不影响。

伯努利分布的概率质量函数为：

$$f_X(x)=p^x(1-p)^{1-x}=\begin{cases} p, & x=1 \\ 1-p, & x=0 \end{cases}$$

② **二项分布：**是 n 个独立的是或非试验中成功的次数的离散概率分布，其中每

次试验的成功概率为p。这样的单次成功或失败试验又称为伯努利试验。二项分布可记为$X \sim B(n,p)$，n次试验中正好得到k次成功的概率由下面概率质量函数给出：

$$f(k,n,p)=P(X=k)=\binom{n}{k}p^k(1-p)^{n-k}$$

其中，$k=0,1,2,\cdots,n$；$\binom{n}{k}=\dfrac{n!}{k!(n-k)!}$。

③ **泊松分布**：设随机变量X所有可能的取值为$0,1,2,\cdots$，而取各个值的概率为：

$$P(X=k)=\frac{\mathrm{e}^{-\lambda}\lambda^k}{k!},k=0,1,2,\cdots$$

其中，$\lambda>0$是常数，则称X服从参数为λ的泊松分布，记为$X \sim \pi(\lambda)$或者$X \sim \mathrm{Poisson}(\lambda)$。

④ **几何分布**：表示在伯努利试验中，记每次试验中事件A发生的概率为p，试验进行到事件A出现时停止，此时所进行的试验次数为X，记为$X \sim GE(p)$，其概率质量函数为：

$$P\left(X=k\right)=p\left(1-p\right)^{k-1},k=1,2,3,\cdots$$

⑤ **超几何分布**：描述了由有限个物件中抽出n个物件，成功抽出k次指定种类的物件的概率（抽出不放回）。例如：有N个样本，其中K个是不及格的，超几何分布描述了在该N个样本中抽出n个，其中k个是不及格的概率，表示为：

$$f(k;n,K,N)=\frac{\binom{K}{k}\binom{N-K}{n-k}}{\binom{N}{n}}$$

其中，$\binom{N}{n}$表示所有在N个样本中抽出n个的方法数目；$\binom{K}{k}$表示在K个样本中抽出k个的方法数目；$\binom{N-K}{n-k}$表示在$N-K$个样本中抽出$n-k$个的方法数目。

针对常见的离散概率分布，在不同情况下，它们的概率质量函数如图 2-4 所示。

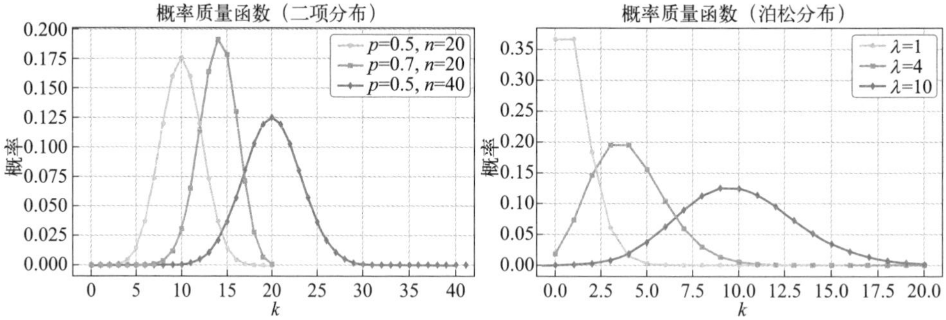

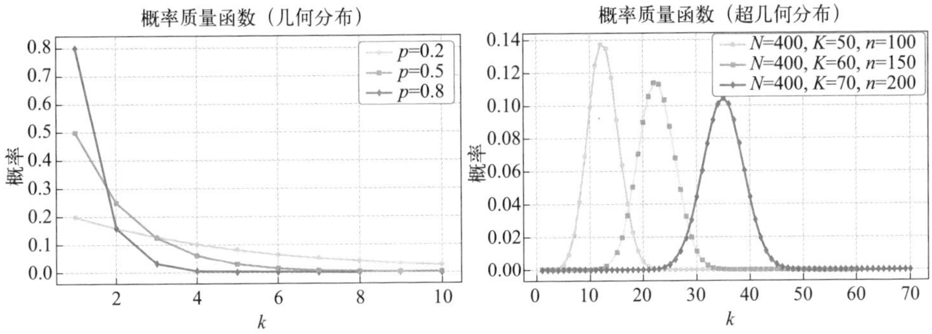

图 2-4　常见的离散概率分布

在图像中 X 轴的取值是离散的，连接线是为了视觉上更容易对图像进行查看。

连续概率分布：如果对于随机变量 X 的分布函数 $F(x)$，存在非负函数 $f(x)$，使得对任意实数 x 有：

$$F(x)=\int_{-\infty}^{x} f(t)\mathrm{d}t$$

则称 X 为连续型随机变量。

其中，函数 $f(x)$ 称为 X 的概率密度函数，简称概率密度。

常见的连续概率分布有：均匀分布、正态分布、指数分布、F 分布等。

① **均匀分布：** 若连续型随机变量 X 具有概率密度：

$$f(x)=\begin{cases}\dfrac{1}{b-a}, & a<x<b\\ 0, & \text{其他}\end{cases}$$

则称 X 在区间 (a,b) 上服从均匀分布，记为 $X\sim U(a,b)$。在区间 (a,b) 上服从均匀分布的随机变量 X，落在区间 (a,b) 中任意等长度的子区间内的可能性是相同的。

② **正态分布：** 若连续型随机变量 X 的概率密度为：

$$f(x)=\frac{1}{\sigma\sqrt{2\pi}}\mathrm{e}^{-\frac{(x-\mu)^2}{2\sigma^2}},-\infty<x<\infty$$

则称 X 服从参数为 μ、σ 的正态分布或高斯分布，记为 $X\sim N(\mu,\sigma^2)$。

其中，μ、$\sigma(\sigma>0)$ 为常数，当 $\mu=0$、$\sigma=1$ 时称随机变量 X 服从标准正态分布。

③ **指数分布：** 若连续型随机变量 X 的概率密度为：

$$f(x;\lambda)=\begin{cases}\lambda\mathrm{e}^{-\lambda x}, & x>0\\ 0, & \text{其他}\end{cases}$$

则称 X 服从参数为 λ 的指数分布。

其中，$\lambda>0$ 为常数。

④ **F 分布：** 对于实数 $x>0$，若连续型随机变量 X 的概率密度为：

$$f(x;d_1,d_2)=\frac{\sqrt{\dfrac{(d_1x)^{d_1}d_2^{\ d_2}}{(d_1x+d_2)^{d_1+d_2}}}}{xB\left(\dfrac{d_1}{2},\dfrac{d_2}{2}\right)}$$

则称 X 服从参数为 d_1、d_2 的 F 分布，记为 $X\sim F(d_1,\ d_2)$。

其中，d_1、d_2 是正整数；B 表示 B 函数，又称为贝塔函数，其定义为：$B(x,y)=\int_0^1 t^{x-1}(1-t)^{y-1}\mathrm{d}t$ 。

针对常见的连续型随机变量，在参数不同情况下，它们的概率密度函数如图 2-5 所示。

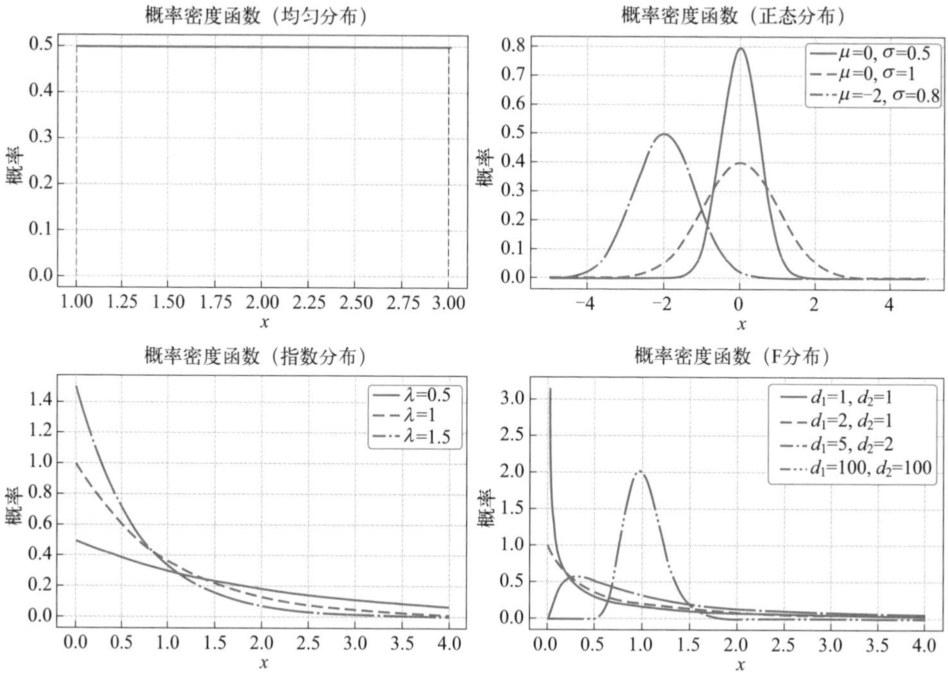

图 2-5　常见的连续概率分布

（3）随机变量的均值和方差

① 均值。设离散型随机变量 X 的分布律为：

$$P\{X=x_k\}=p_k,k=1,2,3,\cdots$$

若级数 $\sum\limits_{k=1}^{\infty}x_k p_k$ 绝对收敛，则称级数 $\sum\limits_{k=1}^{\infty}x_k p_k$ 的和为随机变量 X 的数学期望，记为 $E(X)$，即：

$$E(X)=\sum_{k=1}^{\infty}x_k p_k$$

设连续型随机变量 X 的概率密度函数 $f(x)$，若积分 $\int_{-\infty}^{\infty} xf(x)\mathrm{d}x$ 绝对收敛，则称积分 $\int_{-\infty}^{\infty} xf(x)\mathrm{d}x$ 的值为随机变量 X 的数学期望，记为 $E(X)$，即：

$$E(X)=\int_{-\infty}^{\infty} xf(x)\mathrm{d}x$$

数学期望简称期望，又称为均值。实际应用中的样本均值，是表示一组数据集中趋势的量数，是指在一组数据中所有数据之和再除以这组数据的个数。它是反映数据集中趋势的一项指标。针对含有 n 个样本的集合，其样本均值计算公式为：

$$\bar{X}=\frac{1}{n}\sum_{i=1}^{n}X_i$$

② 方差。设 X 是一个随机变量，若 $E\{[X-E(X)]^2\}$ 存在，则称 $E\{[X-E(X)]^2\}$ 为 X 的方差，记为 $D(X)$ 或 $\mathrm{Var}(X)$。方差刻画了变量 X 取值的离散程度。在应用中通常还会引入 $\sqrt{D(x)}$，记为 $\sigma(X)$，称为标准差。

针对含有 n 个样本的集合，其样本方差计算公式为：

$$\mathrm{Var}(X)=\frac{\sum_{i=1}^{n}(X_i-\bar{X})^2}{n-1}$$

样本标准差计算公式为：

$$\sigma(X)=\sqrt{\frac{\sum_{i=1}^{n}(X_i-\bar{X})^2}{n-1}}$$

常见数据分布的均值和方差的取值情况，可以总结为表 2-1。

表 2-1　常见数据分布的均值和方差的取值情况

分布类型	均值	方差
二项分布	np	$np(1-p)$
泊松分布	λ	λ
几何分布	$1/p$	$(1-p)/p^2$
超几何分布	$n\frac{K}{N}$	$n\frac{K}{N}\times\frac{N-K}{N}\times\frac{N-n}{N-1}$
均匀分布	$(a+b)/2$	$(b-a)^2/12$
正态分布	μ	σ^2
指数分布	$1/\lambda$	$1/\lambda^2$
F 分布	$d_2/(d_2-2), d_2>2$	$\frac{2d_2^2(d_1+d_2-2)}{d_1(d_2-2)^2(d_2-4)}, d_2>4$

2.2.5 边缘分布

一般设E是一个随机试验，它的样本空间是$S=\{e\}$，设$X=X\{e\}$和$Y=Y(e)$是定义在S上的随机变量，由它们构成的一个向量(X,Y)叫作二维随机向量或二维随机变量。二维随机变量(X,Y)的性质不仅与X及Y有关，而且还依赖于两个随机变量的相互关系。

如果二维随机变量(X,Y)全部可能取到的值是有限对或可列无限多对，则称(X,Y)是离散型的二维随机变量。

如果二维随机变量(X,Y)的分布函数$F(X,Y)$，存在非负的函数$f(x,y)$使得对于任意的x,y有：

$$F(x,y)=\int_{-\infty}^{y}\int_{-\infty}^{x}f(u,v)\mathrm{d}u\mathrm{d}v$$

则称(X,Y)是连续型的二维随机变量，函数$f(x,y)$称为二维随机变量(X,Y)的概率密度，或称为随机变量X和Y的联合概率密度。

二维随机变量(X,Y)作为一个整体，具有分布函数$F(X,Y)$。而X和Y都是随机变量，各自也具有自己的分布函数$F_X(x)$、$F_Y(y)$，$F_X(x)$、$F_Y(y)$分别称为二维随机变量(X,Y)关于X和关于Y的边缘分布函数。

对于连续型随机变量(X,Y)，设它的概率密度函数为$f(x,y)$，由于：

$$F_X(x)=F(x,\infty)=\int_{-\infty}^{x}\left[\int_{-\infty}^{\infty}f(x,y)\mathrm{d}y\right]\mathrm{d}x$$

X是一个连续型随机变量，且其概率密度函数为：

$$f_X(x)=\int_{-\infty}^{\infty}f(x,y)\mathrm{d}y$$

同样，Y也是一个连续型随机变量，且其概率密度函数为：

$$f_Y(y)=\int_{-\infty}^{\infty}f(x,y)\mathrm{d}x$$

分别称$f_X(x)$、$f_Y(y)$为(X,Y)关于X和关于Y的边缘概率密度。

在边缘分布中，我们得到只关于一个变量的概率分布，而不再考虑另一变量的影响，实际上进行了降维操作。实际应用中，例如人工神经网络的神经元互相关联，在计算它们各自的参数的时候，就会使用边缘分布计算得到某一特定神经元（变量）的值。

2.2.6 大数定律

大数定律是描述相当多次数重复试验结果的定律。根据这个定律，样本数量越多，则其算术平均值就有越高的概率接近期望值。大数定律“说明”了一些随机事件均值的长期稳定性。

对于一系列随机变量$\{X_n\}$，设每个随机变量都有期望。由于随机变量之和

$\sum_{i=1}^{n} X_i$ 很有可能发散到无穷大，我们转而考虑随机变量的均值 $\overline{X_n} = \frac{1}{n}\sum_{i=1}^{n} X_i$ 和其期望 $E(X_n)$ 之间的距离。若 $\{X_n\}$ 满足一定条件，当 n 足够大时，这个距离会以非常大的概率接近 0，这就是大数定律的主要思想。

大数定律的定义为：

任取 $\varepsilon > 0$，若恒有 $\lim_{n\to\infty} P\left(\left|\overline{X_n} - E(X_n)\right| < \varepsilon\right) = 1$，称 $\{X_n\}$ 服从（弱）大数定律，称 $\overline{X_n}$ 依概率收敛于 $E(X_n)$，记作：$\overline{X_n} \xrightarrow{P} E(X_n)$。可以把弱大数定律简称为大数定律。

中心极限定理进一步研究 $\overline{X_n}$ 服从什么分布。中心极限定理的主要思想是：若 $\{X_n\}$ 满足一定的条件，当 n 足够大时，$\overline{X_n}$ 近似服从正态分布。

独立同分布中心极限定理定义为：如果 $\{X_n\}$ 独立同分布，且 $E(X) = \mu$，$D(X) = \sigma^2 > 0$，则 n 足够大时 $\overline{X_n}$ 近似服从正态分布 $N(\mu, \sigma^2)$，即：

$$\lim_{n\to\infty} P\left(\frac{\overline{X_n} - \mu}{\sigma / \sqrt{n}} < a\right) = \Psi(a) = \int_{-\infty}^{a} \frac{1}{\sqrt{2\pi}} \mathrm{e}^{-t^2/2} \mathrm{d}t$$

上述定理就是林德贝格 - 勒维中心极限定理，又称独立同分布中心极限定理。

2.3 数据分析基础

数据分析可以简单地理解为：通过适当的统计分析方法，将收集到的大量数据进行分析后，转化为可行的知识和见解。该过程包括一系列工具和技术的应用，从数据中发现趋势和规律并解决待分析的问题。

随着大数据时代来临，统计学的内容也在逐渐变化，开始与信息科学、计算机等领域紧密结合。最基础且经典的统计分析方法主要有：假设检验、方差分析以及相关分析。

2.3.1 假设检验

假设检验是统计推断中的一个重要内容，它是利用样本数据对某个事先作出的统计假设按照某种设计好的方法进行检验，判断此假设是否正确。其基本思想为概率性质的反证法。为了推断总体，首先对总体的未知参数或分布作出某种假设 H0（原假设），然后在 H0 成立的条件下，若通过抽样分析发现“小概率事件”（矛盾）竟然在一次试验中发生了，则表明 H0 很可能不成立，从而拒绝 H0；相反，若没有导致上述“不合理”现象的发生，则没有理由拒绝 H0，从而接受 H0。常用的假设检验方法有数据分布检验、t 检验、卡方检验等。

要求“小概率事件”发生的概率小于等于某一给定的临界概率 α，称 α 为检验的显著性水平，通常 α 取值为较小的数，如 0.05、0.01 等。

值得注意的是，即使接受了原假设，也不能确定这个原假设是 100% 正确的，因为这个结论是通过样本信息得到的，当抽到特殊的样本时，可能会犯两类错误。

第一类错误（弃真）：原假设 H0 实际正确，但通过抽样分析拒绝了 H0，且有

$$P\{\text{拒绝 H0} \mid \text{H0 为真}\} \leqslant \alpha$$

这说明当“小概率事件”发生时才拒绝 H0。

第二类错误（纳伪）：原假设 H0 实际错误，但通过抽样分析接受了 H0，且有

$$P\{\text{接受 H0} \mid \text{H0 不真}\} = \beta$$

α 与 β 是此消彼长的关系，只有当样本容量增大时，才有可能使两者都变小，但要增加样本容量有时是做不到的。

显著性假设检验：只对犯第一类错误的最大概率 α（即给定的假设检验的显著性水平）加以限制，而不考虑犯第二类错误的概率 β。

在假设检验应用过程中，通常采用计算判断 P 值大小的方法来接受或拒绝原假设。所谓 P 值，就是在假定原假设 H0 为真时，拒绝原假设 H0 而犯错误的可能性。当 P 值 $< \alpha$（通常取 0.05）时，表示拒绝原假设 H0 而犯错误的可能性很小，即可以认为原假设 H0 是错误的，从而拒绝 H0；否则，应接受原假设 H0。

（1）数据分布检验

数据分布的假设检验是重要的非参数检验，它不是针对具体的参数，而是根据样本值来判断总体是否服从某种指定的分布。即在给定的显著性水平 α 下，对假设“H0：总体服从某特定分布 $F(x)$；H1：总体不服从某特定分布 $F(x)$”作显著性检验，其中 $F(x)$ 为推测出的具有明确表达式的分布函数。

数据分布检验中最常见的情况是检验数据是否服从正态分布，或者检验两组数据的分布是否过相同。针对数据的正态性检验，常用的方法和对应的 Python 函数可以总结为表 2-2。

表 2-2　数据分布检验方法与对应的 Python 函数

检验方法	Python 函数	功能
Q-Q 图检验	scipy.stats.probplot()	检验数据是否服从指定的分布
单向卡方检验	scipy.stats.chisquare()	检验分类数据是否符合给定的频率
K-S 拟合优度检验	scipy.stats.kstest()	检验两组数据的分布是否过相同
Shapiro-Wilk 检验	scipy.stats.shapiro()	检验偏差是否服从正态分布
Anderson-Darling 检验	scipy.stats.anderson()	检验数据是否来自特定的分布

图 2-6 展示了正态分布与 F 分布进行 Q-Q 图检验时对应的结果，可以发现针对正态数据，检验时 Q-Q 图的散点会均匀分布在一条参考直线上；反之，非正态数据则无法与参考直线对应。

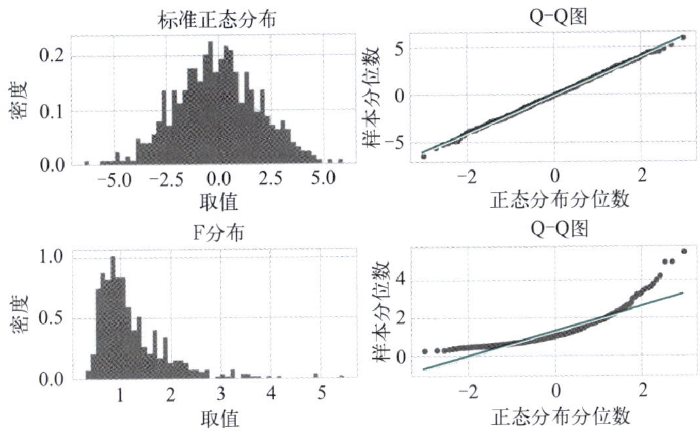

图 2-6　数据分布 Q-Q 图检验

（2）t检验

t 检验通常分为三种，分别是单样本 t 检验、两独立样本 t 检验和配对样本 t 检验。单样本 t 检验常用来检验一来自正态分布的样本的期望值（均值）是否为某一实数；两独立样本 t 检验常用来判断两个来自正态分布（方差相同）的独立样本的期望值（均值）之差是否为某一实数；配对样本 t 检验常用来判断两配对样本的均值是否相等。

单样本 t 检验：

H0：样本的均值等于指定值；H1：样本的均值不等于指定值。

两独立样本 t 检验：

H0：两样本的均值差等于指定值；H1：两样本的均值差不等于指定值。

配对样本 t 检验：

H0：两配对样本的均值相等；H1：两配对样本的均值不相等。

针对数据的 t 检验，常用的方法与对应的 Python 函数可以总结为表 2-3。

表 2-3　t 检验对应的 Python 函数

检验方法	Python 函数
单样本 t 检验	scipy.stats.ttest_1samp()
两独立样本 t 检验	scipy.stats.ttest_ind()
配对样本 t 检验	scipy.stats.ttest_rel()

2.3.2　方差分析

方差分析（analysis of variance）是分析试验数据的一种方法，它是由英国统计学家费希尔在进行试验设计时，为解释试验数据而提出的。对于抽样测得的试验数据，一方面，由于观测条件不同会引起试验结果有所不同，该差异是系统的；另一方面，由于各种随机因素的干扰，试验结果也会有所不同，该差异是偶然的。

方差分析的目的在于从试验数据中分析出各个因素的影响，以及各个因素间的交互影响，以确定各个因素作用的大小，从而把由观测条件不同引起的试验结果的不同，与由随机因素引起的试验结果的差异用数量形式区别开来，以确定在试验中有没有系统的因素在起作用。方差分析根据所感兴趣的因素数量，可分为单因素方差分析、双因素方差分析和协方差分析等内容。

方差分析的基本假定：

① 正态性：每种处理的总体都应服从正态分布；

② 方差齐性：各个总体的方差必须相等；

③ 独立性：每个样本数据都来自不同处理的独立样本。

（1）方差齐性检验

针对各个总体的方差必须相等的假定，因为方差齐性检验对方差齐性的偏离较为敏感，故方差齐性检验十分必要。方差齐性检验是检验不同样本的总体方差是否相同的一种方法，通常会在方差分析之前进行应用，只有通过方差齐性检验的数据，进行方差分析的检验结果才有意义。

常用的检验方法有 Bartlett 检验和 Levene 检验，Bartlett 检验要求样本服从正态分布，检验结果对数据分布较敏感；而 Levene 检验更为稳健，且不依赖总体分布，可用于多个总体方差的齐性检验，是首选的方差齐性检验方法。

（2）单因素方差分析

假设试验只有一个因素 A 在变化，且 A 有 r 个水平，即 $A_1,A_2,\cdots,A_r$，在水平 A_i 下进行 n_i 次独立观测，将对应的试验结果 $x_{i1},x_{i2},\cdots,x_{in_i}$ 看成来自第 i 个正态总体 $X_i \sim N(\mu_i,\sigma^2)$ 的样本观测值，且每个总体 X_i 都相互独立，则单因素方差分析的数学模型（一种线性模型）为：

$$\begin{cases} x_{ij} = \mu_i + \varepsilon_{ij} = \mu + \alpha_i + \varepsilon_{ij} \\ \varepsilon_{ij} \sim N(0,\sigma^2), \text{且各}\varepsilon_{ij}\text{相互独立} \\ i = 1,2,\cdots,r\ ; j = 1,2,\cdots,n_i \end{cases}$$

其中，μ_i 为第 i 个总体的均值；ε_{ij} 为相应的试验误差；μ 为总均值；α_i 为水平 A_i 对指标的效应。

比较因素 A 的 r 个水平的差异，归结为比较这 r 个总体 X_i 的均值是否相等，即检验假设：H0: $\mu_1 = \mu_2 = \cdots = \mu_r$；H1: $\mu_1, \mu_2, \cdots, \mu_r$ 至少有两个不等，若 H0 被拒绝，则说明因素 A 的各水平的效应之间有显著的差异。

单因素方差分析中，如果 F 检验的结论是拒绝 H0，则说明因素 A 的 r 个水平效应有显著的差异，但这并不意味着所有均值间都存在差异，还需要对每一对 μ_i 和 μ_j 作一对一的比较，即多重比较。具体地说，要比较第 i 组与第 j 组的平均数，即检验假设：

$$\text{H0: } \mu_i = \mu_j\text{; H1: } \mu_i \neq \mu_j \quad i \neq j;\ i,j = 1,2,\cdots,r$$

（3）双因素方差分析

双因素方差分析就是考虑两个因素对结果的影响，其基本思想是通过分析不同来源的变异对总变异的贡献大小，确定出可控因素对研究结果影响的大小。

双因素方差分析分两种情况：一个是不考虑交互作用，即假定因素 A 和因素 B 的效应之间是相互独立的；另一个是考虑交互作用，即假定因素 A 和因素 B 的结合会产生出一种新的效应。

① 不考虑交互作用。每组条件下只取一个样本，假定样本观测值 $x_{ij} \sim N(\mu_{ij},\sigma^2)$ 且各 x_{ij} 相互独立，则数据可分解为：

$$\begin{cases} x_{ij}=\mu+\alpha_i+\beta_j+\varepsilon_{ij} \\ \varepsilon_{ij} \sim N(0,\sigma^2),\text{且相互独立} \\ i=1,2,\cdots,r; j=1,2,\cdots,s \end{cases}$$

其中，μ 为总均值；α_i 为水平 A_i 对指标的效应；β_j 为水平 B_j 对指标的效应；ε_{ij} 为相应的试验误差。

判断因素 A 和 B 对试验指标是否显著等价于检验假设：

H01：$\alpha_1=\alpha_2=\cdots=\alpha_r=0$；H11：$\alpha_1,\alpha_2,\cdots,\alpha_r$ 不全为 0

H02：$\beta_1=\beta_2=\cdots=\beta_s=0$；H12：$\beta_1,\beta_2,\cdots,\beta_s$ 不全为 0

② 考虑交互作用。每组条件下要取多个样本，假定样本观测值 $x_{ijk} \sim N(\mu_{ij},\sigma^2)$ 且各 x_{ijk} 相互独立，则数据可分解为：

$$\begin{cases} x_{ijk}=\mu+\alpha_i+\beta_j+\delta_{ij}+\varepsilon_{ijk} \\ \varepsilon_{ijk} \sim N(0,\sigma^2),\text{且相互独立} \\ i=1,2,\cdots,r;j=1,2,\cdots,s;k=1,2,\cdots,t \end{cases}$$

其中，μ 为总均值；α_i 为水平 A_i 对指标的效应；β_j 为水平 B_j 对指标的效应；δ_{ij} 为 A_i 与 B_j 的交互效应；ε_{ijk} 为相应的试验误差。

判断因素 A 和 B 对试验指标是否显著等价于检验假设：

H01：$\alpha_1=\alpha_2=\cdots=\alpha_r=0$；H11：$\alpha_1,\alpha_2,\cdots,\alpha_r$ 不全为 0

H02：$\beta_1=\beta_2=\cdots=\beta_s=0$；H12：$\beta_1,\beta_2,\cdots,\beta_s$ 不全为 0

H03：$\delta_{ij}=0$；H13：δ_{ij} 不全为 0　$i=1,2,\cdots,r;j=1,2,\cdots,s$

针对数据的方差分析检验，常用的方法和对应的 Python 函数可以总结为表 2-4。

表 2-4　方差分析对应的 Python 函数

检验方法	Python 函数
Bartlett 检验	scipy.stats.bartlett()
Levene 检验	scipy.stats.levene()
单因素方差分析	scipy.stats.f_oneway()
双因素方差分析	statsmodels.stats.anova.anova_lm()

2.3.3 相关分析

相关分析是指对两个或多个具备相关性的变量元素进行分析，从而衡量两个变量元素的相关密切程度。元素之间需要存在一定的联系或者概率才可以进行相关分析，但是相关性不等于因果性。

相关分析通常用相关的系数大小表示。二元变量的相关分析中，比较常用的有 Pearson 相关系数、Spearman 秩相关系数和 Kendall 相关系数。需要注意的是，相关系数表示的是线性关系，无法表示数据中的非线性关系。可以根据相关系数的绝对值大小，将相关性强弱分为不同的等级，对应关系可总结为表 2-5。

表 2-5　绝对值大小范围和相关性强弱对应表

绝对值大小范围	相关性强弱
0.8 ～ 1	极强相关
0.6 ～< 0.8	强相关
0.4 ～< 0.6	中等程度相关
0.2 ～< 0.4	弱相关
0 ～< 0.2	极弱相关或无相关

（1）Pearson相关系数

Pearson 相关系数一般用于分析两个正态连续型变量之间的关系，其计算公式为

$$r = \frac{\sum_{i=1}^{n}(x_i - \overline{x})(y_i - \overline{y})}{\sqrt{\sum_{i=1}^{n}(x_i - \overline{x})^2 \sum_{i=1}^{n}(y_i - \overline{y})^2}}$$

其中，$x_1, x_2, \cdots, x_n$ 和 $y_1, y_2, \cdots, y_n$ 为两组观测数据。

相关系数 r 的取值范围在 $[-1,1]$ 之间，如果 $r < 0$ 说明变量间负相关，越接近于 -1，负相关性越强；$r > 0$ 说明正相关，越接近于 1，正相关性越强。

图 2-7 展示的是一组数据的 Pearson 相关系数情况，以及对应的矩阵散点图，图中的上三角区域给出了对应变量的相关系数大小。

（2）Spearman秩相关系数

Spearman 秩相关系数一般用于分析不服从正态分布的变量、分类变量或等级变量之间的关联性，其计算公式为

$$r_{\mathrm{s}} = \frac{1 - 6\sum_{i=1}^{n}(R_i - Q_i)^2}{n(n^2 - 1)}$$

其中，R_i 表示观测数据 $x_1, x_2, \cdots, x_n$ 中 x_i 的秩次；Q_i 表示观测数据 $y_1, y_2, \cdots, y_n$ 中 y_i 的秩次。

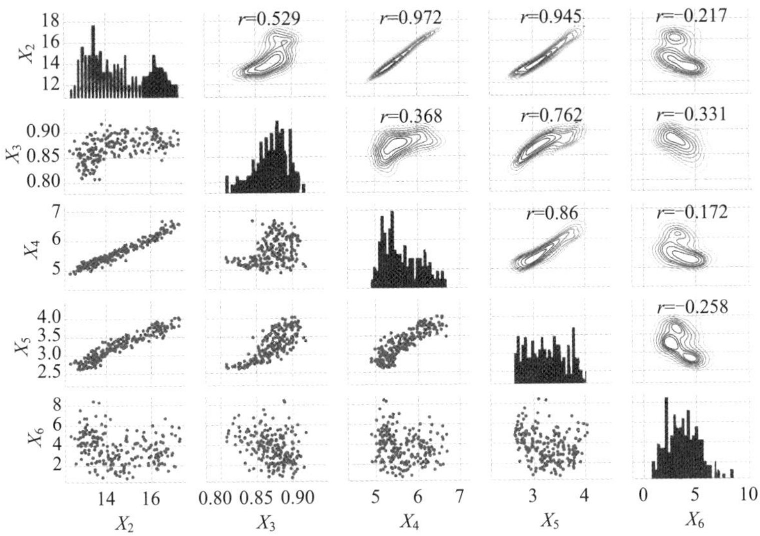

图 2-7　多个变量的相关系数矩阵散点图

可以证明，Spearman 秩相关系数与 Pearson 相关系数在效率上是等价的，而对于连续测量数据，更适合用 Pearson 相关系数进行分析。Spearman 秩相关系数对数据条件的要求没有 Pearson 相关系数严格，只要两个变量的观测值是成对的等级评定数据，或者是由连续型变量观测数据转化得到的等级数据，不论两个变量的总体分布形态、样本容量的大小如何，都可以用 Spearman 秩相关系数来进行研究。

（3）Kendall相关系数

Kendall 相关系数与 Spearman 秩相关系数对数据条件的要求相同，通常用于分析有序变量之间的相关性。

相关系数都可以使用 pandas.DataFrame.corr() 来计算，只需调整参数 method（'pearson'、'kendall'、'spearman'）的取值即可。

2.4　机器学习基础

机器学习（machine learning，ML）是一门多领域交叉学科，涉及数学、统计学、计算机科学等多门学科。它是人工智能的核心，是使计算机具有智能的途径之一，其应用遍及人工智能的各个领域。

简单地说，机器学习是计算机程序随着经验的积累而自动提高性能，使系统自我完善的过程。可以认为机器学习是一个从大量的已知数据中，学习如何对未知的新数据进行预测，并且可以随着学习内容的增加，提高对未来数据预测的准确性的过程。

2.4.1 机器学习分类

机器学习算法根据学习方式和应用场景的差异，可以简单地归为三类：无监督学习（unsupervised learning）、半监督学习（semi-supervised learning）、有监督学习（supervised learning）。

面对不同的问题，可以有多种不同的解决方法，使用合适的机器学习算法去完美地解决问题，是一个需要经验与技术的过程，而这些都是建立在对机器学习的各种方法有了充分了解的基础之上。虽然针对某些问题，可能无法找到最好的算法，但总可以找到合适的算法。机器学习应用场景分类和对应的经典算法如图 2-8 所示。

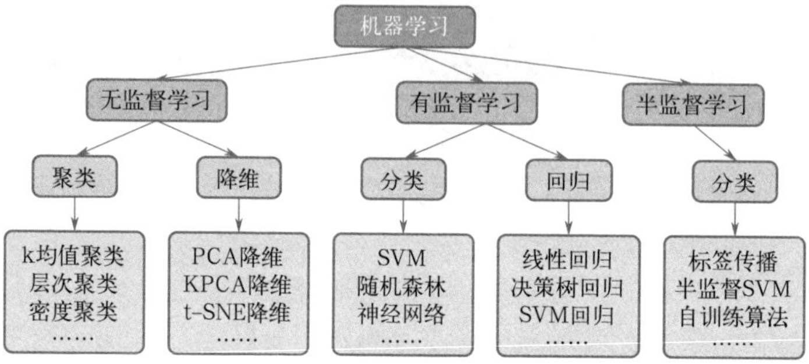

图 2-8 机器学习类型与算法

PCA—主成分分析；KPCA—核主成分分析；t-SNE—t分布-随机邻近嵌入；SVM—支持向量机

（1）无监督学习

无监督学习算法的应用场景主要有两种，即数据聚类和数据降维，由于不需要数据的监督信息，因此不需要提前知道数据集的类别标签。

聚类分析（cluster analysis）是一类将数据所研究对象进行分类的统计方法，它是将若干个个体（每个个体使用一个数据样本表示）按照某种标准分成若干个簇，并且希望簇内的样本尽可能相似，而簇与簇之间的样本要尽可能不相似。

数据降维是指在某些限定条件下，降低数据集特征的个数，得到一组新特征的过程，同时会尽可能地保留重要信息。在大数据时代，高维数据非常常见(每一个样例都会有很多特征)，高维数据虽然代表具有更多的可用信息，但是同时也带来了一些问题，例如：高维数据往往会带有冗余信息；如果数据维度过高，会大大拖慢算法的运行速度等。因此数据降维的一个重要作用就是去除冗余信息，保留必要的信息，同时提升算法的计算效率。

图 2-9 展示了手写字体图像数据样本，降维到二维空间后，使用聚类算法聚类，并将结果可视化的过程。

（2）有监督学习

与无监督学习相比，有监督学习的主要特性是：使用有标签的训练数据来建立

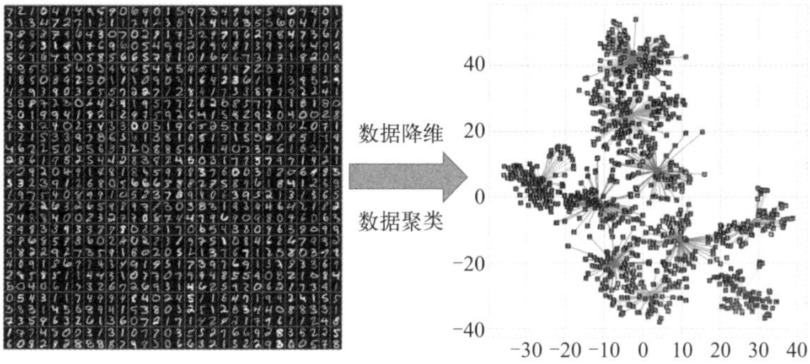

图 2-9　数据降维与聚类示意图

模型，用来预测新的未知标签的数据。使用类别数据指导的建模场景称为分类，使用连续数据指导的建模场景被称为回归。图 2-10 展示了数据分类与数据回归分析的结果示意图。

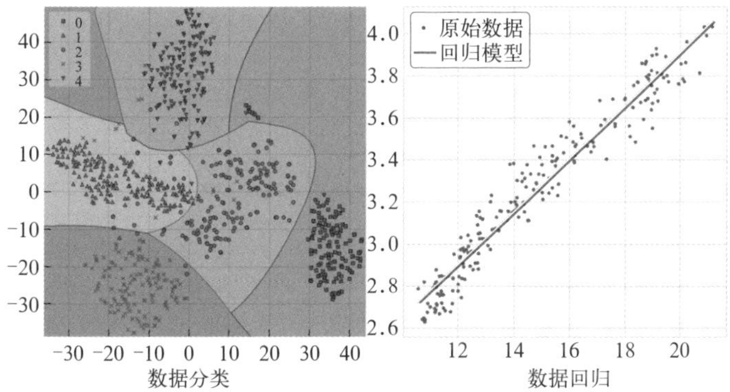

图 2-10　数据分类与数据回归示意图

分类任务是指将一组数据按照其特征或属性分成不同的类别或标签的任务。分类任务模型的训练数据包括输入特征和对应的标签（类别）。机器学习中常见的数据分类任务是二分类与多分类。二分类（binary classification）是将数据划分为两个互斥的类别，例如：垃圾邮件检测（垃圾邮件和非垃圾邮件）、疾病诊断（患病和健康）等。多分类（multi-class classification）是将数据划分为多个互斥的类别，例如：手写数字识别（0 ～ 9）、图像分类（猫、狗、鸟、汽车等）等。

回归任务是指利用数据来预测连续数值型的输出变量。与分类任务不同，回归任务的目标是预测一个连续的数值，而不是将数据分成不同的类别。回归任务通常用于预测价格、温度、销售量等连续型变量。在机器学习中常见的回归任务有：线性回归（linear regression）、多项式回归（polynomial regression）、岭回归（ridge regression）、Lasso 回归（Lasso regression）、决策树回归（decision tree regression）、随机森林回归（random forest regression）等算法。在应用中如何选择合适的回归方法，取决于数据的特点、模型的复杂度和问题的需求等。

（3）半监督学习

半监督学习和前面两种学习方式的主要区别是：学习器能够不依赖外界交互，自动地利用未标记样本来提升学习的性能。也就是说，使用的数据集有些是有标签的，有些是没有标签的，但是算法不会浪费大量无标签数据集的信息，所以利用无标签的数据集和有标签的数据集来共同训练，以得到可用的模型，用于预测新的无标签数据。半监督学习在现实中的需求是很明显的，因为现在可以容易地收集到大量无标签数据，然而对所有数据打标签是一项很耗时、耗力的工作，所以可以通过部分带标签的数据及大量无标签的数据来建立可用的模型。

2.4.2　机器学习性能度量

数据分类与回归算法对数据的预测效果，可以使用多种不同的评价指标进行评估。针对数据分类效果的评价，通常可以使用精度、混淆矩阵、F1 得分、精确率、召回率等多种方式。

混淆矩阵（confusion matrix）是一种特定的矩阵，用来呈现有监督学习算法性能的可视化效果。其每一行代表预测值，每一列代表的是实际的类别。混淆矩阵和其他的评价指标之间的关系可以使用图 2-11 来表示。

<table>
<tr><td></td><td rowspan="2">正例实例数量
P=TP+FN
负例实例数量
N=FP+TN</td><td colspan="2">真实值</td><td></td><td></td></tr>
<tr><td></td><td>+</td><td>–</td><td></td><td></td></tr>
<tr><td rowspan="2">预测值</td><td>+</td><td>真正例：TP</td><td>假负例：FN</td><td>精确度
PPV=TP/(TP+FP)</td><td>错误发现率
FDR=FP/(FP+TP)</td></tr>
<tr><td>–</td><td>假正例：FP</td><td>真负例：TN</td><td>错误遗漏率
FOR=FN/(FN+TN)</td><td>错误预测值
NPV=TN/(TN+FN)</td></tr>
<tr><td></td><td></td><td>灵敏度、召回率
TPR=TP/(TP+FN)</td><td>假正例率
FPR=FP/N</td><td>正似然比
LR+=TPR/FPR</td><td>精度
ACC=(TP+TN)/(TP+TN+FN+FP)</td></tr>
<tr><td></td><td></td><td>假负例率
FNR=FN/P</td><td>真负例率
TNR=TN/N</td><td>负似然比
LR−=FNR/TNR</td><td>F1得分
2(PPV×TPR)/(PPV+TPR)</td></tr>
</table>

图 2-11　混淆矩阵与相关分类度量（评价）指标的关系

精度（accuracy）表示正确分类的样本比例。

精确率（precision）也可以称为精确度或者查准率，它表示的是预测为正的样本中有多少是真正的正样本（真正例）。

召回率（recall）表示的是样本中的正例有多少被预测正确了。

F1 得分是一种综合评价指标，是精确率和召回率的两个值的调和平均，用来反映模型的整体情况。

ROC 和 AUC（图 2-12）：很多分类器是为测试样本产生一个实值或者概率预测，然后将这个预测值与一个分类阈值进行比较，如果大于阈值则分为正类，否则为反类。例如：在朴素贝叶斯分类器中，针对每一个测试样本预测出一个 [0,1] 之间的概率，然后将这个值与 0.5 比较，如果大于 0.5 则判断为正类，反之为负类。阈值的好坏直接反映了学习算法的泛化能力。根据预测值的概率，可以使用受试者工作特征曲线 (ROC) 来分析机器学习算法的泛化性能。在 ROC 中，纵轴是真正例率（true positive rate），横轴是假正例率（false positive rate）。ROC 与横轴围成的面积大小称为学习器的 AUC（area under ROC），该值越接近于 1，说明算法模型越好。

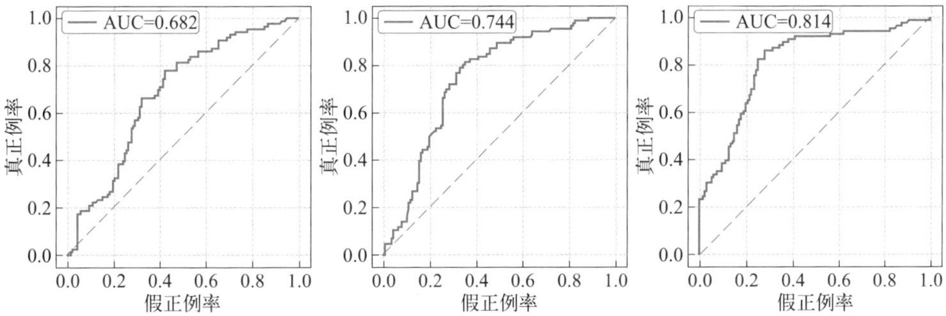

图 2-12　ROC 和对应的 AUC 值

回归模型通常是根据最小拟合误差训练得到的模型，因此使用预测与真实值的均方根误差大小，就可以很好地对比分析回归模型的预测效果。但是想要评价回归模型的稳定性及数据拟合效果，还需要其他的指标进行综合判断，下面将这些指标进行简单的介绍。

模型的显著性检验：建立多元回归模型后，首先关心的是模型是否成立，这就要使用模型的显著性检验。模型的显著性检验主要是 F 检验（方差齐性检验）。在回归分析输出结果中，会输出 F-statistic（F 检验的统计量）和 Prob F-statistic（F 检验的 P 值），如果 P<0.05，则说明在置信度为 95% 时，可以认为回归模型是成立的。如果 P>0.1，说明回归模型整体上没有通过显著性检验，模型不显著，需要进一步调整。

R-squared 在统计学中又叫决定系数（R^2），用于度量因变量的变异中可由自变量解释部分所占的比例，以此来判断回归模型的解释力。在多元回归模型中，决定系数的取值范围在 [0,1] 之间，取值越接近于 1，说明回归模型拟合程度越好，模型的解释能力越强。其中 Adjust R-squared 表示调整的决定系数，是对决定系数进行一个修正。

AIC 又称为赤池信息量准则，BIC 又称为贝叶斯信息量准则，两者均是评估统计模型的复杂度，衡量统计模型“拟合”优良性的一种标准，取值越小，相对应的模型越好。在具体应用中可以结合两者与具体情况进行模型的选择和模型的评价。

系数显著性检验：前面介绍的几个评价指标都是对模型进行度量，在模型合适的情况下，需要对回归系数进行显著性检验，即 t 检验。针对回归模型的每个系数的 t 检验，如果相应的 P 值 <0.05(0.1)，说明该系数在置信度为 95%(90%) 水平下，

系数是显著的。如果系数不显著，说明对应的变量不能添加到模型中，需要对变量进行筛选，重新建立回归模型。

Durbin-Watson（D-W）检验：D-W 统计量是用来检验回归模型的残差是否具有自相关性的统计量。其取值在［0,4］之间，数值越接近于 2 说明越没有自相关性，越接近于 4 说明残差具有越强的负自相关性，越接近于 0 说明残差具有越强的正自相关性。如果模型的残差具有很强的自相关性，则需要对模型进行进一步的调整。

条件数（Cond. No.）：用来度量多元回归模型中，自变量之间是否存在多重共线性。条件数取值大于 0，该值越小，越能说明自变量之间不存在多重共线性问题。一般情况下，Cond. No. ≤ 100，说明共线性程度小；如果 100< Cond. No. ≤ 1000，则存在较强的多重共线性；若 Cond. No.>1000，存在严重的多重共线性。如果模型存在严重的多重共线性问题，可以使用逐步回归、主成分回归、Lasso 回归等方式调整模型。

2.4.3 模型过拟合与欠拟合

针对训练的模型对数据的拟合情况，通常可以将其分为三种类型，即：欠拟合、过拟合、以及介于欠拟合与过拟合之间的正常拟合。

欠拟合：指不能很好地从训练数据中学习到有用的数据模式，从而针对训练数据和待预测的数据均不能获得很好的预测效果。如果使用的训练样本过少，就容易获得欠拟合的训练模型。

正常拟合：指训练得到的模型可以从训练数据集上学习得到泛化能力强、预测误差小的模型，同时该模型还可以针对待测试的数据进行良好的预测，获得令人满意的预测效果。

过拟合：指过于精确地匹配了特定数据集，导致获得的模型不能良好地拟合其它数据或预测未来的观察结果的现象。模型如果过拟合，会导致模型的偏差很小，但是方差会很大。

下面分别介绍针对分类问题和回归问题，不同任务下的拟合效果获得的模型对数据训练后的表示形式。图 2-13 展示了三种情况下的数据拟合情况。

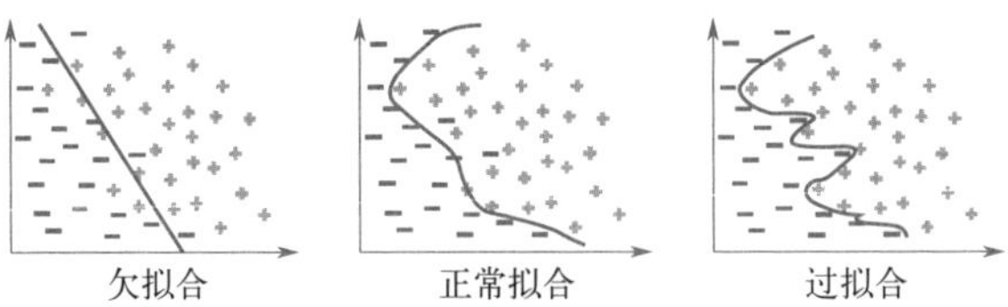

图 2-13　分类问题的三种数据拟合情况

从图 2-13 可以发现：欠拟合的数据模型较为简单，因此获得的预测误差也会较大。而过拟合的模型则正相反，其分界面完美地将训练数据全部分类正确，获得的模型过于复杂，虽然训练数据能够百分百预测正确，但是当预测新的测试数据时会有较高的错误率。而正常拟合的模型，对数据的拟合效果则是在欠拟合和过拟合之间寻找一个平衡点，训练获得不那么复杂的模型的同时，保证在测试数据集上的泛化能力。三种情况在训练数据集上的预测误差为：欠拟合 > 正常拟合 > 过拟合；而在测试集上的预测误差为：欠拟合 > 过拟合 > 正常拟合。

针对回归问题，在对连续型变量进行预测时，三种数据拟合情况可以使用图 2-14 来表示。

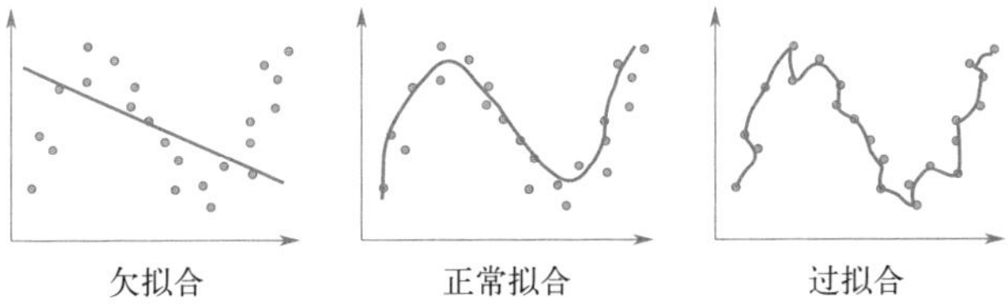

图 2-14 回归问题的三种数据拟合情况

可以发现，欠拟合的模型由于过于简单而不能对数据进行充分的学习；而过拟合的模型，则是对训练数据进行了一种特化学习的模型，从而不具有使用价值；正常拟合则是在学习到模型变化模式的同时，具有较好的鲁棒性。

针对深度学习模型，可以通过观察训练过程中损失函数的变化情况，判断深度学习网络是否正常拟合。图 2-15 展示了不同拟合情况下在训练数据与测试数据上损失函数的变化趋势。

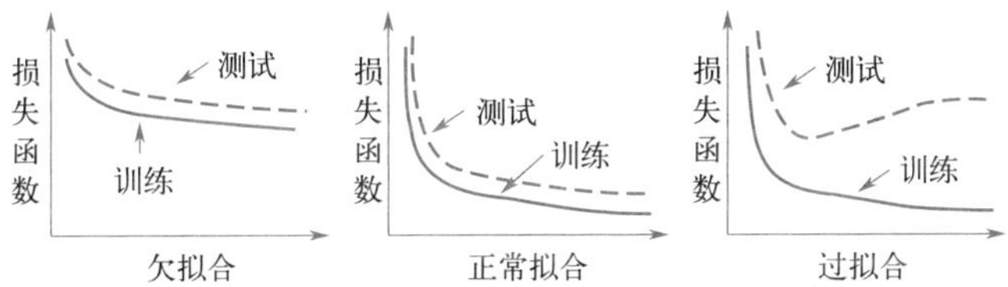

图 2-15 数据拟合时损失函数变化趋势

在实践过程中，如果发现训练的模型对数据进行了欠拟合或者过拟合，通常要对模型进行调整。解决这些问题是一个复杂综合的过程，而且很多时候要进行多项的调整，常用的解决方法有：增加数据量、合理的数据切分、正则化方法等。

2.5 深度学习基础

深度学习也是机器学习的一部分，和传统的机器学习方法一样，都可以根据输入的数据进行分类或者回归。但随着数据量的增加，传统的机器学习方法表现得不尽人意，而此时利用更深的网络挖掘数据信息的方法——深度学习表现出了优异的性能，迅速受到学术界和工业界的重视，尤其在 2010 年之后，各种深度学习框架的开源和发布，更进一步促进了深度学习算法的发展。深度学习与传统机器学习算法的工作流程差异如图 2-16 所示。

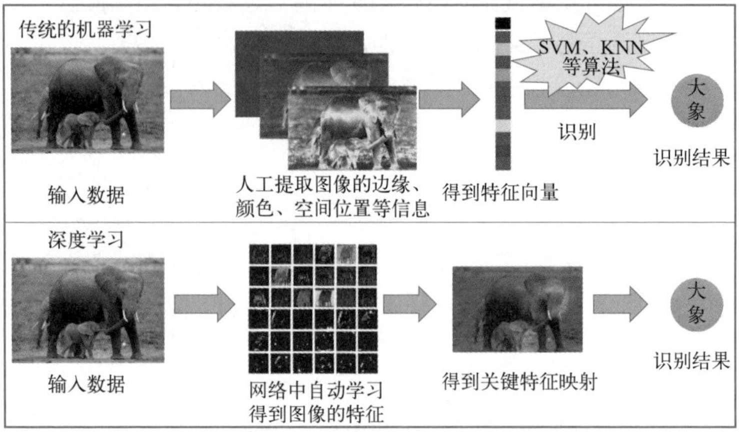

图 2-16　深度学习与传统机器学习工作流程差异

2.5.1　深度学习发展过程

深度学习算法并非横空出世，而是有着几十年的历史积累。现在流行的深度神经网络最早可以追溯到 20 世纪 40 年代，但是由于当时计算能力有限，最早的神经网络结构非常简单，并没有得到成功的实际应用。

在 20 世纪 60 ～ 70 年代，神经生理科学家们发现，在猫的视觉皮层中有两种细胞：一种是简单细胞，它对图像中的细节信息更加敏感，如图像的边缘、角点等；另一种是复杂细胞，对图像的空间具有不变性，可以处理旋转、放缩、远近等情况的图像。学者根据这一发现提出了卷积神经网络。

在 1989 年，Yann LeCun 等人，开始将 1974 年提出的标准反向传播算法应用于深度神经网络，这一网络被用于手写邮政编码识别。而 1995 年最受欢迎的机器学习算法支持向量机被提出，逐渐成为当时的主流算法，所以基于深度卷积神经网络的算法并没有引起人们的重视。虽然深度学习受到了支持向量机算法的压制，但是其发展并没有停止。如 1992 年多层级网络被提出，其利用无监督学习训练深度神经网络的每一层，再使用反向传播算法进行调优。而且最大值池化技术也被引入卷积神经网络中，进一步提升了卷积神经网络的性能。在卷积神经网络发展的同时，循环神经网络也得到了很大的发展，其中具有里程碑意义的是长短期记忆（LSTM）网络。其通过在神经单元中引入输入门、遗忘门、输出门等门的概念，来选择对长期信息和短期信息的提取，提升网络的记忆能力。

进入 21 世纪之后，随着数据量的积累和计算机性能的提升，神经网络算法和深度学习网络也得到了迅速的发展。2006 年后，出现了基于 GPU（图形处理单元）的卷积神经网络，其计算速度比在 CPU（中央处理器）上的卷积神经网络速度快 4 倍左右。在 2009 年的 ICDAR（国际文档分析与识别会议）手写字体识别大赛中，基于长短期记忆的递归神经网络，获得了大赛的冠军。在 2012 年 ImageNet 举办的图像分类竞赛（ILSVRC）中，冠军由使用深度学习系统 AlexNet 的 Alex Krizhevsky 教授团队获得。其中 AlexNet 首次采用 ReLU 激活函数，极大提升了收敛速度且从根本上解决了梯度消失问题，并且首次使用 GPU 加速模型计算。2015 年何凯明提出了深度残差网络，在对网络分层训练时，利用 ReLU 和 Batch Normalization（批量归一化）解决了深度网络在训练时的梯度消失和梯度爆炸问题。2016 年，谷歌公司推出基于深度学习的 AlphaGo，以 4：1 的比分战胜了国际顶尖围棋手李世石。2017 年，Transformers 和注意力机制被提出，不使用循环网络或卷积。Transformers 由多头注意力、残差连接、层归一化、全连接层和位置编码组成，用于保留数据中的序列顺序。Transformer 在 NLP（自然语言处理）中表现出优异的性能后不久，科研人员再次提出 Vision Transformer (ViT)，将 Transformer 应用于计算机视觉，在图像分类数据集上产生实质性的结果。同时基于强化学习算法的 AlphaGo 升级版 AlphaGo Zero 横空出世，其采用“从零开始”、“无师自通”的学习模式，以 100：0 的比分轻而易举打败了之前的 AlphaGo。除了围棋，它还精通国际象棋等其他棋类游戏。2018 年，ACM（国际计算机学会）决定将计算机领域的最高奖项——图灵奖颁给 Yoshua Bengio、Yann LeCun 和 Geoffrey Hinton，以表彰他们在计算机深度学习领域的贡献。2022 年，OpenAI 推出人工智能聊天机器人程序 ChatGPT，又一次引起各界研究人员的广泛关注，并且各种大模型开始登上新的舞台。

关于深度学习发展的基本过程，根据时间进行了简单的总结，深度学习发展时间线如图 2-17 所示。

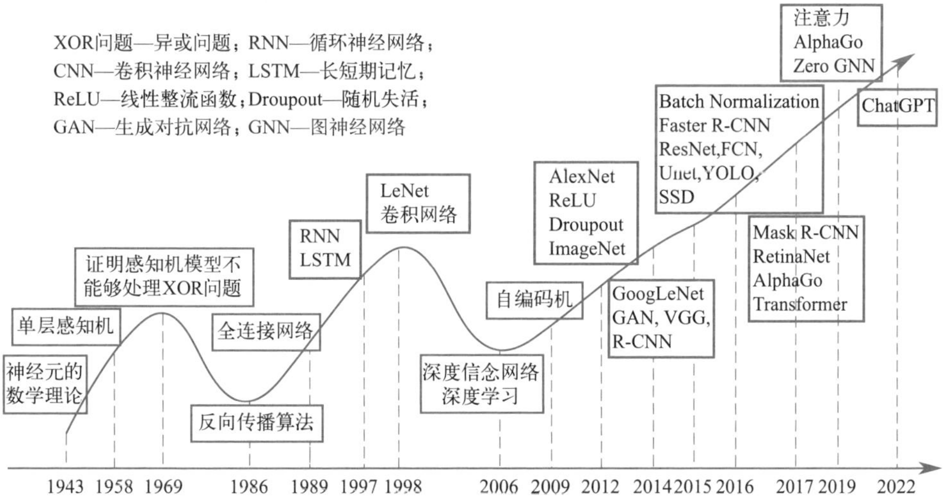

图 2-17　深度学习发展时间线

2.5.2 深度学习任务

深度学习的任务主要是计算机视觉领域与自然语言处理领域。其中计算机视觉任务众多，主要有图像分类、目标检测、语义分割、图像生成、图像去噪等，如图 2-18 所示。而自然语言处理（NLP）任务大体可以分成两种：一种是文本序列到文本序列，例如机器翻译、文本风格迁移等；另一种是序列到类别，例如情感分类、实体命名识别、主题分类等。

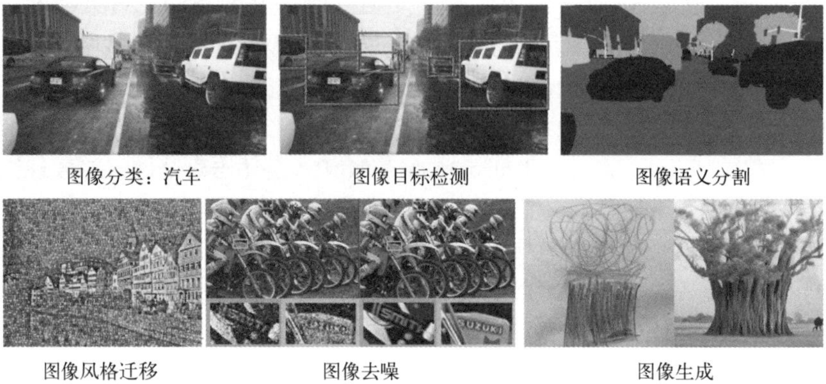

图 2-18　计算机视觉中的主流任务

（1）计算机视觉任务

图像分类：根据图像中所反映的不同特征，把不同类别的目标区分开来的图像处理方法，从而识别图像所表示的内容。

图像去噪：指从图像中消除或减少噪声的过程，以改善图像的质量和可视化效果。噪声可能由多种因素引起，例如：图像采集设备的限制、传输过程中的干扰或存储过程中的损失等。

目标检测：找出图像中所有感兴趣的目标（物体），确定它们的类别和位置，是计算机视觉领域的核心问题之一。由于各类物体有不同的外观和姿态，加上成像时光照、遮挡等因素的干扰，目标检测一直是计算机视觉领域最具有挑战性的问题。

语义分割：将标签或类别与图片的每个像素关联的一种方法，用来识别构成可区分类别的像素集合。语义分割不同于实例分割，例如：如果一张照片中有多个人，对于语义分割来说，只需要将所有人的像素都归为一类，但是实例分割还要将不同人的像素归为不同的类。

图像生成：一门通过学习原有图像分布而生成逼真图像的技术。图像生成的范围非常广泛，例如用于图像去噪、图像超分辨、图像风格迁移等。其中图像风格迁移是提供一张风格图像，将任意一张图像转化为这个风格，并尽可能保留原图像的内容。

（2）自然语言处理任务

机器翻译： 属于计算语言学的范畴，借由计算机程序将文字或语音从一种自然语言翻译成另一种自然语言。简单来说，机器翻译是将一个自然语言的字词替代成另一个自然语言的字词。

文本风格迁移： 自然语言处理领域的重要问题之一，旨在保留文本内容的基础上通过编辑或生成的方式更改文本的特定风格或属性 (如情感、时态和性别等)。文本风格迁移可应用于许多现实场景，如人机对话、特定风格标题生成、诗歌生成等。

情感分类： 对带有感情色彩的主观性文本进行分析、推理的过程，即分析说话人的态度倾向正面还是反面。它与传统的文本主题分类又不相同，传统文本主题分类是分析文本讨论的客观内容，而情感分类是要从文本中得到它是否支持某种观点的信息。

实体命名识别： 又称作“专名识别”，是指识别文本中具有特定意义的实体，主要包括人名、地名、机构名、专有名词等。一般来说，实体命名识别的任务就是识别出待处理文本中的三大类（实体类、时间类和数字类）、七小类（人名、机构名、地名、时间、日期、货币和百分比）命名实体。

文本生成： 生成自然语言文本，例如：文本摘要、对话系统、机器翻译等。

中文分词： 中文处理的特有步骤，因为英文词汇有空格符分割词的边界，但中文却没有类似的方式来区分，所以需要中文分词。在一个句子中找出词的边界有时并不是一个简单的问题，所以也需要模型来做。一般中文分词是对句子中每个字的位置做二分类。

语言建模： 根据历史上下文预测下一个词或一段文本的概率分布，例如：基于神经网络的语言模型。

基于深度学习的自然语言处理方法，通过构建具有一定“深度”的模型，将特征学习和预测模型融合，通过优化算法使模型自动地学习到好的特征表示，并基于此进行结果预测。图 2-19 展示了基于深度学习的自然语言处理基本流程。

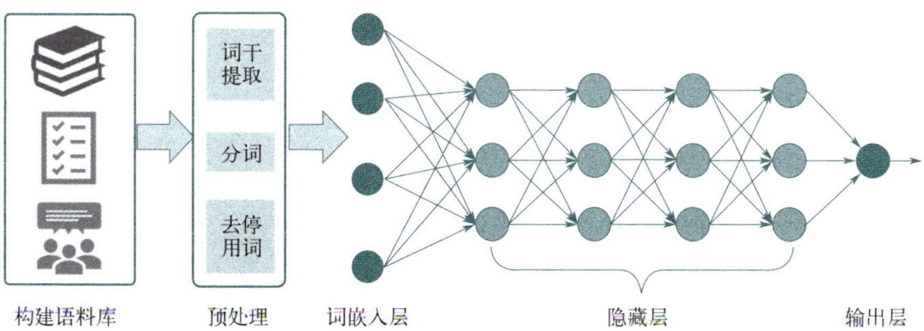

图 2-19　基于深度学习的自然语言处理基本流程

2.6 本章小结

本章主要介绍了人工智能的基础知识，包含线性代数、概率统计、数据分析、机器学习以及深度学习等方面的基础内容，并且针对每个部分尽可能地使用简单的形式，对重要的内容进行介绍，避免了复杂的定义与公式介绍。本章内容主要是帮助读者建立起对人工智能所包含内容的直观认识，从而具有全局意识，避免掉入某些局部困难的陷阱。

第3章

回归分析

回归分析是一种统计方法，对连续型数据进行预测，目的在于分析两个或多个变量之间是否相关以及相关方向和强度的关系。可以通过建立回归模型观察特定的变量，或者预测研究者感兴趣的变量。更具体地说，回归分析可以帮助人们了解在只有一个自变量变化时引起的因变量的变化情况。“回归”一词最早是由法兰西斯·高尔顿提出的，他曾对亲子间的身高做研究，发现父母的身高虽然会遗传给子女，但子女的身高却有逐渐“回归到身高的平均值”的现象。

在大数据分析任务中，回归分析是一种预测性的建模技术，也是人工智能中的最重要的方法之一，它主要解决目标特征为连续型的预测问题。任何回归分析都会涉及 3 个关键的变量集合：

① 因变量（待预测变量、响应变量）Y；

② 自变量（预测变量）X；

③ 由回归模型估计的模型参数。

按照涉及的自变量的多少，分为一元回归分析和多元回归分析；按照因变量的多少，可分为简单回归分析和多重回归分析；按照自变量和因变量之间的关系类型，可分为线性回归分析和非线性回归分析。回归关系可以理解为从一组自变量空间到因变量空间的映射函数，即可以表示为 $Y \approx f(X,\beta)$，其中 β 就是我们待估计的参数。

此外还有一种特殊的连续型数值预测回归模型，由于该数值的记录通常与时间有关，而且想要根据现有记录的数据，预测未来数据的变化情况，因此也叫作时间序列回归分析，可以将其理解为一种应用场景特殊的回归模型。时间序列数据的分析和预测在财务、经济、调查、气象等领域应用非常广泛，例如：根据历史气象观测数据，预测未来的气象情况；根据历史的销售额预测未来的可能销售额等。一般地，对任何变量做定期的记录就能构成一个时间序列，对该序列未来数据进行预测的方法，可以称为时间序列回归分析。

根据研究序列数量的不同，可以将时间序列数据分为一元时间序列数据和多元时间序列数据。时间序列的变化可能受一个或多个因素的影响，导致它在不同时间取值有差异，这些影响因素分别是长期趋势、季节变动、循环波动（周期波动）和不规则波动（随机波动）。时间序列分析主要有确定性变化分析和随机性变化分析。确定性变化分析包括趋势变化分析、周期变化分析、循环变化分析。随机性变化分析预测的模型主要有：AR（自回归）、MA（移动平均）、ARMA（自回归移动平均）、ARIMA（差分自回归移动平均）模型等。

本章将会主要介绍线性回归中的一元线性回归与多元线性回归，以及带有正则化约束的 Ridge 回归、Lasso 回归、弹性网回归，用于分类任务的逻辑回归，以及时间序列相关的回归分析等。其中建立回归分析模型解决实际问题的过程可总结为图 3-1。

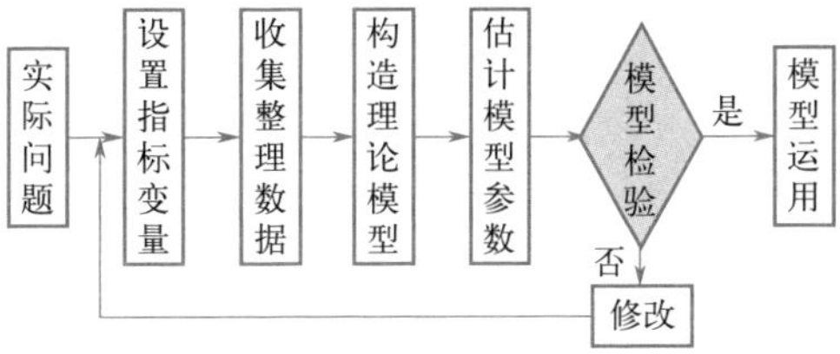

图 3-1　回归分析模型解决实际问题的过程示意图

3.1　线性回归

线性回归主要研究一个或者多个自变量和一个因变量之间的线性关系，其中一元线性回归是分析两个变量之间的线性关系，多元线性回归分析因变量和多个自变量之间的关系。

3.1.1　一元线性回归

设 y 是一个可观测的随机变量，它受到一个非随机变量因素 x 和随机误差 ε 的影响。如果 y 与 x 有如下线性关系：

$$y = ax + b + \varepsilon$$

且 ε 服从正态分布 $\varepsilon \sim N(0, \sigma^2)$，则上式为一元线性回归方程。

其中，a、b 是固定的未知参数，a 可以称为自变量的系数，b 为函数在 y 轴上的截距；y 称为因变量；x 称为自变量。

该方程的示意图如图 3-2 所示。

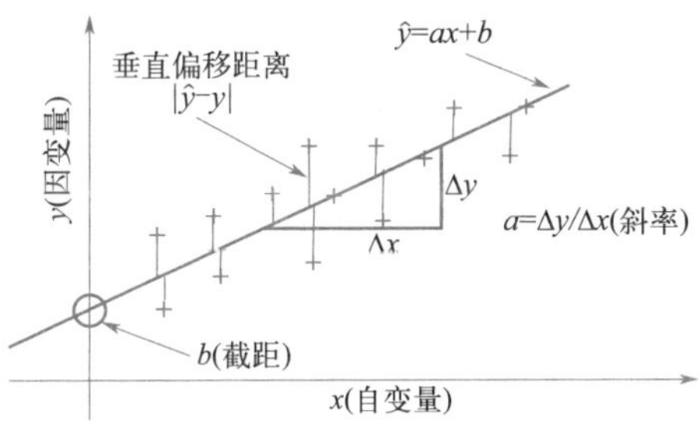

图 3-2　一元线性回归

对于样本 (x_i, y_i)，模型的预测值为 $\hat{y}_i = ax_i + b$，真实值 y_i 与预测值 $\hat{y}_i$ 的差称为样本 (x_i, y_i) 的残差，记为 $\varepsilon_i = y_i - \hat{y}_i$。一元线性回归的主要任务有：

① 利用样本观测值对回归系数 a、b 进行估计；

② 对线性回归方程（回归系数 a）做显著性检验；

③ 根据新的自变量 x 的取值预测 y。

（1）回归方程的参数估计

给定训练集 $\boldsymbol{D}=\{(x_1,y_1),(x_2,y_2),\cdots,(x_n,y_n)\}$，回归分析的目标是找到一条直线 $y=ax+b$，使得所有样本尽可能地落在它的附近。可以通过最小化残差平方和（residual sum of squares，RSS）来达到上述目标，从而寻找出最优的参数，即求解：

$$\min \mathrm{RSS}(a,b)=\min_{a,b}\sum_{i=1}^{n}(y_i-ax_i-b)^2$$

将残差平方和 $\mathrm{RSS}(a,b)$ 分别对 a 和 b 求导，并令导数等于零，得到最优解为：

$$\begin{cases}\hat{a}=\dfrac{\sum\limits_{i=1}^{n}x_iy_i-n\overline{x}\,\overline{y}}{\sum\limits_{i=1}^{n}x_i^{\ 2}-n\overline{x}^2}\\ \hat{b}=\overline{y}-\hat{a}\overline{x}\end{cases}$$

这种方法叫作最小二乘法。

（2）回归方程的显著性检验

针对一元线性回归方程的显著性检验，是利用统计学的检验理论检验回归模型的可靠性，通常可以使用拟合优度检验、相关系数检验、模型的显著性检验（F 检验）和模型参数的显著性检验（t 检验）。

回归方程有意义通常需要自变量系数 $a\neq 0$，如果 $a=0$ 则自变量 x 无论如何变化，因变量 y 的取值都不会有变化。因此检验回归方程是否有意义的问题可以转化为检验如下假设是否为真的问题：H0：$a=0$。

由于一元线性回归模型只有一个自变量，因此一元线性回归模型的显著性检验，使用 F 检验或者 t 检验的结果是等价的，因此只做其中一种检验即可。

（3）回归方程的预测

回归方程一个重要的应用是回归预测。所谓预测，是指给定 x_0，对相应的 y 的取值 y_0 做出推断。由模型 $y=ax+b+\varepsilon$ 可知，$y_0=ax_0+b+\varepsilon_0$ 是一个随机变量，而预测随机变量的取值是不可能的，只能预测其对应的期望值 $E(y_0)$。这种回归预测的统计推断通常有两种应用方式：一种是给出 $E(y_0)$ 的估计值，也称为预测值；另一种是给出 y_0 的一个预测区间。其中预测值可利用 $\hat{y}_0=ax_0+b$ 直接获得。针对预测区间，对于给定的置信水平 $1-\alpha$，使用 $\varepsilon(x_0)$ 表示对应的误差，y_0 的置信区间为 $\hat{y}_0\pm\varepsilon(x_0)$，并且当 x_0 越靠近 $\overline{x}$，预测的精度就越高。

（4）可转化为线性回归的曲线回归

在许多实际问题中，变量间的关系未必是线性关系，如果样本的散点图大致呈某一曲线，同时又存在某种变换可将该曲线转变为直线，则可利用该变换把问题转化为线性回归问题，从而利用线性回归的结果进行问题分析。表 3-1 展示了几种常见的曲线回归及其对应的变换方式。

表 3-1 可化为线性回归的曲线回归

曲线函数	变换	线性形式
$y = ax^b$	$y' = \ln y, x' = \ln x$	$y' = \ln a + bx'$
$y = ae^{bx}$	$y' = \ln y$	$y' = \ln a + bx$
$y = a + b\ln x$	$x' = \ln x$	$y = a + bx'$
$y = \dfrac{x}{ax - b}$	$y' = \dfrac{1}{y}, x' = \dfrac{1}{x}$	$y' = a - bx'$
$y = \dfrac{e^{a+bx}}{1 + e^{a+bx}}$	$y' = \ln\dfrac{y}{1-y}$	$y' = a + bx$

图 3-3 展示了函数 $y = ax^b$ 的原始数据及变换后的数据分布形式的情况。

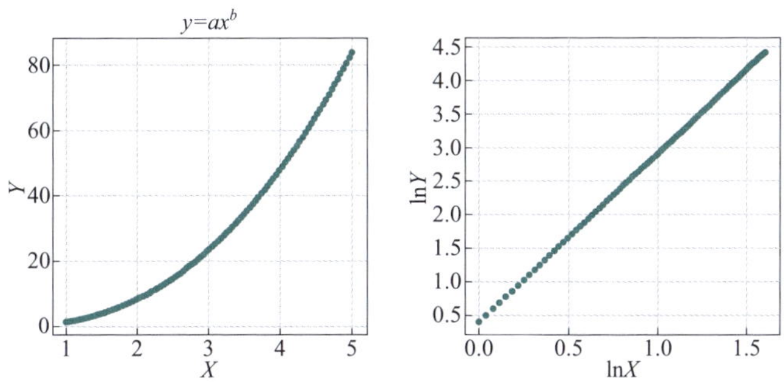

图 3-3 $y=ax^b$ 的原始数据及变换后的数据分布

3.1.2 多元线性回归

设 y 是一个可观测的随机变量，它受到多个（大于等于 2）非随机变量因素 $x_1, x_2, \cdots, x_p$ 和随机误差 ε 的影响。如果 y 与 $x_1, x_2, \cdots, x_p$ 可用如下线性关系来描述:

$$y = \beta_0 + \beta_1 x_1 + \beta_2 x_2 + \cdots + \beta_p x_p + \varepsilon$$

则称上式为多元线性回归方程。

其中，$\beta_0, \beta_1, \cdots, \beta_p$ 是固定的未知参数，称为回归系数；y 称为因变量（被解释变量）；$x_1, x_2, \cdots, x_p$ 称为自变量（解释变量），它们是非随机的且可精确观测；ε 为随机误差，表示随机因素对因变量 y 的影响，且 $\varepsilon \sim N(0, \sigma^2)$。

（1）多元线性回归最小二乘法求解

当考虑到具体实际问题时，针对获得的 n 组观测数据 $(x_{i1}, x_{i2}, \cdots, x_{ip}; y_i)$，$i = 1, 2, \cdots n$，则上述的回归方程可表示为:

$$
\begin{cases}
y_1 = \beta_0 + \beta_1 x_{11} + \beta_2 x_{12} + \cdots + \beta_p x_{1p} + \varepsilon_1 \\
y_2 = \beta_0 + \beta_1 x_{21} + \beta_2 x_{22} + \cdots + \beta_p x_{2p} + \varepsilon_2 \\
\vdots \\
y_n = \beta_0 + \beta_1 x_{n1} + \beta_2 x_{n2} + \cdots + \beta_p x_{np} + \varepsilon_n
\end{cases}
$$

令:

$$
\boldsymbol{y} = \begin{bmatrix} y_1 \\ y_2 \\ \vdots \\ y_n \end{bmatrix}, \boldsymbol{X} = \begin{bmatrix} 1 & x_{11} & x_{12} & \cdots & x_{1p} \\ 1 & x_{21} & x_{22} & \cdots & x_{2p} \\ \vdots & \vdots & \vdots & \vdots & \vdots \\ 1 & x_{n1} & x_{n2} & \cdots & x_{np} \end{bmatrix}, \boldsymbol{\beta} = \begin{bmatrix} \beta_0 \\ \beta_1 \\ \vdots \\ \beta_p \end{bmatrix}, \boldsymbol{\varepsilon} = \begin{bmatrix} \varepsilon_1 \\ \varepsilon_2 \\ \vdots \\ \varepsilon_n \end{bmatrix}
$$

则多元线性回归模型的矩阵形式为：$\boldsymbol{y} = \boldsymbol{X\beta} + \boldsymbol{\varepsilon}$。类似于一元线性回归方程系数的求解方法，使用最小二乘法求解，寻找参数 $\beta_0, \beta_1, \cdots, \beta_p$ 的无偏估计 $\hat{\beta}_0, \hat{\beta}_1, \cdots, \hat{\beta}_p$。最终求得:

$$
\hat{\boldsymbol{\beta}} = \left(\boldsymbol{X'X}\right)^{-1} \boldsymbol{X'y}
$$

可以发现在求解 $\hat{\boldsymbol{\beta}}$ 时，需要 $(\boldsymbol{X'X})^{-1}$ 必须存在，即 $\boldsymbol{X'X}$ 为非奇异矩阵，此时必须要求 $n \geqslant p+1$。也就是说，要想用最小二乘法来估计多元线性回归模型的未知参数，样本容量必须不小于模型中参数的个数。因此，在自变量个数 p 大于训练样本 $(x_1, y_1), (x_2, y_2), \cdots, (x_n, y_n)$ 的数量 n 时，得到的多元线性回归的解容易产生过拟合问题，通常可以通过特征选择和正则化等方法来解决该问题，例如使用 Ridge 回归和 Lasso 回归，这些方法的详细内容将在后面的小节中介绍。

（2）多元线性回归模型的显著性检验（F检验）

对多元线性回归模型的显著性检验，可提出假设:

$$
\mathrm{H0}: \beta_1 = \beta_2 = \cdots = \beta_p = 0
$$

如果 H0 被接受，则表示得到的多元线性回归模型来表示 y 与自变量 $x_1, x_2, \cdots, x_p$ 的关系不合适。针对该假设，计算 F 统计量值，使用 F 检验即可。

（3）多元线性回归模型的回归系数显著性检验（t检验）

对自变量的显著性检验，是指在一定的显著性水平下，检验模型的自变量是否对因变量有显著影响的一种统计检验。对于多元线性回归模型，总体回归方程线性关系的显著性，并不意味着每个自变量 $x_1, x_2, \cdots, x_p$ 对因变量 y 的影响都是显著的。因此需要对每个自变量进行显著性检验，把对 y 影响不显著的自变量从模型中剔除，而只保留对 y 影响显著的自变量，以建立更为简单合理的多元线性回归模型。

如果某个自变量 x_i 对 y 的作用不显著，那么在回归模型中，它的系数 β_i 就可以取值为零。因此检验变量 x_i 是否显著，等价于检验假设:

$$
\mathrm{H0}_i: \beta_i = 0
$$

若接受假设 $H0_i$，则 x_i 不显著；否则，x_i 显著。针对这种情况，使用 t 检验即可完成对应自变量的假设检验。

前面介绍过，在一元线性回归中，回归系数显著性的 t 检验与回归方程（模型）显著性的 F 检验是等价的，但是在多元线性回归中，这两种检验是不等价的。

（4）逐步回归

如果在一个回归方程中，忽略了对因变量 y 有显著影响的自变量，那么所建立的方程必然与实际有较大的偏离，所使用的自变量越多，越可能因为误差平方和的自由度的减小而使 σ^2 的估计增大，从而影响使用回归方程作预测的精度。因此，适当地选择变量以建立一个“最优”的回归方程（模型）是十分重要的。“最优”的回归模型一般满足两个条件：

① 模型能够反映自变量和因变量之间的真实关系；

② 模型所使用自变量数量要尽可能地少。

建立多元线性回归模型时，经常会从可能影响因变量 y 的众多影响因素中，挑选部分作为自变量建立“最优”的回归模型，这时可以通过逐步回归的方法，挑选出合适的自变量。

逐步回归（stepwise regression）是一种线性回归模型自变量选择方法，其基本思想是将变量一个一个引入，引入的条件是其偏回归平方和经检验是显著的。同时，每引入一个新变量后，对已入选回归模型的旧变量逐个进行检验，将经检验认为不显著的变量删除，以保证所得自变量子集中每一个变量都是显著的。此过程经过若干步直到不能再引入新变量为止，这时回归模型中所有变量对因变量都是显著的。

由于自变量选择很重要，所以有大量文章提出了各种各样的方法，它们大体可分为三类。

① 前进法：变量由少到多，每次增加一个自变量，直至全部变量都进入回归方程为止，这样共得到 p 个回归方程。最后比较这 p 个回归方程，从中选出最好的一个就为所求的回归方程，这个方程中的变量即为所选择的变量。

② 后退法：首先使 p 个自变量进入回归方程，然后依次在这 p 个变量中选择一个最不重要的剔除，直至方程中剩下一个自变量为止。在这个过程中共有 p 个回归方程，最后在这 p 个回归方程中挑选最好的一个，其中的变量为所选择的变量。

③ 最优子集法：设有 p 个变量，产生一切可能的回归，这些回归中有包含一个自变量的回归、包含两个自变量的回归……包含全部 p 个自变量的回归。在所有这些回归中找出一个最好的，它所包含的变量即为所求。

图 3-4 展示的是对一组数据，使用回归模型进行数据拟合的效果。其中，使用的自变量为 $x, x^2, x^3, x^4, x^5, x^6, x^7, x^8, x^9, x^{10}$，因变量为 $\sin x$ + 随机噪声，散点表示待预测的数据，两个回归模型中多元线性回归使用了所有的自变量，而逐步回归则只使用了其中的 x, x^2, x^5, x^8, x^{10} 共 5 个自变量。

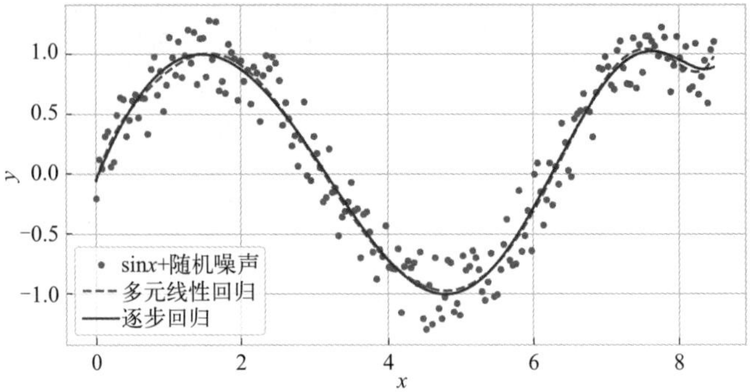

图 3-4　数据多元线性回归分析与逐步回归效果

3.1.3　回归诊断

回归函数线性的诊断：诊断回归函数是否是$x_1, x_2, \cdots, x_p$的线性函数的主要工具是残差图。如果残差图呈无规律散布，通常可以说明回归函数与$x_1, x_2, \cdots, x_p$是线性函数。

误差方差齐性的诊断：利用残差图可以分析误差方差是否具有齐性。若残差图呈现图 3-5 的现象，可以认为各个观测误差的方差为非齐性（不齐），因为它表示误差方差随y增大而增大或减小。此外也可以使用 Hartley 检验、Barlett 检验等假设检验方法进行判断。

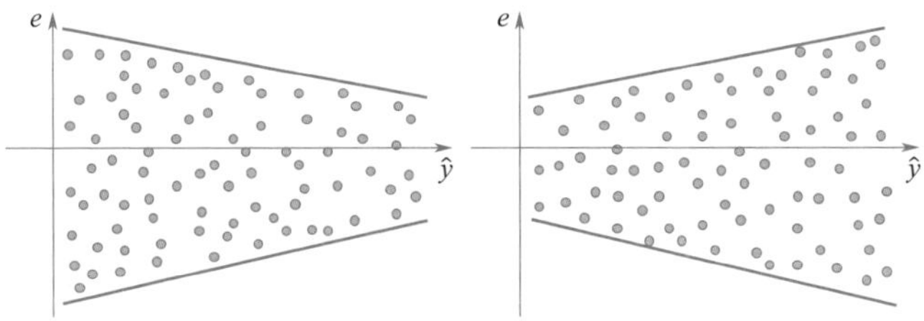

图 3-5　方差不齐的残差图

误差的独立性诊断：在很多与时间有关的问题中，后面的观测值往往与前期的观测值不一定独立。针对误差的独立性诊断通常可以使用 D-W 检验，当 D-W 值接近 2 时，可以认为误差是独立的。更精确的判断区间需要查 D-W 检验表进行分析。

异常点与强影响点诊断：异常点通常是指数据中的极端点或与其他数据不同的数据点。常用的诊断统计量是标准化残差r_i，当r_i>2 或 3 时可以认为该点是异常点。

强影响点是指保留该点与删除该点两种情况下，建立的回归方程中的回归系数会产生很大差异的点。常用的诊断统计量有 Cook 距离，该值越大，则对应点对回归系数的估计的影响越大。

若某点为异常点，它可能是强影响点，但也可能不是强影响点。同样，强影响点可能是异常点，也可能不是。当具有异常点或强影响点时，避免它对估计和拟合的影响的一种方法是删除该点后建立新的回归方程。

3.2 正则化回归

一般线性回归是用均方误差作为损失函数，也就是最小二乘法求解，但为了防止模型的过拟合，在建立线性模型时可以加入正则化项，一般有 ℓ_1 正则化和 ℓ_2 正则化。所谓正则化，就是通过在模型中添加一些惩罚项或约束条件来控制模型复杂度，达到减轻过拟合的目的。

线性回归的 ℓ_1 正则化通常称为 Lasso 回归（lasso regression，也称为拉索回归），线性回归的 ℓ_2 正则化通常称为 Ridge 回归（ridge regression，也称为岭回归），它们和一般线性回归的区别是在损失函数上增加了一个正则化的项。

3.2.1 Ridge 回归

针对多元线性回归模型，使用最小二乘法有时并不是有效的，尤其是出现以下情况时：

① 当样本数量小于变量数量时，$\boldsymbol{X}'\boldsymbol{X}$ 是非奇异的，不存在逆矩阵，所以无法求解 $\hat{\boldsymbol{\beta}}$；

② 当自变量之间存在多重共线性时，求解出的 $\hat{\boldsymbol{\beta}}$ 是不稳定的，线性回归模型可能在训练集上效果很好，但是在测试集上拟合效果很差，造成过拟合。

为了解决上述问题，可以在求解参数 $\hat{\boldsymbol{\beta}}$ 时添加额外的惩罚。1970 年，Hoerl 和 Kennard 提出在求解 $\boldsymbol{X}'\boldsymbol{X}$ 的逆矩阵之前，添加一个常数为 λ 的对角矩阵，从而在 Ridge 回归模型中，可以添加 ℓ_2 范数作为惩罚项，获得正则化回归模型。Ridge 回归需要求解如下公式得到系数向量：

$$\hat{\boldsymbol{\beta}}_{\text{ridge}} = \arg\min_{\boldsymbol{\beta}\in\mathbb{R}^p} \frac{1}{2}\|\boldsymbol{y}-\boldsymbol{X}\boldsymbol{\beta}\|_2^2 + \lambda\|\boldsymbol{\beta}\|_2^2$$

其中，$\frac{1}{2}\|\boldsymbol{y}-\boldsymbol{X}\boldsymbol{\beta}\|_2^2$ 为回归模型的损失函数；$\lambda\|\boldsymbol{\beta}\|_2^2$ 是用 ℓ_2 范数作为正则化惩罚函数，正则化参数 $\lambda>0$ 。λ 越大，则系数 $\hat{\boldsymbol{\beta}}_{\text{ridge}}$ 就越小，能显著降低过拟合的风险。

这样就得到了 Ridge 回归模型系数的求解公式：

$$\hat{\boldsymbol{\beta}}_{\text{ridge}} = (\boldsymbol{X}'\boldsymbol{X}+\lambda\boldsymbol{I})^{-1}\boldsymbol{X}'\boldsymbol{y}$$

其中，$\hat{\boldsymbol{\beta}}_{\text{ridge}}$ 是选择最小化惩罚平方和；单位矩阵 $\boldsymbol{I}$ 的对角线上全是 1。

3.2.2 Lasso 回归

1996 年，Tibshirani 把 Ridge 回归模型中惩罚正则化项的 ℓ_2 范数替换为了 ℓ_1 范数，得到了 Lasso 回归模型，Lasso 需要求解如下公式得到系数向量：

$$\hat{\boldsymbol{\beta}}_{\text{lasso}} = \arg\min_{\boldsymbol{\beta}\in\mathbb{R}^p} \frac{1}{2}\|\boldsymbol{y}-\boldsymbol{X}\boldsymbol{\beta}\|_2^2 + \lambda\|\boldsymbol{\beta}\|_1$$

其中，正则化参数 $\lambda > 0$。使用 ℓ_1 范数作为惩罚的正则化项，具有更强的稀疏化回归系数向量的能力，可以直接将某些对因变量影响力不大或者无关的变量剔除，即把相应的回归系数压缩为零，同时进行变量选择与回归模型构建。所以 Lasso 回归具有更强的变量选择功能，并具有将高维数据空间降维的作用。

Lasso 回归由于正则化项在零点处不可求导，所以使用非梯度下降法进行求解，如：坐标下降法、近端梯度下降或最小角回归法。

考虑二维的情况，即只有两个权值 β_1 和 β_2，令 $J_{\text{lasso}} = |\beta_1| + |\beta_2|$，在求解 Lasso 回归的过程中可以画出等值线，同时 ℓ_1 正则化的函数 J_{lasso} 也可以在 β_1 和 β_2 的二维平面上画出来。如图 3-6（a）。同理针对 Ridge 回归，在二维的情况下，$J_{\text{ridge}} = \beta_1^2 + \beta_2^2$，求解过程同样可以画出等值线，如图 3-6（b）。可以发现，Lasso 回归的解更容易将系数压缩到 0。

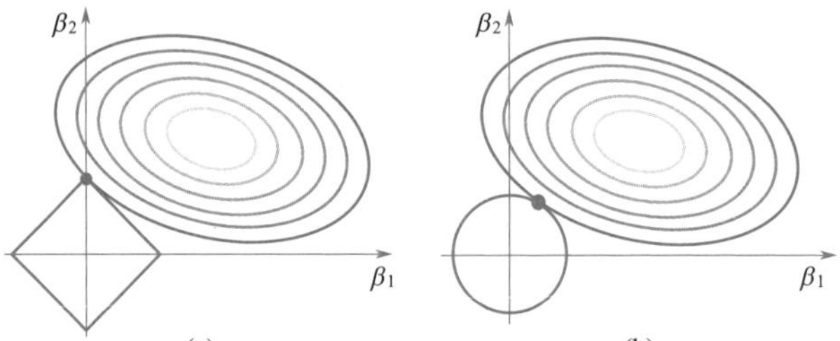

(a) (b)

图 3-6　正则化影响最优点的过程

3.2.3　弹性网回归

Ridge 回归和 Lasso 回归是目前比较流行的两种线性回归正则化方法，它们均可以解决多元线性回归中的多重共线性问题，增强模型的稳定性，而且 Lasso 回归还可以为模型选择有用的特征，进行变量的筛选，但是也有一定的局限性。例如：如果预测变量具有群组效应，则用 Lasso 回归时，只能选出其中的一个预测变量；如果预测变量中存在很强的共线性，Lasso 的预测表现受控于岭回归。

因此，Zou 和 Hastie 在 2005 年提出了弹性网（elastic net）回归方法，优化目标为：

$$\hat{\boldsymbol{\beta}} = \arg\min_{\boldsymbol{\beta}\in\mathbb{R}^p} \frac{1}{2}\|\boldsymbol{y} - \boldsymbol{X}\boldsymbol{\beta}\|_2^2 + \lambda_2\|\boldsymbol{\beta}\|_2^2 + \lambda_1\|\boldsymbol{\beta}\|_1$$

可以发现，弹性网回归为 Ridge 回归惩罚函数和 Lasso 回归惩罚函数的一个凸线性组合。因此，弹性网回归兼有 Lasso 回归和 Ridge 回归的优点，既能达到变量选择的目的，又具有很好的群组效应。

图 3-7 展示的是针对一组数据，使用 3 种正则化回归模型进行数据拟合的效果。其中，使用的自变量为 $x, x^2, \cdots, x^{20}$，因变量为 $\sin x$ + 随机噪声，散点表示待预测的数据。在 3 种正则化回归模型中，Lasso 回归模型可以将 6 个自变量回归系数约束到 0，而 Ridge 回归与弹性网回归则无法将自变量回归系数约束到 0。

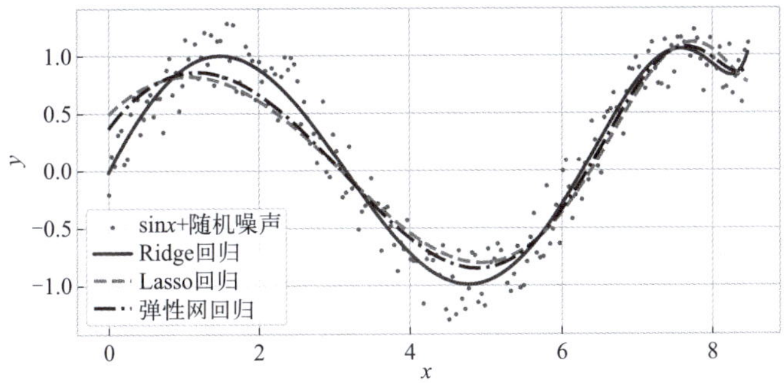

图 3-7　正则化回归模型对比

3.3　逻辑回归

多元线性回归模型可以用来处理因变量是连续值的情况，如果因变量是分类变量或者离散变量，则需要使用广义线性模型进行建模分析。

广义线性模型（generalized linear model，GLM）是常见正态线性模型的直接推广，它可以适用于连续数据和离散数据，特别是后者，如：属性数据、计数数据等。在广义线性模型中，Logistic（逻辑）回归模型是最重要的模型之一。

对于一系列有两个结果的随机试验，最简单的概率模型就是 Bernoulli 分布，即成功的概率为 p，失败的概率为 $1-p$。在实际生活中，各种不同的其他因素干扰试验结果，这样成功和失败的概率就是不固定的，而是其他自变量的一个函数。逻辑回归主要研究两元分类响应变量（“成功”和“失败”，分别用 1 和 0 表示）与诸多自变量间的相互关系，建立相应的模型并进行预测等。

对响应变量 y 有影响的 p 个自变量（解释变量）记为 $x_1,x_2,\cdots,x_p$，在这 p 个自变量的作用下出现“成功”的条件概率记为 $p=P\{y=1|x_1,x_2,\cdots,x_p\}$，则 Logistic 回归模型可表示为：

$$p=\frac{\exp(\beta_0+\beta_1x_1+\beta_2x_2+\cdots+\beta_px_p)}{1+\exp(\beta_0+\beta_1x_1+\beta_2x_2+\cdots+\beta_px_p)}$$

其中，$\beta_0,\beta_1,\cdots,\beta_p$ 是待估计的模型回归系数。

对上面的模型作 logit 变换，则 Logistic 回归模型可写成线性形式：

$$\text{logit}(p)=\ln\frac{p}{1-p}=\beta_0+\beta_1x_1+\beta_2x_2+\cdots+\beta_px_p$$

这样就可以使用线性回归模型对各参数进行估计，这也是 Logistic 回归模型属于广义线性模型的原因。

简单地说，Logistic 回归就是将多元线性回归分析的结果映射到 logistic 函数 $z=1/[1+\exp(y)]$ 上，然后根据阈值对数据进行二值化，来预测二分类变量。

例如，如图 3-8 所示的 logistic 函数上，可以将变换后值小于 0.5 的样本都预测为 0，大于 0.5 的样本都预测为 1，因此 Logistic 回归通常建立二分类模型。

逻辑回归的一些扩展和改进包括正则化约束回归（如 ℓ_1 和 ℓ_2 正则化）、多分类逻辑回归（softmax 回归）等。

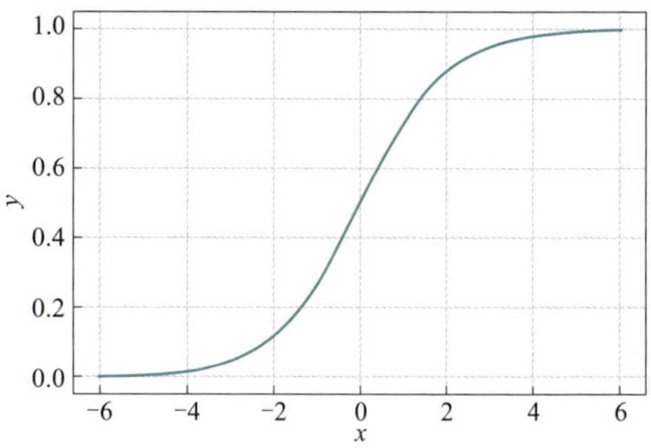

图 3-8 logistic 函数

3.4 时间序列回归

时间序列回归是经典的统计学和数据分析的方法，用于研究数据随时间变化的模式、趋势与周期性。时间序列回归的目标是根据过去的观察结果，来预测未来的值或分析时间序列中的模式，可以帮助我们理解数据的动态性质，进行未来预测以及决策制定。时间序列分析与预测的流程可以简单总结为图 3-9。

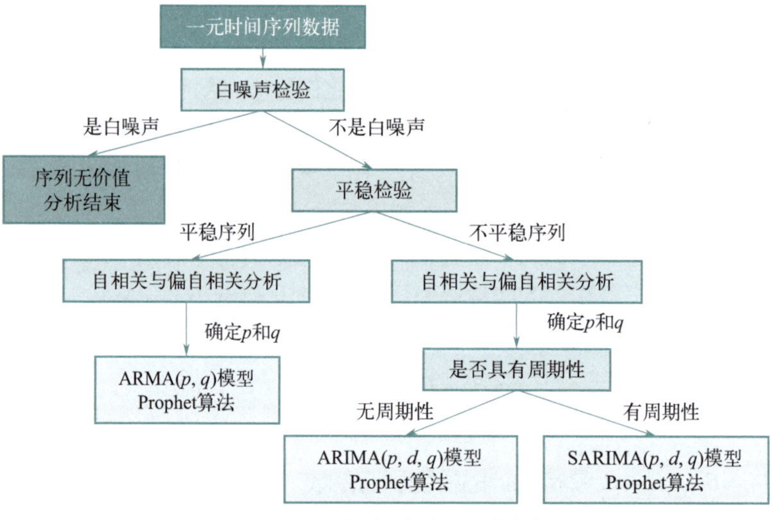

图 3-9 时间序列分析与预测的流程

3.4.1 白噪声检验与平稳检验

对于时间序列数据，最重要的检验就是时间序列数据是否为白噪声数据，以及时间序列数据是否平稳。如果时间序列数据是白噪声数据，说明其没有任何有用的信息。针对时间序列的很多分析方法，都要求所研究的时间序列是平稳的，所以判断时间序列是否平稳，以及如何将非平稳的时间序列转化为平稳序列，对时间序列数据的建模研究是非常重要的。

（1）白噪声检验

如果一个序列是白噪声（即独立同分布的随机数据），那么就无需再对其建立时间序列模型进行预测，因为预测随机数是无意义的。因此在建立时间序列分析之前，需要先对其进行白噪声检验。

常用的白噪声检验方法是 Ljung-Box 检验，其原假设和备择假设分别为：

H0：延迟期数小于或等于 m 期的序列之间相互独立（序列是白噪声）；

H1：延迟期数小于或等于 m 期的序列之间有相关性（序列不是白噪声）。

该假设条件使用数学语言描述为：

$$\text{H0}: \rho_1 = \rho_2 = \cdots = \rho_m = 0, \forall m \geqslant 1$$

$$\text{H1}: \text{至少存在某个}\rho_k \neq 0, \forall m \geqslant 1, k \leqslant m$$

其检验的统计量为：

$$Q_{\text{LB}} = n(n+2)\sum_{k=1}^{m}\frac{\hat{\rho}_k^2}{n-k}$$

LB 统计量 (Q_{LB}) 同样近似服从自由度为 m 的 χ^2 分布。

其中，ρ_k 为延迟 k 阶的自相关系数；m 为指定延迟期数；n 为序列的观测期数。

若 Ljung-Box 统计量（LB 统计量）小于选定置信水平下的临界值，或者 p 值大于显著性水平（如 0.05），不能拒绝原假设，序列为白噪声；Ljung-Box 统计量大于选定置信水平下的临界值，或者 p 值小于显著性水平（如 0.05），拒绝原假设，序列非白噪声。

图 3-10 展示了两个时间序列数据的波动情况，针对该两组序列可以进行白噪声 Ljung-Box 检验，并且将相应延迟阶数的 p 值整理为表 3-2。

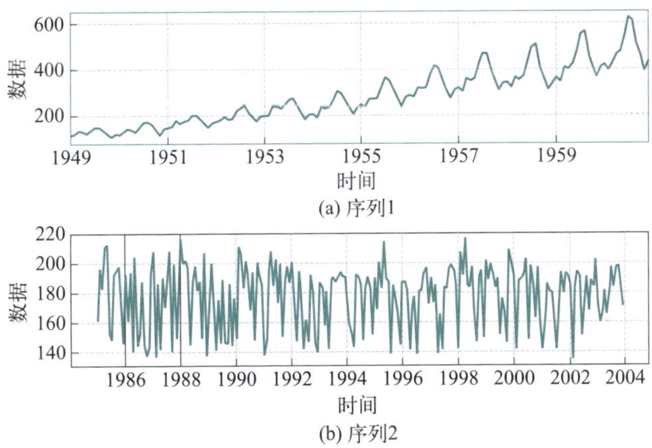

图 3-10　两个时间序列数据的波动情况

表 3-2 白噪声 Ljung-Box 检验 p 值

序列 1 延迟阶数	序列 1 p 值	序列 2 延迟阶数	序列 2 p 值
2	4.556318×10^{-54}	2	0.101280
5	$7.360195 \times 10^{-107}$	5	0.195897
10	$1.100789 \times 10^{-177}$	10	0.468582
20	$5.300473 \times 10^{-292}$	20	0.709506
50	0	50	0.832446

从表 3-2 的检验结果中可知，针对序列 1，对应不同延迟阶数的 p 值均远远小于 0.05，说明可以拒绝原假设 H0，即序列 1 不是白噪声。针对序列 2，对应不同延迟阶数的 p 值均大于 0.05，说明不可以拒绝原假设 H0，即序列 2 是白噪声，其没有进一步分析与预测的价值。

（2）平稳检验

如果一个时间序列是平稳的，那么发生在时间 t 的任何冲击，随着时间的推移会有一个递减效应，最后会消失在时间 $t+s(s \to \infty)$，这种特性称为均值回归。而非平稳的时间序列则不具有这种特性。

在实际应用中，最常用的平稳性概念称为宽平稳或者协方差平稳。对于一个时间序列 $\{x_t\}_{t=1}^{T}$，当且仅当满足以下条件，则认为其是宽平稳的：

① $\mu_t = \mu_{t-s} = \mu < \infty$，对任意的 t,s；

② $\operatorname{var}(x_t) = \operatorname{var}(x_{t-s}) = \sigma^2 < \infty$，对任意的 t,s；

③ $\operatorname{cov}(x_t, x_{t-s}) = \operatorname{cov}(x_{t-j}, x_{t-j-s}) = \gamma_s < \infty$，对任意的 t,s,j。

如果均值和方差在一段时间内不变且是有界的，而协方差仅依赖于时间序列的两个元素之间的时间长度，与时间的起点无关，那么该时间序列是一个协方差平稳的序列。值得注意的是，白噪声序列显然是平稳的。

如果一个序列是不平稳的，常常需要使用差分对序列进行平稳化。对相距一期的两个序列之间的减法运算称为 1 阶差分运算，记为 $\nabla x_t = x_t - x_{t-1}$；对 1 阶差分后的序列再进行 1 阶差分运算称为 2 阶差分，记为 $\nabla^2 x_t = \nabla x_t - \nabla x_{t-1}$；以此类推，对 $p-1$ 阶差分后的序列再进行一次差分运算称为 p 阶差分，记为：$\nabla^p x_t = \nabla^{p-1} x_t - \nabla^{p-1} x_{t-1}$。

如果不平稳的时间序列，在经过 d 次差分后可以转化为平稳的序列，则称该序列为 d 阶单整。

时间序列是否平稳，对选择预测的数学模型非常关键。如果一组时间序列数据是平稳的，可以直接使用自回归移动平均模型（ARMA）进行预测；如果数据是不平稳的，就需要尝试建立差分自回归移动平均模型（ARIMA）等进行预测。

判断序列是否平稳有两种检验方法：一种是根据时序图和自相关图显示的特征做出判断；另一种是构造检验统计量进行假设检验，比如使用单位根检验。第一种判断方法比较主观，而第二种方法则更客观。

平稳序列的时序图应该显示出该序列始终在一个常数值附近随机波动，而且波动的范围有界的特点。如果序列的时序图显示出该序列有明显的趋势或周期性，那它通常不是平稳序列。针对图 3-10 展示的两组时间序列的波动情况，可以简单地分析出，序列 1 是不平稳的，因为序列有明显的趋势或周期性；而序列 2 可能是平稳的。

常用的单位根检验方法是 ADF 检验，它能够检验时间序列中单位根的存在性，其检验的原假设和备择假设分别为：

H0：序列是非平稳的（序列有单位根）；H1：序列是平稳的（序列没有单位根）。

对图 3-10 展示的两组时间序列进行单位根 ADF 检验，不同序列对应的检验结果 p 值如表 3-3 所示。

表 3-3　不同序列的单位根 ADF 检验结果

序列	ADF 统计量	p 值
序列 1	0.8153	0.9918
序列 1，1 阶差分	−2.8292	0.0542
序列 2	−0.1451	5.6746×10^{-27}

从表 3-3 中的结果可知，针对序列 1，其 ADF 检验的 p 值远大于 0.05，说明不能拒绝原假设，即序列 1 是非平稳的；同时对序列 1 的 1 阶差分后的序列进行单位根 ADF 检验，p 值约等于 0.05，可以认为其是接近平稳的；针对序列 2，其 ADF 检验的 p 值远小于 0.05，说明能拒绝原假设，即序列 2 是平稳的。

3.4.2　自相关与偏自相关

自相关函数（autocorrelation function，ACF）反映了时间序列 $\{x_t\}$ 在两个不同时间点 t 和 s 处的随机变量 x_t 与 x_s 之间的相依程度。对时间点 s 处的 x_s 对时间点 t 处的 x_t 值线性可预测性进行了度量，其定义为：

$$\rho_{t-s}=\mathrm{Corr}(x_t,x_s)$$

ACF 常用于确定时间序列中的 MA 模型阶数。

由于自相关函数在计算 x_t 与 x_s 的关系时，包含了 x_s 通过 x_t 与 x_s 之间的其他变量 x_{s+1}，$x_{s+2},\cdots,x_{t-1}$ 传到 x_t 的影响，因此为了剔除该影响，提出了偏自相关函数（partial autocorrelation function，PACF），其定义为：

$$\rho_{x_t,x_s|x_{s+1},x_{s+2},\cdots,x_{t-1}}=\mathrm{Corr}(x_t,x_s\mid x_{s+1},x_{s+2},\cdots,x_{t-1})$$

其是一个条件相关系数，PACF 常用于确定时间序列中的 AR 模型阶数。

使用自相关函数与偏相关函数的截尾情况，来判断 ARMA 模型中参数 p 和 q 的取值时，可以参考表 3-4 进行。

表 3-4　ARMA(p,q) 中 p 和 q 的确定方法

模型	自相关函数	偏自相关函数
AR(p)	拖尾	p 阶截尾
MA(q)	q 阶截尾	拖尾
ARMA(p,q)	前 q 个无规律，其后拖尾	前 p 个无规律，其后拖尾

拖尾（tail）：指时间序列数据的自相关函数（ACF）或偏自相关函数（PACF）在滞后（lag）值较大时逐渐减小，并最终趋于零的性质。

截尾（truncation）：指时间序列数据的自相关函数（ACF）或偏自相关函数（PACF）在某个滞后值之后突然降低到接近零的性质。

3.4.3 ARMA 模型

自回归移动平均（auto-regression and moving average，ARMA）模型是自回归（AR）模型和移动平均（MA）模型的组合。对于一个时间序列 $\{x_t\}_{t=1}^{T}$ ，单个模型和组合模型可以使用如下公式表示：

① p 阶自回归模型 AR (p) 定义为：

$$x_t = a_0 + \sum_{i=1}^{p} a_i x_{t-i} + \varepsilon_t$$

② q 阶移动平均模型 MA (q) 定义为：

$$x_t = \sum_{i=0}^{q} \beta_i \varepsilon_{t-i}$$

③ p,q 阶自回归移动平均模型 ARMA(p,q) 定义为：

$$x_t = a_0 + \sum_{i=1}^{p} a_i x_{t-i} + \sum_{i=0}^{q} \beta_i \varepsilon_{t-i}$$

式中，a 为 AR 模型的回归系数；ε 为白噪声序列；β 为 MA 模型的系数，系数 β_0 通常会标准化为 1。

如果一个时间序列数据是平稳的，且不是白噪声数据，那么可以使用 ARMA 模型进行预测。可以计算并观察序列的样本自相关函数和样本偏自相关函数，根据它们的显示情况，选择合适的 ARMA(p,q) 模型进行拟合，最后利用拟合好的时间序列模型，对未来进行预测。下面对前面展示的序列 1 的 1 阶差分后的序列进行分析，首先对差分后的序列及自相关函数与偏自相关函数的变化情况进行可视化，如图 3-11 所示。

通过观察图 3-11 可知：序列具有一定的周期性（由于 ARMA 模型不能分析周期性趋势，因此这里在分析时，会忽略数据中的周期性），自相关函数 3 阶截尾，偏自相关函数 12 阶截尾，可以初步地确定 ARMA(p,q) 的参数 $p=12$，$q=3$，即可以初步建立 ARMA(12,3) 模型。

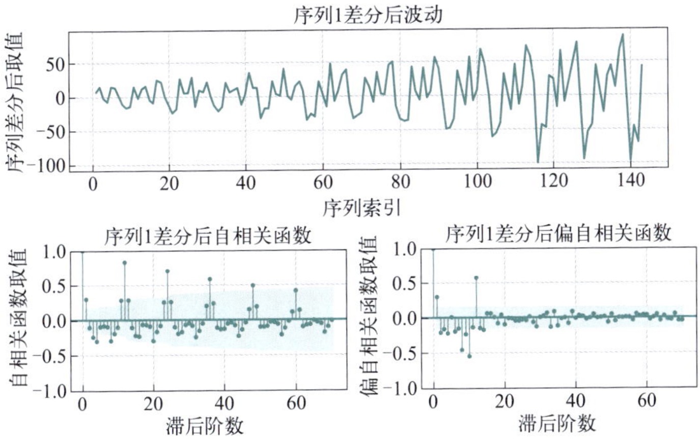

图 3-11　序列波动与其自相关函数与偏自相关函数

对序列 1 的 1 阶差分后的序列，使用 ARMA(12,3) 模型进行建模，并预测未来 24 个样本的结果，如图 3-12 所示。

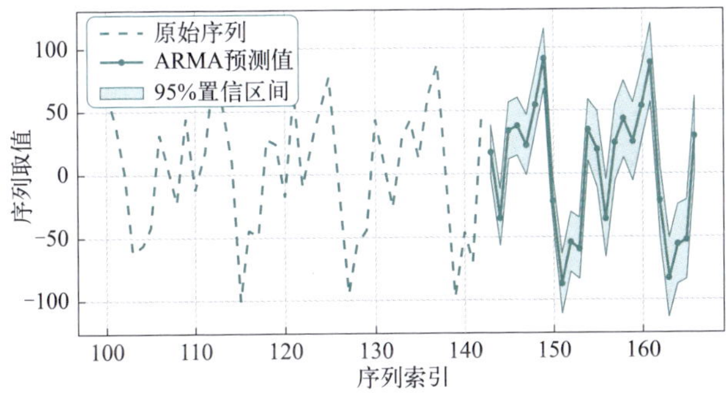

图 3-12　ARMA(12，3) 模型预测效果

3.4.4 ARIMA 模型

ARMA 模型主要针对的是平稳的一元时间序列。对不平稳的一元时间序列数据，可采用差分运算得到平稳的序列，这样的序列称为差分平稳序列。

差分自回归移动平均（auto-regressive integrated moving average，ARIMA）模型是差分运算与 ARMA 模型的组合，即任何非平稳序列如果能够通过适当阶数的差分实现平稳，就可以对差分后的序列拟合 ARMA 模型。

对于一个时间序列 $\{x_t\}_{t=1}^{T}$，ARIMA(p,d,q) 模型可以表示为：

$$(1-L)^d x_t = \frac{1-\sum_{i=1}^{q}\beta_i L^i}{1-\sum_{i=1}^{p}a_i L^i}\varepsilon_t$$

其中，L 是延迟算子，延迟算子使用 d 阶差分表示时可记为 $\nabla^d x_t = (1-L)^d x_t$；$d$ 是大于等于 0 的整数；ε_t 表示 0 均值的白噪声序列。若 d=0 时，ARIMA(p,d,q) 模型实际上就是 ARMA(p,q) 模型。

针对前面展示的序列 1 进行分析，对其建立 ARIMA(12,1,3) 模型，并对未来进行预测，结果如图 3-13 所示。

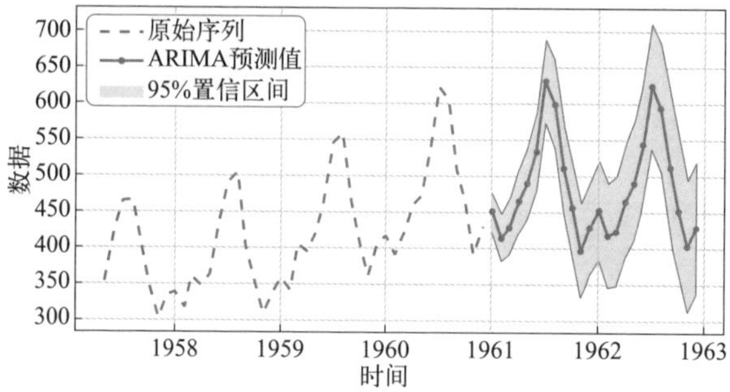

图 3-13　ARIMA(12,1,3) 时间序列预测模型

通过观察图 3-13 可知：模型 ARIMA(12,1,3) 对序列中的周期性进行了一定程度的拟合，但是反而对数据的增长趋势预测不佳，但是模型的整体预测效果是可接受的。

3.4.5　SARIMA 模型

如果差分后平稳的序列同时具有时间周期性的趋势，则可使用季节性差分自回归移动平均（seasonal auto-regressive integrated moving average，SARIMA）模型来拟合数据。

SARIMA 模型也称为季节性 ARIMA 模型，它本质是把一个时间序列模型通过 ARIMA(p,d,q) 中的 3 个参数来确定，其中 p 代表自相关（AR）的阶数，d 代表差分的阶数，q 代表移动平均（MA）的阶数，然后加上季节性的调整。根据季节效应的相关特性，SARIMA 模型可以分为简单 SARIMA 模型和乘积 SARIMA 模型。

简单 SARIMA 模型指的是序列中的季节效应和其他效应之间是加法关系，即：

$$x_t = T_t + S_t + \varepsilon_t$$

其中，T_t 表示趋势效应拟合；S_t 表示季节效应拟合。

通常情况下，简单步长的差分即可将序列中的季节信息充分提取，简单低阶的差分可将趋势信息充分提取，提取完季节信息和趋势信息后的残差序列就是一个平稳序列，可以使用 ARMA 模型拟合。

简单步长的差分通常称为 k 步差分，可表示为：$\nabla_k x_t = x_t - x_{t-k}$，延迟算子使用 k 步差分表示时可记为：$\nabla_k x_t = (1-L^k)x_t$。所以简单 SARIMA 模型实际上就是通过季节差分（k 步差分）、趋势差分（p 阶差分）将序列转化为平稳序列再对其进行拟合。它的模型结构可表示为：

$$\nabla_k (1-L)^d x_t = \frac{1-\sum_{i=1}^{q} \beta_i L^i}{1-\sum_{i=1}^{p} a_i L^i} \varepsilon_t$$

其中，k为周期步长；d为提取趋势信息所用的差分阶数。

当序列具有季节效应，而且季节效应本身还具有相关性时，季节相关性可以使用周期步长为单位。当需要差分平稳时，可以使用 ARIMA(P,D,Q) 模型提取。由于短期相关性和季节效应之间具有乘积关系，所以拟合的模型为 ARIMA(p,d,q) 与 ARIMA(P,D,Q) 的乘积，用 $\mathrm{SARIMA}(p,d,q)\times(P,D,Q)_{\mathrm{period}}$ 表示，其模型结构为：

$$\nabla_k (1-L)^d x_t = \frac{1-\sum_{i=1}^{q} \beta_i L^i}{1-\sum_{i=1}^{p} a_i L^i} \times \frac{1-\sum_{i=1}^{Q} \theta_i L^{Di}}{1-\sum_{i=1}^{P} \varphi_i L^{Di}} \varepsilon_t$$

其中，θ_i表示对 ARIMA(P,D,Q) 中 P 阶系数的估计值；φ_i表示对 ARIMA(P,D,Q) 中 Q 阶系数的估计值。

继续对前面展示的序列 1 进行预测分析，经过前面的分析可以知道，序列 1 是不平稳序列的同时，还具有周期性，因此可以对其建立 SARIMA 模型，并对未来进行预测，结果如图 3-14 所示。

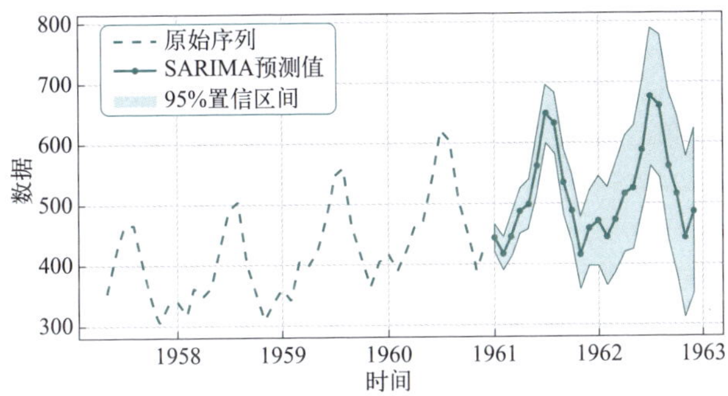

图 3-14　SARIMA 模型预测序列 1 的未来

从图 3-14 的结果中可以知道，使用周期为 12 获得的 SARIMA(1,1,0)(0,1,0)[12] 时序模型，对数据未来的预测更符合我们的预期。

3.4.6　Prophet 算法

Prophet 是 Facebook（现更名为 Meta）的一款开源的时序预测工具，提供 Python 可调用的 Prophet 库，该库提供的基本模型为：

$$y = g(t) + s(t) + h(t) + \varepsilon$$

式中，将时间序列分为了三个部分：$g(t)$ 为增长函数，用来表示线性或非线性的增长趋势；$s(t)$表示周期性变化，变化的周期可以是年、季度、月、天等；$h(t)$表示时间序列中那些潜在的具有非固定周期的节假日对预测值造成的影响；最后的ε为噪声项，表示随机的无法预测的波动。

与传统的时间序列处理的方式（如 ARIMA、SARIMA 等）不同，使用 Prophet 进行时间序列预测，是将时间序列的预测看作为曲线拟合问题，这样在拟合时就有很多传统方法不具备的优点，具体有以下几点：

① 灵活度很高，许多具有不同周期以及不同假设的季节性趋势能很容易地被引入；

② 在建立模型时，无需担心数据存在缺失值带来的影响，因此可以不考虑缺失值的填充问题，而传统的时间序列模型（如 ARIMA 等）办不到；

③ 序列拟合得非常快，允许分析人员交互式地探索模型的拟合、预测效果；

④ 预测模型的参数非常容易解释，因此可以根据经验来设置一些参数。

使用 Prophet 算法针对前面展示的序列 1 进行分析，得到的模型后对未来进行预测，结果如图 3-15 所示。

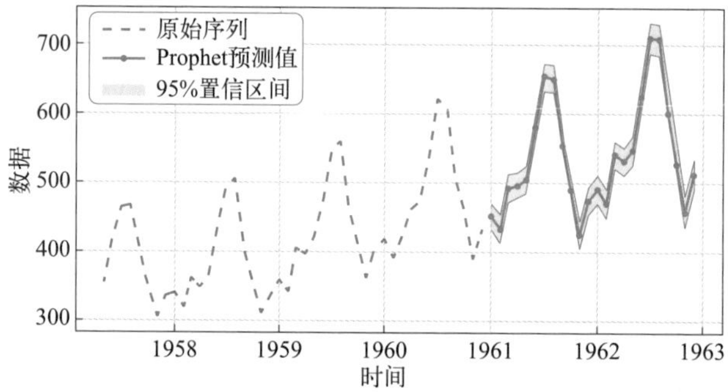

图 3-15　Prophet 算法预测序列 1 的未来

从图 3-15 的结果中可以知道，使用 Prophet 算法对数据未来的预测更符合我们预期的同时，还拥有范围更小的置信区间，可见 Prophet 算法对数据的拟合非常优秀，而且参数调整更加地简单。

3.5　本章小结

本章主要对概率统计中经典回归模型进行了介绍，主要包括相关回归模型的应用场景与条件，以及通俗易懂的理论。针对常见的结构化数据，介绍了线性回归分析，以及解决多重共性的正则化回归算法。针对分类数据则介绍了逻辑回归模型。针对特殊的时间序列数据，则是介绍了不同情况下如何选择合适的模型，以及每种模型的建立与应用。介绍的时间序列模型主要有：ARMA、ARIMA、SARIMA 以及 Prophet 等算法。

第4章

无监督学习

无监督学习是人工智能中机器学习算法的重要部分，包含了丰富的理论成果与众多的应用方法，通常用于解决以下几种类型的问题：

① **数据聚类**：根据数据之间的相似性将数据分为不同的簇，并且希望簇内的样本尽可能相似，而簇和簇之间要尽可能不相似，从而更好地深入了解数据。数据聚类方法主要有 k 均值聚类、密度聚类等。

② **数据降维**：随着数据的积累，数据的维度越来越高，高维的数据在带来更多信息的同时，也带来了信息冗余、计算困难等问题，所以对数据进行合理的降维，并保留主要信息非常重要。这些问题主要可以通过主成分分析及相关的降维算法来解决。

③ **关联规则挖掘**：通过分析一些事物同时出现的频率，试图在一个很大的数据集中找出规则或者相关的关系。例如：使用 Apriori 算法进行购物篮数据分析，进行购物推荐。

④ **稀疏表示**：是用较少的基本信号的线性组合来表达大部分或者全部的原始信号。其中，这些基本信号被称作原子，是从过完备字典中选出来的；而过完备字典则是由个数超过信号维数的原子聚集而来的，任一信号在不同的原子组下有不同的稀疏表示。字典学习是稀疏表示算法的代表。

本章将会首先介绍关于数据样本相似性度量的相关方法，然后会对一些经典的无监督人工智能算法进行详细的介绍。

4.1 相似性度量

在机器学习和人工智能应用中，经常需要知道个体间差异的大小，进而评价个体的相似性和类别。个体间的差异或者相似性，通常可以通过距离、分布差异等指标进行度量。

4.1.1 距离度量

距离是最直观的相似性度量方法，常用的距离有：欧氏距离、曼哈顿距离、切比雪夫距离、余弦距离等。

欧氏距离：度量欧几里得空间中两点间直线距离，即对于 n 维空间中的 $\boldsymbol{X}=(x_1,x_2,\cdots,x_n)$ 和 $\boldsymbol{Y}=(y_1,y_2,\cdots,y_n)$ 这两点，它们之间的欧氏距离定义为：

$$\operatorname{dist}(\boldsymbol{X},\boldsymbol{Y})=\sqrt{(x_1-y_1)^2+(x_2-y_2)^2+\cdots+(x_n-y_n)^2}$$

曼哈顿距离：用以表明两个点在标准坐标系上的绝对轴距的总和，即对于 n 维空间中的 $\boldsymbol{X}=(x_1,x_2,\cdots,x_n)$ 和 $\boldsymbol{Y}=(y_1,y_2,\cdots,y_n)$ 这两点，它们之间的曼哈顿距离定义为：

$$\operatorname{dist}(\boldsymbol{X},\boldsymbol{Y})=|x_1-y_1|+|x_2-y_2|+\cdots+|x_n-y_n|$$

切比雪夫距离：为两个点之间各个坐标数值差的最大值，对于 n 维空间中的 $\boldsymbol{X}=(x_1,x_2,\cdots,x_n)$ 和 $\boldsymbol{Y}=(y_1,y_2,\cdots,y_n)$ 这两点，它们之间的切比雪夫距离定义为：

$$\text{dist}(\boldsymbol{X},\boldsymbol{Y})=\max_i\left|x_i-y_i\right|$$

余弦距离：是通过测量两个向量夹角的余弦值来度量它们之间的相似性，对于 n 维空间中的 $\boldsymbol{X}=(x_1,x_2,\cdots,x_n)$ 和 $\boldsymbol{Y}=(y_1,y_2,\cdots,y_n)$ 这两点，它们之间的余弦距离可以定义为：

$$\text{dist}(\boldsymbol{X},\boldsymbol{Y})=1-\frac{\boldsymbol{X}\cdot\boldsymbol{Y}}{\sqrt{\sum x_i^2}\times\sqrt{\sum y_i^2}}$$

4.1.2 分布度量

分布度量方法则是从数据分布的角度，来衡量数据之间的相似性。通常数据分布越相似，则它们之间的距离就越近。常用的分布度量有：互信息、KL 散度、JS 散度、Wasserstein 距离等。

熵：一种度量随机变量不确定性的方法，假设离散值的随机变量 X 的分布列为：

$$P\left(X=x_i\right)=p_i\ ,\quad i=1,2,3,\cdots,n$$

则 X 的熵可定义为：

$$\text{Ent}\,(X)=-\sum_{i=1}^{n}p_i\log_2 p_i$$

$\text{Ent}\,(X)$ 的值越小，则表明变量的不确定性程度越弱。熵在数据分布度量中经常会用到。

互信息：针对两个概率分布 X,Y，$x\in X,y\in Y$，它们的互信息为：

$$I(X:Y)=\sum_{x\in X}\sum_{y\in Y}p(x,y)\log\frac{p(x,y)}{p(x)p(y)}$$

KL 散度（Kullback-Leibler divergence）：又叫作相对熵，用于衡量两个概率分布 $P(x)$、$Q(x)$ 的距离，其定义为：

$$D_{\text{KL}}(P\,\|\,Q)=\sum_{i=1}P(x)\log\frac{P(x)}{Q(x)}$$

KL 散度是非对称的，即 $D_{\text{KL}}(P\,\|\,Q)\neq D_{\text{KL}}(Q\,\|\,P)$。

JS 散度（Jensen-Shannon divergence）：基于 KL 散度发展而来的一种对称度量方式，其定义为：

$$\text{JS}(P\,\|\,Q)=\frac{1}{2}D_{\text{KL}}(P\,\|\,Q)+\frac{1}{2}D_{\text{KL}}(Q\,\|\,P)$$

沃瑟斯坦距离（Wasserstein distance）：又叫 Earth-Mover 距离 (EM 距离)，用于衡量两个分布之间的距离，其定义为：

$$W(P_1,P_2)=\inf_{\gamma\sim\prod(P_1,P_2)} E_{(x,y)}\left[\|x-y\|\right]$$

其中，$\prod(P_1,P_2)$是P_1和P_2分布组合起来所有可能的联合分布的集合。对于每一个可能的联合分布γ，可以从采样$(x,y)\sim\gamma$得到一个样本x和y，并计算出这对样本的距离$\|x-y\|$，所以可以计算该联合分布γ下，样本对距离的期望值$E_{(x,y)}\left[\|x-y\|\right]$。在所有可能的联合分布中能够对这个期望值取到的下界$\inf_{\gamma\sim\prod(P_1,P_2)} E_{(x,y)}\left[\|x-y\|\right]$就是Wasserstein距离。

4.2 聚类分析

聚类分析是一类将数据所对应研究对象进行分类的数据分析方法。聚类分析是无监督学习的方式，主要会以样本之间的距离或相似性进行归类，而这些类是事先不知道的。

聚类的目的是通过得到簇来发现数据的特点，或对数据进行分析与处理，在数据挖掘、模式识别等领域有着广泛的应用。聚类的算法有很多种，下面主要介绍k均值聚类、层次聚类、密度聚类等算法的理论与应用。

4.2.1 聚类的基本概念

（1）类或簇

通过聚类得到的簇本质上是数据样本的子集，而且通常假定每个样本都会属于一个簇，并且簇与簇之间的交集为空集。下面使用G表示类或簇，x_i,y_i表示簇中的样本，n_G表示G中的样本数量，d_{ij}表示样本x_i,y_i之间的距离，类或簇的定义为：设T为给定的正数，若集合G中任意两个样本x_i,y_i，有$d_{ij}\leqslant T$，则称G为一个类或簇。

（2）簇与簇之间的距离

聚类算法中除了会涉及样本点与样本点之间的距离，还会涉及簇与簇之间的距离。设簇G_p包含n_p个样本，簇G_q含n_q个样本，它们的均值$\bar{x}_p,\bar{x}_q$表示簇的中心，常用的簇与簇之间的距离有以下几种：

最短距离或单连接（single linkage）：簇G_p的样本与簇G_q的样本之间的最短距离为两个簇中距离最近两点的距离，可以表示为：

$$D_{pq}=\min\{d_{ij}\mid x_i\in G_p,x_j\in G_q\}$$

最远距离或完全连接（complete linkage）：簇G_p的样本与簇G_q的样本之间的最远距离为两个簇中距离最远两点的距离，可以表示为：

$$D_{pq}=\max\{d_{ij}\mid x_i\in G_p,x_j\in G_q\}$$

平均距离：簇 G_p 与簇 G_q 任意两个样本点连线，两个簇之间的距离就是所有连线距离的平均值，可以表示为：

$$D_{pq}=\frac{1}{n_p n_q}\sum_{x_i\in G_p}\sum_{x_j\in G_q}d_{ij}$$

中心距离：簇 G_p 与簇 G_q 的中心 $\bar{x}_p$ 与 $\bar{x}_q$ 之间的距离为两簇之间的中心距离，可以表示为：

$$D_{pq}=d_{\bar{x}_p\bar{x}_q}$$

这几种簇与簇之间的距离连接计算方式如图 4-1 所示。

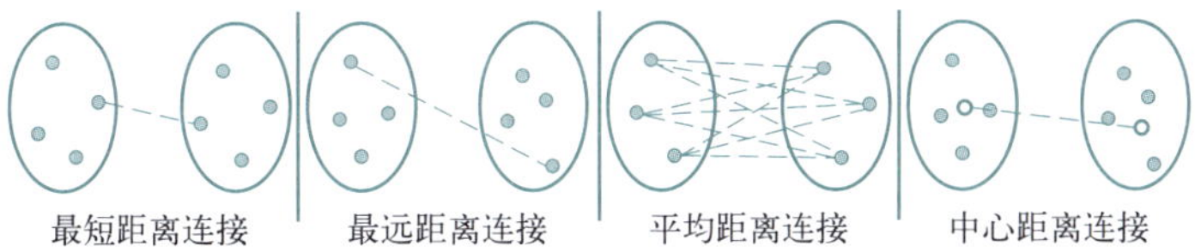

图 4-1　簇与簇之间的距离连接计算方式

（3）聚类评估指标

聚类评估主要是估计在数据集上进行聚类的可行性和聚类方法产生结果的质量，针对使用的数据集是否已经知道真实标签的情况，可以将聚类的评估方法分为：有真实标签的聚类结果评估（又称为外部评估的方法）和无真实标签的聚类结果评估（又称为内部评估的方法）。

① **有真实标签的聚类结果评估方法：**针对聚类的数据集已经知道真实标签的情况，常用的评估方法有同质性、完整性、V 测度等多种方式。

同质性（homogeneity）：即度量每个簇只包含单个类成员的指标。

完整性（completeness）：是度量给定类的所有成员是否都被分配到同一个簇中的指标。

V 测度（V-measure）：是将同质性和完整性综合考虑的一种综合评估指标。三种指标中 V 测度更常用，其计算公式为：

$$v=\frac{(1+\beta)\times\text{homogeneity}\times\text{completeness}}{\beta\times\text{homogeneity}+\text{completeness}}$$

其中，β 是调控系数； v 的取值在 0 ～ 1 之间，并且取值越大表示聚类效果越好。

② **无真实标签的聚类结果评估方法：**对无真实标签情况下的聚类结果评估，通常会使用轮廓系数法。轮廓系数法即借助轮廓系数的大小，判断合适的聚类数目。对于单个样本，设 a 是它与同类别中其他样本的平均距离， b 是它与距离最近的不同类别中样本的平均距离，其轮廓系数为：

$$s=\frac{b-a}{\max(a,b)}$$

对于一个样本集合，它的轮廓系数是所有样本轮廓系数的平均值，可用于验证和解释簇的内部一致性。轮廓系数的取值范围在 −1 和 1 之间，而且越接近 1，说明聚类的效果越好。如果轮廓系数小于 0，说明该数据样本不适合划分为相应的簇，反之则表示适合划分为相应的簇。但是轮廓系数不适合基于密度聚类的相关算法。

Calinski-Harabasz 指数（Calinski-Harabaz index，简称 CH 指数）：通过计算类中各点与类中心的距离平方和来度量类内的紧密度，通过计算各类中心点与数据集中心点距离平方和来度量数据集的分离度，CH 指数由分离度与紧密度的比值得到。从而，CH 指数越大代表着类自身越紧密，类与类之间越分散，即更优的聚类结果。而且 CH 指数计算比轮廓系数快很多，但是其同样不适合基于密度聚类的相关算法。

戴维森堡丁指数（DBI, Davies-Bouldin index）：任意两类别的类内平均距离之和除以两聚类中心距离的最大值。DBI 越小，意味着类内距离越小，同时类间距离越大，越接近 0 表示聚类结果越好。但是由于 DBI 使用欧氏距离，所以对于环状分布聚类评测较差。其计算公式为：

$$R_{ij} = \frac{s_p + s_q}{d_{pq}}, \qquad \mathrm{DBI} = \frac{1}{k}\sum_{p=1}^{k}\max_{p \neq q} R_{ij}$$

其中，s_p，s_q 表示簇的每个点与该簇的质心之间的平均距离，也称为簇直径；d_{pq} 表示簇 G_p 与簇 G_q 质心之间的距离。

4.2.2 k 均值聚类

k-means 聚类（k 均值聚类）是由麦奎因（Mac Queen）于 1967 年提出的，其聚类思想为：假设数据中有 p 个变量参与聚类，并且要聚类为 k 个簇，则需要在 p 个变量组成的 p 维空间中，首先选取 k 个不同的样本作为聚类种子；然后根据每个样本到达这 k 个点的距离的大小，将所有样本分为 k 个簇；在每一个簇中，重新计算出簇的中心（每个特征的均值）作为新的种子，再把所有的样本分为 k 类；如此下去，直到种子的位置几乎不发生改变为止。

k 均值聚类是对有 n 个样本的集合 $\boldsymbol{X} = \{\boldsymbol{x}_1, \boldsymbol{x}_2, \boldsymbol{x}_3, \cdots, \boldsymbol{x}_n\}$ 的划分，首先会采用欧氏距离作为样本之间的距离 $d(\boldsymbol{x}_i, \boldsymbol{x}_j)$：

$$d(\boldsymbol{x}_i, \boldsymbol{x}_j) = \sum_{k=1}^{m}(x_{ki} - x_{kj})^2 = \left\|\boldsymbol{x}_i - \boldsymbol{x}_j\right\|^2$$

然后定义样本与其所属簇的中心之间的距离总和为损失函数，即：

$$W(C) = \sum_{l=1}^{k}\sum_{C(i)=l}\left\|\boldsymbol{x}_i - \bar{\boldsymbol{x}}_l\right\|^2$$

其中，$\bar{\boldsymbol{x}}_l = (\bar{x}_{1l}, \bar{x}_{2l}, \cdots \bar{x}_{ml})^{\mathrm{T}}$ 是第 l 个簇的均值（中心）；$C(i) = l$ 表示第 i 个样本属于第 l 个簇；$W(C)$ 表示相同类中的样本相似度。

因此，k 均值聚类需求解如下目标函数的最优化问题：

$$L = \arg\min_{C} W(C) = \arg\min_{C} \sum_{l=1}^{k} \sum_{C(i)=l} \left\| \boldsymbol{x}_i - \overline{\boldsymbol{x}}_l \right\|^2$$

k-means 聚类中，如何寻找合适的 k 值对聚类的结果很重要。一种常用的方法是通过观察 k 个簇的组内平方和与组间平方和的变化情况来确定合适的聚类数目。该方法通过绘制类内部的同质性或类间的差异性随 k 值变化的曲线（形状类似于人的手肘），来确定最佳的 k 值，而该 k 值点恰好处在手肘曲线的肘部，因此称这种确定最佳 k 值的方法为肘方法（elbow method）。此外还有其他的统计量可以用来选择合适的聚类数目，例如：计算聚类度量的 Gap 统计量、轮廓系数等。通常会选择 Gap 统计量（或轮廓系数）最大取值，而且在其一个标准差之内没有其他点所对应的聚类数目。

针对 k 均值聚类算法，可以使用鸢尾花数据的 4 个数值特征来演示如何选择合适的 k 值，使用的数据特征如表 4-1 所示，数据中一共有 150 个样本。

表 4-1　鸢尾花数据

序号	SepalLengthCm	SepalWidthCm	PetalLengthCm	PetalWidthCm
0	5.1	3.5	1.4	0.2
1	4.9	3.0	1.4	0.2
2	4.7	3.2	1.3	0.2
…	…	…	…	…
148	6.2	3.4	5.4	2.3
149	5.9	3.0	5.1	1.8

图 4-2 展示了不同方式下针对鸢尾花数据集，确定 k 均值聚类数目的情况。从图中可以发现针对该数据集将数据聚类为 2 个簇较合适。

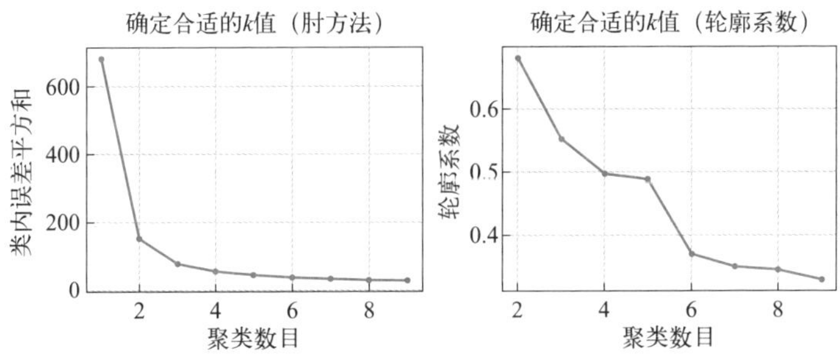

图 4-2　选择合适的聚类数目

在实践中 k 均值聚类算法通常采用迭代的方式进行聚类，其算法过程如下：

输入：样本集合 $\boldsymbol{X}=\{\boldsymbol{x}_1,\boldsymbol{x}_2,\boldsymbol{x}_3,\cdots,\boldsymbol{x}_n\}$ ，聚类数目 k 。

过程：

① 从 $\boldsymbol{X}$ 中随机选择 k 个样本作为初始聚类中心 $\boldsymbol{m}^0=(m_1^0,\cdots,m_l^0,\cdots,m_k^0)$ ；

② 对样本进行聚类。根据固定簇的中心 $\boldsymbol{m}^t=(m_1^t,\cdots,m_l^t,\cdots,m_k^t)$，其中 m_l^t 为簇 G_l 的中心，计算每个样本到每个簇中心的距离，将每个样本指派到与其中心距离最小的簇中，构成新的聚类结果 C^t。

③ 计算新的簇中心。对聚类结果 C^t，计算当前每个簇中的样本均值，作为新的聚类中心 $\boldsymbol{m}^{t+1}=(m_1^{t+1},\cdots,m_l^{t+1},\cdots m_k^{t+1})$。

④ 如果迭代终止，或者符合停止条件，输出最终聚类结果 C^t，否则令 $t=t+1$ 继续返回步骤②进行新的迭代计算。

针对上述的鸢尾花数据的 4 个特征，下面展示经过不同迭代次数下，k 均值聚类的结果。为了便于数据的展示，会使用主成分分析（PCA）将数据降维到 2 维空间（主成分分析会在下一节进行详细的介绍），每个簇聚类中心的变化情况如图 4-3 所示。

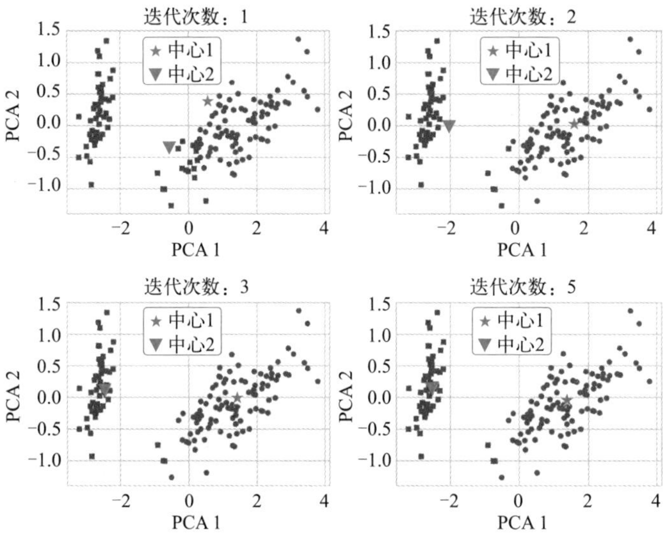

图 4-3　k 均值聚类迭代过程

k-means 聚类的缺陷之一就是无法聚类那些非凸的数据集，即聚类的形状一般只能是球状的，不能推广到任意的形状。而基于密度的聚类方法，可以聚类任意的形状。

4.2.3　层次聚类

系统聚类又叫层次聚类（hierarchical cluster），是一种常见的聚类方法，它是在不同层级上对样本进行聚类，逐步形成树状的结构。根据层次分解是自底向上（合并）还是自顶向下（分裂）可将其分为两种方式，即凝聚与分裂。

凝聚的层次聚类方法使用自底向上策略。即开始令每一个对象形成自己的簇，并且迭代地把簇合并成越来越大的簇（每次合并最相似的两个簇），直到所有对象都在一个簇中，或者满足某个终止条件。

分裂的层次聚类算法使用自顶向下的策略，即开始将所有的对象看作一个簇，然后将簇划分为多个较小的簇（在每次划分时，将一个簇划分为差异最大的两个簇），并且迭代地把这些簇划分为更小的簇，直到最底层的簇都足够小或者仅包含一个对象，或者簇内对象彼此足够相似。

层次聚类中可以指定样本间计算距离的方式，也可以指定簇与簇之间计算距离的方式，来影响最终的聚类结果。常用的样本间计算距离的方式有：欧氏（Euclidean）距离、曼哈顿（Manhattan）距离、最大（maximu）距离、坎贝拉（Canberra）距离、二进制（binary）距离、闵可夫斯基（Minkowski）距离，以及三种相关性距离（Pearson、Spearman、Kendall）。常用的簇与簇之间计算距离的方式有：最短距离法、最远距离法、平均距离法、中心距离法等。

层次聚类算法在计算样本间的距离后，还需要进一步计算类间距离，因此需要更多的计算量。而 k-means 聚类是一种快速聚类算法，它是把样本空间中的 n 个点划分到 k 个簇，需要的计算量较少，且更容易理解，尤其适用于大样本的聚类分析。

下面同样以前面的鸢尾花数据为例，使用层次聚类算法对数据进行聚类分析，可获得如图 4-4 所示的结果。

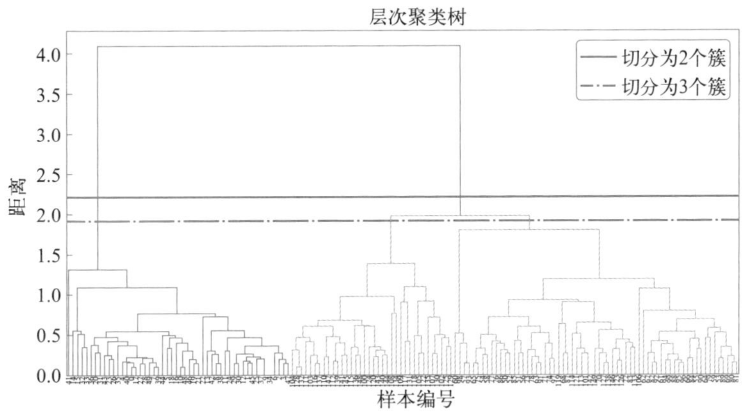

图 4-4　层次聚类结果可视化

从聚类的结果上可以发现，层次聚类从上到下会将整个数据集为 1 个簇切分为每个样本为一个簇，从下到上会聚类到所有的样本归为 1 个簇为止。并且使用不同的距离切分，可以将整个数据样本切分为不同数量的簇，将该数据切分为 2 个簇或者 3 个簇都是合适的。

4.2.4　密度聚类

密度聚类也称基于密度的聚类（density-based clustering），其基本出发点是假设聚类结果可以通过样本分布的稠密程度来确定，主要目标是寻找被低密度区域（噪声）分离的高密度区域。与基于距离的聚类算法不同的是，基于距离的聚类算法的聚类结果是球状的簇，而基于密度的聚类算法可以发现任意形状的簇，所以对于带有噪声数据的处理比较好。

密度聚类算法一般假定同一类别的样本，它们之间是紧密相连的，也就是说，在该类别任意样本周围不远处一定有同类别的样本存在。通过将紧密相连的样本划为一类，就得到了一个聚类类别。将各组紧密相连的样本划为各个不同的类别，这就得到了最终的所有聚类类别结果。那些没有划分为某一簇的数据点，则可看作数据中的噪声数据。

DBSCAN（density-based spatial clustering of applications with noise，基于密度的带噪声的空间聚类应用）是一种典型的基于密度的聚类算法。DBSCAN 算法会基于一组参数 $(\epsilon, \text{MinPts})$ 来刻画样本分布的紧密程度。针对有 n 个样本数据集合 $X=\{x_1,x_2,x_3,\cdots,x_n\}$，通常将数据点分为 3 种类型：核心点、边界点和噪声点。与之相关的一些定义如下：

ϵ - 邻域： 对于 $x_i \in X$，其 ϵ - 邻域包含样本集 X 中与 x_i 距离不大于 ϵ 的样本，即：$N_\epsilon(x_i)=\{x_j \in X \mid \text{dist}(x_i,x_j) \leqslant \epsilon\}$ 。

核心点： 如果某个点 x_i 的 ϵ - 邻域内的点个数超过 MinPts 个样本，则该点为一个核心点，可以将该点划分为对应簇的内部。即 $|N_\epsilon(x_i)| \geqslant \text{MinPts}$，则 x_i 为一个核心点。

边界点： 如果某个点不是核心点，但是它在核心点的 ϵ - 邻域内，则可以将该点看作一个边界点。

噪声点： 既不是核心点也不是边界点的点称为噪声点，噪声点也可以单独看作为一个特殊的簇，只是该类数据可能是随机分布的。

密度直达： 如果 x_i 位于 x_j 的 ϵ - 邻域内，且 x_j 是核心点，则称 x_i 由 x_j 密度直达，但是反之不一定成立，除非 x_i 也是核心点。

密度可达： 对于 x_i 和 x_j，如果存在一个样本序列 $p_1,p_2,\cdots,p_T$，满足 $p_1=x_i, p_T=x_j$，且 p_{t+1} 由 p_t 密度直达，则称 x_j 由 x_i 密度可达。此时序列中的传递样本 $p_1,p_2,\cdots,p_{T-1}$ 均为核心点。密度可达不满足对称性。

密度相连： 对于 x_i 和 x_j，如果存在核心点样本 x_k，使 x_i 和 x_j 均由 x_k 密度可达，则称 x_i 和 x_j 密度相连。密度相连满足对称性。

在 DBSCAN 算法中，会将所有的点先标记为核心点、边界点或者噪声点，然后将任意两个距离小于半径参数 ϵ 的点作为同一个簇。任何核心点的边界点也与相应的核心点归为同一个簇，而噪声点不归为任何一个簇，独立对待。DBSCAN 算法示意图如图 4-5 所示。

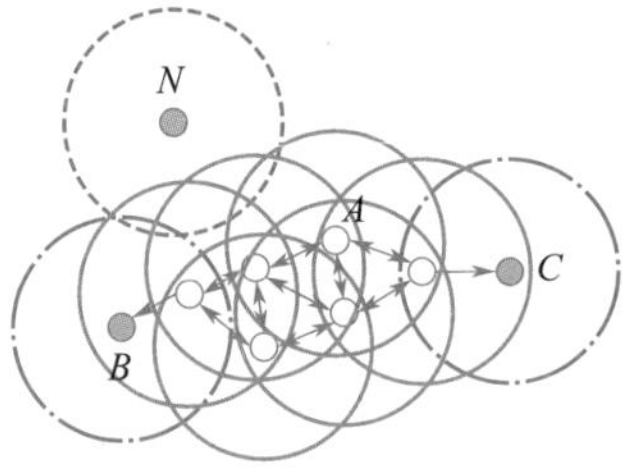

图 4-5　DBSCAN 示意图

在图 4-5 中，针对 $\text{MinPts}=4$，A 和其他空心样本点均为核心点，B 和 C 为边界样本，并且 B 和 C 都是从 A 密度可达的，即 B 和 C 密度可达，因

此它们和 A 等核心点归为同一个簇。而样本 N 则是与 A、B、C 没有密度相连的噪声点。

DBSCAN 具有如下几个优点：

① 相比 k-means 聚类，DBSCAN 不需要预先声明聚类数量，即：数据聚类数量会根据邻域和 MinPts 参数动态确定，从而能够更好地体现数据的簇分布的原始特点。但是选择不同的 ϵ - 邻域和 MinPts 参数往往会得到不同的聚类结果。

② DBSCAN 可以找出任何形状的聚类，甚至能找出某个聚类，它包围但不连接另一个聚类，所以该方法更适合于数据分布形状不规则的数据集。

③ DBSCAN 能分辨出噪声点，所以该算法也可以用来检测异常值等。

图 4-6 展示了使用鸢尾花数据集，在参数的不同取值组合下数据密度聚类的结果。从图像中可知，两个参数均能影响最终的聚类效果。

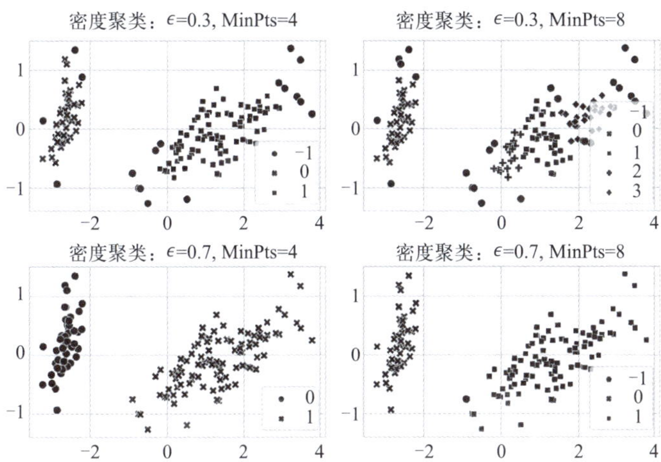

图 4-6 不同参数下的密度聚类结果

4.3 数据降维

数据降维是对原始的数据特征进行相应的数据变换，并且通常会选择与原始特征相比较少数量的新特征，同时达到对数据进行特征提取与降维的目的。常用的特征提取和降维方法有：主成分分析、局部线性嵌入（LLE）以及 t 分布 - 随机邻近嵌入（t-SNE）等方法。

4.3.1 主成分分析

主成分分析（principal components analysis，PCA）常用于减少数据集的维数，同时保留数据集当中对方差贡献最大的特征。通过主成分分析，可以从事物错综复杂的关系中找到一些主要成分，通常选择累积贡献率≥ 85% 的前 m 个主成分（实际应用中累积贡献率也不是一定要≥ 85%，要视具体应用而定），从而能够有效利用大量统计数据进行定性分析，揭示变量之间的内在关系，得到一些关于事物特征及其发展规律的深层次信息和启发，推动研究进一步地深入。

如果用 $\boldsymbol{y}_1,\boldsymbol{y}_2,\cdots,\boldsymbol{y}_p$ 表示 p 个主成分，用 $\boldsymbol{x}_1,\boldsymbol{x}_2,\cdots,\boldsymbol{x}_p$ 表示原始变量，那么它们之间的关系为：

$$\begin{cases} \boldsymbol{y}_1 = w_{11}\boldsymbol{x}_1 + w_{12}\boldsymbol{x}_2 + \cdots + w_{1p}\boldsymbol{x}_p \\ \boldsymbol{y}_2 = w_{21}\boldsymbol{x}_1 + w_{22}\boldsymbol{x}_2 + \cdots + w_{2p}\boldsymbol{x}_p \\ \qquad\qquad\vdots \\ \boldsymbol{y}_p = w_{p1}\boldsymbol{x}_1 + w_{p2}\boldsymbol{x}_2 + \cdots + w_{pp}\boldsymbol{x}_p \end{cases}$$

其中，$\boldsymbol{y}_1,\boldsymbol{y}_2,\cdots,\boldsymbol{y}_p$ 分别为原始数据的第一主成分、第二主成分、……、第 p 主成分，并且主成分之间相互独立；w_{11}，w_{12}，…为权重系数。

基于最大投影方差的 PCA 的推导：

假设 m 个 p 维数据 $(\boldsymbol{x}^{(1)},\boldsymbol{x}^{(2)},\cdots,\boldsymbol{x}^{(m)})$ 都已经进行了中心化，经过投影变换后得到的新坐标系为 $\{\boldsymbol{w}_1,\boldsymbol{w}_2,\cdots,\boldsymbol{w}_p\}$，其中 $\boldsymbol{w}$ 是标准正交基，即 $\|\boldsymbol{w}\|_2=1,\boldsymbol{w}_i^{\mathrm{T}}\boldsymbol{w}_j=0$。

如果将数据从 p 维降到 p' 维，即丢弃新坐标系中的部分坐标，则新的坐标系为 $\{\boldsymbol{w}_1,\boldsymbol{w}_2,\cdots,\boldsymbol{w}_{p'}\}$，样本点 $\boldsymbol{x}^{(i)}$ 在 p' 维坐标系中的投影为：$\boldsymbol{z}^{(i)}=(z_1^{(i)},z_2^{(i)},\cdots z_{p'}^{(i)})^{\mathrm{T}}$。其中，$z_j^{(i)}=\boldsymbol{w}_j^{\mathrm{T}}\boldsymbol{x}^{(i)}$，是 $\boldsymbol{x}^{(i)}$ 在低维坐标系里第 j 维的坐标。

对于任意一个样本 $\boldsymbol{x}^{(i)}$，在新的坐标系中的投影为 $\boldsymbol{W}^{\mathrm{T}}\boldsymbol{x}^{(i)}$，在新坐标系中的投影方差为 $\boldsymbol{x}^{(i)\mathrm{T}}\boldsymbol{W}\boldsymbol{W}^{\mathrm{T}}\boldsymbol{x}^{(i)}$，要使所有的样本的投影方差和最大，也就是最大化 $\sum_{i=1}^{m}\boldsymbol{W}^{\mathrm{T}}\boldsymbol{x}^{(i)}\boldsymbol{x}^{(i)\mathrm{T}}\boldsymbol{W}$ 的迹，即：

$$\arg\min_{\boldsymbol{W}}\operatorname{tr}(\boldsymbol{W}^{\mathrm{T}}\boldsymbol{X}\boldsymbol{X}^{\mathrm{T}}\boldsymbol{W}) \quad \text{s.t.}\boldsymbol{W}^{\mathrm{T}}\boldsymbol{W}=\boldsymbol{I}$$

利用拉格朗日函数可以得到：

$$J(\boldsymbol{W})=\operatorname{tr}[\boldsymbol{W}^{\mathrm{T}}\boldsymbol{X}\boldsymbol{X}^{\mathrm{T}}\boldsymbol{W}+\boldsymbol{\lambda}(\boldsymbol{W}^{\mathrm{T}}\boldsymbol{W}-\boldsymbol{I})]$$

对 $\boldsymbol{W}$ 求导有 $\boldsymbol{X}\boldsymbol{X}^{\mathrm{T}}\boldsymbol{W}+\boldsymbol{\lambda}\boldsymbol{W}=\boldsymbol{O}$，整理后即为：$\boldsymbol{X}\boldsymbol{X}^{\mathrm{T}}\boldsymbol{W}=(-\boldsymbol{\lambda})\boldsymbol{W}$。

其中，$\boldsymbol{W}$ 为 $\boldsymbol{X}\boldsymbol{X}^{\mathrm{T}}$ 的 p' 个特征向量组成的矩阵；$-\boldsymbol{\lambda}$ 为 $\boldsymbol{X}\boldsymbol{X}^{\mathrm{T}}$ 的若干特征值组成的矩阵，特征值在主对角线上，其余位置为 0。将数据集从 p 维降到 p' 维时，需要找到最大的 p' 个特征值对应的特征向量，这 p' 个特征向量组成的矩阵 $\boldsymbol{W}$ 即为我们需要的矩阵。对于原始数据集，只需要用 $\boldsymbol{z}^{(i)}=\boldsymbol{W}^{\mathrm{T}}\boldsymbol{x}^{(i)}$ 就可以把原始数据集降维到最小投影距离的 p' 维数据集。

综上所述，**PCA 的算法流程**如下：

输入：p 维样本集 $\boldsymbol{X}=(\boldsymbol{x}^{(1)},\boldsymbol{x}^{(2)},\cdots\boldsymbol{x}^{(m)})$，要降维到的维数 p'。

过程：

① 对所有的样本进行中心化；

② 计算样本的协方差矩阵 $\boldsymbol{X}\boldsymbol{X}^{\mathrm{T}}$；

③ 对矩阵 $\boldsymbol{X}\boldsymbol{X}^{\mathrm{T}}$ 进行特征值分解；

④ 取出最大的 p' 个特征值对应的特征向量 $\{\boldsymbol{w}_1,\boldsymbol{w}_2,\cdots,\boldsymbol{w}_{p'}\}$ ，将所有的特征向量标准化后，组成特征向量矩阵 $\boldsymbol{W}$；

⑤ 将样本集中的每一个样本 $\boldsymbol{x}^{(i)}$ 转化为新的样本 $\boldsymbol{z}^{(i)}=\boldsymbol{W}^{\mathrm{T}}\boldsymbol{x}^{(i)}$；

⑥ 得到输出样本集 $\boldsymbol{X}'=(\boldsymbol{z}^{(1)},\boldsymbol{z}^{(2)},\cdots\boldsymbol{z}^{(m)})$ 。

输出：降维后的样本集 $\boldsymbol{X}'$ 。

主成分分析中，信息的重要性是通过方差来表示的，它以最大化数据中的方差为目标，利用保留多少方差信息来选择降维后的主成分个数。

主成分分析主要有两种形式的应用。一种是提取数据特征的前几个主成分，然后进行数据可视化、主成分回归、数据聚类等，这种应用主要是将主成分分析方法看作是数据降维、数据特征提取的过程。另一种是提取数据样本的前几个主成分，作为能代表数据集的不同样本，探索数据样本的主要状态。

图 4-7 是针对鸢尾花数据的 4 个特征进行主成分分析后的可视化结果，从图像中可知前两个主成分（PC）对全部数据的累计解释方差达到 97.7%。

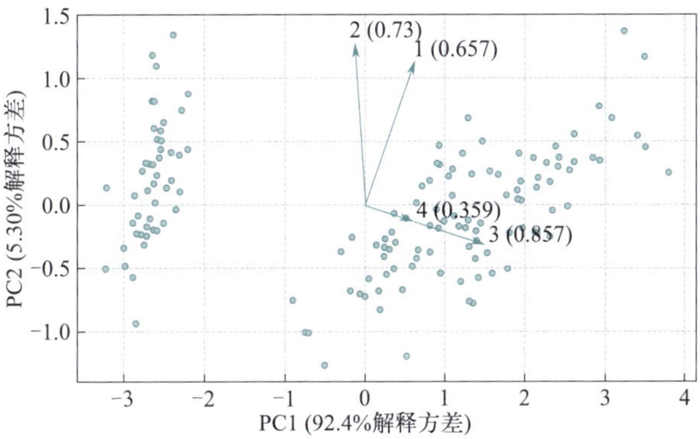

图 4-7　鸢尾花数据主成分分析可视化

4.3.2　局部线性嵌入（LLE）

流形学习（manifold learning）借鉴了拓扑流形概念，可以将高维数据映射到低维数据。流形学习假设很多高维数据都是低维流形嵌入高维空间当中，以图 4-8 为例，类似 S 型的 3 维空间数据集可以被拉伸到一个 2 维平面上。

局部线性嵌入（locally linear embedding，LLE）是流形学习的一种，其通过保留局部邻域内的距离，来寻求数据的低维投影。它可以被认为是一系列的局部主成分分析在全局范围内的相互比较，以找到最优的局部非线性嵌入。

LLE 的思想是：首先假设数据在较小的局部是线性的，即某一个数据可以由它邻域中的几个样本来线性表示。例如：一个样本 $\boldsymbol{x}_1$ ，在它的原始高维邻域里通过 k 个近邻，找到和它最近的三个样本 $\boldsymbol{x}_2,\boldsymbol{x}_3,\boldsymbol{x}_4$ ，然后假设 $\boldsymbol{x}_1$ 可以由 $\boldsymbol{x}_2,\boldsymbol{x}_3,\boldsymbol{x}_4$ 线性表示，即：

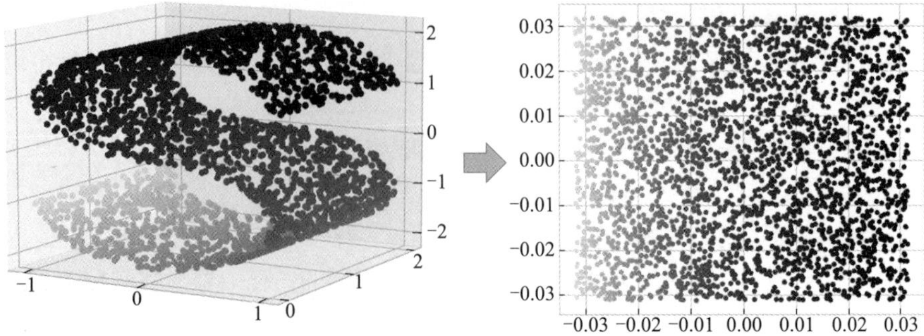

图 4-8　局部线性嵌入（LLE）

$$\boldsymbol{x}_1 = w_{12}\boldsymbol{x}_2 + w_{13}\boldsymbol{x}_3 + w_{14}\boldsymbol{x}_4$$

其中，w_{12}, w_{13}, w_{14} 为权重系数。

然后在通过 LLE 降维后，我们希望 $\boldsymbol{x}_1$ 在低维空间对应的投影 $\boldsymbol{x}_1'$ 和 $\boldsymbol{x}_2, \boldsymbol{x}_3, \boldsymbol{x}_4$ 对应的投影 $\boldsymbol{x}_2', \boldsymbol{x}_3', \boldsymbol{x}_4'$ 也尽量保持同样的线性关系，即：

$$\boldsymbol{x}_1' = w_{12}\boldsymbol{x}_2' + w_{13}\boldsymbol{x}_3' + w_{14}\boldsymbol{x}_4'$$

希望投影前后线性关系的权重系数 w_{12}, w_{13}, w_{14} 是尽量保持不变的。可以看出，线性关系只在样本的附近起作用，离样本远的样本对局部的线性关系没有影响，因此降维的复杂度降低了很多。

因此，LLE 的求解过程需要经过下面几个步骤：

① LLE 先为每个样本 $\boldsymbol{x}_i$ 找到其近邻集合 Q_i，然后计算出基于 Q_i 中样本点对 $\boldsymbol{x}_i$ 的线性重构系数 $\boldsymbol{w}_i$：

$$\min_{\boldsymbol{w}_1, \boldsymbol{w}_2, \cdots, \boldsymbol{w}_m} \sum_{i=1}^{m} \left\| \boldsymbol{x}_i - \sum_{j \in Q_i} w_{ij} \boldsymbol{x}_j \right\|_2^2$$

其中，样本 $\boldsymbol{x}_i, \boldsymbol{x}_j$ 均已知。令 $C_{jk} = (\boldsymbol{x}_i - \boldsymbol{x}_j)^{\mathrm{T}}(\boldsymbol{x}_i - \boldsymbol{x}_k)$，则 w_{ij} 的闭式解：

$$w_{ij} = \frac{\sum_{k \in Q_i} C_{jk}^{-1}}{\sum_{l,s \in Q_i} C_{ls}^{-1}}$$

② LLE 在低维空间中仍然希望保持重构系数 $\boldsymbol{w}_i$ 不变，因此 $\boldsymbol{x}_i$ 在低维空间中的坐标 $\boldsymbol{x}_i'$ 可以通过下式求解：

$$\min_{\boldsymbol{x}_1', \boldsymbol{x}_2', \cdots, \boldsymbol{x}_m'} \sum_{i=1}^{m} \left\| \boldsymbol{x}_i' - \sum_{j \in Q_i} w_{ij} \boldsymbol{x}_j' \right\|_2^2$$

令 $\boldsymbol{X}' = \left(\boldsymbol{x}_1', \boldsymbol{x}_2', \cdots, \boldsymbol{x}_m'\right) \in \mathbb{R}^{d' \times m}$，$(\boldsymbol{W})_{ij} = w_{ij}$，$\boldsymbol{M} = (\boldsymbol{I} - \boldsymbol{W})^{\mathrm{T}}(\boldsymbol{I} - \boldsymbol{W})$，则上述公式可重写为：

$$\min_{\boldsymbol{X}'} \operatorname{tr}(\boldsymbol{X}'\boldsymbol{M}\boldsymbol{X}'^{\mathrm{T}})^{\mathrm{T}}, \qquad \text{s.t. } \boldsymbol{X}'\boldsymbol{X}'^{\mathrm{T}} = \boldsymbol{I}$$

该公式可以通过特征值分解求解，$\boldsymbol{M}$ 最小的 d' 个特征值对应的特征向量组成的矩

阵即为 $\boldsymbol{X}'^{\mathrm{T}}$。

4.3.3 t 分布 - 随机邻近嵌入（t-SNE）

t 分布 - 随机邻近嵌入（t-distributed stochastic neighbor embedding，t-SNE）数据降维算法也是一种基于流形的数据降维方法，通常用于将数据从高维空间中降维到 2 维或者 3 维，用于数据可视化，观察数据的分布情况。t-SNE 是由 SNE（stochastic neighbor embedding，随机邻近嵌入）发展而来。下面先介绍 SNE 的基本原理，之后再扩展到 t-SNE。

SNE 是通过仿射变换将数据点映射到概率分布上，主要包括两个步骤：

① SNE 构建一个高维对象之间的概率分布，使得相似的对象有更高的概率被选择，而不相似的对象有较低的概率被选择。

② SNE 在低维空间里构建对应点的概率分布，使得这两个概率分布之间尽可能地相似。

但是由于 SNE 很难优化，而且存在"拥挤问题"（各个簇聚集在一起而无法区分），因此 Hinton 等人又提出了 t-SNE 的方法，该算法基于对称版的 SNE，在低维空间下使用更重长尾分布的 t 分布来避免"拥挤问题"和优化问题。t-SNE 主要包括两个步骤：

① t-SNE 使用原始数据构建一个高维对象之间的概率分布，使得相似的对象有更高的概率被选择，而不相似的对象有较低的概率被选择。

② t-SNE 在低维空间里构建对应点的概率分布，使得这两个概率分布之间尽可能地相似，同时会使用 KL 散度度量两个分布之间的相似性。

图 4-9 展示了基于 t-SNE 降维后数据的分布情况。

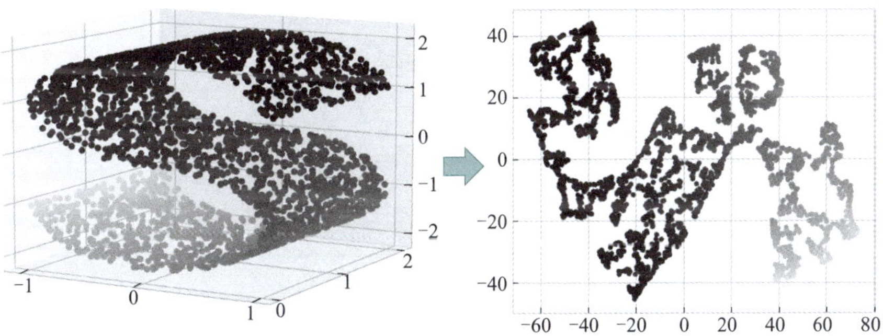

图 4-9　t-SNE 降维

在实际应用中，t-SNE 很少用于降维，主要用于可视化，原因主要有以下几方面：

① 当数据需要降维时，一般是特征间存在高度的线性相关性，此时一般使用线性降维算法，比如 PCA。

② 一般 t-SNE 都会将数据降到 2 维或者 3 维进行可视化，但是数据降维的维度一般会大一些，比如需要降到 20 维，此时 t-SNE 算法很难达到好的效果。

③ t-SNE 算法的计算复杂度很高，在百万样本数据集上可能需要几个小时，而 PCA 降维可以在几秒或几分钟内完成同样工作，另外它的目标函数非凸，可能会得到局部最优解。

④ t-SNE 没有唯一最优解，且没有预估部分。而且 t-SNE 中距离本身没有意义，都是概率分布问题，因此不同时刻的降维结果会有些许差异。

4.4 关联规则

4.4.1 关联规则基本概念

关联规则的适用范围很广，除了常用的购物篮数据、问卷调查等以分类变量为主的情况，还可以对连续的数据变量离散化进行关联规则分析。下面介绍关联规则分析中常用的术语。

项目： 交易数据库中的一个字段，对超市的交易来说一般是指一个客户在一次交易中的一个物品（或者一类物品），例如：啤酒。

事务： 某个客户在一次交易（购物）中，发生的（购买的）所有项目的集合，例如某客户购买的项目有：{ 面包，啤酒，尿不湿，苹果 }。

二元表示： 针对关联规则数据集，通常会使用二元形式的数据进行表示，即针对每一个项目，会使用数据表中的列表示，每一个事务使用数据表中的行表示，如果某个事务中出现某个项目，则对应位置的元素使用 1 表示，否则使用 0 表示。注意：由于关联规则分析中，更注重的是一个事务中某个项目是否出现，而不关注其出现的次数，因此二元表示更加直观。图 4-10 展示了一个购物篮数据与其对应的二元表示情况。

TID (事务ID)	项集
1	{面包，啤酒，可乐}
2	{啤酒，尿不湿，鸡蛋}
3	{啤酒，尿不湿，苹果}
4	{面包，啤酒，牛奶}
5	{面包，牛奶，苹果，鸡蛋}

TID	面包	啤酒	可乐	尿不湿	鸡蛋	苹果	牛奶
1	1	1	1	0	0	0	0
2	0	1	0	1	1	0	0
3	0	1	0	1	0	1	0
4	1	1	0	0	0	0	1
5	1	0	0	0	1	1	1

图 4-10 购物篮数据的二元表示

项集： 一次事务中包含的若干个项目的集合，一般项集中的项目会大于 0 个。例如：{ 面包，啤酒 }、{ 啤酒，尿不湿 }，{ 啤酒，尿不湿，苹果 } 等。

频繁项集： 某个项集的支持度大于设定阈值（预先给定或者根据数据分布和经验来设定），表明该项集的出现次数满足分析要求，即称这个项集为频繁项集。

频繁模式： 频繁地出现在数据中的模式 (如项集、子序列或者子结构)。例如，一个子序列，如先买了一件 T 恤，然后买了短裤，最后买了双凉鞋，如果它频繁地出现在所有客户购物的历史数据中，则称它为一个频繁的序列模式。

关联规则：假设 $I=\{i_1,i_2,i_3,\cdots,i_d\}$ 是项目的集合，给定一个（商品）交易数据库 $D=\{d_1,d_2,d_3,\cdots,d_N\}$，其中的每项事务 d_i 都是 I 的一个非空子集，每一个事务都有唯一的标识符对应。关联规则是形如 $X\Rightarrow Y$ 的蕴含式。其中，X 与 Y 属于项目的集合 I，并且 X 与 Y 的交集为空集，X 和 Y 分别称为规则的先导和后继（或左项和右项、前项和后项等）。例如：{啤酒} → {尿不湿}，{面包，鸡蛋} → {牛奶}中，前项分别为{啤酒}、{面包，鸡蛋}，后项分别为{尿不湿}、{牛奶}。

支持度：关联规则 $X\Rightarrow Y$ 的支持度（support）是 D 中事务同时出现 X 和 Y 的百分比，它就是概率 $P(Y\cup X)$，即：

$$\text{support}(X\Rightarrow Y)=P(X\cup Y)$$

置信度：关联规则 $X\Rightarrow Y$ 的置信度（confidence）是 D 中包含 X 的事务同时也包含 Y 的事务的百分比，它就是条件概率 $P(Y\mid X)$，即：

$$\text{confidence}(X\Rightarrow Y)=P(Y|X)=\frac{\text{support}(X\cup Y)}{\text{support}(X)}$$

规则的置信度可以通过规则的支持度计算出来，得到对应的关联规则 $X\Rightarrow Y$ 和 $Y\Rightarrow X$，可以通过如下步骤找出强关联规则：

① 找到满足最小支持度的所有频繁项集；

② 由频繁项集产生强关联规则，这些规则必须同时满足给定的最小置信度和最小支持度。

提升度：关联规则的另一种相关性度量，$X\Rightarrow Y$ 的提升度（lift）即在含有 X 的条件下同时含有 Y 的概率与 Y 总体发生的概率之比，即：

$$\text{lift}(X,Y)=\frac{P(Y|X)}{P(Y)}=\frac{\text{support}(X\cup Y)}{\text{support}(X)\text{support}(Y)}$$

如果 $\text{lift}(X,Y)$ 的值小于 1，则表明 X 的出现和 Y 的出现是负相关的，即一个出现可能导致另一个不出现；如果值等于 1，则表明 X 和 Y 是独立的，它们之间没有关系；如果值大于 1，则 X 和 Y 是正相关的，即每一个的出现都蕴含着另一个的出现。

4.4.2 Apriori 算法

Apriori 算法是最经典的关联规则挖掘算法。它利用逐层搜索的迭代方法找出数据库中项集的关系，以形成规则，其过程由连接（类矩阵运算）与剪枝（去掉那些没必要的中间结果）组成。

针对 Apriori 算法，会使用支持度作为判断频繁项集的标准。Apriori 算法的目标是找到最大的 K 项频繁项集（频繁 K 项集）。首先，要找到符合支持度标准的频繁项集，但是这样的频繁项集可能有很多，因此需要找到最大项目个数的频繁项集。例如：找到符合支持度的频繁项集{牛奶，面包}和{牛奶，面包，鸡蛋}，那么就会抛弃{牛奶，面包}，只保留{牛奶，面包，鸡蛋}，因为{牛奶，面包}

是 2 项频繁项集，而 { 牛奶，面包，鸡蛋 } 是 3 项频繁项集。

在发现频繁项集时，Apriori 算法会采用迭代的方法，先搜索出候选 1 项集及对应的支持度，剪枝去掉低于支持度的 1 项集，得到频繁 1 项集。然后对剩下的频繁 1 项集进行连接，得到候选的频繁 2 项集，筛选去掉低于支持度的候选频繁 2 项集，得到真正的频繁 2 项集。以此类推，迭代下去，直到无法找到频繁 $K+1$ 项集为止，对应的频繁 K 项集的集合即为算法的输出结果。以图 4-10 的数据集为例，其算法运算流程如图 4-11 所示。

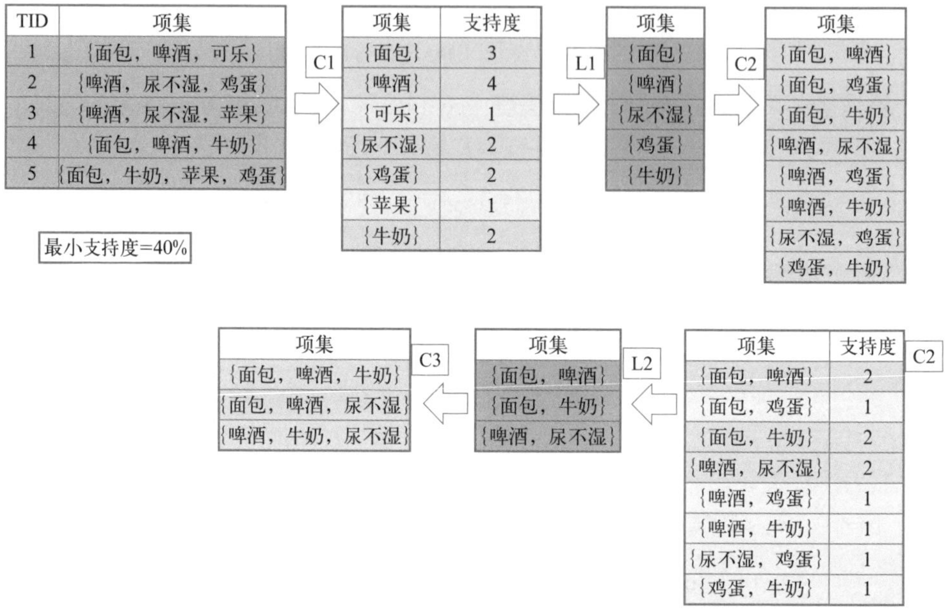

图 4-11　Apriori 算法的迭代过程

针对图 4-11，数据集 D 中有 5 条记录，分别是 { 面包，啤酒，可乐 }、{ 啤酒，尿不湿，鸡蛋 }、{ 啤酒，尿不湿，苹果 }、{ 面包，啤酒，牛奶 } 与 { 面包，牛奶，苹果，鸡蛋 }。现在用 Apriori 算法来寻找频繁 K 项集，使用最小支持度为 40%，则需要最少出现 2 次。首先，生成候选频繁 1 项集（C1），包括所有的 7 个数据并计算 7 个数据的支持度，计算完毕后进行剪枝，数据 { 可乐 }、{ 苹果 } 由于支持度只有 20% 被剪掉。最终的频繁 1 项集（L1）为 { 面包 }、{ 啤酒 }、{ 尿不湿 }、{ 鸡蛋 } 与 { 牛奶 }。然后，连接生成候选频繁 2 项集（C2），包括 { 面包，啤酒 }、{ 面包，鸡蛋 }、{ 面包，牛奶 }、{ 啤酒，尿不湿 }、{ 啤酒，鸡蛋 }、{ 啤酒，牛奶 }、{ 尿不湿，鸡蛋 } 与 { 鸡蛋，牛奶 } 共 8 组（这里已经剔除了出现次数为 0 的组合）。此时第一轮的迭代结束。

进入第二轮迭代，扫描数据集 D 计算候选频繁 2 项集的支持度，接着进行剪枝，由于 { 面包，鸡蛋 }、{ 啤酒，鸡蛋 }、{ 啤酒，牛奶 }、{ 尿不湿，鸡蛋 } 与 { 鸡蛋，牛奶 } 的支持度只有 20% 而被筛除，得到真正的频繁 2 项集（L2），包括 { 面包，啤酒}、{面包，牛奶}、{啤酒，尿不湿}。然后生成候选频繁3项集（C3），包含{面包，啤酒，牛奶}、{面包，啤酒，尿不湿}、{啤酒，牛奶，尿不湿}共3组，通过计算候选频繁3项集的支持度，发现它们的支持度均小于40%，因此被剪枝，最终没有真正频繁3项集。由于此时我们无法再进行数据连接，进而得到候选频繁4项集，最终的结果即为没有频繁3项集，只有3项频繁2项集。

Aprior算法流程可以总结为：

输入：数据集D，支持度阈值α。

过程：

① 扫描整个数据集，得到所有出现过的数据，作为候选频繁1项集。$K=1$，频繁0项集为空集。

② 挖掘频繁K项集。

a. 扫描数据计算候选频繁K项集的支持度。

b. 去除候选频繁K项集中支持度低于阈值的数据集，得到频繁K项集。如果得到的频繁K项集为空，则直接返回频繁$K-1$项集作为算法结果，算法结束。如果得到的频繁K项集只有一项，则直接返回频繁K项集作为算法结果，算法结束。

c. 基于频繁K项集，连接生成候选频繁$K+1$项集。

③ 令$K=K+1$，转入步骤②。

输出：最大的频繁K项集。

从算法的步骤可以看出，Aprior算法每轮迭代都要扫描数据集，因此在数据集很大、数据种类很多的时候，算法效率很低。

4.4.3 FP-Growth算法

Apriori算法挖掘频繁项集时，需要多次扫描数据，所以Apriori算法的时间复杂度和空间复杂度相对都很高，算法执行效率不高。而FP-Growth算法在进行频繁模式挖掘时，只需要对数据库进行两次扫描，并且不会产生候选项集。它的效率相比于Apriori算法有很大的提高。

FP-Growth算法的主要思想是：将代表频繁项集的数据库压缩存储在频繁模式树中，每条事务数据中的项目之间的关系被保留在频繁模式树中；然后，将频繁模式树按照条件模式基拆分成一组条件FP（频繁模式）树，并分别挖掘这些条件FP树。

FP-Growth算法的步骤：

① 第一次扫描数据库，寻找频繁1项集，并按照由大到小的顺序排序。

② 创建FP模式树的根结点，记为“null”。

③ 根据频繁1项集的顺序对数据库中的每条事务数据进行排序，并存储在FP树中，并建立项头表。

④ 为每一个频繁1项集寻找前缀路径，组成条件模式基，并建立条件FP树。

⑤ 递归挖掘条件 FP 树，获得频繁项集。

单独看 FP-Growth 算法的步骤可能并不容易理解，下面则是以前面的几项购物篮数据为例，解释 FP-Growth 算法的使用，主要可以分为以下过程。

（1）项头表的建立

针对前面所示的购物篮数据集，有 5 条数据，首先进行第一次扫描数据并对 1 项集计数，以支持度 40% 为阈值，需要 1 项集在数据中至少出现两次，因此只剩下 {啤酒}、{面包}、{尿不湿}、{鸡蛋}、{牛奶} 在项头表中。将 {啤酒}、{面包}、{尿不湿}、{鸡蛋}、{牛奶} 按照支持度的大小降序排列，组成项头表，如图 4-12 所示。

接着进行第二次扫描数据，对每条数据剔除非频繁 1 项集，并按照支持度降序排列。比如数据项集 { 面包，啤酒，可乐 }，里面 { 可乐 } 是非频繁 1 项集，因此被剔除，只剩下了 { 面包，啤酒 }。然后按照支持度的顺序排序，它变成了 { 啤酒，面包 }。其他的数据项集以此类推，最终的结果如图 4-12 所示。这里将原始数据集里的频繁 1 项集进行排序，是为了在后面的 FP 树建立时，可以尽可能地共用祖先节点。

数据

TID	项集
1	{面包，啤酒，可乐}
2	{啤酒，尿不湿，鸡蛋}
3	{啤酒，尿不湿，苹果}
4	{面包，啤酒，牛奶}
5	{面包，牛奶，苹果，鸡蛋}

项头表

项头表	
{啤酒}：4	
{面包}：3	
{尿不湿}：2	
{鸡蛋}：2	
{牛奶}：2	

最小支持度=40%

排序后数据

TID	项集
1	{啤酒，面包}
2	{啤酒，尿不湿，鸡蛋}
3	{啤酒，尿不湿}
4	{啤酒，面包，牛奶}
5	{面包，鸡蛋，牛奶}

图 4-12　项头表的建立

（2）FP树的建立

下面开始利用排序后的数据建立 FP 树，首先，插入第一条数据 {啤酒，面包}，如图 4-13 所示。此时 FP 树没有节点，因此 { 啤酒，面包 } 是一个独立的路径，所有节点计数为 1，项头表通过节点链表链接上对应的新增节点。

排序后数据

TID	项集
1	{啤酒，面包}
2	{啤酒，尿不湿，鸡蛋}
3	{啤酒，尿不湿}
4	{啤酒，面包，牛奶}
5	{面包，鸡蛋，牛奶}

项头表

项头表	
{啤酒}：4	
{面包}：3	
{尿不湿}：2	
{鸡蛋}：2	
{牛奶}：2	

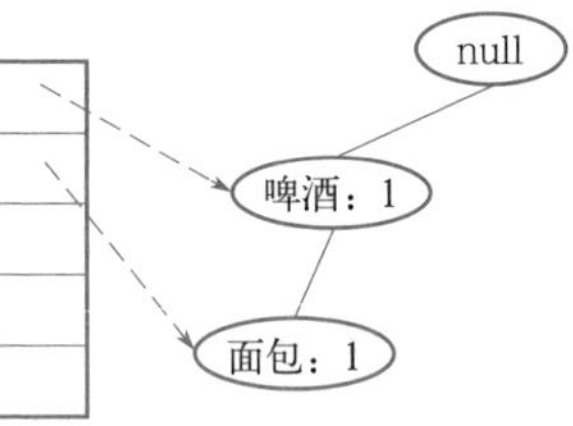

图 4-13　插入第 1 条数据

接着继续插入数据 { 啤酒，尿不湿，鸡蛋 }，如图 4-14 所示。由于 { 啤酒，尿不湿，鸡蛋｝和现有的 FP 树可以有共用的祖先节点｛啤酒｝，因此只需要增加｛尿不湿｝、｛鸡蛋｝这 2 个新节点，将新节点｛尿不湿｝、｛鸡蛋｝的计数记为 1。同时｛啤酒｝的计数加 1 成为 2。当然，对应｛尿不湿｝、｛鸡蛋｝节点的节点链表要更新。

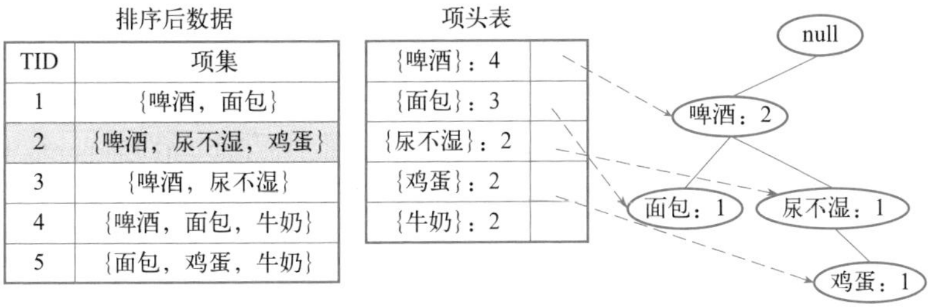

图 4-14　插入第 2 条数据

其余的数据根据同样的方式进行更新，最终可获得如图 4-15 所示的 FP 树结果。

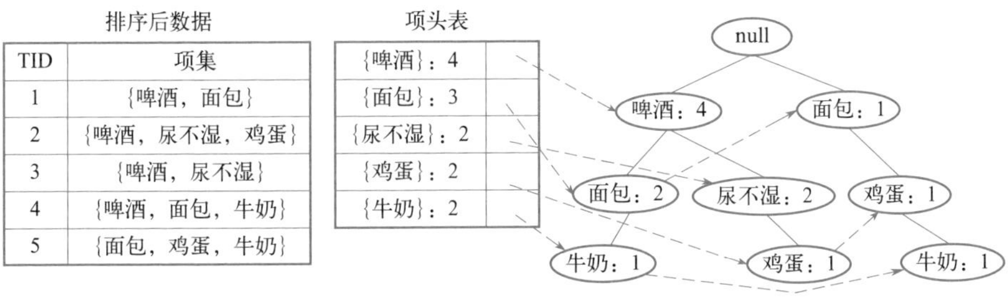

图 4-15　最终创建获得的 FP 树

（3）FP树挖掘频繁项集

继续上面的例子，先从最底下的｛牛奶｝节点开始，先来寻找｛牛奶｝节点的条件模式基，因为｛牛奶｝有两个叶子节点，因此首先得到 FP 子树如图 4-16 左图所示。接着将所有的祖先节点计数设置为叶子节点的计数，即变成｛啤酒: 1，面包: 2，鸡蛋: 1，牛奶: 1，牛奶: 1｝此时｛啤酒｝节点与｛鸡蛋｝节点由于在条件

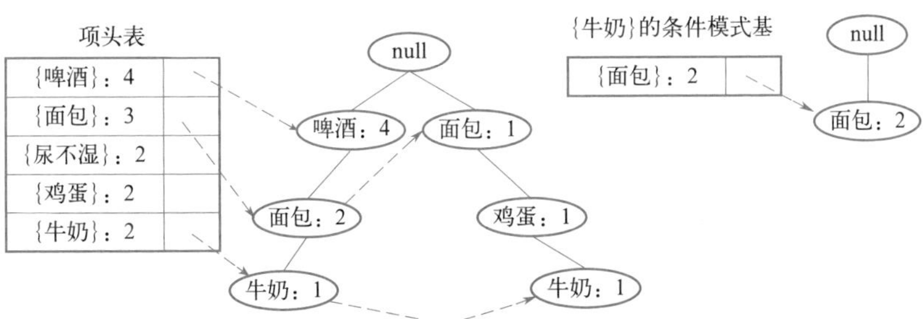

图 4-16　｛牛奶｝节点的频繁项集

模式基里面的支持度低于阈值，被我们删除，最终去除低支持度节点而并不包括叶子节点后 D 的条件模式基为 { 面包: 2}。通过它，我们很容易得到 { 牛奶 } 的频繁 2 项集为 { 面包 :2，牛奶 :2}。此时无法继续再递归合并 2 项集，得到频繁 3 项集。因此 { 牛奶 } 对应的最大的频繁项集为频繁 2 项集。

接着分析 { 鸡蛋 } 节点，寻找 { 鸡蛋 } 节点的条件模式基，同样 { 鸡蛋 } 有两个叶子节点，因此首先得到 FP 子树如图 4-17 左图所示。接着将所有的祖先节点计数设置为叶子节点的计数，即变成 { 啤酒: 1，尿不湿: 1，面包: 1，鸡蛋: 1，牛奶: 1}。此时所有节点由于在条件模式基里面的支持度低于阈值，被删除，最终无法得到与鸡蛋相关的频繁项集。

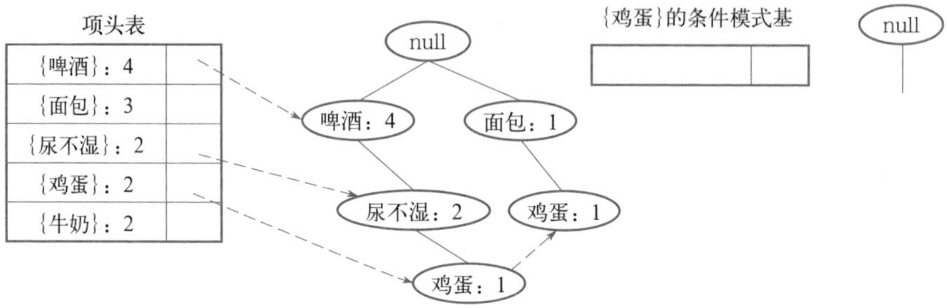

图 4-17 { 鸡蛋 } 节点的频繁项集

按照同样的方式，对 { 尿不湿 } 节点进行分析，可获得最大的频繁项集为频繁 2 项集，为 { 啤酒: 2，尿不湿: 2}；对 { 面包 } 节点进行分析，可获得最大的频繁项集为频繁 2 项集，为 { 啤酒: 2，面包: 2}；至于 { 啤酒 } 节点，由于它的条件模式基为空，因此可以不用去挖掘了。至此我们得到了所有的频繁项集，且均为频繁 2 项集，它们为: { 面包 :2，牛奶 :2}、{ 啤酒: 2，尿不湿: 2}、{ 啤酒: 2，面包: 2}。

4.5 稀疏表示与字典学习

稀疏表示与字典学习是机器学习和信号处理领域中常用的无监督学习技术，它们通常结合使用以实现数据的有效表示和处理。稀疏表示目的是将数据通过少量的非零元素来进行有效的表示。在数学上，对于一个向量或矩阵，如果其中大多数元素为零，那么可以认为它是稀疏的。稀疏表示的优势在于能够用较少的信息表示数据，从而减少存储和处理的需求。而字典学习的目标是找到一个紧凑且具有代表性的字典，以便有效地表示输入数据。这个过程可以表达为：给定数据矩阵 $\boldsymbol{X}$，找到一个字典矩阵 $\boldsymbol{D}$ 和稀疏系数矩阵 $\boldsymbol{S}$，使得 $\boldsymbol{X} \approx \boldsymbol{DS}$。字典学习通常通过稀疏表示约束最小化重构误差来实现。

稀疏表示与字典学习算法在图像处理领域应用非常广泛，常用于图像压缩与去噪。字典学习在用于图像压缩时，字典的基可用于表示图像的局部特征。此外针对带噪图像的噪声可以认为是稀疏的信号，原始图像不是稀疏的信号，字典学习和稀疏表示可以去除稀疏的信号，保留不带噪声的清晰图像，从而实现图像去噪的目的。

在图像去噪应用中，输入信号 $\boldsymbol{X}=[\boldsymbol{x}_1,\boldsymbol{x}_2,\cdots,\boldsymbol{x}_m]\in\mathbb{R}^{n\times m}$，可以使用冗余字典 $\boldsymbol{D}$ 和该字典下的稀疏表示 $\boldsymbol{S}=[\boldsymbol{s}_1,\boldsymbol{s}_2,\cdots,\boldsymbol{s}_m]\in\mathbb{R}^{k\times m}$ 来表示，因此，字典学习与稀疏表示实际是求解如下的优化问题：

$$(\boldsymbol{D},\boldsymbol{S})=\arg\min\frac{1}{2}\|\boldsymbol{X}-\boldsymbol{D}\boldsymbol{S}\|_F^2+\alpha\|\boldsymbol{S}\|_0\quad \text{s.t.}\|\boldsymbol{s}_i\|_0=s\ll k,i=1,2,\cdots,m$$

其中，$\|\boldsymbol{X}-\boldsymbol{D}\boldsymbol{S}\|_F^2$ 项用于保证对信息的重构误差最小；$\|\boldsymbol{S}\|_0$ 正则化约束项用于保证稀疏表示的稀疏性；α 是调整正则化约束重要性的系数；k 表示字典原子的个数；$\|\boldsymbol{s}_i\|_0=s<<k$ 表示编码原子 $\boldsymbol{s}_i$ 中非 0 元素个数 s 远小于字典原子个数 k。

字典学习与稀疏表示的求解通常使用迭代优化的方式，其中经典的算法有：K-SVD 算法、OMP（orthogonal matching pursuit，正交匹配追踪）算法。图 4-18 展示的是针对一张灰度图像，使用字典学习算法对其进行去噪的结果。

图 4-18　字典学习图像去噪

4.6　本章小结

本章介绍了机器学习中无监督学习中经典的算法应用。针对相似性度量介绍了距离度量与分布度量。针对数据聚类介绍了 k 均值聚类、层次聚类与密度聚类，以及在不同种类方法下数据的聚类效果。针对数据降维主要介绍了主成分分析、局部线性嵌入（LLE）以及 t-SNE 等算法。针对关联规则介绍了 Apriori 算法与 FP-Growth 算法，最后简单介绍了稀疏表示与字典学习的内容。

第5章

有监督学习

有监督学习（supervised learning）是机器学习中的一种常见范式，通过算法从标记好的训练数据中学习其模式，并在新的未标记数据上做出预测。在有监督学习中，每个训练样本都有一个对应的标签，算法模型通过学习数据特征与标签之间的关系来进行预测。算法模型在训练过程中，通过减小实际标签与预测结果的误差，来不断调整自己的参数，提高性能。

有监督学习的常见任务主要是分类和回归：

分类（classification）：将输入数据分为不同的类别。例如，垃圾邮件过滤器可以被训练成将电子邮件分为“垃圾邮件”和“非垃圾邮件”两类。

回归（regression）：预测出一个连续值。例如，根据房屋的各种特征（如大小、位置、卧室数量等）预测其价格。

有监督学习算法的应用通常会有以下几个步骤：

① 数据准备：准备待分析的数据集，其中数据集中需要有待预测的类别或数值。

② 数据预处理：数据输入模型之前，通常需要进行一些预处理步骤，例如数据清洗、去除异常值、归一化、特征变换、数据降维等操作，这有助于提高模型的稳定性和性能。

③ 数据切分：通常会将数据切分为训练集和测试集，其中训练集用于有监督学习算法模型的训练，测试集用于检测模型的泛化性能。

④ 训练模型：利用训练集数据，采用合适的有监督学习算法，调整合适的模型参数。不同的问题场景可能需要不同类型的模型，例如：决策树、支持向量机、神经网络、朴素贝叶斯等。

⑤ 测试模型：使用测试集测试模型的效果，并根据测试效果进行相应的调整，训练出效果较好的模型。

⑥ 模型应用：一旦模型达到满意的性能，就可以将其部署到实际应用中，用于对新数据进行预测。

上述整个过程是迭代的，可能需要多次调整和训练模型以获得满意的性能。

5.1 决策树

决策树是一种经典的机器学习算法，常用于数据分类与回归任务。它模拟了一个树状结构，通常包含根节点（决策树的起始节点，包含整个数据集）、内部节点（根据一个属性或特征划分数据集）以及叶子节点（表示最终的分类或回归结果）。

5.1.1 决策树简介

决策树是从根节点排列到某个叶子节点来分类实例（样本），在分析数据时和流程图很相似，模型包含一系列的逻辑决策，决策节点的不同分支表明做出的不同选择，最终到达叶子节点得到逻辑规则，叶子节点即为实例所属的类别（待预测的变量的某类取值）。决策树上的每一个节点指定了实例的某个特征，并且该节点的每一个后继分支对应于该特征变量的一个可能值。决策树方法的核心内容包括节点的选择、决策树的剪枝和决策树算法的选取等。针对鸢尾花数据集利用决策树算法进行分类，获得的决策树形式如图 5-1 所示。

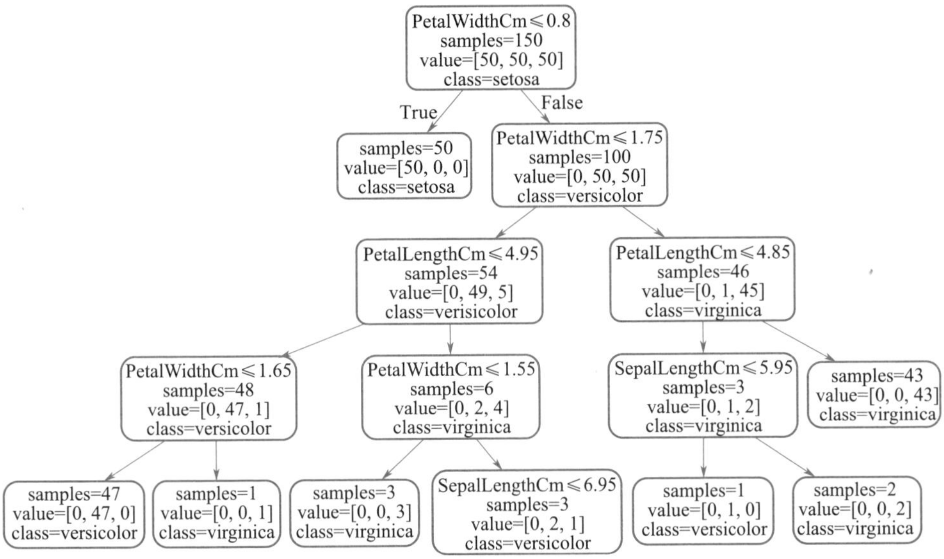

图 5-1　鸢尾花数据分类决策树

图 5-1 中，每一条路径都是一条数据分类的规则。例如：最左侧的规则为，如果特征 PetalWidthCm 的取值小于等于 0.8，则会将数据分类为 setosa 类；最右侧的规则为，如果特征 PetalWidthCm 的取值大于 0.8，且大于 1.75，同时特征 PetalLengthCm 的取值大于 4.85，则会将数据分类为 virginica 类。

5.1.2　节点特征选择

决策树在选择使用哪个特征作为当前节点来划分数据时，可以有不同的方式来判断，其中信息增益是用来衡量给定的属性（特征）来区分训练样本的常用方式，其利用到了熵。熵是一种度量随机变量不确定性的方法，假设离散值的随机变量 X 的分布列为：

$$P(X=x_i)=p_i\ ,\quad i=1,2,3,\cdots,n$$

则 X 的熵可定义为：

$$\mathrm{Ent}(X)=-\sum_{i=1}^{n}p_i\log_2 p_i$$

$\text{Ent}(X)$ 的值越小，则表明变量的不确定性程度越弱。

信息增益（information gain）表示在知道特征 a 的条件下，使得数据集的类别 Y 的信息不确定性减少的程度。假设数据集 D 中的一个离散的特征 a，该特征有 v 个属性，则使用特征 a 作为一个节点时，会有 v 个分支，每个分支会包含 N_v 个样本，第 v 个分支对应的数据集表示为 D_v。特征 a 对训练数据集 D 的信息增益 $\text{Gain}(D,a)$ 可以使用下面的公式计算：

$$\text{Gain}(D,a)=\text{Ent}(D)-\text{Ent}(D|a)=\text{Ent}(D)-\sum_{v=1}^{V}\frac{N_v}{N}\text{Ent}(D_v)$$

其中，V 表示分支总数；N 表示数据集的样本数量。

因为不同的特征对数据集会有不同的信息增益，所以信息增益越大，表明使用该特征作为节点划分数据时，将数据切分得越好，分类能力越强。

此外，基尼系数（Gini coefficient）也经常被使用，在分类问题中，假设有 K 个类，样本点属于第 k 类的概率为 p_k，则概率分布的基尼系数定义为：

$$\text{Gini}(p)=-\sum_{k=1}^{K}p_k(1-p_k)=1-\sum_{k=1}^{K}p_k^2$$

如果数据集 D 被特征 A 所取的某一可能值 a 分割为 D_1、D_2 两部分，则在特征 A 的条件下，D 的基尼指数定义为：

$$\text{Gini}(D,A)=\frac{|D_1|}{|D|}\text{Gini}(D_1)+\frac{|D_2|}{|D|}\text{Gini}(D_2)$$

其中，基尼指数 $\text{Gini}(D,A)$ 表示经 $A=a$ 分割后集合 D 的不确定性。基尼系数数值越大，样本集合的不确定性越大。

除了信息增益、基尼系数等分隔方法外，卡方统计量和增益比也常用于节点特征的选择。

5.1.3 决策树算法

ID3（iterative dichotomiser 3）算法，是由澳大利亚计算机科学家 Quinlan 在 1986 年提出的，它是经典的决策树算法之一。ID3 算法在选择划分节点的属性时，使用信息增益来选择。由于 ID3 算法不能处理非离散型特征，而且没有考虑每个节点的样本大小，所以可能导致叶子节点的样本数量过小，往往会带来过拟合的问题。

C4.5 算法是对 ID3 算法的进一步改进，它能够处理不连续的特征，在选择划分节点的属性时，使用信息增益率来选择。因为信息增益率考虑了节点分裂信息，所以不会过分偏向于取值数量较多的离散特征。

ID3 算法和 C4.5 算法主要用来解决分类问题，不能用来解决回归问题，而 CART（classification and regression tree，分类回归树）算法则能同时处理分类和回归问题。分类树与回归树的一个区别是：如果目标变量是离散型变量则用分类树，如果目标变量是连续型变量则用回归树。CART 算法在解决分类问题时，使用基尼系数的下降值，作为选择划分节点属性的度量指标；在解决回归问题时，根据节点数据目标特征值的平方误差最小化准则，选择划分节点属性。

表 5-1 对上述三种决策树算法的使用场景和划分节点选择情况进行了归纳总结。

表 5-1 常见决策树算法的对比

算法	数据集特征	预测值类型	划分节点指标	适用场景
ID3	离散值	离散值	信息增益	分类
C4.5	离散值、连续值	离散值	信息增益率	分类
CART	离散值、连续值	离散值、连续值	基尼系数、方差	分类、回归

下面以 CART 算法为例，介绍决策树生成的过程。CART 算法的输入是数据集 D 、基尼系数的阈值、样本个数阈值等，需要输出的是决策树 T 。根据训练数据集从根节点开始，递归地对每个节点进行以下操作，建立决策树：

① 对于当前节点的数据集 D ，如果样本个数小于阈值或者没有特征，则返回决策子树，当前节点停止递归。

② 计算数据集 D 的基尼系数，如果基尼系数小于阈值，则返回决策树子树，当前节点停止递归。

③ 计算当前节点现有的各个特征值对数据集 D 的基尼系数，在计算出来的各个特征值对数据集 D 的基尼系数中，选择基尼系数最小的特征 A 和对应的特征值 a 。根据这个最优特征和最优特征值，把数据集划分成 D_1 、 D_2 两部分，同时建立当前节点的左右子节点，左子节点的数据集 D 为 D_1 ，右子节点的数据集 D 为 D_2 。

④ 对左右的子节点递归地调用①～③步，生成决策树。

决策树算法的优点：

① 简单直观，生成的决策树很直观，相比于神经网络之类的黑盒分类模型，决策树在逻辑上可以得到很好的解释。

② 基本不需要预处理，不需要提前归一化、处理缺失值。并且对于异常点的容错能力好，健壮性高。

③ 既可以处理离散值，也可以处理连续值，同时还可以处理多维度输出的分类问题。

决策树算法的缺点：

① 决策树算法非常容易过拟合，导致泛化能力不强，可以通过设置节点最少样本数量和限制决策树深度来改进。

② 决策树会因为样本发生一点点的改动，而导致树结构的剧烈改变，这个可以通过集成学习之类的方法解决。

③ 有些比较复杂的关系，决策树很难学习。如果某些特征的样本比例过大，生成决策树容易偏向于这些特征，这个可以通过调节样本权重来改善。

5.1.4 决策树剪枝

由于过深的决策树会导致对数据的过拟合，模型只能在训练集上有很好的预测效果，在测试集上预测效果会很差，使模型没有泛化能力。但如果决策树生长不充分，同样会导致模型的欠拟合，这样模型会没有判别能力。针对该问题，常用解决方案就是对决策树模型进行剪枝处理，从而获得一个正常拟合的决策树模型。

剪枝可分为预剪枝和后剪枝。预剪枝是指在决策树的生成过程中，对每个节点进行划分之前就进行相应的估计，如果当前节点的划分对决策树模型的泛化能力没有提升，则不对当前节点进行划分，将它看作叶节点。而后剪枝表示如果决策树生长得过大，就根据节点处的错误率，使用修剪准则将其减小到更合适的大小，如果剪去某个子树能够提升模型的泛化能力，那么就剪去得到新的叶子节点，从而避免决策树的过拟合问题。

比较常见的后剪枝方法有：代价复杂度剪枝（cost-complexity pruning，CCP）、错误率降低剪枝（reduced error pruning，REP）、悲观误差剪枝（pessimistic error pruning，PEP）等。其中代价复杂度剪枝的目标是最小化树的复杂度，同时控制误差。CCP 算法为子树 T 定义了代价和复杂度，以及一个衡量代价与复杂度关系的参数 α。大致流程为：从决策树 T_n 开始不断剪枝直到 T_0 的根节点，形成一个子树序列 $\{T_0,T_1,\cdots,T_n\}$，其中 T_{i+1} 是 T_i 通过修剪关于训练数据集误差增加率最小分支得来。对于决策树 T，假设其误差为 $R(T)$，叶子节点数为 $L(T)$，在节点 t 处修剪后，误差记为 $R(T_t)$，叶子节点数为 $L(T_t)$，修剪前后的误差增加了 $R(T_t)-R(T)$，误差增加率为 $\alpha=[R(T_t)-R(T)]/[L(T)-L(T_t)]$，决策树经过不断修剪，直到误差增加率大于某一个设定的阈值，则修剪结束。

图 5-2 展示了一个种子数据训练决策树模型进行剪枝前后的可视化结果图。从图中可以发现：剪枝前的决策树模型在训练集上的精度为 100%，测试集上的精度

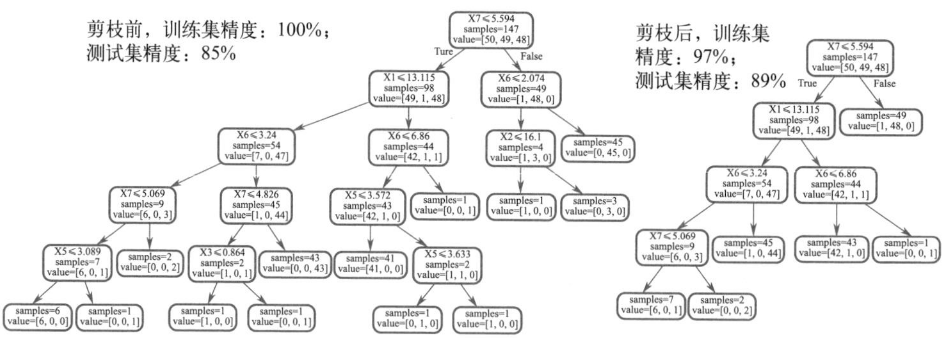

图 5-2 决策树剪枝前后的情况

为 85%；剪枝后的决策树模型在训练集上的精度为 97%，测试集上的精度为 89%。这表明了剪枝后模型的泛化性明显增强。

5.2 集成学习

在机器学习的有监督学习算法中，我们的目标是学习出一个稳定的且在各个方面表现都较好的模型，但实际情况往往不这么理想，有时只能得到多个有偏好的弱监督模型。集成学习就是组合多个弱监督模型，期望得到一个更好更全面的强监督模型。即使某一个弱分类器得到了错误的预测，其他的弱分类器也可以将错误纠正回来。

5.2.1 集成学习模式与方法

个体学习器是相对于集成学习来说的，作为单个学习器，它通常是由一个现有的学习算法从训练数据产生，例如：C4.5 算法、BP（反向传播）神经网络算法等。个体学习器代表的是单个学习器，集成学习代表的是多个学习器的结合。

集成学习最流行的是基于同质个体学习器的方法，例如：都是决策树个体学习器。此外基于同质个体学习器的集成学习方法中，根据个体学习器之间是否存在依赖，也可以分为两类：一类是 Boosting（提升）系列方法，该类算法中个体学习器之间通常存在强依赖关系，一系列的个体学习器是通过串行生成的，其代表算法是 AdaBoost；另一类 Bagging（装袋）系列方法，该类算法中个体学习器之间不存在依赖关系，一系列的个体学习器可以通过并行生成，其代表算法是随机森林。两种方式的示意图如图 5-3 所示。

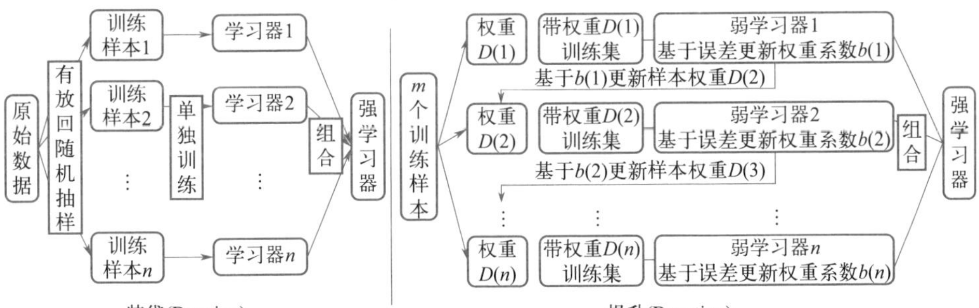

图 5-3 装袋与提升集成学习的方式

可以发现，与 Bagging 相比，Boosting 算法的工作机制是：首先从训练集用初始权重 $D(1)$ 训练出一个弱学习器 1，根据弱学习的学习误差率表现来更新训练样本的权重 $D(2)$，使得之前弱学习器 1 学习误差率高的训练样本点的权重变高，使得这些误差率高的点在后面的弱学习器 2 中得到更多的重视；然后基于调整权重后的训练集来训练弱学习器 2，如此重复进行，直到弱学习器数达到事先指定的数目 n；最终将这 n 个弱学习器通过组合策略进行整合，得到最终的强学习器。

5.2.2 随机森林算法

随机森林（random forest，RF）算法可以看作是一个包含多个决策树的分类器，针对分类问题，其输出的类别是由所有决策树输出类别的众数而定（即通过所有单一的决策树模型投票来决定），同时每个决策树在建立时使用的特征数量也引入了随机选择的因素。针对回归问题，输出的预测值通常是所有决策树输出的加权平均值。

构造随机森林通常需要经过下面的步骤：

① 一个样本容量为 N 的样本，有放回地抽取 n 个样本，形成一个训练集，并用未抽到的样本作预测，评估其误差。

② 当每个样本有 M 个属性时，在决策树的每个节点需要分裂时，随机从这 M 个属性中选取出 m 个属性，满足条件 $m \ll M$。然后从这 m 个属性中采用某种策略（例如：信息增益）来选择 1 个属性作为该节点的分裂属性。

③ 决策树形成过程中每个节点都要按照步骤②来分裂，直到不能够再分裂为止。如果下一次该节点选出来的那一个属性是刚刚其父节点分裂时用过的属性，则该节点已经达到了叶子节点，无需继续分裂了。注意整个决策树形成过程中没有进行剪枝。

④ 按照步骤①～③建立大量的决策树，构成随机森林。

随机森林的优点：

① 训练可以高度并行化，可以有效运行在大数据集上；

② 它可以处理很高维度（特征很多）的数据，并且不用降维，无需做特征选择；

③ 可以输出各特征对预测目标的重要性；

④ 对部分特征的数据缺失容忍度高；

⑤ 袋外数据可用作验证集来检验模型的有效性，不用额外划分数据集；

⑥ 对于不平衡的数据集来说，可以平衡误差。

随机森林的缺点：

① 随机森林已经被证明在某些噪声较大的分类或回归问题上会过拟合；

② 取值划分比较多的特征容易对随机森林的决策产生更大的影响，从而影响拟合的模型效果。

5.2.3 AdaBoost 算法

AdaBoost 为英文 adaptive boosting（自适应提升）的缩写，是一种基于提升的集成学习算法。它的自适应在于：前一个基础分类器被错误分类的样本的权值会增大，而正确分类的样本的权值会减小，然后再次用来训练下一个基础分类器；同时，在每一轮迭代中，加入一个新的弱分类器，直到达到某个预定的足够小的错误率或达到预先指定的最大迭代次数，才确定最终的强分类器。

AdaBoost 算法可以简述为下面三个步骤：

① 初始化训练数据的权值分布 $D(1)$。假设有 N 个训练样本数据，则每一个训练样本最开始时，都被赋予相同的权值：$w_1 = 1/N$。

② 训练弱分类器 f_i。具体训练过程中是：如果某个训练样本点被弱分类器 f_i 准确地分类，那么在构造下一个训练集中，它对应的权值要减小；相反，如果某个训练样本点被错误分类，那么它的权值就应该增大。权值更新过的样本集被用于训练下一个分类器，整个训练过程如此迭代地进行下去。

③ 将各个训练得到的弱分类器组合成一个强分类器。各个弱分类器的训练过程结束后，加大分类误差率小的弱分类器的权重，使其在最终的分类函数中起着较大的决定作用，而降低分类误差率大的弱分类器的权重，使其在最终的分类函数中起着较小的决定作用。即误差率低的弱分类器在最终分类器中占的权重较大，否则较小。

AdaBoost 算法的优点：

① AdaBoost 提供一种框架，在框架内可以使用各种分类与回归方法构建弱分类器。可以使用简单的弱分类器，不用对特征进行筛选，也不存在过拟合的现象。

② AdaBoost 算法不需要弱分类器的先验知识，最后得到的强分类器的分类精度依赖于所有弱分类器。因此，AdaBoost 能显著地提高学习精度。

③ AdaBoost 可以根据弱分类器的反馈，自适应地调整假定的错误率，执行的效率高。

AdaBoost 算法的缺点：在 AdaBoost 训练过程中，AdaBoost 会使得难以分类样本的权值呈指数增长，训练将会过于偏向这类困难的样本，导致 AdaBoost 算法易受噪声干扰，而且对异常样本敏感，影响最终强分类器的预测准确性。

5.2.4 梯度提升树算法

梯度提升决策树（gradient boosting decison tree，GBDT）简称梯度提升树，也是集成学习 Boosting 家族的成员，但是和传统的 AdaBoost 有很大的不同。GBDT 迭代时也是使用了前向分布算法，弱学习器限定只能使用 CART 模型，同时迭代思路和 AdaBoost 也不相同。在 GBDT 的迭代中，假设前一轮迭代得到的强学习器是 $f_{t-1}(x)$，损失函数是 $L[y, f_{t-1}(x)]$，在本轮迭代目标是找到一个 CART 模型的弱学习器 $h_t(x)$，让本轮的损失函数 $L[y, f_t(x)] = L[y, f_{t-1}(x) + h_t(x)]$ 最小。即本轮迭代找到决策树，要让样本的损失尽量变得更小。

以回归问题为例，GBDT 的训练过程可以总结为下面的过程：

输入：训练集样本 $\boldsymbol{T} = \{(x_1, y_1), (x_2, y_2), \cdots, (x_n, y_n)\}$，最大迭代次数 T，损失函

数 L 。

过程：

① 初始化弱学习器：回归问题中，创建第一棵决策树，直接使用回归树拟合目标值的结果，即：$f_1(x)=\arg\min\limits_{c}\sum\limits_{i=1}^{n}L(y_i,c)$ 。其中，c 表示每棵回归树中叶子节点的最佳输出值。

② 迭代过程：

a. 对第 2 到第 T 棵决策树，对所有样本计算负梯度：

$$r_{ti}=-\left[\frac{\partial L[y_i,f(x_i)]}{\partial f(x_i)}\right]_{f(x)=f_{t-1}(x)}$$

b. 利用 $(x_i,r_{ti})(i=1,2,\cdots,n)$ ，拟合一棵 CART，得到第 t 棵回归树，其对应的叶子节点区域为 $R_{tj}(j=1,2,\cdots,J)$ ，其中 J 为决策树 t 的叶子节点的个数。

c. 对叶子节点区域计算最佳拟合值：$c_{tj}=\arg\min\limits_{c}\sum\limits_{x_i\in R_{ti}}L[y_i,f_{t-1}(x_i)+c]$ 。

d. 更新强学习器：$f_t(x)=f_{t-1}(x)+\sum\limits_{j=1}^{J}c_{tj}I(x\in R_{tj})$ ，这里的 I 是一个函数，如果样本落在了 R_{tj} 节点上，那么 $I=1$ ，否则 $I=0$ 。

③ 获得强学习器 $f(x)$ ，其表达式为：$f(x)=f_t(x)=f_1(x)+\sum\limits_{t=2}^{T}\sum\limits_{j=1}^{J}c_{tj}I(x\in R_{tj})$ 。

输出：强学习器 $f(x)$ 。

GBDT 的优点：

① 可以灵活处理各种类型的数据，包括连续值和离散值。

② 相对支持向量机算法来说，在相对少的调参时间情况下，预测的准确率也可以较高。

③ 和传统的模型相比，由于 GBDT 是综合了多个分类器的结果，所以不容易陷入过拟合，并且对于一些复杂的场景的拟合效果会更好。

GBDT 的缺点：弱学习器之间存在依赖关系，难以并行训练数据，不过可以通过自采样的 SGBT（随机梯度提升树）来达到部分并行；并且 GBDT 的计算复杂度较高，处理大数据时会十分耗时。

5.3 k 近邻

k 近邻（k-nearest neighbor，KNN）是所有机器学习算法中一种简单、高效的分类与回归算法。KNN 基于输入实例进行学习，属于懒惰学习，即 KNN 没有显式的学习过程，也就是说没有训练阶段，数据集事先已有了分类和特征值，待收到新样本后直接进行预测处理。

在 KNN 分类问题（图 5-4）中，通过测量不同特征值之间的距离进行分类，输出的是一个分类的类别标签，且一个对象的分类结果是由其邻居的“多数表决”确定的。k（正整数，通常较小）个最近邻居中，出现次数最多的类别决定了赋予该对象的类别，若 $k=1$，则该对象的类别直接由最近的一个节点赋予。

KNN 算法虽然简单而且快速，但是其缺点是对近邻数 k 的取值及数据的局部结构非常敏感。如果 k 选择的较小，表示使用较小的邻域中的训练实例进行预测，这样虽然会使“学习”得到的近似误差减小，但是“学习”的估计误差会增大，预测结果会对近邻的实例点非常敏感。也就是说 k 减小就意味着模型整体会变得复杂，容易发生过拟合。如果 k 值较大，表示使用较大的邻域中的训练实例进行预测，优点是可以减小学习的估计误差，但缺点是会增大学习的近似误差，k 值增大意味着模型整体变得简单。例如，使用全部的训练集数量作为 k 值，那么针对分类问题，预测值将会是训练集中类别标签最多的类别。

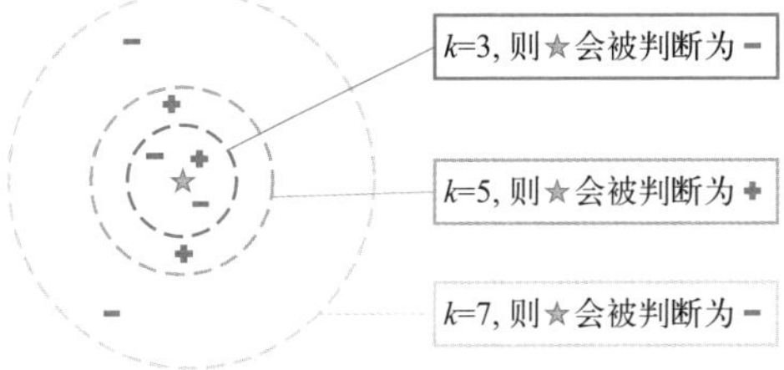

图 5-4　k 近邻分类示意图

KNN 算法过程可以描述为：

① 计算测试数据与各个训练数据之间的距离；

② 按照距离的递增关系进行排序；

③ 选取距离最小的 k 个点；

④ 确定前 k 个点所在类别的出现频率；

⑤ 返回前 k 个点中出现频率最高的类别作为测试数据的预测分类。

KNN 也适用于连续变量估计，即 k 近邻（KNN）回归分析。KNN 回归的一个简单的实现是计算最近邻 k 个数值目标的平均值，另一种方法是使用 k 近邻的距离加权平均值。关于距离的度量方法，常用的有：欧几里得距离、余弦距离、相关系数、曼哈顿距离等。

KNN 算法是最简单有效的分类算法，简单且容易实现。但是当训练数据集很大时，需要大量的存储空间，而且需要计算待测样本和训练数据集中所有样本的距离，所以非常耗时，并且对于样本不均衡的数据效果较差。

5.4　判别分析

判别分析（discriminant analysis）是一种用于降维和分类的统计学习方法，旨在通过对不同类别的数据进行分析，找到能够最好区分类别的变量或特征。判别分析在模式识别、数据挖掘和统计学等领域中应用广泛。判别分析通常分为线性判别分析（linear discriminant analysis，LDA）和二次判别分析（quadratic discriminant analysis，QDA）两种主要类型。两者最直观的差异是：线性判别只能获得线性分界面，二次判别可以获得非线性分界面，两者的分界面情况如图 5-5 所示。

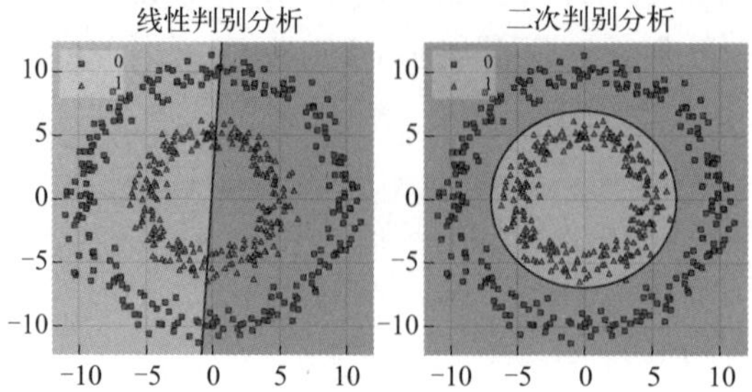

图 5-5 线性判别与二次判别的分界面

注意：要将线性判别分析（LDA）与自然语言处理领域的 LDA 区别开来，在自然语言处理领域，LDA 是隐含狄利克雷分布（latent Dirichlet allocation，LDA），是一种处理文档的主题模型。

5.4.1 线性判别分析

线性判别分析（linear discriminant analysis，LDA）假设每个类别的观测值都是从多元正态分布中抽取的，并且这些分布具有相同的协方差矩阵。LDA 和 PCA 关系密切，但是 LDA 是一种监督学习的降维技术，即数据集的每个样本是有类别输出的，而 PCA 是不考虑样本类别输出的无监督降维技术。

LDA 的思想可以概括为：投影后类内方差最小，类间方差最大。即将数据在低维度上进行投影后，希望相同类别数据的投影点尽可能地接近，而不同类别的数据的类别中心之间的距离尽可能大。因此，LDA 会使用类内散度矩阵（within-class scatter matrix）和类间散度矩阵（between-class scatter matrix）来衡量数据的分散程度。类内散度矩阵表示每个类内部数据的散度，而类间散度矩阵表示不同类别之间数据的散度。

LDA 算法的步骤可以总结为：

① 计算类内散度矩阵和类间散度矩阵：对于给定的数据集 $\boldsymbol{D}=\{(\boldsymbol{x}_1,\boldsymbol{y}_1),(\boldsymbol{x}_2,\boldsymbol{y}_2),\cdots,(\boldsymbol{x}_m,\boldsymbol{y}_m)\}$，其中 $\boldsymbol{x}_i$ 是 n 维向量，$\boldsymbol{y}_i\in\{C_1,C_2,\cdots,C_K\}$ 表示数据划分的 k 个类别，M_k 为第 k 类的样本数量，$\boldsymbol{X}_k$ 为第 k 类样本集合，$\boldsymbol{\mu}$ 为所有样本的均值。计算每个类别的均值向量 $\boldsymbol{\mu}_k$，然后使用这些均值向量计算类内散度矩阵 $\boldsymbol{S}_{\mathrm{w}}$ 和类间散度矩阵 $\boldsymbol{S}_{\mathrm{b}}$。

$$\boldsymbol{S}_k=\sum_{\boldsymbol{x}_i\in\boldsymbol{X}_k}(\boldsymbol{x}_i-\boldsymbol{\mu}_k)(\boldsymbol{x}_i-\boldsymbol{\mu}_k)^{\mathrm{T}}$$

$$\boldsymbol{S}_{\mathrm{w}}=\sum_{k=1}^{K}\boldsymbol{S}_k$$

$$S_b = \sum_{k=1}^{K} M_k (\mu_k - \mu)(\mu_k - \mu)^T$$

② 计算特征值和特征向量：计算类内散度矩阵和类间散度矩阵的特征值和特征向量。

③ 选择判别特征：将特征值从大到小排序，选择对应的特征向量，这些特征向量构成了判别函数的权重。

④ 构建判别函数：使用选定的特征向量构建判别函数。通常，选择最大的 $K-1$ 个特征值对应的特征向量，其中 K 是类别的数量。

⑤ 分类：将新的观测值代入判别函数，得到一个判别值，然后根据判别值与设定的阈值进行分类决策。

LDA 优点：在类别间有明显差异的情况下，LDA 通常表现良好，可以通过降低数据的维度，提高分类效果。

LDA 缺点：LDA 对数据的正态分布和相等协方差矩阵的假设敏感，因此在使用前应检验这些假设的合理性。LDA 降维算法最多降到类别数 $K-1$ 的维度，当降维的维度大于 $K-1$ 时，则不能使用 LDA，当然目前有一些改进的 LDA 算法可以绕过这个问题。

5.4.2 二次判别分析

相对于 LDA，二次判别分析（quadratic discriminant analysis，QDA）假设每个类别的观测值都是从多元正态分布中抽取的，但它允许每个类别的协方差矩阵不同，因此可以解决非凸以及多连通数据的划分问题。

QDA 的优点是对于非线性可分的情况具有较好的性能，因为它允许每个类别具有不同的协方差矩阵。但是 QDA 可能对高维数据过度拟合，特别是在样本量相对较小的情况下。

5.5 贝叶斯分类

贝叶斯分类是以贝叶斯定理为基础的一类分类算法的总称。在这类算法中，使用已知的信息来估计某个事件的概率，并基于这些概率进行分类。下面主要介绍贝叶斯定理以及朴素贝叶斯分类器。

5.5.1 贝叶斯定理

贝叶斯定理（Bayes theorem）是概率论中的一个重要定理，提出者是 18 世纪英国数学家托马斯·贝叶斯（Thomas Bayes）。这个定理解决了已知某条件概率，如何得到

两个事件交换后的概率，也就是在已知$P(B|A)$的情况下如何求得$P(A|B)$的问题。

先验概率（prior probability）：指根据以往经验和分析得到的概率。对某一假设A，用$P(A)$表示在训练数据前假设A拥有的初始概率，则$P(A)$被称为先验概率，它反映了A是一正确假设的可能性的背景知识。例如，我们知道抛出一枚硬币出现正反面的概率都是50%，这个50%就可以认为是先验概率。

后验概率（posterior probability）：指在得到“结果”的信息后重新修正的概率，是“执果寻因”问题中的“果”。令$P(B)$表示训练数据B的先验概率，$P(A|B)$表示在已知B的情况下假设A成立的概率，即后验概率。例如，在过去的10次抛硬币实验中，出现的都是正面，那么我们就会有信心认为下一次也会出现正面（这时我们有理由怀疑这个硬币有问题），这里10次出现正面就表示条件B，A就是下次抛硬币会出现正面的假设。

贝叶斯定理描述了在已知先验信息的情况下，如何更新对某一事件的概率估计。贝叶斯定理的表达式如下：

$$P(A|B)=\frac{P(B|A)\times P(A)}{P(B)}$$

其中，$P(A|B)$是在事件B发生的条件下事件A发生的概率，被称为后验概率；$P(B|A)$是在事件A发生的条件下事件B发生的概率，也被称为似然概率；$P(A)$是事件A的先验概率，即在考虑任何新的证据之前A发生的概率；$P(B)$也被称为事件B的边际概率，即在任何可能的A的情况下B发生的概率。

5.5.2 朴素贝叶斯分类器

朴素贝叶斯分类器（naive Bayesian classifier，NBC）是一种基于贝叶斯定理的概率分类算法，常用于文本分类问题。它被称为“朴素”是因为它做了一个朴素的假设，即特征之间是条件独立的，但是这个假设在实际文本数据中往往不成立。尽管如此，朴素贝叶斯仍然在许多文本分类任务中表现出色。

假设输入$X\subseteq\mathbb{R}^{n\times d}$是$n$个$d$维样本的集合，其对应的类别标签为$Y\subseteq\{c_1, c_1,\cdots,c_k\}$，$x_i=(x_i^1,x_i^2,\cdots,x_i^d)$表示数据集的第$i$个样本，$x_i^{(j)}\in\{a_{j1},a_{j2},\cdots,a_{jS}\}$，$a_{jl}$表示第$j$个特征可能取的第$l$个值，$j=1,2,\cdots,d$，$l=1,2,\cdots,S$，需要预测新的数据样本$x$的类别。可以经过下面的步骤：

① 计算先验概率与条件概率：

$$P(Y=c_k)=\frac{\sum_{i=1}^{n}I(Y=c_k)}{N},k=1,2,\cdots,K$$

$$P(X^{(j)}=a_{jl}|Y=c_k)=\frac{\sum_{i=1}^{n}I(x_i^{(j)}=a_{jl},y_i=c_k)}{\sum_{i=1}^{n}I(y_i=c_k)}$$

$$j = 1,2,\cdots,d; l = 1,2,\cdots,S; k = 1,2,\cdots,K$$

② 对给定的待预测样本 $x = \{x^1, x^2, \cdots, x^d\}$，计算：

$$P(Y = c_k)\prod_{j=1}^{d} P(X^{(j)} = a_{jl} \mid Y = c_k), k = 1,2,\cdots,K$$

③ 确定样本 x 的类别：

$$y = \arg\max_{c_k} P(Y = c_k)\prod_{j=1}^{d} P(X^{(j)} = a_{jl} \mid Y = c_k)$$

使用朴素贝叶斯有时候会面临零概率问题，即在计算实例的概率时，如果某个量在训练集中没有出现过，会导致整个实例的概率结果是 0，因此会影响后验概率的计算结果。为了解决零概率的问题，拉普拉斯最早提出用加 1 的方法估计没有出现过的现象的概率，所以加 1 法平滑也叫作拉普拉斯平滑。其假定训练样本很大时，每个分量的计数加 1 造成的估计概率变化可以忽略不计，但可以方便有效地避免零概率问题。

朴素贝叶斯优点：

① 有着坚实的数学基础，分类过程中时空开销小，分类效率稳定。

② 需要估计的参数很少，对缺失数据不敏感，算法简单。

③ 对小规模的数据表现很好，能够处理多分类任务，适合增量式训练，尤其是数据量超出内存时，可以一批批地去增量训练。

朴素贝叶斯缺点：

① 理论上，朴素贝叶斯模型与其他分类方法相比具有最小的误差率。但是因为朴素贝叶斯模型假设属性之间相互独立，这个假设在实际应用中往往是不成立的，在属性个数比较多或者属性之间相关性较大时，分类效果不好。

② 需要知道先验概率，且先验概率很多时候取决于假设，假设的模型可以有很多种，因此在某些时候，假设的先验模型会导致预测效果不佳。

③ 由于是通过先验和数据来决定后验的概率从而决定分类，所以分类决策存在一定的错误率。

④ 对输入数据的表达形式很敏感。

5.6 支持向量机

支持向量机（support vector machine，SVM）是一个二分类算法，支持线性分类和非线性分类。SVM 作为一种有监督机器学习模型，经过发展现常用于数据的分类和回归问题。针对 SVM 的一些关键概念如下：

超平面（hyperplane）：在二维空间中，超平面是一条直线；在三维空间中，它是一个平面；在更高维空间中，它是一个超平面。SVM 试图找到一个最优的超平面，以区分不同类别的数据。

支持向量（support vectors）：这是训练集中与超平面最近的一些点，这些点决定了超平面的位置和方向。

间隔（margin）：间隔是指支持向量到超平面的距离。SVM 的目标是最大化这个间隔，从而提高分类的鲁棒性。

SVM 是深度神经网络流行之前应用最广的机器学习算法，其在机器学习、计算机视觉、自然语言处理等方面发挥着重要的作用，特别适用于小样本高维度数据集。然而，对于大规模数据集，训练时间可能会比较长。

5.6.1 支持向量与最大间隔

SVM 分类的基本思想是：求解能够正确划分数据集并且几何间隔最大的分离超平面，利用该超平面使得任何一类的数据划分得相当均匀。对于线性可分的训练数据而言，线性可分离超平面有无穷多个，但是几何间隔最大的分离超平面是唯一的。间隔最大化的直观解释是：对训练数据集找到几何间隔最大的超平面，意味着以充分大的确信度对训练数据进行分类。图 5-6 给出了在二维空间中，二分类问题的支持向量、最大间隔以及分隔超平面的位置示意图。

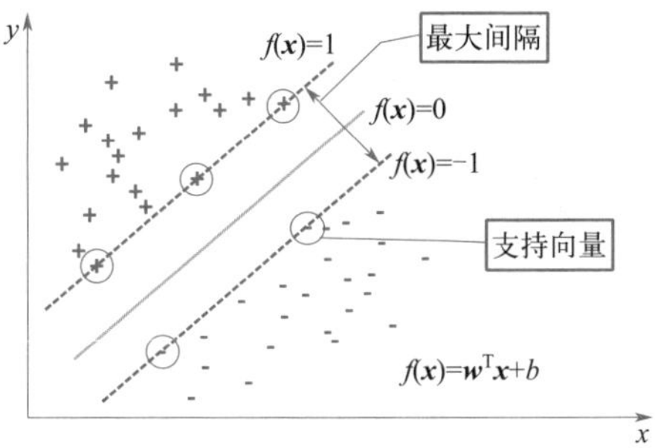

图 5-6　最大间隔示意图

如图 5-6 所示，分离超平面为 $\boldsymbol{w}^{\mathrm{T}}\boldsymbol{x}+b=0$，所有的样本不光可以被超平面分开，还和超平面保持一定的函数距离，这样的超平面可以被证明只有一个。支持向量为和超平面平行且保持一定的函数距离的对应向量，如图上虚线所示。

软间隔（soft margin）为 SVM 引入了一定的容忍度，允许在训练数据中存在一些分类错误，以提高模型的泛化性能。在标准的硬间隔 SVM 中，假设数据是线性可分的，即存在一个完美的超平面可以将不同类别的数据完全分开。然而，在实际应用中，数据很少是完全线性可分的，而且可能受到噪声的影响。软间隔 SVM 通过引入一个松弛变量来允许一些数据点位于超平面的错误一侧。

5.6.2 线性支持向量机建模

SVM 的模型是让所有点到超平面的距离大于一定的距离，也就是所有的分类点要在各自类别的支持向量两边，可表示为：

$$\max \gamma=\frac{y(\boldsymbol{w}^{\mathrm{T}}\boldsymbol{x}+b)}{\|\boldsymbol{w}\|_2} \quad \text{s.t.}\, y_i(\boldsymbol{w}^{\mathrm{T}}\boldsymbol{x}_i+b)=\gamma'^{(i)} \geqslant \gamma'(i=1,2,\cdots,m)$$

一般我们都取函数间隔 γ' 为 1，这样优化函数可定义为：

$$\max \frac{1}{\|\boldsymbol{w}\|_2} \quad \text{s.t.} y_i(\boldsymbol{w}^{\mathrm{T}}\boldsymbol{x}_i + b) \geqslant 1(i = 1,2,\cdots,m)$$

由于 $\frac{1}{\|\boldsymbol{w}\|_2}$ 的最大化等同于 $\frac{1}{2}\|\boldsymbol{w}\|_2^2$ 的最小化。因此 SVM 的优化函数等价于：

$$\min \frac{1}{2}\|\boldsymbol{w}\|_2^2 \quad \text{s.t.} y_i(\boldsymbol{w}^{\mathrm{T}}\boldsymbol{x}_i + b) \geqslant 1(i = 1,2,\cdots,m)$$

而实际应用中基于软间隔的 SVM 优化问题为：

$$\min \frac{1}{2}\|\boldsymbol{w}\|_2^2 + C\sum_{i=1}^{N}\xi_i \quad \text{s.t.} y_i(\boldsymbol{w}^{\mathrm{T}}\boldsymbol{x}_i + b) \geqslant 1 - \xi_i(i = 1,2,\cdots,m), \xi_i \geqslant 0$$

其中，C 是一个正则化参数，用于平衡间隔的最大化和分类错误的最小化，较大的 C 值会对误分类的惩罚增大，导致更少的容忍错误，而较小的 C 值会允许更多的错误；松弛变量 ξ 表示每个数据点允许的错误程度。在实际应用中，基于软间隔的 SVM 更鲁棒。

5.6.3 非线性支持向量机与核方法

非线性支持向量机（nonlinear support vector machine）通过引入核方法（kernel method）来处理非线性分类问题。

支持向量机中可以使用核函数将需要处理的问题映射到一个更高维度的空间，从而将在低维空间不好处理的问题转在高维空间中进行处理，进而得到精度更高的分类器，这种方式又称为核方法。核方法的优势在于它避免了在高维空间中显式计算数据点的新坐标，而是通过核函数来计算数据点之间的相似性。例如：在图 5-7 中，原始的二维空间中无法线性区分的数据，经过核函数的映射使数据在高维空间中变得线性可分。

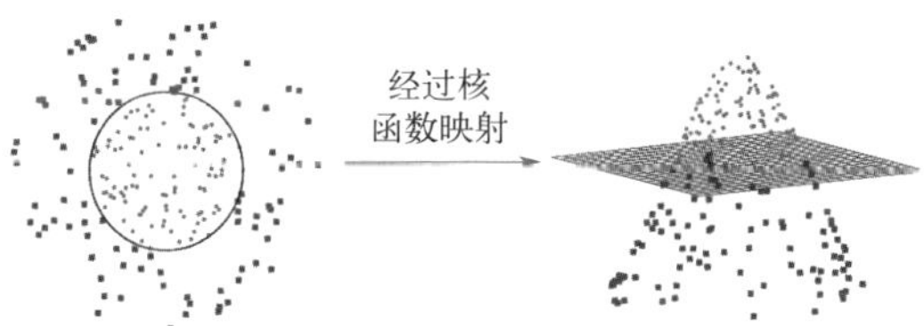

图 5-7　核函数作用示意图

因此，引入核函数后非线性支持向量机优化问题为：

$$\min \frac{1}{2}\|\boldsymbol{w}\|_2^2 + C\sum_{i=1}^{N}\xi_i \quad \text{s.t.} y_i[\boldsymbol{w}^{\mathrm{T}}\phi(\boldsymbol{x}_i) + b] \geqslant 1 - \xi_i(i = 1,2,\cdots,m), \xi_i \geqslant 0$$

其中，$\phi(\boldsymbol{x}_i)$ 是通过核函数映射得到的高维特征空间中的数据点。

常用的核函数包括：

① 线性核（linear kernel）函数：$K(\boldsymbol{x},\boldsymbol{z})=\boldsymbol{x}\cdot\boldsymbol{z}$，对应于传统的线性 SVM，适用于线性可分的情况。

② 多项式核（polynomial kernel）函数：$K(\boldsymbol{x},\boldsymbol{z})=(\boldsymbol{x}\cdot\boldsymbol{z}+c)^d$，其中 d 是多项式的次数，c 是常数。

③ 径向基函数（radial basis function，RBF）：也称为高斯核函数，$K(\boldsymbol{x},\boldsymbol{z})=\exp\left(-\frac{\|\boldsymbol{x}-\boldsymbol{z}\|^2}{2\sigma^2}\right)$，其中 σ 是控制核宽度的参数。

④ Sigmoid 核函数：$K(\boldsymbol{x},\boldsymbol{z})=\tanh(\alpha\boldsymbol{x}\cdot\boldsymbol{z}+c)$，其中 α 和 c 是可定义参数。

图 5-8 展示了针对鸢尾花数据集，使用 PCA 降维到二维空间后，使用线性支持向量机与非线性支持向量机（RBF）下，数据分类的模型分界面。可以发现，在二维空间中，线性支持向量机的分界面是直线，而非线性支持向量机的分界面可以是曲线。

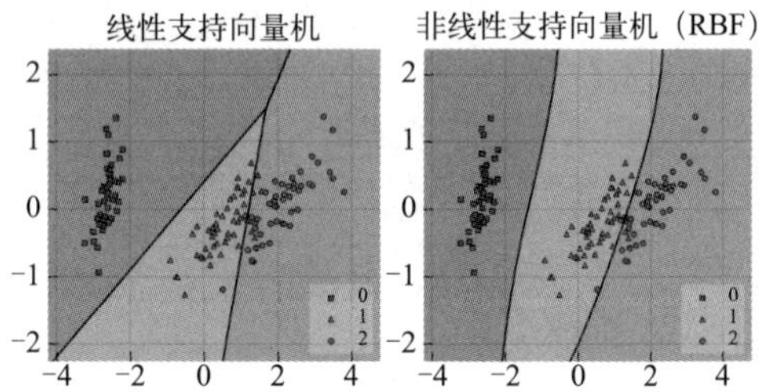

图 5-8　不同核函数下的 SVM 分界面

SVM 的优点：

① 对高维特征的分类问题和回归问题很有效，在特征维度大于样本数时依然有很好的效果；

② 不会过多地受到噪声数据的影响，而且不容易过拟合，在样本量不是海量的时候，分类准确率高，泛化能力强；

③ 有大量的核函数可以使用，从而可以很灵活地来解决各种非线性的分类与回归问题；

④ 仅仅使用一部分支持向量来做超平面的决策，无需依赖全部数据。

SVM 的缺点：

① 较优的参数不容易确定，通常需要测试多种核函数和参数组合才能找到效果较优的模型；

② 训练速度慢，尤其是数据量较大时；

③ SVM 对缺失数据敏感，如果特征维度远远大于样本数，则 SVM 表现一般。

5.7　本章小结

本章主要介绍了机器学习中有监督学习的一些经典算法。其中基于树模型的算法有：决策树算法、集成学习中的随机森林、AdaBoost 算法以及梯度提升树算法。然后介绍了 k 近邻算法、判别分析分类算法、贝叶斯算法。最后介绍了支持向量机相关的内容。其中有些算法不仅可以用于数据分类问题，也常用于数据回归问题。

第6章

深度学习

深度学习是人工智能的一个子领域，同时也属于一种特殊的机器学习方法。深度学习的关键是使用深度神经网络来进行学习以及模式识别。这些神经网络的结构模仿人脑中神经元之间的连接方式，通过多层次的神经网络进行信息传递和特征提取。深度学习的优势是能够从大量数据中学习复杂的表征，从而实现对各种任务的高效处理，如图像和语音识别、自然语言处理等。

深度学习在人工智能中占据着重要的地位，其重要性体现在下面几个方面：

① 处理大规模数据的卓越性能：深度学习通过使用深度神经网络，在处理大规模数据时能够提取复杂的特征和模式，在许多任务上性能卓越。例如：图像识别、语音识别、自然语言处理等各种复杂的智能任务。

② 自动特征提取：与传统的机器学习方法相比，深度学习能够自动学习和提取数据中的特征，无需手动设计特征提取器，这使得深度学习在应对高维度和复杂数据时更为有效。

③ 迁移学习和泛化能力：深度学习模型通常具有较强的迁移学习和泛化能力，即它们可以将在一个任务上学到的知识应用到另一个相关任务上，同时在未见过的数据上也能表现出良好的性能。

总体而言，深度学习凭借性能、数据处理、特征学习、应用领域等方面的优势，以及持续的研究和创新，成为人工智能领域的重要组成部分。

本章主要介绍深度学习中经典的深度学习网络，以及经典的学习任务，主要包括：全连接神经网络、卷积神经网络、循环神经网络、自编码网络、Transformer 网络、生成对抗网络、强化学习网络等。

6.1 人工神经网络

人工神经网络（artificial neural network，ANN）简称神经网络，对一组输入信号和一组输出信号之间的关系进行建模，用于对函数进行估计或近似，其灵感来源于动物的中枢神经系统，特别是大脑。下面将会介绍感知机与全连接神经网络的结构，以及优化神经网络的梯度下降算法。

6.1.1 感知机与全连接神经网络

感知机是弗兰克·罗森布拉特在 1957 年提出的一种人工神经网络，它可以被视为一种最简单形式的前馈神经网络，是一种二元线性分类器。具有 n 个输入、一个输出的单一神经元的感知机结构如图 6-1（a）所示。在这个模型中，神经元接收到来自 n 个其他神经元传递过来的输入信号，这些输入信号通过带权重的连接进行传递，神经元收到总输入值将经过激活函数 f 处理后产生神经元的输出。

全连接神经网络（multi-layer perception，MLP，或者叫多层感知机）是一种连接方式较为简单的人工神经网络结构，属于前馈神经网络的一种，主要由输入层、隐藏层和输出层构成，并且在每个隐藏层中可以有多个神经元。输入层仅接收外界的输入，不进行任何函数处理，所以输入层的神经元个数往往和输入的特征数量相同，隐藏层和输出层神经元对信号进行加工处理，最终结果由输出层神经元输出。多隐藏层 MLP 的网络拓扑结构如图 6-1（b）所示。

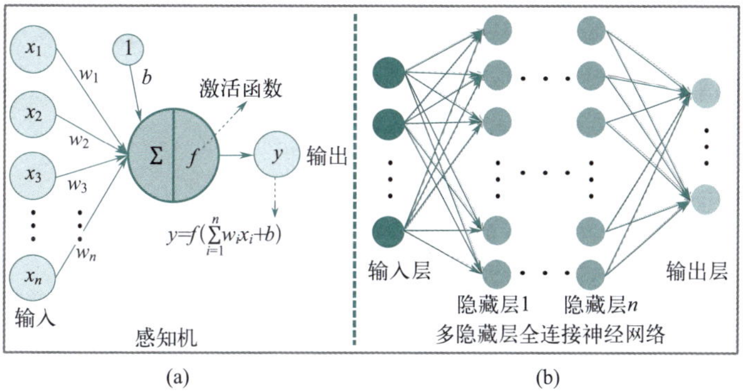

图 6-1　感知机与全连接神经网络

在感知机与全连接神经网络的每个神经元中，都会使用激活函数将神经元的净输入信号转换成单一的输出信号，以便进一步在网络中传播。激活函数是模仿生物神经元的模型，处理信息并将信息传递到整个网络的机制。常用的激活函数有 Sigmoid 函数、tanh 函数与 ReLU 函数等，不同类型激活函数对数据的变换效果如图 6-2 所示。

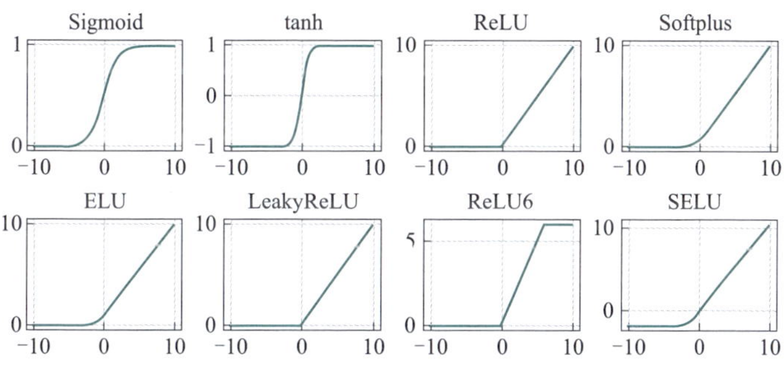

图 6-2　激活函数的数据变换效果

6.1.2　梯度下降算法

深度学习网络中，通常需要设计一个模型的损失函数来约束网络的训练过程，如：针对分类问题可以使用交叉熵损失；针对回归问题可以使用均方根误差损失等。因此模型的训练并不是漫无目的的，而是需要朝着最小化损失函数的方向去训练，这时就会用到梯度下降类的算法。

梯度下降算法是一个一阶最优化算法，通常也称为最速下降法，是通过函数当前点对应梯度（或者是近似梯度）的反方向，使用规定步长距离进行迭代搜索，从而找到一个函数的局部极小值的算法，最好的情况是希望找到全局极小值。但是在使用梯度下降算法时，每次更新参数都需要使用所有的样本。如果对所有的样本均计算一次，当样本总量特别大时，对算法的速度影响非常大，所以就有了随机梯度下降（stochastic gradient descent，SGD）算法。它是对梯度下降算法的一种改进，其每次只随机取一部分样本进行优化，样本的数量一般是 2 的幂数，根据计算设备的性能其取值范围很广（例如 32 ～ 4096），可在保证计算精度的同时提升计算速度，是优化深度学习网络中最常用的一类算法。

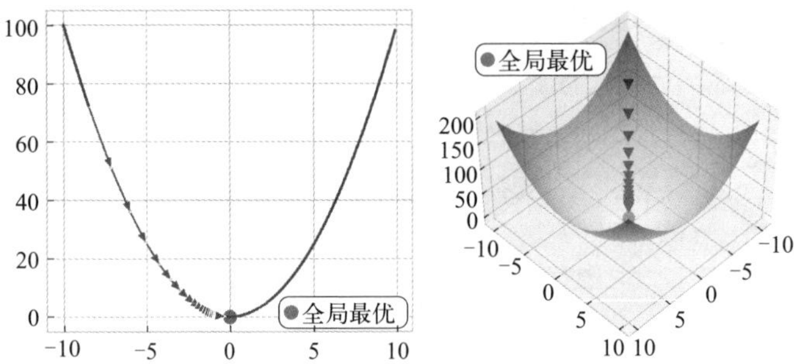

图 6-3　梯度下降算法示意图

图 6-3 展示了在 2 维与 3 维空间中，梯队下降算法在目标函数中寻找最小值时的路径变化情况。

在深度学习中，SGD 通常指小批随机梯度下降（mini-batch stochastic gradient descent）算法，其在训练过程中，通常会使用一个固定的学习率进行训练，即：

$$g_t = \nabla_{\theta_{t-1}} f(\theta_{t-1})$$

$$\nabla_{\theta_t} = -\eta g_t$$

其中，g_t 是第 t 步的梯度；η 则是学习率；θ_{t-1} 表示第 $t-1$ 步需要优化的参数；$\nabla_{\theta_{t-1}}$ 表示在第 $t-1$ 对参数 θ 的梯度。随机梯度下降算法在优化时，完全依赖于当前 batch（批）数据计算得到的梯度，而学习率 η 则是调整梯度影响大小的参数，通过控制学习率 η 的大小，一定程度上可以控制网络的训练速度。

随机梯度下降虽然在大多数情况下都很有效，但其还存在一些缺点，如：很难确定一个合适的学习率 η，而且所有的参数使用同样的学习率可能并不是最有效的方法。针对这种情况，可以采用变化学习率 η 的训练方式，如：控制网络在初期以大的学习率进行参数更新，后期以小的学习率进行参数更新。随机梯度下降的其他缺点就是：其更容易收敛到局部最优解，而且当落入局部最优解后，很难跳出局部最优解的区域。

针对随机梯度下降算法的缺点，动量的思想被引入优化算法中。动量通过模拟物体运动时的惯性来更新网络中的参数，即更新时在一定程度上会考虑之前参数更新的方向，同时利用当前 batch 计算得到的梯度，将两者结合起来计算出最终参数需要更新的大小和方向。在优化时引入动量思想旨在加速学习，特别是在面对小而连续的梯度且含有很多噪声时，利用动量在一定程度上不仅增加了学习参数的稳定性，而且会更快地学习到收敛的参数。

在引入动量后，网络的参数则按照下面的方式更新：

$$g_t = \nabla_{\theta_{t-1}} f(\theta_{t-1})$$

$$m_t = \mu m_{t-1} + g_t$$

$$\nabla_{\theta_t} = -\eta m_t$$

其中，m_t 为当前动量的累加；μ 属于动量因子，用于调整上一步动量对参数更新时的重要程度。引入动量后，在网络更新初期，可利用上一次参数更新，此时下降方向一致，乘上较大的 μ 能够进行很好的加速；在网络更新后期，随着梯度 g_t 逐渐趋近于 0，在局部最小值来回振荡的时候，利用动量使得更新幅度增大，跳出局部最优解的陷阱。

Nesterov 项（Nesterov 动量）是在梯度更新时做出的校正，避免参数更新太快，同时提高灵敏度。在动量中，之前累积的动量 m_{t-1} 并不会直接影响当前的梯度 g_t，所以 Nesterov 的改进就是让之前的动量直接影响当前的动量，即：

$$g_t = \nabla_{\theta_{t-1}} f(\theta_{t-1} - \eta\mu m_{t-1})$$

$$m_t = \mu m_{t-1} + g_t$$

$$\nabla_{\theta_t} = -\eta m_t$$

Nesterov 动量和标准动量的区别在于，在当前 batch 梯度的计算上，Nesterov 动量计算的梯度是在施加当前速度之后的梯度。所以，Nesterov 动量可以看作是在标准动量方法上添加了一个校正因子，从而提升算法的更新性能。

此外，还有其他的随机梯度下降算法的变种，例如：

① AdaGrad 算法：根据每个参数的历史梯度信息来动态地调整学习率，使得参数在训练过程中能够获得更合适的更新。它将每一维的历史梯度值的平方堆叠起来，更新时除以该堆叠值。但是该算法随着网络的训练，梯度容易累加到一个较大值，使得学习率越来越小，可能导致网络训练提前结束。

② RMSProp 算法：主要是为了解决 AdaGrad 算法的一些问题而提出的。RMSProp 通过自适应地调整学习率来加速模型的收敛，它的主要改进之一是减轻了 AdaGrad 存在的学习率衰减过快的问题。在实际应用中，RMSProp 算法对 RNN（循环神经网络）的处理效果很好。

③ Adam 算法：结合了动量法和自适应学习率的思想，具有高效的性能，能够自适应地调整不同参数的学习率，以便更有效地训练模型。在实际应用中，Adam 算法收敛速度很快，学习更加高效，在深度学习中应用更加广泛。

6.2 卷积神经网络

卷积神经网络（convolutional neural network，CNN）最初被设计用于计算机视觉任务，现在已经在多个领域得到广泛应用，其核心操作是卷积运算。CNN 的核心组成部分包括：卷积层、池化层、全连接层、激活函数等。

6.2.1 卷积

卷积可以看作是输入和卷积核之间的内积运算，是两个实值函数之间的一种数学运算。在卷积运算中，通常使用卷积核将输入数据进行卷积运算得到输出作为特征映射，每个卷积核可获得一个特征映射。二维图像使用 2 × 2 的卷积核，步长为 1 的运算过程如图 6-4 所示。

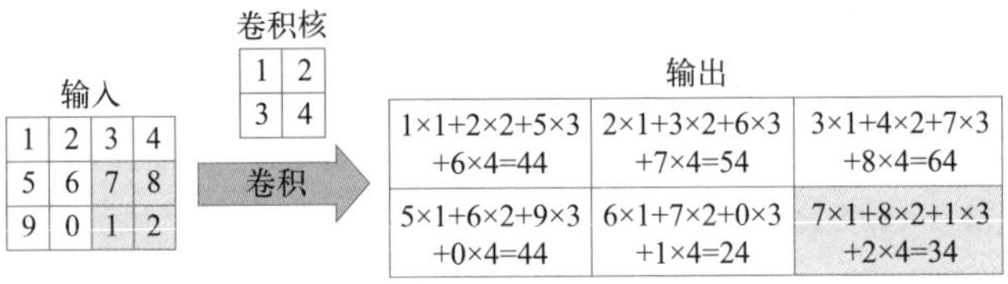

图 6-4　二维卷积运算过程示意图

由图 6-4 可以发现：卷积操作将周围几个像素的取值经过计算得到一个像素值。在图像识别、图像分割、图像重建等应用中使用卷积运算有三个好处，即卷积稀疏连接、参数共享、等变表示，正是这些好处让卷积神经网络在图像处理算法中脱颖而出。在卷积神经网络中，通过输入卷积核来进行卷积操作，使输入单元（图像或特征映射）和输出单元（特征映射）之间的连接是稀疏的，这样能够减少需要训练参数的数量，从而加快网络的计算速度。图 6-5 展示了对一张图像使用边缘提取核进行卷积操作后的结果。

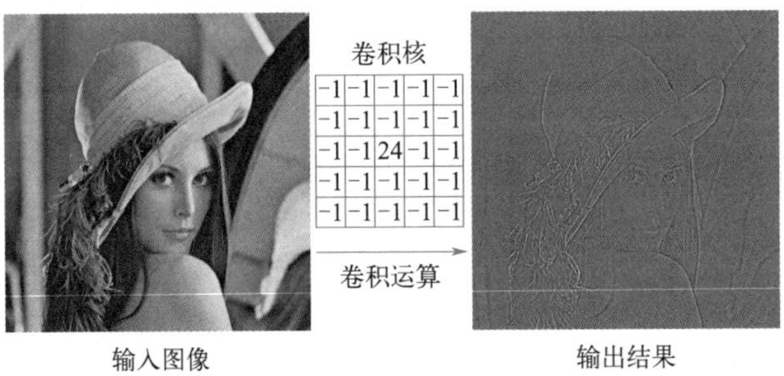

图 6-5　卷积运算提取图像边缘

空洞卷积也被称为扩张卷积（dilated convolution），可以认为是基于普通的卷积操作的一种变形，是针对图像语义分割问题中下采样带来的图像分辨率降低、信息丢失问题而提出的一种新的卷积思路，首次在“Multi-scale context aggregation by dilated convolutions”一文中提出用于图像语义分割。相对于普通卷积而言，空洞卷积通过引入扩张率（dilation rate）参数使得同样尺寸的卷积核获得更大的感受野，即空洞卷积通过扩张率在卷积核中添加空洞（0 元素）。感受野（receptive field）可以理解为在卷积神经网络中，决定某一层输出结果中一个元素所对应的输入层的区域大小，通俗的解释就是特征映射（feature map）上的一个点对应输入图上的区域大小。空洞卷积的示意图如图 6-6 所示。

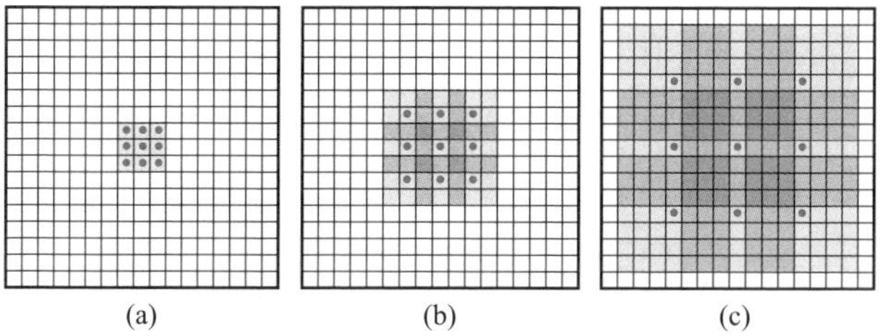

图 6-6　不同大小卷积核的空洞卷积示意图

在图 6-6 中：（a）图对应 3×3 的 1- 空洞卷积运算，卷积核和普通的卷积核一样（没有 0 元素）；（b）图对应 3×3 的 2- 空洞卷积运算，实际的卷积核大小还是 3×3，但是空洞为 1，这样卷积核就会扩充为一个 7×7 的图像块，但只有 9 个圆点会有权重取值进行卷积操作，也可以理解为卷积核的大小为 7×7，但只有图中的 9 个点的权重不为 0，其余均为 0，实际进行卷积操作的权重只有 3×3 ＝ 9 个，但这个卷积核的感受野已经增大到了 7×7；（c）图是 4- 空洞卷积运算，能够作用于 15×15 的感受野区域，即卷积核的大小为 15×15，但只有图中的 9 个点的权重不为 0，其余都为 0。

转置卷积（transpose convolution）也被称为反卷积（deconvolution），主要作用是将特征图放大恢复到原来的尺寸，其与原有的卷积操作在计算方法上也并没有差别，而主要区别在于：转置卷积是卷积的反向过程，即卷积操作的输入作为转置卷积的输出，卷积操作的输出作为转置卷积的输入。转置卷积可以保证在尺寸上做到卷积的反向过程，但是内容上并不能保证完全做到卷积的反向过程。转置卷积是通过可学习的参数让网络自行学习，来获取最优的上采样结果的方式。二维转置卷积工作示意图如图 6-7 所示。

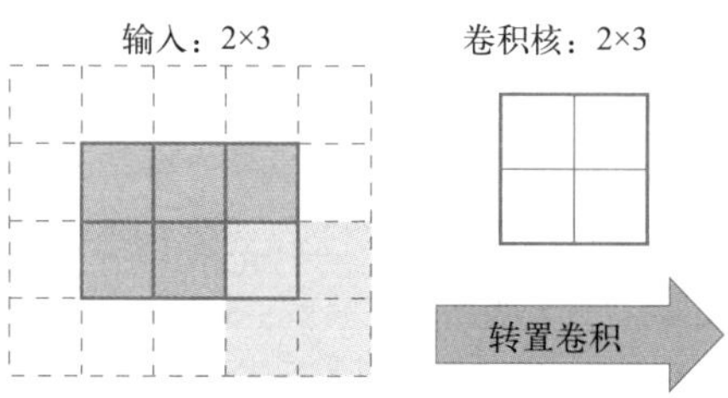

图 6-7　转置卷积示意图

图 6-7 展示的是一个 2×3 的输入，在使用 2×2 的卷积核，步长为 1 时，基于转置卷积获得 3×4 的特征映射。

6.2.2 池化

池化操作的一个重要的目的就是对卷积后得到的特征进行进一步处理（主要是降维），池化层可以起到对数据进一步浓缩的作用，从而缓解计算时内存的压力。池化会选取一定大小区域，将该区域内的像素值使用一个代表元素表示。如果使用平均值代替，称为平均值池化；如果使用最大值代替，则称为最大值池化。这两种池化方式的示意图如图 6-8 所示。

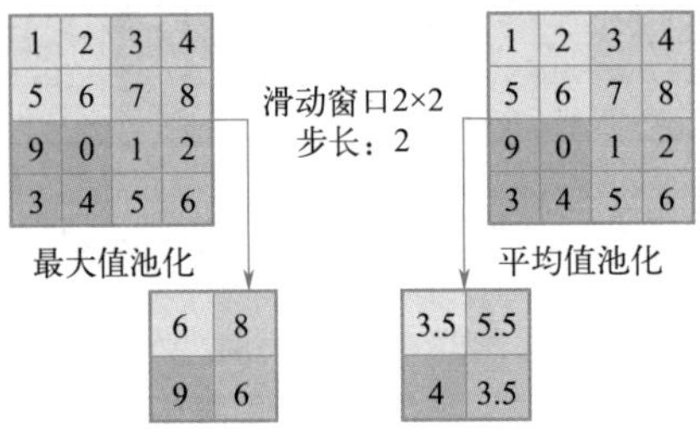

图 6-8　最大值池化和平均值池化

池化的好处主要有：

① 降低计算复杂度：通过减小特征图的大小，池化可以减少后续全连接层的参数数量，降低计算成本。

② 提取显著特征：最大值池化通过选择最显著的特征值，有助于强调图像中的重要特征，提高网络对于关键特征的敏感性。

③ 减小过拟合风险：池化操作减少了特征图的空间维度，有助于减轻模型的复杂性，降低过拟合风险。

6.2.3 Dropout

深度学习网络中当参数过多而训练数据太少时，模型更容易得到过拟合的训练结果。为解决这个问题，Hinton 等人提出了 Dropout 算法，该算法通过引入 Dropout 层，随机地丢掉一些神经元，即在每个训练批次中，通过忽略一定百分比的神经元数量（通常是一半的神经元），减轻网络的过拟合现象。简单来讲，网络在前向传播的时候，让某个神经元的激活值以一定的概率 p 停止工作，这样可以使模型泛化性更强，因为这样训练得到的网络的鲁棒性会更强，不会过度依赖某些局部的特征。Dropout 的工作示意图如图 6-9 所示。

在图 6-9 中可以发现，通过 Dropout 操作，可以减少网络中神经元和连接权重的数量。

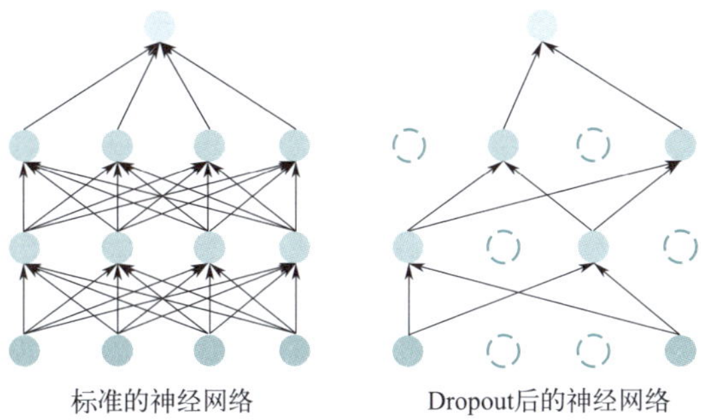

图 6-9　Dropout 的作用方式

6.2.4　LeNet-5 网络

LeNet-5 网络是最早提出的一种卷积神经网络框架，其主要用于处理手写字体的识别，并且取得了显著的应用效果，其网络结构如图 6-10 所示。

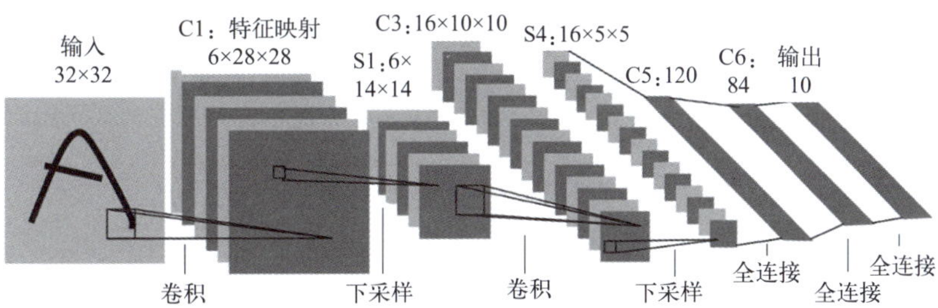

图 6-10　LeNet-5 网络结构

在 LeNet-5 中，输入的图像为 32×32 的灰度图像，经过两个卷积层、两个池化层和两个全连接层，最后连接一个输出层。LeNet-5 网络的第一层使用了 6 个 5×5 的卷积核对图像进行卷积运算，且在卷积操作时不使用填补操作，这样针对一张 32×32 的灰度图像会输出 6 个 28×28 的特征映射。第二层为池化层，使用 2×2 的池化核，步长大小为 2，从而将 6 个 28×28 的特征映射，转化为 6 个 14×14 的特征映射，该层主要是对数据进行下采样。第三层为卷积层，有 16 个大小为 5×5 的卷积核，同样在卷积操作时不使用填补操作，将 6 个 14×14 的特征映射卷积运算后输出 16 个 10×10 的特征映射。第四层为池化层，使用大小为 2×2 的池化核，步长为 2，从而将 16 个 10×10 的特征映射，转化为 16 个 5×5 的特征映射。第五和第六层均为全连接层，且神经元的数量分别为 120 和 84。最后一层为包含 10 个神经元的输出层，用于和 10 个类别进行对应。

6.2.5　AlexNet 网络

2012 年，AlexNet 网络结构被提出，并且以高于第二名 10% 的准确率在 2012

年的 ImageNet 图像识别大赛中获得冠军，成功地展示了深度学习算法在计算机视觉领域的威力，使得 CNN 成为图像分类的核心算法模型，引爆了深度神经网络的应用热潮。

AlexNet 模型是一个只有 8 层的卷积神经网络，有 5 个卷积层、3 个全连接层，在每一个卷积层中包含了一个激励函数 ReLU（这也是 ReLU 激活函数的首次应用）以及局部响应归一化（LRN）处理，卷积计算后通过最大值池化层对特征映射进行降维处理。

AlexNet 的网络结构在设置之初是通过两个 GPU 进行训练的，所以其结构中包含两块 GPU 通信的设计，但是随着计算性能的提升，现在完全可以使用单个 GPU 进行训练，AlexNet 网络结构如图 6-11 所示。

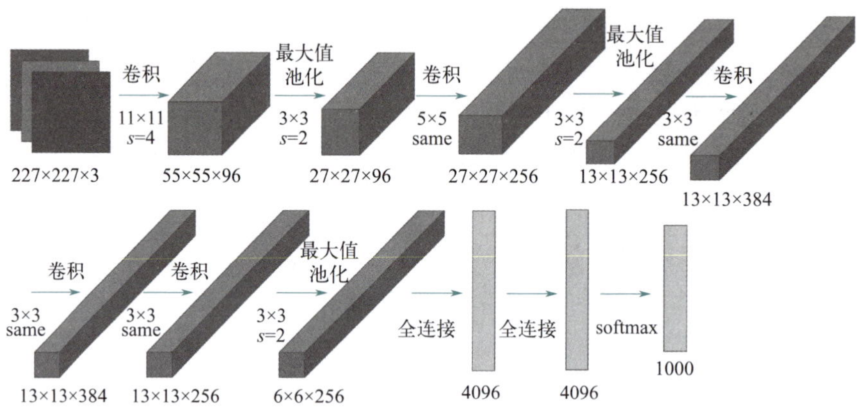

图 6-11　AlexNet 网络结构

AlexNet 网络中输入为 RGB 图像，在图 6-11 中 s=4 表示卷积核或者池化核的移动步长为 4，在 AlexNet 中卷积层使用的卷积核从 11 逐渐减小到 3，最后三个卷积层使用的卷积核为 3 × 3；而池化层则使用了大小为 3 × 3、步长为 2 有重叠的池化；两个全连接层分别包含 4096 个神经元；最后的输出层使用 softmax 分类器，包含 1000 个神经元。

6.2.6　VGG 网络

VGG 网络是由牛津大学计算机视觉组于 2014 年提出，并取得了 ILSVRC2014 比赛分类项目的第二名。在文章“Very Deep Convolutional Networks for Large-Scale Image Recognition”中，一共提出了 4 种不同深度层次的卷积神经网络，分别是 11、13、16、19 层，这些网络的结构如图 6-12 所示。

图 6-12 中，Conv3-64 表示使用 64 个 3×3 的卷积核，MaxPool 表示使用 2×2 的最大值池化核，FC-4096 表示具有 4096 个神经元的全连接层。虽然 VGG 提出了多种网络结构，但是最常用的 VGG 网络有两种，分别是 VGG16（图中的网络结构

网络结构					
A	A-LRN	B	C	D	E
11层	11层	13层	16层	16层	19层
输入 (224×224 RGB图像)					
Conv3-64	Conv3-64 **LRN**	Conv3-64 **Conv3-64**	Conv3-64 Conv3-64	Conv3-64 Conv3-64	Conv3-64 Conv3-64
MaxPool					
Conv3-128	Conv3-128	Conv3-128 **Conv3-128**	Conv3-128 Conv3-128	Conv3-128 Conv3-128	Conv3-128 Conv3-128
MaxPool					
Conv3-256 Conv3-256	Conv3-256 Conv3-256	Conv3-256 Conv3-256	Conv3-256 Conv3-256 **Conv1-256**	Conv3-256 Conv3-256 **Conv3-256**	Conv3-256 Conv3-256 Conv3-256 **Conv3-256**
MaxPool					
Conv3-512 Conv3-512	Conv3-512 Conv3-512	Conv3-512 Conv3-512	Conv3-512 Conv3-512 **Conv1-512**	Conv3-512 Conv3-512 **Conv3-512**	Conv3-512 Conv3-512 Conv3-512 **Conv3-512**
MaxPool					
Conv3-512 Conv3-512	Conv3-512 Conv3-512	Conv3-512 Conv3-512	Conv3-512 Conv3-512 **Conv1-512**	Conv3-512 Conv3-512 **Conv3-512**	Conv3-512 Conv3-512 Conv3-512 **Conv3-512**
MaxPool					
FC-4096					
FC-4096					
FC-1000					
softmax					

图 6-12　VGG 网络结构

D）和 VGG19（图中的网络结构 E）。不同的 VGG 网络结构的最大差距就是网络深度的不同。

VGG 网络中，通过使用多个较小卷积核（3×3）的卷积层，来代替一个卷积核较大的卷积层。小卷积核是 VGG 的一个重要特点，VGG 的作者认为 2 个 3×3 的卷积堆叠获得的感受野大小相当于一个 5×5 的卷积；而 3 个 3×3 卷积的堆叠获取到的感受野相当于一个 7×7 的卷积。使用小卷积核一方面可以减少参数，另一方面相当于进行了更多的非线性映射，可以进一步增加网络的拟合能力。并且 VGG 网络中具有更多的特征映射，网络第一层的通道数为 64，后面每层都进行了翻倍，最多到 512 个通道。随着通道数的增加，VGG 网络能够从数据中提取更多的信息。

6.2.7　GoogLeNet 网络

GoogLeNet 网络（也可称作 Inception-v1 网络），是 Google DeepMind 公司的研究员在 2014 年提出的一种全新的深度学习结构，并取得了 ILSVRC2014 比赛分类项目的第一名。GoogLeNet 共有 22 层，并且没用全连接层，所以使用了更少的参数。在 GoogLeNet 前的 AlexNet、VGG 等结构，均通过增大网络的层数来获得更好的训练结果，但更深的层数会带来较多的负面效果，如过拟合、梯度消失、梯度爆炸等问题。GoogLeNet 则在保证算力的情况下增大网络的宽度和深度，尤其是其中的 Inception 模块，其结构如图 6-13 所示。

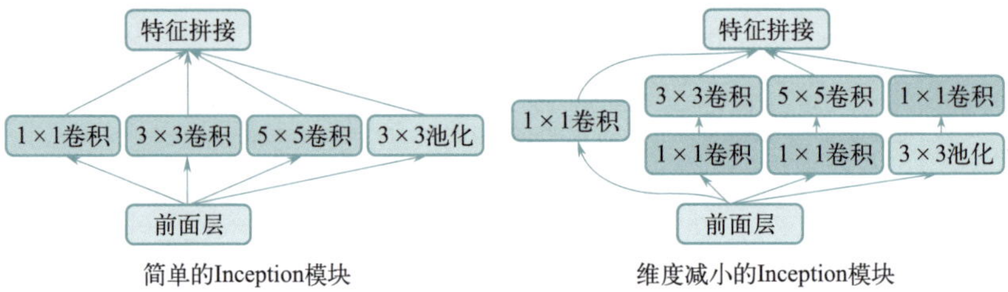

图 6-13 Inception 模块

在 GoogLeNet 中，前几层是正常的卷积层，后面则全部用 Inception 模块堆叠而成。在文章“Going deeper with convolutions”中给出了两种结构的 Inception 模块，分别是简单的 Inception 模块和维度减小的 Inception 模块。和简单的 Inception 模块相比，维度减小的 Inception 模块在 3 × 3 卷积的前面、5 × 5 卷积前面和池化层后面添加 1 × 1 卷积进行降维，从而使维度变得可控并减少计算量。在 GoogLeNet 中不仅提出了 Inception 模块，还在网络中添加了两个辅助分类器，起到增加低层网络的分类能力、防止梯度消失、增加网络正则化的作用。GoogLeNet 的网络结构如图 6-14 所示。

此外，Inception 网络的发展并没有停止，在 Inception-v2 网络中，则是引入了 BN（批标准化）层对网络进行了进一步的优化，所以 Inception-v2 也可以认为是 BN-Inception。采用 BN 层后，可以使用较大的学习速率，加快收敛速度。在 Inception-v3 引入的核心理念是“因子化”（factorization），主要是将一些较大的卷积分解成几个较小的卷积。Inception-v4 则是对网络的主干进行了一定的修改。Inception-ResNet 在 Inception 模块中引入了残差连接。

6.2.8 ResNet 网络

深度残差网络（deep residual network，ResNet）的提出是 CNN 图像史上的一个里程碑事件，ResNet 网络提出了残差连接模块，有效地解决了深度网络的退化问题。残差连接模块的主要思想是假设有一个网络 M，输出为 X，如果给网络 M 增加一层，称为新的网络 M_{new}，其输出为 $H(X)$。残差连接的设计思路是为了保证网络 M_{new} 的性能比网络 M 强，令网络 M_{new} 的输出为 $H(X)=F(X)+X$，M_{new} 在保证 M 的输出 X 的同时，增加了一项残差输出 $F(X)$，这样只要残差学习得到比“恒等于 0”更好的函数，则能够保证网络 M_{new} 的效果一定比网络 M 好。残差连接的结构

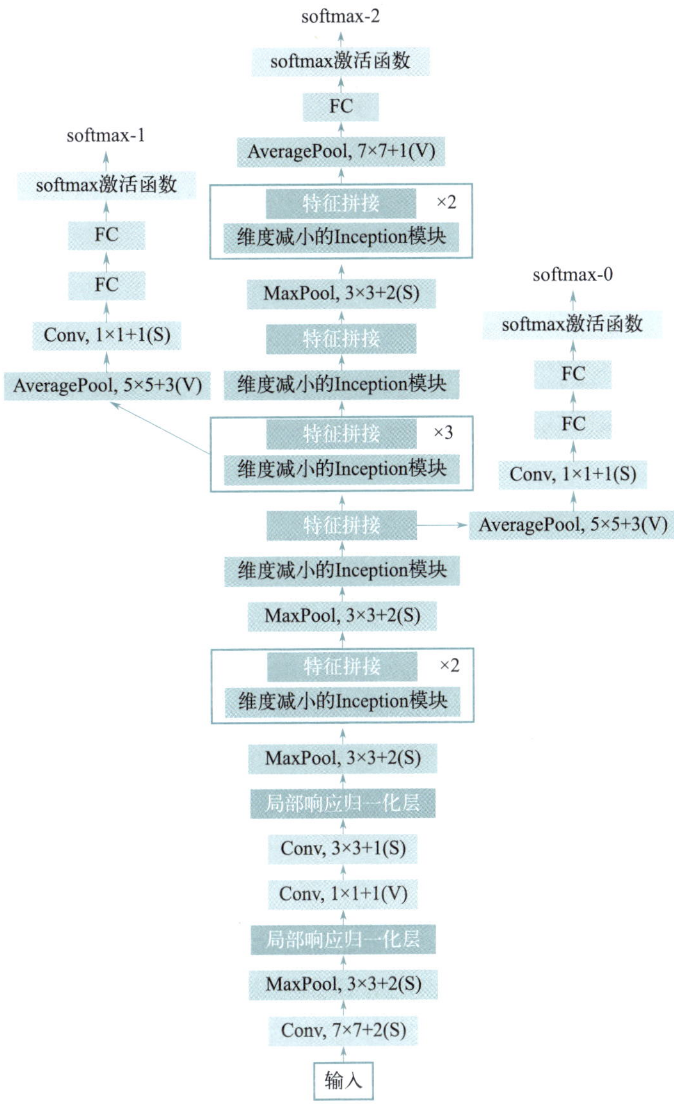

图 6-14　GoogLeNet 的网络结构

如图 6-15 所示，图中弯曲的弧线就是快捷连接（shortcut connection），也称为恒等映射（identity mapping）。

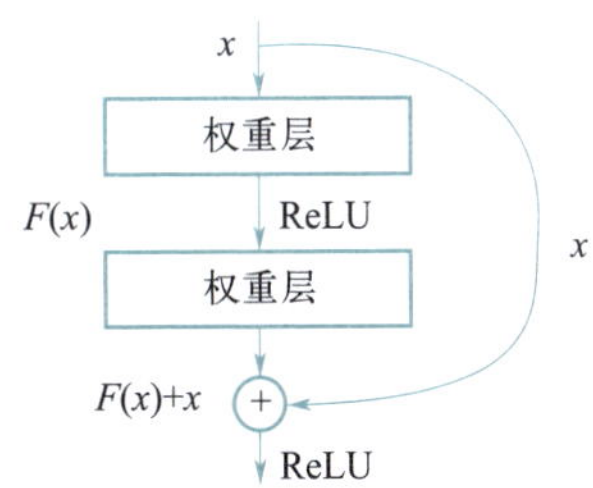

图 6-15　残差连接单元

针对不同深度的 ResNet 网络，设计了两种不同的残差连接单元，如图 6-16 所示。图（a）为 ResNet18/34，图（b）为 ResNet50/101/152，又称为 Bottleneck Design。常规 ResNet 残差连接单元可以用于 34 层或者更少的网络中，Bottleneck Design 的 ResNet 通常用于更深的如 101 这样的网络中，目的是减少计算和参数量。

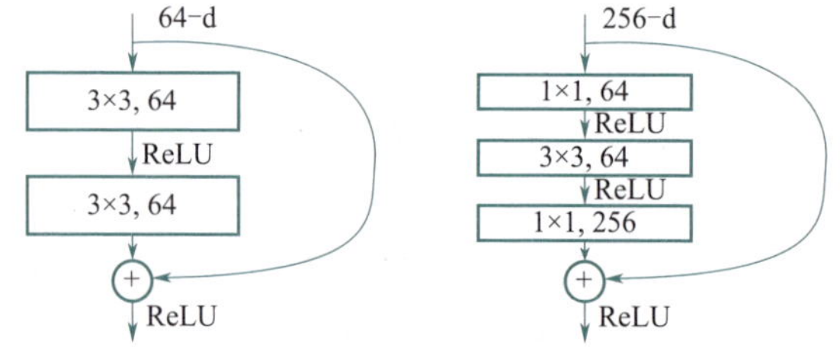

(a) 浅层ResNet的残差连接单元　(b) 深层ResNet的残差连接单元

图 6-16　浅层与深层 ResNet 的残差连接单元

使用不同数量的残差单元组合，可以获得不同深度的 ResNet 网络，常用的 ResNet 网络有 18、34、50、101、152 等几种深度，图 6-17 展示了 ResNet-18 的基本网络结构。

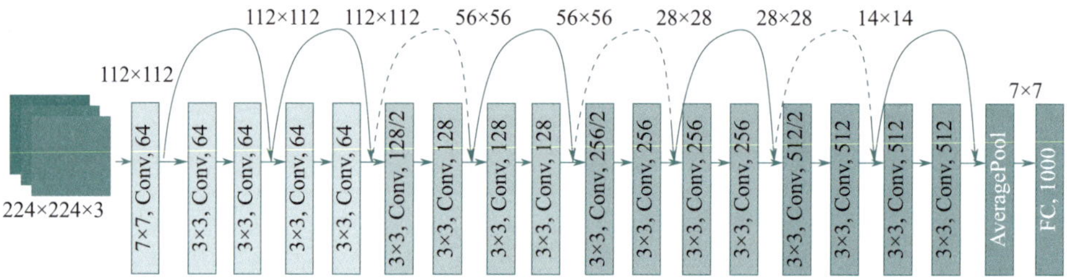

图 6-17　ResNet-18 的网络结构

此外在 ResNet 网络的基础上，还有 ResNet 网络的变种，如 ResNetXt、Wide ResNet、ResNeSt 等网络分别被提出。其中 ResNetXt 采用可扩展的方式利用拆分转换合并策略，用组卷积增加一个 cardinality（基数）维度。Wide ResNet 提出了一种新的加宽网络，以提高模型性能。ResNeSt 则提出 Split Attention 模块，将注意力机制和 ResNet 网络结合。

6.2.9 DenseNet 网络

DenseNet 网络在 2017 年由文章“Densely Connected Convolutional Networks”提出，它的模型基本思路与 ResNet 一致，但是它建立的是前面所有层与后面层的密集连接（dense connection），即互相连接所有的层，每个层都会接收其前面的所有层作为额外的输入。此外，DenseNet 还通过特征在通道上的连接来实现特征重用。这些特点让 DenseNet 在参数和计算成本更少的情形下实现比 ResNet 更优的性能。

图 6-18 展示了一个包含 5 层的 dense 连接模块的连接方式，每个层都会接收其前面所有层作为其额外的输入。对于 ResNet，增加了来自上一层输入的 identity

函数为 $x_l = H(x_{l-1}) + x_{l-1}$，在 dense 连接模块，会连接前面所有层作为输入，即 $x_l = H(x_0, x_1, x_2, \cdots, x_{l-1})$。这里的 $H(\cdot)$ 表示非线性转化函数，是一个组合操作，其可能包括一系列的归一化层、激活函数层、池化层以及卷积层等操作。

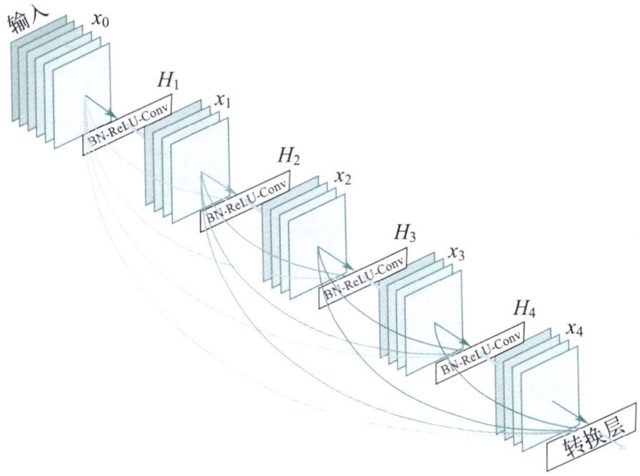

图 6-18　一个包含 5 层的 dense 连接模块

DenseNet 的网络结构主要由 DenseBlock 和 Transition（转换）层组成，如图 6-19 所示。对于 Transition 层，它主要是连接两个相邻的 DenseBlock，并且降低特征图大小。Transition 层包括一个 1×1 的卷积和 2×2 的 AvgPooling（平均池化），Transition 层可以起到压缩模型的作用。

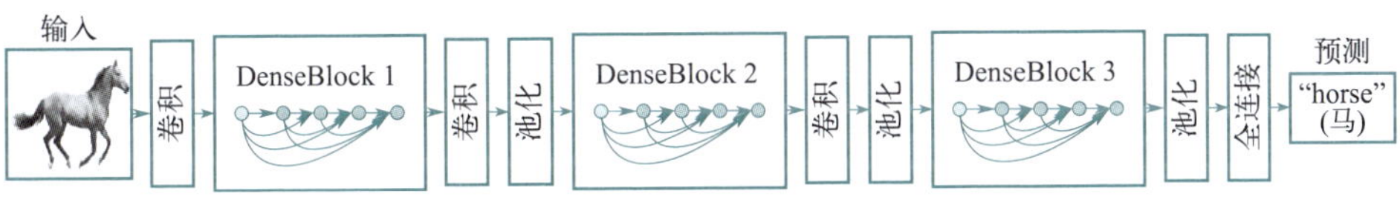

图 6-19　DenseNet 网络结构

常用的 DenseNet 网络深度有 DenseNet-121、DenseNet-169、DenseNet-201 以及 DenseNet-264。

6.2.10　MobileNet 网络

MobileNet 网络是 Google 团队在 2017 年提出的，专注于移动端或者嵌入式设备中的轻量级 CNN。相比传统卷积神经网络（CNN），MobileNet 采用 Depthwise 卷积结构（DW 卷积），在准确率小幅降低的前提下大大减少模型参数与运算量。在传统卷积中，每个卷积核的通道数与输入特征矩阵的通道数相等。而在 DW 卷积中，每个卷积核的通道数都是等于 1 的，即每个卷积核只负责输入特征矩阵的一个通道，从而使得输出特征矩阵的通道数也等于输入特征矩阵的通道数。如果想改变输出特征矩阵的通道数，那只需要在 DW 卷积后接上一个 Pointwise（逐点）

Convolution（PW 卷积）即可（PW 卷积就是卷积核大小为 1 的普通卷积）。通常 DW 卷积和 PW 卷积是放在一起使用的，一起叫作 Depthwise Separable Convolution（深度可分离卷积），理论上普通卷积是 DW+PW 卷积的 8 ～ 9 倍。DW 卷积和 PW 卷积的结构示意图如图 6-20 所示。

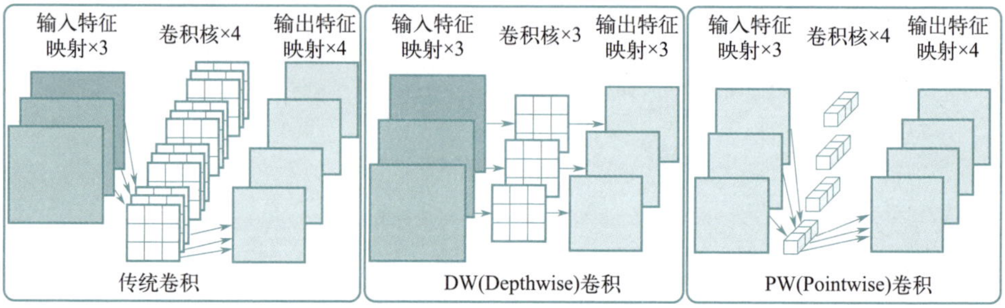

图 6-20　DW 卷积和 PW 卷积的结构示意图

MobileNet v1 的网络结构如图 6-21 所示，其中 Conv 表示普通卷积，Conv dw 代表 DW 卷积，s 表示步长。

类型/步长	滤波器形状	输入尺寸
Conv / s2	3×3×3×32	224×224×3
Conv dw / s1	3×3×32 dw	112×112×32
Conv / s1	1×1×32×64	112×112×32
Conv dw / s2	3×3×64 dw	112×112×64
Conv / s1	1×1×64×128	56×56×64
Conv dw / s1	3×3×128 dw	56×56×128
Conv / s1	1×1×128×128	56×56×128
Conv dw / s2	3×3×128 dw	56×56×128
Conv / s1	1×1×128×256	28×28×128
Conv dw /s1	3×3×256 dw	28×28×256
Conv / s1	1×1×256×256	28×28×256
Conv dw /s2	3×3×256 dw	28×28×256
Conv / s1	1×1×256×512	14×14×256
5× Conv dw /s1	3×3×512 dw	14×14×512
5× Conv / s1	1×1×512×512	14×14×512
Conv dw / s2	3×3×512 dw	14×14×512
Conv / s1	1×1×512×1024	7×7×512
Conv dw / s2	3×3×1024 dw	7×7×1024
Conv / s1	1×1×1024×1024	7×7×1024
Average Pool /s1	Pool 7×7	7×7×1024
FC / s1	1024×1000	1×1×1024
softmax / s1	Classifier(分类器)	1×1×1000

图 6-21　MobileNet v1 的网络结构示意图

MobileNet v1 的网络结构就像 VGG 一样是个直筒形的，而且有人反映 MobileNet v1 网络中的 DW 卷积效果并没有那么理想。因此，Google 团队提出 MobileNet v2 网络，相比 MobileNet v1 网络，准确率更高，模型更小。MobileNet v2 的亮点是具有线性瓶颈的倒残差结构（the inverted residual with linear bottleneck），如图 6-22 所示。相比于在残差结构中是 1×1 卷积降维→ 3×3 卷积→ 1×1 卷积升维，在倒残差结构中正好相反，是 1×1 卷积升维→ 3×3 DW 卷积→ 1×1 卷积降维。

MobileNet v2 认为这样可以让高维信息通过 ReLU 激活函数后丢失的信息更少（倒残差结构中基本使用的都是 ReLU6 激活函数，但是最后一个 1×1 的卷积层使用的是线性激活函数）。

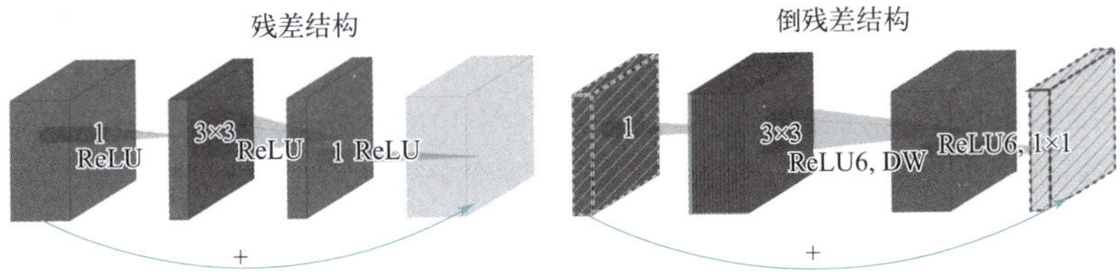

图 6-22　MobileNet v2 中的倒残差结构

使用倒残差结构时需要注意，并不是所有的倒残差结构都有 shortcut 连接，只有当步长 stride=1 且输入特征矩阵与输出特征矩阵形状相同时才有 shortcut 连接（只有当形状相同时，两个矩阵才能做加法运算）。

MobileNet v3 同样是一种轻量级网络，常用的有 large 与 small 两种形式，它综合了 MobileNet v1 的深度可分离卷积、MobileNet v2 的具有线性瓶颈的倒残差结构、轻量级的注意力模型以及利用 h-swish 代替 swish 函数。MobileNet v3 特有的块结构如图 6-23 所示，其中 NL 表示非线性函数。

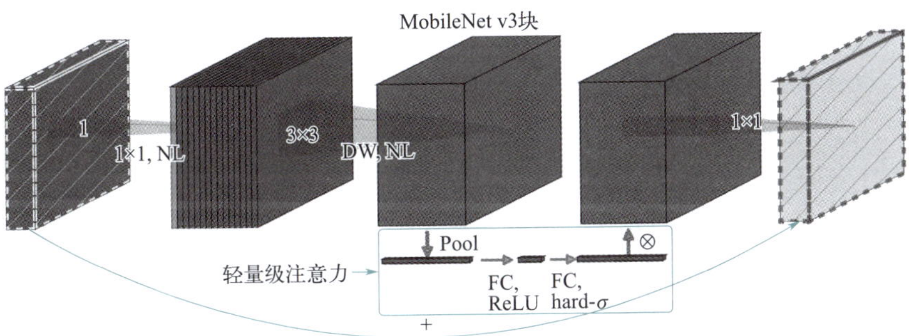

图 6-23　MobileNet v3 的块结构

在 MobileNet v3 结构中，轻量级注意力机制的作用是调整每个通道的权重，此外还使用 h-swish 激活函数代替 swish 函数，减少运算量并提高性能。h-swish 激活函数的计算方式如下：

$$\text{h-swish} = x\frac{\text{ReLU}6(x+3)}{6}$$

6.3　循环神经网络

针对有序数据，如文本、语音等，使用循环神经网络分析相关问题的核心思想是，网络中不同时间的输入之间会存在顺序关系，每个输入和它之前或者之后的输入存在关联，希望通过循环神经网络在时序上找到样本之间的序列相关性。最常见、最基本的循环神经网络有 RNN[1]、LSTM（长短期记忆）网络和 GRU（门控循环单元）等，其中 GRU 可看作是 LSTM 网络的简化版本。

循环神经网络根据循环单元的输入和输出数量之间的对应关系，可以分为多种应用方式，图 6-24 给出了循环神经网络常用的应用方式，显示了 5 种循环神经网络的输入输出对应情况。其中一对多的网络结构可以用于图像描述，即根据输入的一张图像，自动使用文字描述图像的内容；多对一的网络结构可用于文本分类，即根据一段描述文字，自动对文本内容归类；多对多的网络结构可用于语言翻译，即针对输入的一种语言，自动翻译为另一种语言。

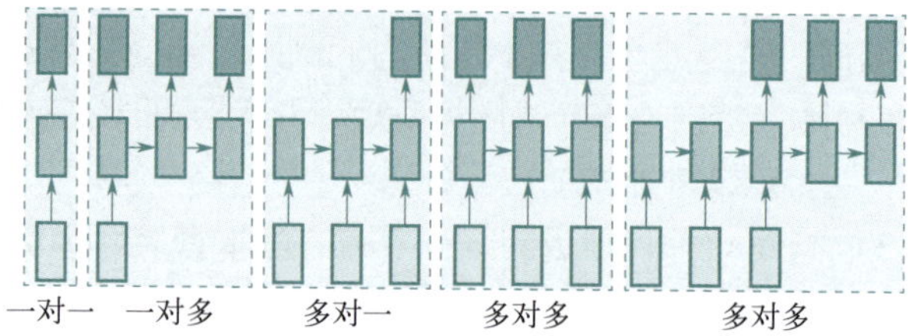

图 6-24　循环神经网络常用的应用方式

6.3.1　RNN

循环神经网络（RNN）的主要特点包括：

① 循环连接：RNN 的隐含层（隐藏层）神经元通过循环连接接收上一个时刻的输出作为输入，这使得网络能够处理可变长度的序列数据。

② 隐状态：RNN 在处理序列数据时会维护一个隐状态（hidden state），该隐状态在每个时间步被更新，并携带了网络在之前时间步中观察到的信息。这使得 RNN 能够捕捉序列中的上下文信息。

③ 参数共享：RNN 在每个时间步都使用相同的参数（权重和偏置），因此它具有参数共享的特性，这有助于减少模型的参数数量。

图 6-25 所示为 RNN 的示意图，图中展示了 RNN 中基础的连接结构，针对 t 时刻的隐状态 h_t，可以由下面的公式进行计算：

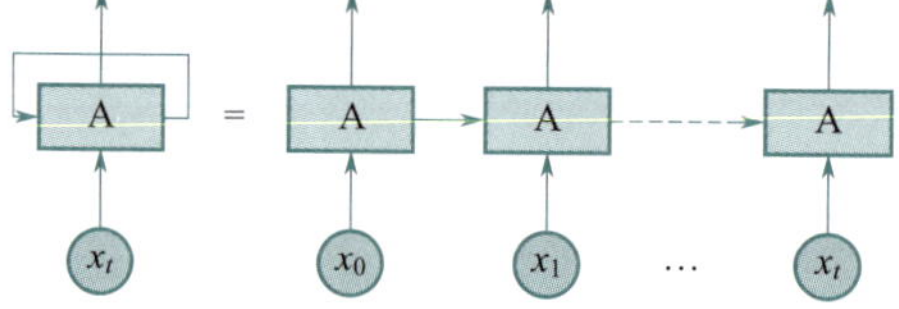

图 6-25　RNN 结构

[1] 此处表示初期的循环神经网络。

$$h_t = \sigma(W_{\text{ih}} x_t + b_{\text{ih}} + W_{\text{hh}} h_{t-1} + b_{\text{hh}})$$

其中，h_t是t时刻的隐状态；x_t是t时刻的输入；h_{t-1}是$t-1$时刻的隐状态；W_{ih}是输入到隐藏层的权重；W_{hh}是隐藏层到隐藏层的权重；b_{ih}是输入到隐藏层的偏置；b_{hh}是隐藏层到隐藏层的偏置；σ表示激活函数。

虽然在对序列数据进行建模时，RNN 对信息有一定的记忆能力，但是单纯的 RNN 会随着递归次数的增加，出现权重指数级爆炸或消失的问题，从而难以捕捉长时间的关联，并且导致 RNN 训练时收敛困难。而 LSTM 网络则通过引入门的机制，使网络具有更强的记忆能力，弥补 RNN 的一些缺点。

6.3.2 LSTM 网络

LSTM 网络又叫作长短期记忆（long short-term memory，LSTM）网络，是一种特殊的 RNN，主要用于解决长序列训练过程中的梯度消失和梯度爆炸问题，相比普通的 RNN，LSTM 网络能够在更长的序列中获得更好的分析效果。其简单的网络结构如图 6-26 所示。

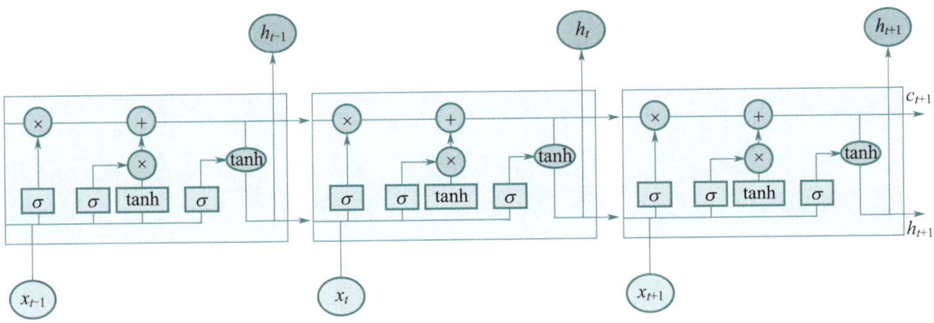

图 6-26　LSTM 网络结构

在 LSTM 网络中，每个 LSTM 单元针对输入进行下面函数的计算：

$$i_t = \sigma(W_{\text{ii}} x_t + b_{\text{ii}} + W_{\text{hi}} h_{t-1} + b_{\text{hi}})$$

$$f_t = \sigma(W_{\text{if}} x_t + b_{\text{if}} + W_{\text{hf}} h_{t-1} + b_{\text{hf}})$$

$$g_t = \tanh(W_{\text{ig}} x_t + b_{\text{ig}} + W_{\text{hg}} h_{t-1} + b_{\text{hg}})$$

$$o_t = \sigma(W_{\text{io}} x_t + b_{\text{io}} + W_{\text{ho}} h_{t-1} + b_{\text{ho}})$$

$$c_t = f_t c_{t-1} + i_t g_t$$

$$h_t = o_t \tanh(c_t)$$

其中，h_t是t时刻的隐藏状态（隐状态）；c_t是t时刻的元组状态（cell state）；x_t是t时刻的输入；h_{t-1}是$t-1$时刻的隐藏状态，初始时刻的隐藏状态为 0；i_t, f_t, g_t, o_t分别是输入门、遗忘门、选择门和输出门；σ表示 Sigmoid 激活函数；W和b是门与门的权重与偏置，不同下角标代表不同的门。在每个单元的传递过程中，

通常 c_t 是上一个状态传过来的 c_{t-1} 加上一些数值，其改变的速度较慢，而 h_t 的取值变化则较大，不同的节点往往会有很大的区别。

LSTM 网络在信息处理方面主要分为三个阶段：

① 遗忘阶段：这个阶段主要是对上一个节点传进来的输入进行选择性忘记，会“忘记不重要的，记住重要的”。即通过 f_t 的值来控制上一状态 c_{t-1} 中哪些需要记住，哪些需要遗忘。

② 选择记忆阶段：这个阶段将输入 x_t 有选择性地进行“记忆”。哪些重要则着重记录，哪些不重要则少记录。当前单元的输入内容是计算得到的 i_t，可以通过 g_t 对其进行有选择的输出。

③ 输出阶段：这个阶段将决定哪些会被当成当前状态的输出。主要通过 o_t 进行控制，并且还要对 c_t 使用 tanh 激活函数进行缩放。

LSTM 网络输出的 y_t 可以通过 h_t 变化得到。

6.3.3 GRU

虽然 LSTM 网络通过门控状态来控制传输状态，记住需要长时间记忆的，忘记不重要的信息，而不像普通的 RNN 那样只能够有一种记忆叠加，这对很多需要“长期记忆”的任务来说效果显著，但是也因多个门控状态的引入，导致需要训练更多的参数，使得训练难度大大增加。针对这种情况，门控循环单元（gate recurrent unit，GRU）网络被提出，GRU 通过将遗忘门和输入门组合在一起，减少了门的数量，并且还做了一些其他的改变，在保证记忆能力的同时，提升了网络的训练效率。在网络中每个 GRU 的示意图如图 6-27 所示。

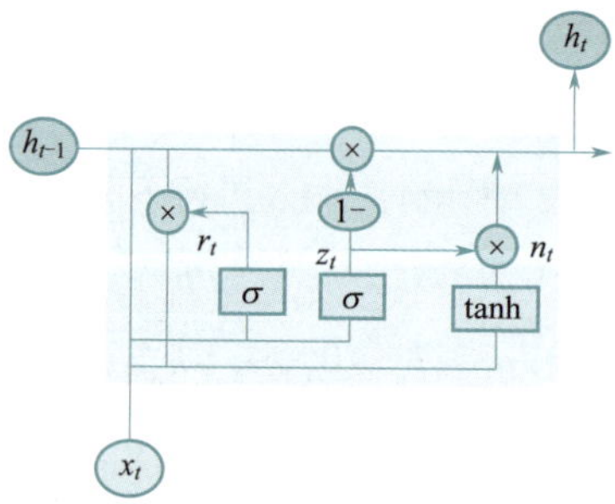

图 6-27　GRU 网络结构

在 GRU 网络中，每个 GRU 针对输入进行下面函数的计算：

$$r_t = \sigma(W_{\text{ir}}x_t + b_{\text{ir}} + W_{\text{hr}}h_{t-1} + b_{\text{hr}})$$

$$z_t = \sigma(W_{\text{iz}}x_t + b_{\text{iz}} + W_{\text{hz}}h_{t-1} + b_{\text{hz}})$$

$$n_t = \tanh[W_{\text{in}}x_t + b_{\text{in}} + r_t(W_{\text{hn}}h_{t-1} + b_{\text{hn}})]$$

$$h_t = (1 - z_t)n_t + z_t h_{t-1}$$

其中，h_t是t时刻的隐藏状态（hidden state）；x_t是t时刻的输入；h_{t-1}是$t-1$时刻的隐藏状态，初始时刻的隐藏状态为 0；r_t, z_t, n_t分别是重置门、更新门和计算候选隐藏层；σ表示 Sigmoid 激活函数。在每个单元的传递过程中，r_t用来控制保留之前的记忆。如果r_t为 0，则$n_t = \tanh(W_{in}x_t + b_{in})$只包含当前输入状态的信息，而$z_t$则控制前一时刻的隐藏层忘记的信息量。

6.4 自编码器模型

自编码网络模型，也称自编码器（autoencoder，AE）模型，是一种基于无监督学习的数据维度压缩和特征表示方法，目的是对一组数据学习出一种表示。1986 年，Rumelhart 提出自编码器模型用于高维复杂数据的降维。由于自编码器通常应用于无监督学习，所以不需要对训练样本进行标记。自编码器在图像重构、聚类、降维、自然语言翻译等方面应用广泛。

6.4.1 自编码器

最初的自编码器是一个三层网络结构，即输入层、隐藏层和输出层，其中输入层和输出层的神经元个数相同，且中间隐藏层的神经元个数较少，从而达到降维的目的。其网络结构如图 6-28（a）所示。

深度自编码器是将自编码器堆积起来，由于其可以有更多的隐藏层，所以对数据的表示和编码能力更强，而且在实际应用中也更加常用，其网络结构如图 6-28（b）所示。

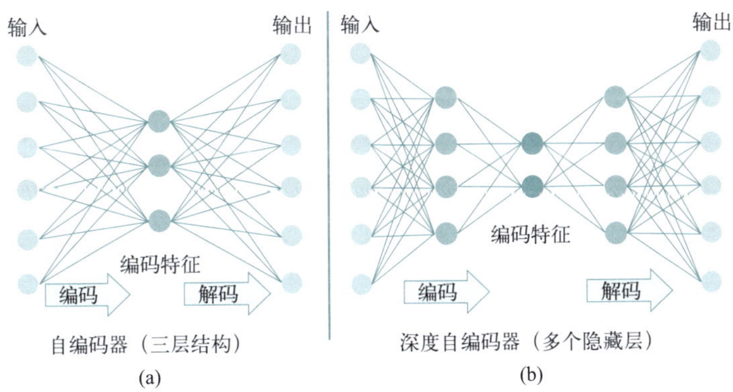

图 6-28　自编码器

稀疏自编码器是在原有自编码器的基础上，对隐藏层单元施加稀疏性约束，这样会得到对输入数据更加紧凑的表示，在网络中仅有小部分神经元会被激活。常用的稀疏约束是使用ℓ_1范数约束，目的是让不重要的神经元的权重为 0。

卷积自编码器是使用卷积层搭建的自编码网络。当输入数据为图像时，由于卷积操作可以从图像数据中获取更丰富的信息，所以使用卷积层作为自编码器隐藏层，通常可以对图像数据进行更好的表示。在实际应用中，用于处理图像的自编码器的隐藏层几乎都是基于卷积的自编码器。在卷积自编码器的编码器部分，通常可以通过池化层对数据进行下采样，卷积层负责对数据进行表示，而解码器则通常使用可以对特征映射进行上采样或者反卷积的操作来完成任务。

6.4.2 变分自编码器

由于自编码器在图像生成任务上不能确保隐空间足够规则，因此通过变分自编码器（variational autoencoder，VAE）进行图像生成的想法被提出。其经过正则化以避免过度拟合，并确保隐空间具有能够进行数据生成过程的良好属性。就像标准自编码器一样，变分自编码器是一种由编码器和解码器组成的结构，经过训练以使编码解码后的数据与初始数据之间的重构误差最小。在介绍 VAE 前，我们先介绍一些关于 KL 散度的基础知识。

信息量：在信息理论中，我们用 $I(x)=-\log P(x)$ 来量化一个事件 x 的信息量 $I(x)$，$P(x)$ 为事件 x 发生的概率。当底数为 e 时，信息量的单位为 nat（奈特）；当底数为 2 时，信息量的单位为 bit（比特）。

信息熵（entropy）：信息熵可以看作是对信息量的期望。随机变量在离散情况下信息熵可表示为 $H=\sum -\log P(x)\times P(x)$，在连续情况下可表示为 $H=\int -\log P(x)\times P(x)\mathrm{d}x$。

KL 散度（Kullback-Leibler divergence）：又被称为相对熵（relative entropy），是对两个概率分布间差异的非对称性度量。假设 $P(x)$、$Q(x)$ 是随机变量 x 上的两个概率分布，则在离散和连续型随机变量的情形下，相对熵的定义分别为：

$$\mathrm{KL}[P(x)\|Q(x)]=\sum P(x)\times\log\frac{P(x)}{Q(x)}$$

$$\mathrm{KL}[P(x)\|Q(x)]=\int P(x)\times\log\frac{P(x)}{Q(x)}\mathrm{d}x$$

其中，相对熵也可表示为 $D_{\mathrm{KL}}(P\|Q)$。

VAE 和 AE 的不同点就在于，AE 中间输出的是隐变量的具体取值，而 VAE 中间要输出的是隐变量的具体分布情况，然后可以从这个分布中另外取样，送入解码器（decoder），就可以生成类似输入样本 x 的其他样本 x'，并且这两个样本会十分近似。因此，VAE 的总体架构如图 6-29 所示，其中学习到的定义隐空间分布通常要和标准正态分布 $N(0,I)$ 对齐，而数据分布对齐可以使用前面介绍的 KL 散度进行约束，即最小化 $\mathrm{KL}[N(\mu,\sigma^2)\|N(0,I)]$。

在 VAE 中，它的编码器（encoder）有两个：一个用来计算均值，一个用来计算方差。

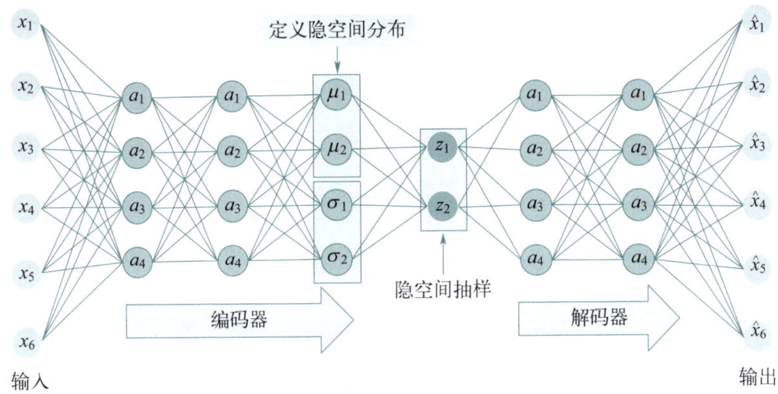

图 6-29　变分自编码器

6.4.3 生成扩散模型（diffusion models）

从本质上说，扩散模型就是 VAE 的升级版，并且综合了 GAN（生成对抗网络）的思想。与其他模型的最大区别是其学习的隐编码和原图具有相同大小的尺寸，其是将输入的图片 x_0 经过 T 轮变为纯高斯噪声 x_T，和 GAN 模型很像，都可以给定噪声 x_T 生成图片 x_0。

论文“Denoising Diffusion Probabilistic Models”中给出了基础的扩散模型学习框架示意图，如图 6-30 所示。

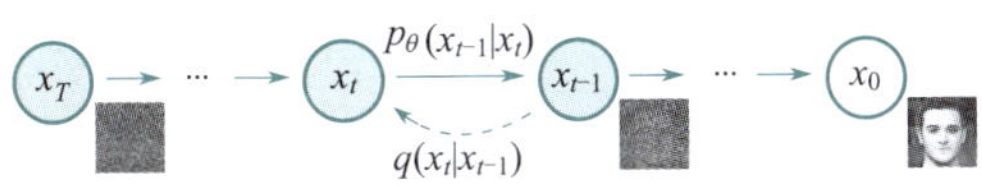

图 6-30　扩散模型学习过程

图 6-30 展示的扩散模型可以分为前向过程和逆向过程，其中前向过程就是往图片上加噪声的过程。给定真实图片 x_0，扩散前向过程通过 T 次累积对其添加高斯噪声，得到 $x_1, x_2, \cdots, x_T$，这个步骤需要给定一系列的高斯分布方差的超参数，并且前向过程每个时刻 t 只与其前一时刻 $t-1$ 有关。而且随着时刻 t 的增大，x_t 会越来越接近纯噪声，并且随着时刻 t 的增加，添加的高斯噪声的方差超参数是递减的。T 通常会有 1000 步左右。而逆向过程就是扩散的去噪推断过程。如果我们可以逐步得到逆转后的分布 $q(x_{t-1} \mid x_t)$，那么就可以从标准的高斯分布 $x_T \sim N(0,1)$ 还原出原始的图像分布 x_0，从高斯分布的随机数重新生成图片。论文“Denoising Diffusion Probabilistic Models”中已经给出了扩散模型的详细推导，这里就不再详细介绍了。此外，扩散模型整个过程都会基于 U-Net 网络用于图像生成。

latent diffusion models（潜在扩散模型，LDMs）是一个文图生成（text-to-image）模型，通过在一个潜在表示空间中迭代“去噪”数据来生成图像，然后将表示结果解码为完整的图像，让文图生成能够在消费级 GPU 上，在 10 秒级别时间生成图片，大大降低了应用门槛，也带来了文图生成领域的大火。图 6-31 是论文“High-Resolution Image Synthesis with Latent Diffusion Models”给出的潜在扩散模型框架示意图。

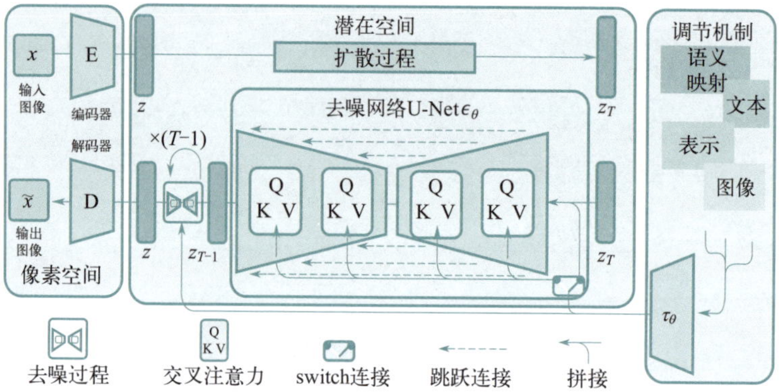

图 6-31　潜在扩散模型示意图

潜在扩散模型需要训练好一个自编码器（autoencoder，包括一个编码器和一个解码器）。然后就可以利用编码器对图片进行压缩，然后在潜在表示空间上做 diffusion（扩散）操作，最后再用解码器恢复到原始像素空间即可。

6.5　自注意力机制与 Transformer

注意力机制源于对人类视觉的研究，在认知科学中，由于信息处理的瓶颈，人类会选择性地关注所有信息的一部分，同时忽略其他可见的信息。深度神经网络通过模拟人脑神经系统的处理机制，实现对图像、文本等信息的理解。但是，大多数深度神经网络对输入提取特征时，并没有突出输入的关键信息，并且受到长时间信息存储的限制，往往不能有效处理长时间序列信息。因此一类模拟人类视觉系统的注意力机制的方法被提出，该类方法聚焦于一部分关键信息，忽略其他冗余信息。

6.5.1　自注意力

自注意力机制采用非局部平均思想，通过矩阵运算对输入中的相同元素生成注意力，减少了对外部信息的依赖，量化了输入之间的相互依赖性，更擅长捕捉数据或特征的内部相关性。它通常不需要额外信息，仅关注和提取自身相关信息。一般而言，输入信号被分为查询（query，记为 Q）、键（key，记为 K）和值（value，记为 V）这 3 种类型，然后在查询、键、值与输出之间建立映射关系。自注意力机制在自然语言处理以及计算机视觉中均有大量应用。

Transformer 结构由谷歌在 2017 年的论文“Attention is All You Need”中提出，Transformer 和其自注意力（self-attention）在多个领域都有广泛的应用。Transformer

中自注意力的计算过程称为缩放点积（scaled dot-product），其计算过程示意图如图 6-32（a）所示。其中，Mask(opt.) 表示用于处理输入数据不同需求的可选的 Mask 操作。

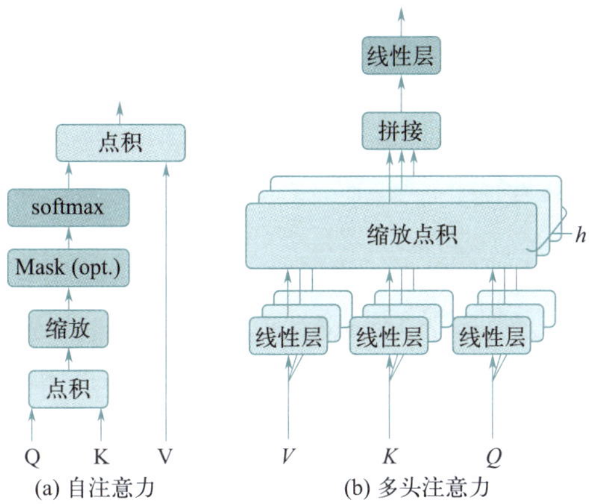

图 6-32　自注意力和多头注意力

在自注意力计算时，通常用缩放点积来作为注意力打分函数，针对输入信号查询、键和值的输出向量序列可以写为：

$$\text{Attention}(\boldsymbol{Q},\boldsymbol{K},\boldsymbol{V})=\text{softmax}\left(\frac{\boldsymbol{Q}\boldsymbol{K}^{\mathrm{T}}}{\sqrt{d_k}}\right)\boldsymbol{V}$$

其中，d_k 是键 $\boldsymbol{K}$ 的维度。

多头注意力（multi-head attention）则是先通过线性映射将 Q、K、V 映射到特征空间，每一组线性投影后的向量表示称为一个头（head），然后在每组映射后的序列上再应用缩放点积。每个注意力头负责关注某一方面的语义相似性，多个头就可以让模型同时关注多个方面，因此多头注意力可以捕获到更加复杂的特征信息。具体来说，其计算模式为：

$$\text{MultiHead}(\boldsymbol{Q},\boldsymbol{K},\boldsymbol{V})=\text{Concat}(\text{head}_1,\cdots,\text{head}_h)\boldsymbol{W}^o$$

$$\text{head}_i=\text{Attention}(\boldsymbol{Q}\boldsymbol{W}_i^Q,\boldsymbol{K}\boldsymbol{W}_i^k,\boldsymbol{V}\boldsymbol{W}_i^v)$$

其中，$\boldsymbol{W}_i^Q$，$\boldsymbol{W}_i^k$，$\boldsymbol{W}_i^v$，$\boldsymbol{W}^o$ 分别为学习到的投影矩阵。

6.5.2　交叉注意力

交叉注意力（cross-attention）是在两个不同序列上计算自注意力，用于处理两个序列之间的语义关系。例如，在翻译任务中，将源语言句子和目标语言句子对齐，就可以使用交叉注意力来计算两个句子之间的注意力权重。在计算时，交叉注意力机制可以认为是一种特殊形式的多头注意力，它会将输入张量拆分成 $\boldsymbol{X}_1$ 和 $\boldsymbol{X}_2$

两个部分，然后将其中一个部分作为查询集合，另一个部分作为键值集合。然后可以令 $\boldsymbol{Q}=\boldsymbol{X}_1\boldsymbol{W}^Q$，$\boldsymbol{K}=\boldsymbol{V}=\boldsymbol{X}_2\boldsymbol{W}^K$，则交叉注意力的计算方式如下：

$$\text{CrossAttention}(\boldsymbol{X}_1,\boldsymbol{X}_2)=\text{softmax}\left(\frac{\boldsymbol{Q}\boldsymbol{K}^{\mathrm{T}}}{\sqrt{d_k}}\right)\boldsymbol{V}$$

其中，$\boldsymbol{W}^Q$，$\boldsymbol{W}^K$是学习到的投影矩阵。

6.5.3 Transformer

Transformer 的网络架构由且仅由自注意力和前馈神经网络组成，没有用到传统的 CNN 或者 RNN，一个基于 Transformer 的可训练的神经网络可以通过堆叠 Transformer 的形式进行搭建。Transformer 已经成为继 CNN 和 RNN 之后又一个高效的特征提取器，其网络结构如图 6-33 所示，主要包含编码器和解码器两个部分。

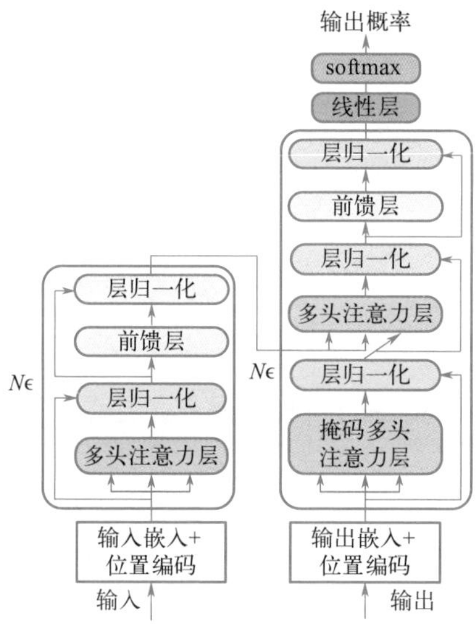

图 6-33 Transformer 网络结构示意图

针对输入的词语首先被转换为词向量，并且通过位置编码（positional embeddings）向输入中添加位置信息。编码器由一堆编码块组成，类似于图像领域中的堆叠卷积层。在解码器中也包含有堆叠的解码块。

6.6 生成对抗网络

生成对抗网络（generative adversarial network，简称 GAN）是一种深度学习模型，由深度生成模型（generator）和深度判别模型（discriminator）组成，旨在生成具有高度逼真性质的数据。GAN 的核心思想是通过让生成模型和判别模型相互竞争，逐渐提高生成数据的质量。

6.6.1 生成对抗网络基本工作原理

GAN 的基本网络结构与工作原理如图 6-34 所示。

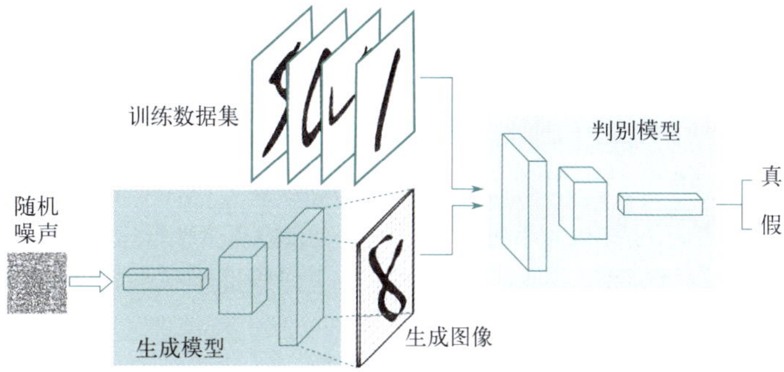

图 6-34 GAN 基本网络结构与工作原理

生成模型（generator）：生成模型是一个神经网络，它接收随机噪声作为输入，并尝试生成看起来像真实数据的样本。其目标是最小化生成数据与真实数据之间的差异，使生成数据更加逼真，即使判别模型无法区分生成数据和真实数据。

判别模型（discriminator）：判别模型是另一个神经网络，它接收来自生成模型和真实数据的样本，并尝试区分它们。判别模型的目标是最大化正确分类生成数据和真实数据的能力，即提高自己的分类准确性。

对抗训练：GAN 通过交替训练生成模型和判别模型来达到平衡。在每个训练迭代中，生成模型生成伪造数据并将其传递给判别模型，判别模型尝试分类这些数据。

生成数据：一旦 GAN 训练完成，生成模型可以用来生成新的数据样本，这些样本与真实数据在统计特性上非常相似，这可以用于图像生成、文本生成、音频生成等各种任务。

GAN 的应用非常广泛，例如：

① 图像生成：生成高分辨率图像，如艺术作品、卡通角色等。

② 文本生成：生成自然语言文本，包括文章、对话、故事等。

③ 音频生成：生成音乐、语音等。

④ 图像修复：将模糊、噪声或损坏的图像修复为高质量的图像。

⑤ 分辨率提高：将低分辨率图像转化为高分辨率图像。

⑥ 无监督学习：学习数据的分布，可以用于降维、聚类等任务。

虽然 GAN 的应用场景很多，但是在实际应用中，GAN 需要仔细的架构设计、训练策略和调参，以确保生成的数据质量。同时，GAN 的训练过程可能会变得不稳定，需要使用技巧和稳定性增强方法来解决。一些流行的 GAN 变体包括条件 GAN（CGAN）、深度卷积 GAN（DCGAN）等。

6.6.2 条件生成对抗网络（CGAN）

在之前的 GAN 中，生成器（生成模型）网络通过学习从随机噪声中生成数据样本，而条件生成对抗网络（conditional generative adversarial network，CGAN）是生成对抗网络（GAN）的一种变种，用于生成与给定条件相关的数据。在 CGAN 中，生成器网络还接收额外的条件信息，以帮助生成与条件相关的数据。

CGAN 的核心思想是引入一个条件向量，它可以是任何类型的信息，如类别标签、文本描述、图像等。生成器和判别器（判别模型）网络都接收这个条件向量作为输入，以确保生成的数据与条件信息相关。因此 CGAN 在图像生成、图像转换、文本到图像生成等领域都有广泛应用。CGAN 工作原理示意图如图 6-35 所示。

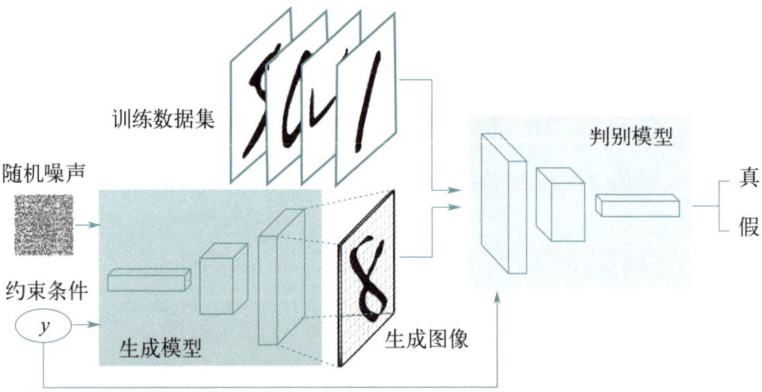

图 6-35 CGAN 基本网络结构与工作原理

CGAN 的模型部分，在判别器和生成器中都添加了额外信息 y，y 可以是类别标签或者是其他类型的数据，y 可以作为一个额外的输入层丢入判别器和生成器。在生成器中，CGAN 将输入噪声和 y 连在一起隐含表示。

CGAN 极大极小博弈的目标函数为：

$$\min_G \max_D V(D,G) = \mathbb{E}_{x\sim p_{\text{data}}(x)}\{\log[D(x)]\} + \mathbb{E}_{z\sim p_z(z)}(\log\{1-D[G(z\mid y)]\})$$

其中，G 表示生成模型；D 表示判别模型；x 表示训练数据集；y 表示约束条件；z 表示输入的随机噪声；$p_{\text{data}}(x)$ 表示真实数据分布；$p_z(z)$ 表示输入噪声的先验分布。利用 CGAN 生成指定类别标签的手写字体数据结果如图 6-36 所示。

6.6.3 Wasserstein GAN（WGAN）

为解决 GAN 训练困难、生成器和判别器的损失无法指示训练进程、生成样本缺乏多样性等问题，Wasserstein GAN（WGAN）被提出，引入 Wasserstein 距离衡

图 6-36 CGAN 生成指定类别标签的手写字体数据

量两个分布之间的距离，其在 GAN 的基础上做了以下改进：

① 彻底解决 GAN 训练不稳定的问题，不再需要小心平衡生成器和判别器的训练程度；

② 基本解决了样本单一的问题，确保了生成样本的多样性；

③ 训练过程中有一个像交叉熵、准确率这样的数值来指示训练的进程，这个数值越小代表 GAN 训练得越好，代表生成器产生的图像质量越高；

④ 以上优点不需要精心设计的网络架构，简单的多层全连接网络就可以做到。

6.6.4 深度卷积生成对抗网络（DCGAN）

深度卷积生成对抗网络（deep convolutional generative adversarial network，DCGAN）旨在通过卷积神经网络（CNN）架构来生成高质量的图像。DCGAN 结合了生成模型和卷积神经网络的强大能力，在图像生成任务中非常成功。

为了使得 GAN 能够很好地适应于卷积神经网络，DCGAN 提出了以下 4 点架构设计规则：

① 卷积层代替池化层：为了能够让网络自身去学习空间上采样与下采样，使得判别器和生成器都有效地具备相应的能力，对于判别器，使用步长卷积来代替池化层，对于生成器，使用分数步长卷积代替池化层。

② 去除全连接层：将生成器的随机输入直接与卷积层特征输入进行连接，同样，判别器的输出层与卷积层的输出特征连接。

③ 使用批归一化：通过对每一层的输入进行归一化处理，使得数据服从某个固定的数据分布。

④ 使用恰当的激活函数：生成器和判别器使用不同的激活函数。生成器中使用 ReLU 函数，但在输出层使用了 tanh 函数，在判别器中对所有层使用 LeakyReLU 函数。

DCGAN 已被成功应用于图像生成任务，如人脸生成、风景生成、动漫图像生成等。

6.6.5 循环生成对抗网络（CycleGAN）

循环生成对抗网络（CycleGAN）是基于对抗学习的一种经典图像风格迁移方法。CycleGAN 的目的可以概述为：针对一个域 X 和另一个域 Y，学习到一个模型可以将两个域的图像进行相互转换。比如：针对斑马和野马两个图像域，模型可以将输入图像在保持姿势和体型等内容不变的情况下，将野马和斑马进行相互转换。CycleGAN 的图像转换效果如图 6-37 所示。

图 6-37　CycleGAN 的图像转化效果

CycleGAN 和其他图图转化算法的一个最大的差异是：其他相关算法利用生成对抗网络进行图图转换时，需要成对的数据进行训练，比如 pix2pix 算法，而 CycleGAN 算法则不需要成对的数据进行训练。同时获取严格意义上的成对数据是非常困难的，所以不依赖成对数据的算法具有非常重要的实际意义。图 6-38 展示了成对数据和非成对数据的情况。图中左边表示成对的数据，每一张素描鞋子都有对应的真实鞋子；右边表示非成对的数据，一张现实拍摄的照片不存在和它内容相同的油画。

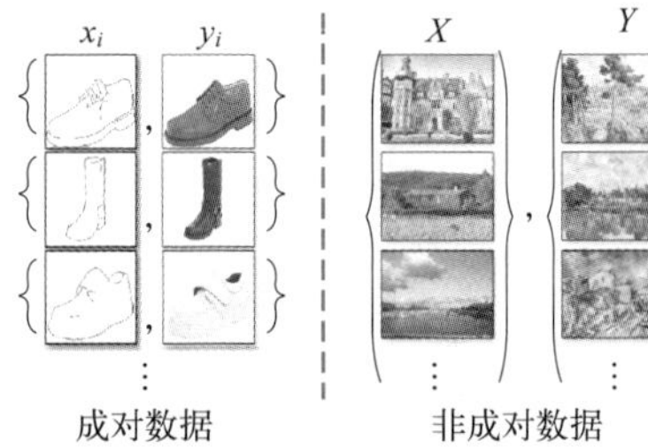

图 6-38　成对数据和非成对数据

下面分析 CycleGAN 的工作流程，首先 CycleGAN 一共包含两个生成器（生成器 A2B、生成器 B2A）以及两个判别器（判别器 A、判别器 B）。从源域 X 到目标域 Y 的流程如图 6-39 所示。开始会将源域图片“输入 _A”送入“生成器 A2B”生成目标域图片“生成 _B”，然后再将生成的目标域图片“生成 _B”送入“生成器 B2A”反过来生成源域图片“循环 _A”。生成“循环 _A”的目的是用它与输入的真图片“输入 _A”来算 L1 Loss。用 L1 Loss 来对齐“循环生成”的“循环 _A”与输入的源域图片“输入 _A”的内容，“输入 _A”生成的“生成 _B”的轮廓也是和“输入 _A”对齐的了。针对野马变斑马的转换，就可以达到“马变斑马，花纹变，姿势不变”的目的。同时在上述的图像生成过程中，可以通过“判别器 B”与“生成器 A2B”进行对抗训练。

由于 CycleGAN 具有域相互变换的能力，因此还会由从目标域 Y 到源域 X 的变换路径，其训练流程图如图 6-40 所示。此时开始会将目标域图片“输入 _B”送入

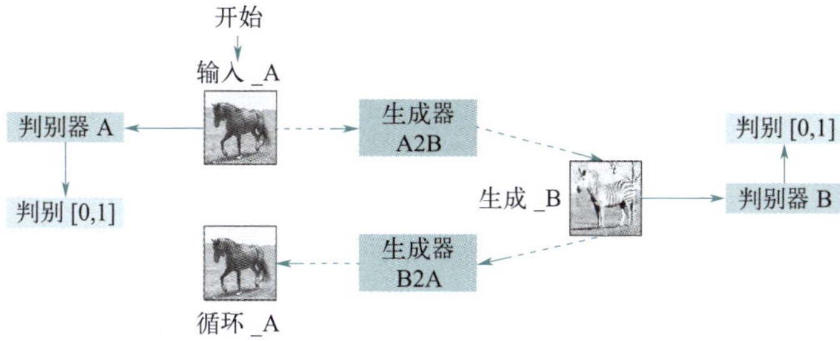

图 6-39　源域 X 到目标域 Y 的流程

“生成器 B2A”生成源域图片“生成 _A”，然后再将生成的源域图片“生成 _A”送入“生成器 A2B”反过来生成目标域图片“循环 _B”。生成“循环 _B”同样会用于与输入的真图片“输入 _B”计算 L1 Loss，来对齐“循环生成”的“循环 _B”与输入的源域图片“输入 _B”的内容。同时在图像生成过程中，可以通过“判别器 A”与“生成器 B2A”进行对抗训练。

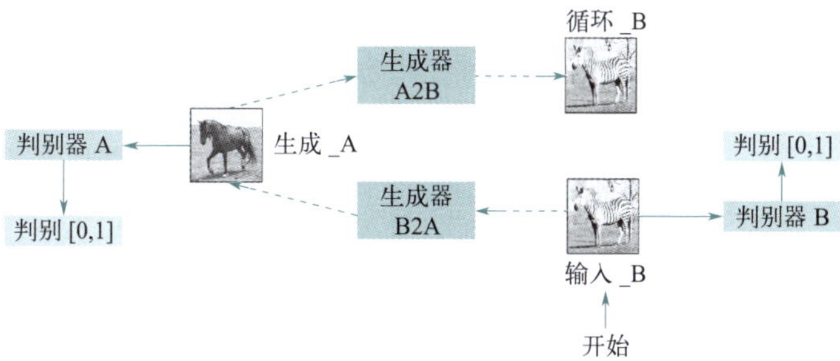

图 6-40　目标域 Y 到源域 X 的流程

Cyc1eGAN 的两个生成器、两个判别器也只能一个一个训练，形成 CycleGAN 训练的两条“环路”。整个训练过程会有对抗损失和循环一致性损失共同监督网络参数的训练。

6.7　图神经网络

图（也可称为网络、网络图）是一种可以表示各个领域的对象及对象之间关系的常用数据结构，对象在图中用节点（顶点）表示，对象之间的关系表示为图的边（连接）。将对象之间的相互作用关系表示为图，可以更系统、方便地理解各种复杂网络结构与关系。图结构数据无处不在，例如：社交网络、知识图谱、化学、生物、计算机视觉等各个领域。

图可以表示为顶点和边的集合，记为 $G=\{V,E\}$，其中 V 是顶点集合，E 是边集合。图的类型主要有两种：一种是节点之间的连接没有方向的无向图，如图 6-41

(a)；另一种是节点之间有方向的有向图，通常会使用箭头表示节点之间的指向，如图 6-41（b）。

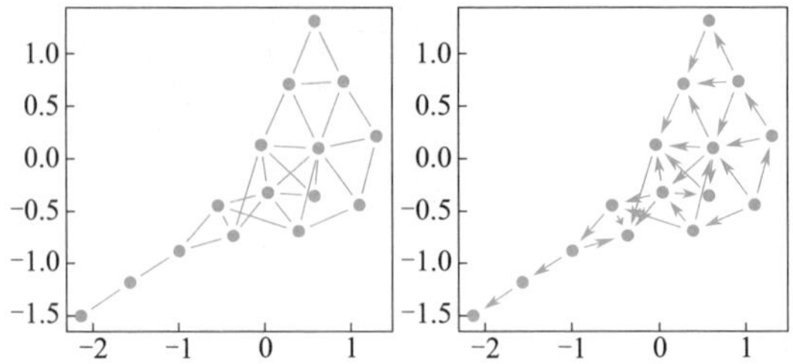

(a) 无向图　　(b) 有向图

图 6-41　无向图和有向图

针对网络图 $G=\{V,E\}$，其中的顶点集合 V 中的元素可以表示为 $V=\{v_1, v_2,v_3,\cdots,v_i,\cdots,v_n\}$，表示 G 有 n 个顶点。一条连接顶点 $v_i,v_j\in V$ 的边可记为 (v_i,v_j) 或者 e_{ij}。如果存在一条边连接顶点 v_i 和 v_j，则称 v_j 是 v_i 的邻居，反之亦然。以 v_i 为端点的边的数目称为 v_i 的度（degree），其中有向图还可以分为出度和入度，顶点 v_i 的出度是以 v_i 为起点的有向边的数目，顶点 v_i 的入度是以 v_i 为终点的有向边的数目，顶点的度等于入度和出度的和。

用于表示网络图的数据形式有很多种，比较常用的就是邻接矩阵、度矩阵、拉普拉斯矩阵等。其中，包含 n 个节点的图 $G=\{V,E\}$ 可以使用 $n\times n$ 的邻接矩阵 $\boldsymbol{A}$ 表示，$\boldsymbol{A}$ 可定义为：

$$A_{ij}=\begin{cases}1,(v_i,v_j)\in E\\0,\quad 其他\end{cases}$$

度矩阵是对角阵，对角上的元素为各个顶点的度。拉普拉斯矩阵被定义为 $\boldsymbol{L}=\boldsymbol{D}-\boldsymbol{A}$。其中，$\boldsymbol{D}$ 为图的度矩阵；$\boldsymbol{A}$ 为图的邻接矩阵。图 6-42 展示的是一个无向图的三种矩阵的表示方式。

无向图

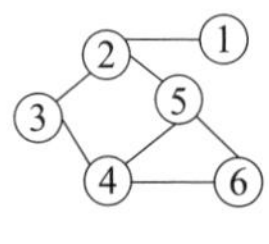

度矩阵

$$\begin{bmatrix}1&0&0&0&0&0\\0&3&0&0&0&0\\0&0&2&0&0&0\\0&0&0&3&0&0\\0&0&0&0&3&0\\0&0&0&0&0&2\end{bmatrix}$$

邻接矩阵

$$\begin{bmatrix}0&1&0&0&0&0\\1&0&1&0&1&0\\0&1&0&1&0&0\\0&0&1&0&1&1\\0&1&0&1&0&1\\0&0&0&1&1&0\end{bmatrix}$$

拉普拉斯矩阵

$$\begin{bmatrix}1&-1&0&0&0&0\\-1&3&-1&0&-1&0\\0&-1&2&-1&0&0\\0&0&-1&3&-1&-1\\0&-1&0&-1&3&-1\\0&0&0&-1&-1&2\end{bmatrix}$$

图 6-42　无向图的不同表示方式

随着深度学习方法在图像和文本上的成功应用，以及受到卷积网络、循环网络和深度自编码器的思想影响，研究人员开始考虑将深度学习模型引入图数据中，提出图神经网络。图神经网络的应用场景非常广泛，可以分为节点级别任务与图级别任务。其中节点级别任务的图神经网络，主要用于图上节点分类、链接预测等，例如：引文网络中的文章分类、推荐系统中对商品偏好的推断等。对于图级别任务的应用，有图生成、图分类等，例如：药物网络生成、蛋白质网络中的蛋白质分类等。

针对具有图结构的数据，使用基于图的深度神经网络来解决，通常会有较好的效果。图神经网络（graph neural network，GNN）或者说图深度学习（graph deep learning）通常使用半监督或有监督的方法，例如：图卷积神经网络（图卷积网络），借鉴了针对图像的卷积操作思想，在网络图数据上进行卷积操作，从而对网络图中的节点进行分类。

6.7.1 图卷积网络

图像的卷积运算可以认为是基于欧氏空间的运算，而在很多节点构成的图上进行的卷积计算可以认为是基于非欧氏空间的运算。图卷积运算是模拟传统卷积神经网络对图像的卷积运算，不同的是图卷积运算是基于节点的空间关系定义图卷积。图像的 2D 卷积和图卷积之间的对比如图 6-43 所示。

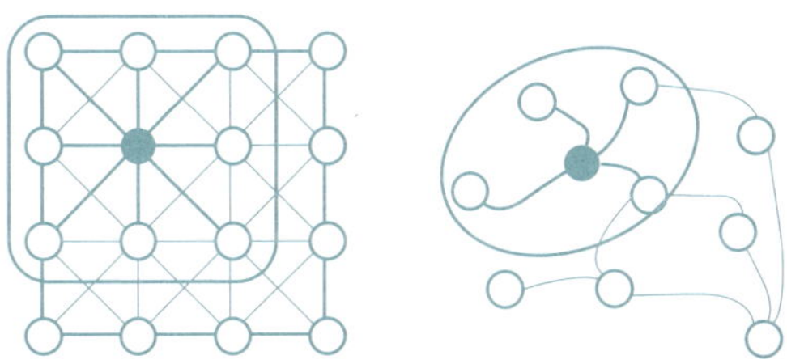

(a) 2D卷积　　(b) 图卷积

图 6-43　2D 卷积与图卷积

针对图像的 2D 卷积，为了与图卷积关联起来，可以简单地将图像视为一种特殊的图，每个像素代表图上的一个节点，如图 6-43(a) 所示，每个像素所代表的节点和其附近的像素有一条边。通过一个 3×3 的窗口，每个节点的邻域是其周围的 8 个像素，再对每个通道上的中心节点及其相邻节点的像素值进行加权平均。对于一般的图，同样基于空间的图卷积将中心节点表示和相邻节点表示进行聚合，以获得该节点的新表示。

2017 年，Thomas N. Kipf 提出了基于图卷积的深度学习网络，用于图上节点分类的半监督学习，其中逐层传播的规则为：

$$\boldsymbol{H}^{(l+1)}=\sigma\left(\tilde{\boldsymbol{D}}^{\left(-\frac{1}{2}\right)}\tilde{\boldsymbol{A}}\tilde{\boldsymbol{D}}^{\left(-\frac{1}{2}\right)}\boldsymbol{H}^{(l)}W^{(l)}\right)$$

其中，$\boldsymbol{H}^{(l)}$ 是第 l 层的所有节点的特征矩阵；$\tilde{\boldsymbol{A}}=\boldsymbol{A}+\boldsymbol{I}_{\mathrm{N}}$ 是无向网络图的邻接矩阵 $\boldsymbol{A}$ 加上一个单位矩阵 $\boldsymbol{I}_{\mathrm{N}}$；$\tilde{\boldsymbol{D}}$ 是 $\tilde{\boldsymbol{A}}$ 的度矩阵；$W^{(l)}$ 是可训练的权重参数，$\sigma(\cdot)$ 表示使用的激活函数。

2 层的半监督的节点分类网络模型可以简单地概括为如下公式：

$$\boldsymbol{Z}=f(\boldsymbol{X},\boldsymbol{A})=\mathrm{softmax}[\hat{\boldsymbol{A}}\mathrm{ReLU}(\hat{\boldsymbol{A}}\boldsymbol{X}W^{(0)})W^{(1)}]$$

其中，$\hat{\boldsymbol{A}}=\tilde{\boldsymbol{D}}^{\left(-\frac{1}{2}\right)}\tilde{\boldsymbol{A}}\tilde{\boldsymbol{D}}^{\left(-\frac{1}{2}\right)}$；$\boldsymbol{X}$ 表示节点的特征矩阵；ReLU 表示 ReLU 激活函数。该 2 层的图卷积网络的示意图如图 6-44 所示。

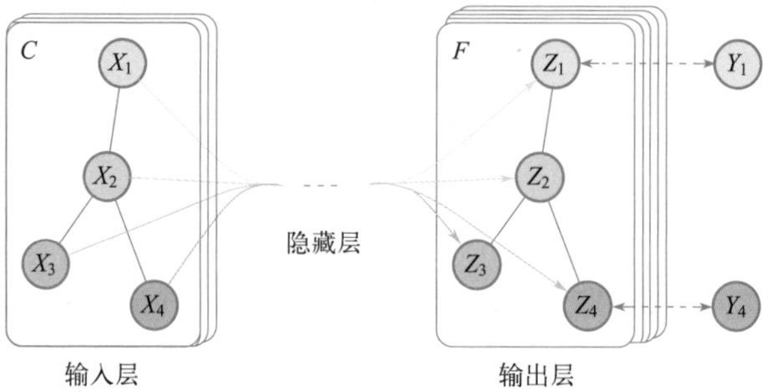

图 6-44　图卷积网络结构

图 6-44 中，输入包含 C 个通道，输出有 F 个特征映射。在输入层中，X_i 表示节点的特征，黑色的连线表示节点之间的连接方式，Y_i 表示节点的类别标签。

图卷积网络（graph convolutional networks，GCN）主要有两个缺点：

① GCN 需要将整个图放到内存和显存中，非常耗内存和显存，因此处理不了大图；

② GCN 在训练时需要知道整个图的结构信息（包括待预测的节点），这在某些现实任务中可能无法实现。

为解决这个问题，Graph Sample and Aggregate（GraphSAGE，图采样和聚合）算法被提出来。因为图数据和其他类型数据的结构不同，图数据中的每一个节点可以通过边的关系利用其他节点的信息，这就导致当图卷积算法输入整个图后，训练节点收集邻居节点信息的时候，会用到验证集与测试集的样本，这种学习方式可以称为直推式学习（transductive learning）。但是，我们处理大多数的机器学习问题时，会刻意地将样本集分为训练集 / 验证集 / 测试集，并且训练的时候只用训练样本，这属于归纳学习（inductive learning）。对于图数据的归纳学习来说，好处就是可以处理图中新来的节点，利用已知节点的信息为未知节点生成特征嵌入（embedding）。GraphSAGE 就是归纳学习框架，在训练时它仅仅保留训练样本到训练样本的边，主要包含采样（sample）和聚合（aggregate）两大步骤，其中 sample 是指如何对邻居的个数进行采样，aggregate 是指拿到邻居节点的嵌入之后如何汇聚这些嵌入来更新自己的嵌入信息。图 6-45 展示了 GraphSAGE 学习的一个过程。

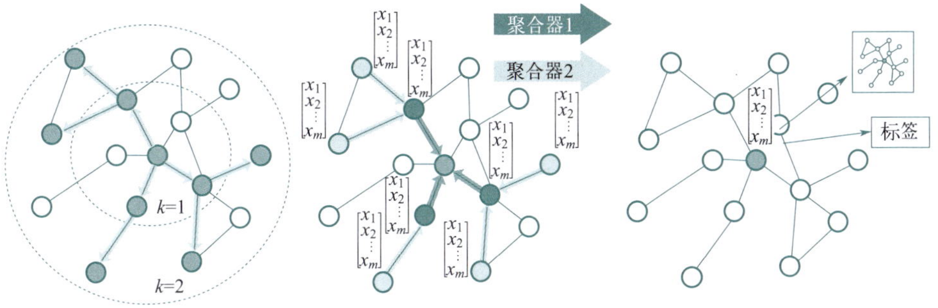

图 6-45　GraphSAGE 算法采样和聚合方法示意图

GraphSAGE 算法采用定长抽样的方法，在定义需要的邻居个数后，采用有放回的重采样 / 负采样方法，保证每个节点采样后的邻居个数一致，从而可以把多个节点以及它们的邻居拼接成张量送到 GPU 中进行批训练。此外，GraphSAGE 主要提出了三种不同计算方式的聚合器，它们分别为：平均聚合器、LSTM 聚合器、池化聚合器。

GraphSAGE 算法在学习聚合器的参数以及权重矩阵时，如果是有监督的情况，可以使用每个节点的预测标签和真实标签的交叉熵作为损失函数；如果是无监督的情况，可以学习相邻的节点的嵌入表示尽可能相近，作为损失。

GraphSAGE 有一些优点，例如：

① 利用采样机制，很好地解决了 GCN 必须要知道全部图的信息问题，利用归纳学习的方式，即使对于未知的新节点，也能得到其表示；

② 聚合器和权重矩阵的参数对于所有的节点是共享的；

③ GraphSAGE 能够处理更大的图，因为模型的参数数量与图的节点个数无关；

④ GraphSAGE 既能进行有监督学习，也能进行无监督学习。

6.7.2　图注意力网络

GraphSAGE 也有一些缺点，例如：每个节点的邻居很多，而 GraphSAGE 的采样方式没有考虑不同邻居节点的重要性差异，而且聚合计算的时候邻居节点的重要性和当前节点也是不同的。因此图注意力网络（graph attention networks，GAT）算法被提出，GAT 借鉴了 Transformer 的思想，引入掩码自注意力（masked self-attention）机制，在计算图中的每个节点的表示时，会根据邻居节点特征的不同来为其分配不同的权重。同样，GAT 无需提前知道整个网络的结构，即可通过局部信息获取到网络的整体信息，因此模型可以直接应用到归纳推理的问题中，常用于知识图谱的节点分类、链接预测等任务。

图注意力网络与其他注意力机制算法一样，输入层的一组节点特征 $\boldsymbol{h}=\{\boldsymbol{h}_1,\boldsymbol{h}_2,\cdots,\boldsymbol{h}_N\},\boldsymbol{h}_i\in\mathbb{R}^F$，$N$ 表示节点的数量，F 表示每个节点的特征数量，需要生成的输出为 $\boldsymbol{h}'=\{\boldsymbol{h}'_1,\boldsymbol{h}'_2,\cdots,\boldsymbol{h}'_N\},\boldsymbol{h}'_i\in\mathbb{R}^{F'}$。每一层的网络结构如图 6-46 所示，其计

算步骤分为两步：

① 利用注意力机制计算两个节点之间的权重，对于顶点 i，逐个计算它的邻居们（$j \in \mathcal{N}_i$，$\mathcal{N}_i$ 代表顶点 i 的所有邻居节点集合）和它自己之间的相关系数 $e_{ij} = a(W\boldsymbol{h}_i, W\boldsymbol{h}_j)$，其中 W 是一个共享参数，通过线性映射对节点的特征进行增维，$a(\cdot)$ 是计算两个节点相关度的函数。为了简化计算，需要将这种相关度的计算限制在一阶邻居内，GAT 利用一个单层的全连接层来表示，即 $e_{ij} = \text{LeakyReLU}(\boldsymbol{w}^{\mathrm{T}}[W\boldsymbol{h}_i \| W\boldsymbol{h}_j])$，$\|$ 表示向量拼接或者平均等操作，$\boldsymbol{w}^{\mathrm{T}}$ 为权重参数，激活函数设计为 LeakyReLU。然后利用 softmax 函数针对相关系数进行归一化操作，即：$a_{ij} = \text{softmax}(e_{ij}) = \dfrac{\exp(e_{ij})}{\sum_{k \in \mathcal{N}_i} \exp(e_{ij})}$。

② 根据计算的权重更新目标节点。即根据计算好的注意力系数，把特征加权求和，即 $\boldsymbol{h}_i' = \sigma\left(\sum_{j \in \mathcal{N}_i} a_{ij} W\boldsymbol{h}_j\right)$，$\boldsymbol{h}_i'$ 就是 GAT 输出的对于每个顶点 i 的新特征，$\sigma(\cdot)$ 是激活函数。在此基础上，进行多头注意力操作可得 $\boldsymbol{h}_i' = \|_{k=1}^{K} \sigma\left(\sum_{j \in \mathcal{N}_i} a_{ij}^k W^k \boldsymbol{h}_j\right)$。$\|$ 表示向量的拼接或者平均等操作。

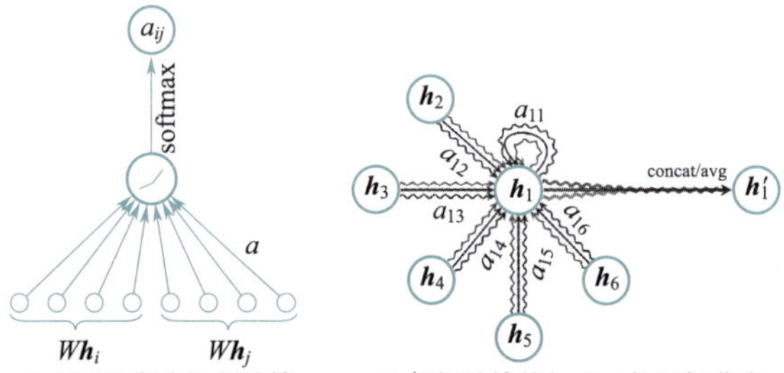

(a) 利用注意力机制计算两个节点之间的权重　(b) 根据计算的权重更新目标节点

图 6-46　图注意力网络结构

多视图注意力网络（multi-view graph attention networks，MGAT），利用一种基于注意力的架构，从每个单一视图中学习节点表征，其网络参数受到正则化项的约束，并且协同整合不同视图中的多种类型的关系，利用注意力机制汇总视图中的节点表征。MGAT 模型的框架如图 6-47 所示。

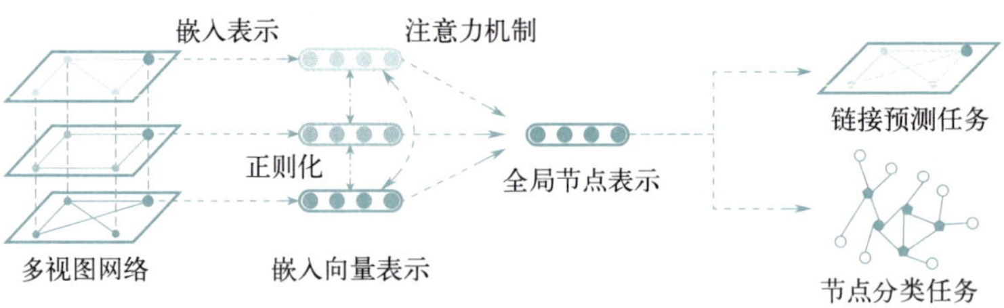

图 6-47　MGAT 网络框架图

MGAT 首先对每个单一视图进行嵌入表示，并学习一组特定视图的节点表征。由于不同的视图之间存在着相互的信息交互，MGAT 提出了一个正则化技术来增强不同视图网络参数的相似性。正则化项定义为：$\Omega=\sum_{i=1}^{K}\sum_{j=1,j\neq i}^{K}\|\boldsymbol{W}_i-\boldsymbol{W}_j\|_2^2$。其中，$\boldsymbol{W}_i$，$\boldsymbol{W}_j$ 是视图 i,j 的 GAT 权重。在每个单独视图的节点表征后，设计了一种基于注意力的聚合方法，用于学习不同视图的权重，并将多视图网络中特定视图的节点表征，加权结合起来生成全局表征。

6.7.3 图自编码网络

图自编码（graph autoencoders，GAE）网络是一种无监督的学习框架，它将节点 / 图编码到潜在向量空间中，并从编码的信息中重建图数据。基于网络嵌入的图自编码方法的目的是利用神经网络结构，将图的节点映射到潜在空间特征表示为低维向量，并从潜在的表示中解码图形信息，进而开展节点分类、链接预测等任务。GAE 的网络框架如图 6-48 所示。

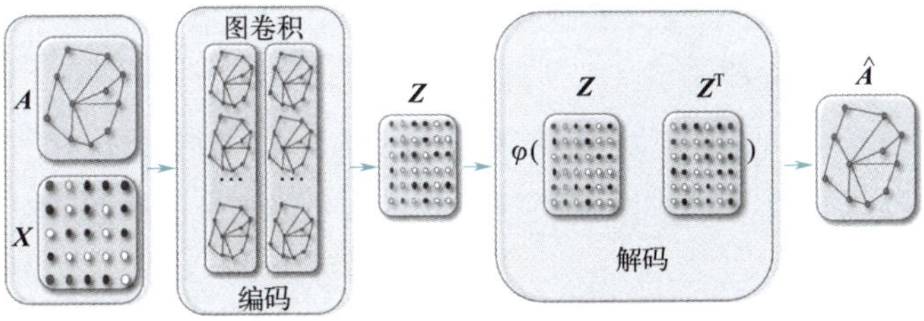

图 6-48　GAE 网络框架示意图

图 6-48 中，输入 $\boldsymbol{A}$ 表示网络数据的邻接矩阵，$\boldsymbol{X}$ 表示每个节点的特征矩阵，网络的编码器使用图卷积层来获取每个节点的网络嵌入 $\boldsymbol{Z}$：

$$\boldsymbol{Z}=\mathrm{GCN}(\boldsymbol{A},\boldsymbol{X}),\quad \mathrm{GCN}(\boldsymbol{A},\boldsymbol{X})=\tilde{\boldsymbol{A}}\,\mathrm{ReLU}(\tilde{\boldsymbol{A}}\boldsymbol{X}W_0)W_1$$

其中，$\tilde{\boldsymbol{A}}=\tilde{\boldsymbol{D}}^{\left(-\frac{1}{2}\right)}\tilde{\boldsymbol{A}}\tilde{\boldsymbol{D}}^{\left(-\frac{1}{2}\right)}$；$W_0$ 和 W_1 是待学习的参数。

解码器计算给定网络嵌入的成对距离，应用非线性激活函数后，解码器重构输入图邻接矩阵 $\hat{\boldsymbol{A}}=\varphi(\boldsymbol{Z},\boldsymbol{Z}^{\mathrm{T}})$。通过最小化真实邻接矩阵和重建邻接矩阵之间的差异来训练网络。

在 GAE 网络训练结束后，GCN 就是一个确定的函数，给定 $\boldsymbol{A}$ 和 $\boldsymbol{X}$，输出的 $\boldsymbol{Z}$ 就是确定的。但是在 VGAE（变分图自编码器）中，$\boldsymbol{Z}$ 不再由一个确定的函数得到，而是从高斯分布中采样得到，就是先通过 GCN 确定一个高斯分布，再从这个分布中采样得到 $\boldsymbol{Z}$。

变分图自编码器（variational graph auto-encoder，VGAE），是基于变分自编码器（variational autoencoder，VAE）的无监督学习图结构数据的框架，该模型利用了潜在变量，并且有可能学习无向图的可解释潜在表示。VGAE 的网络框架如图 6-49 所示。

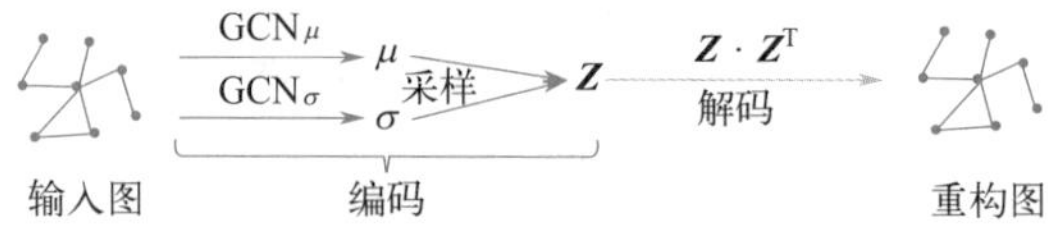

图 6-49　VGAE 网络框架示意图

在 VGAE 中通过 GCN 计算高斯分布的均值和方差，来确定一个高斯分布，即：

$$\mu = \mathrm{GCN}_{\mu}(\boldsymbol{A}, \boldsymbol{X}), \qquad \log\sigma = \mathrm{GCN}_{\sigma}(\boldsymbol{A}, \boldsymbol{X})$$

其中，GCN_{μ} 和 GCN_{σ} 的可学习参数 W_0 是共享的，W_1 是不同的。

通过 GCN 确定一个高斯分布后，就需要采样来确定 $\boldsymbol{Z}$，然后使用重参数化解决采样的随机噪声无法提供梯度信息的问题，即如果 ϵ 属于标准正态分布 $N(0,1)$，那么 $Z = \mu + \epsilon\sigma$ 服从 $N(\mu, \sigma^2)$。此外，VGAE 的解码器与 GAE 的解码器一样。

VGAE 不仅希望重构出的图和原始的图尽可能相似，还希望 GCN 计算出的分布与标准高斯尽可能相似。因此损失函数由交叉熵和 KL 散度两部分构成，通过变分下界写出的优化目标为：

$$\mathcal{L} = \mathbb{E}_{q(\boldsymbol{Z}|\boldsymbol{X},\boldsymbol{A})}[\log p(\boldsymbol{A} \mid \boldsymbol{Z})] - \mathrm{KL}[q(\boldsymbol{Z} \mid \boldsymbol{X}, \boldsymbol{A}) \| p(\boldsymbol{Z})]$$

其中，第一项是重构损失期望项；$q(\boldsymbol{Z} \mid \boldsymbol{X}, \boldsymbol{A})$ 是 GCN 计算出的分布；$p(\boldsymbol{Z})$ 是标准高斯分布。

6.7.4　时空图神经网络

时空图神经网络（spatio-temporal graph neural network，STGNN）框架通过集成图神经网络和各种时间学习方法，能够提取复杂的时空依赖关系。STGNN 的基本网络框架如图 6-50 所示。

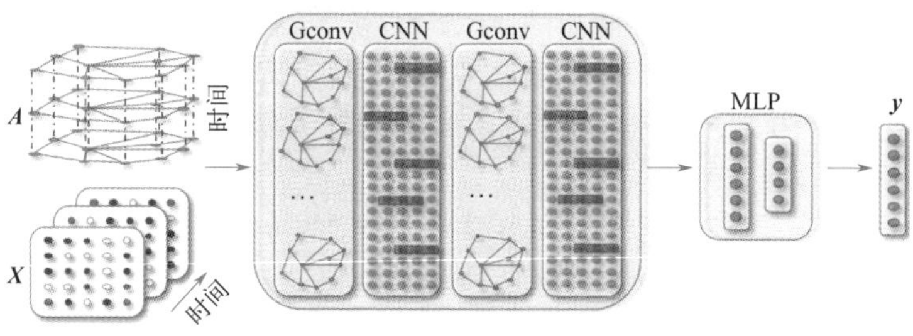

图 6-50　STGNN 网络框架示意图

在图 6-50 中，图卷积层（Gconv）后面是一维卷积（1D-CNN）层。图卷积层对 $\boldsymbol{A}$ 和 $\boldsymbol{X}(t)$ 进行操作以捕获空间依赖性，而 1D-CNN 层沿时间轴在 $\boldsymbol{X}$ 上滑动以捕获时间依赖性。最后的输出层是一个全连接层（MLP）线性变换，用于生成每个节点的预测。例如：预测下一个时间步的值。

STGNN 的主要应用领域涉及交通、安全、环境和公共卫生，其中，交通是 STGNN 最受欢迎的应用领域。例如：通过一定空间范围内的历史交通状态来预测未来的交通状态。交通状态预测可分为两大类：网络范围预测和区域范围预测。网络范围预测的目标通常是给定道路网络上的交通流量或速度，基本的图结构可以直接从道路网络转换而来。区域范围预测的目标通常是城市地区的人流量，整个城市区域划分为网格区域，然后可以根据不同区域之间的距离、连通性、语义相关性等构建时空图。此外还有交通需求预测、交通事故预测等。

6.8 强化学习

强化学习强调如何基于环境而行动，以取得最大化的预期利益。与监督学习不同的是，强化学习不需要带标签的输入输出对，同时也无需对非最优解精确纠正。其关注点在于对未知领域的探索与对已有知识利用之间的平衡。强化学习已经在诸如博弈论、控制论、运筹学、信息论、仿真优化、多智能体、群体智能和统计学等领域有了深入研究。

强化学习讨论的问题是一个智能体怎么在一个复杂不确定的环境里面去极大化它能获得的奖励。通过感知所处环境的状态对动作的反应来指导更好的动作，从而获得最大的收益，该过程的示意图如图 6-51 所示。

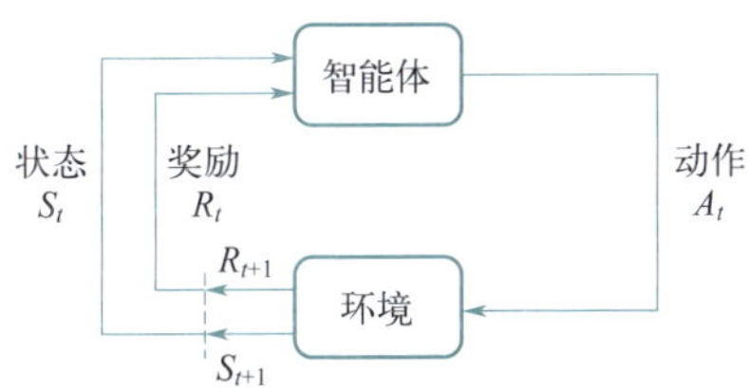

图 6-51　强化学习

可以发现，强化学习和监督学习、无监督学习最大的不同就是不需要大量的“数据喂养”，而是通过自己不停地尝试来学会某些技能。

强化学习中，智能体通过观察环境的状态采取行动，然后接收奖励或惩罚，从而学会在不同的环境中做出决策，以最大程度地提高预期奖励。强化学习的关键组成部分有：

智能体（agent）：执行学习任务的实体，可以是一个机器人、一个虚拟角色或任何需要做决策的系统。

环境（environment）：智能体与之互动的外部系统或情境，其状态可能会随时间变化。环境的状态可以是可观察的或部分可观察的。

状态（state）： 描述环境的特定瞬时特征或情况。状态用于决策制定，智能体需要根据状态来选择行动。

动作（action）： 智能体可以采取的选择，它们会影响环境的状态。动作通常包括一组离散或连续的选项。

奖励（reward）： 在每个时间步上，智能体会从环境中获得一个奖励信号，表示其行为的好坏，目标是最大化累积奖励。

策略（policy）： 定义了智能体如何根据当前状态选择行动的策略函数。强化学习的目标之一是找到最优策略，以最大化长期奖励。

价值函数（value function）： 用于估计在给定策略下，从特定状态开始所能获得的期望累积奖励。价值函数有两种类型：状态值函数和动作值函数。

强化学习在游戏以及机器人领域应用较多，例如：在 2016 年在围棋任务中，AlphaGo Master 击败李世石，使用强化学习的 AlphaGo Zero 仅花了 40 天时间，就击败了自己的前辈 AlphaGo Master。

一些流行的强化学习算法包括：Q-Learning（Q 学习）、深度 Q 网络（deep Q-networks，DQN）、策略梯度方法（policy gradient methods）、Actor-Critic（演员 - 评论家）方法等。

6.8.1 Q-Learning

Q-Learning 是一种基于值迭代的强化学习算法，广泛用于解决离散状态和离散动作空间的问题。Q-Learning 的主要目标是学习一个动作值函数（也称为 Q 函数），用于指导智能体在环境中选择动作以最大化长期奖励。

Q-Learning 算法的主要步骤为：

① **初始化 Q 表格：** Q 表格是一个状态 - 动作对应的二维表格，其中每个单元格表示一个状态 - 动作对的 Q 值，初始化时可以设为 0 或其他随机值。

② **选择动作：** 智能体根据某种策略从 Q 表格中选择一个动作来执行。通常使用 ϵ -greedy 策略，其中 ϵ 表示探索的概率。

③ **执行动作：** 智能体执行所选择的动作，并观察环境的响应。

④ **观察奖励和下一个状态：** 智能体接收到环境给出的奖励信号和下一个状态的信息。

⑤ **更新 Q 值：** Q-Learning 使用以下更新规则来更新 Q 值：

$$Q(s,a)=Q(s,a)+\alpha\{R+\gamma\times\max[Q(s',a')]-Q(s,a)\}$$

其中，$Q(s,a)$ 表示状态 s 下采取动作 a 对应的 Q 值；α 是控制 Q 值更新幅度的学习率；R 是当前获得的奖励；γ 是用于权衡当前奖励和未来奖励的重要性的折扣因子；s' 是下一个状态；a' 是在下一个状态下根据当前策略选择的动作。

⑥ **迭代：** 重复执行步骤②到步骤⑤，不断与环境互动、更新 Q 值，直到 Q 值

收敛或达到最大迭代次数。

⑦ **策略提取：** 收敛后根据 Q 表格提取最优策略，通常是选择每个状态下具有最高 Q 值的动作。

在 Q-Learning 中会使用 ϵ -greedy 策略选择动作，这个策略的核心思想是以概率 ϵ 随机选择一个动作，以便探索环境中的新情况，而以概率 1− ϵ 选择当前已知的最佳动作，其可以表示为：

$$\epsilon-\text{greedy}(s)=\begin{cases}\arg\max\limits_{a} Q(s,a), & \text{以}1-\epsilon\text{概率}\\ \text{随机的}a\in A, & \text{以}\epsilon\text{概率}\end{cases}$$

6.8.2 深度 Q 网络（deep Q-networks）

当状态和动作的组合不可穷尽时，就无法通过查表的方式选取最优的行动了，因此深度 Q 网络（deep Q-networks，DQN）被提出，用于近似和优化强化学习中的动作值函数（Q 函数），并在处理高维状态空间的强化学习问题中取得了显著的成功。DQN 结合了深度神经网络和 Q-Learning 算法的思想，能够有效地处理复杂的环境和大型状态空间。因此 DQN 总体思路实际上还是 Q-Learning，不过对于给定状态选取某个动作所能得到的 Q 值，是由一个深度神经网络来计算。Q-Learning 与 DQN 差异的示意图如图 6-52 所示。

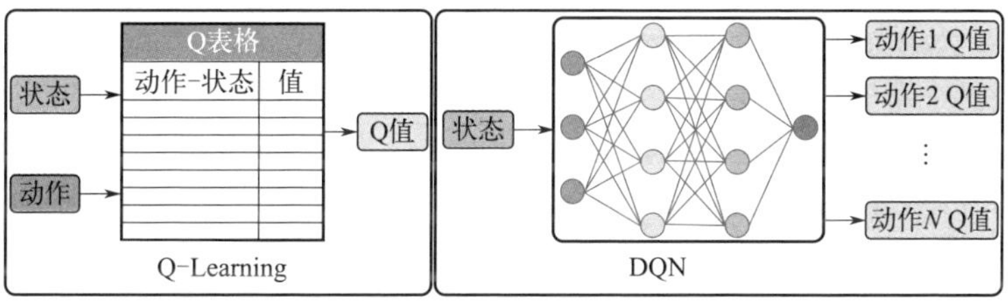

图 6-52　Q-Learning 与 DQN

DQN 与 Q-Learning 相比，除了结合了深度学习，还有回放缓存（replay buffer）与目标网络两个关键技术。

回放缓存技术是在每个时间步 t 中，深度 Q 网络会将智能体获得的经验（状态、动作、奖励、新状态）存入回放缓存中，然后从该缓存中均匀采样小批量样本用于 Q-Learning 更新。回放缓存技术可在提高数据使用效率的同时，防止训练的样本只来自上一个策略，从而平滑学习过程并减少参数的振荡或发散。

DQN 使用两个神经网络：一个是在线网络（online network），用于选择动作；另一个是目标网络（target network），用于计算时间差分目标（temporal-difference target）。这两个网络有相同的结构，但参数不同。在学习过程中，会经过特定的训练部署使用在线网络的参数来定期更新目标网络的参数，从而可以进一步提高神经网络的稳定性。

DQN 算法的更新方式为:

$$Q(s,a)=Q(s,a)+\alpha\{R+\gamma\times\max[Q(s',a')]-Q(s,a)\}$$

因此，DQN 对应的损失函数为:

$$L(\theta)=E(\{R+\gamma\times\max[Q(s',a';\theta)]-Q(s,a;\theta)\}^2)$$

DQN 算法的行为策略为:

$$a_t=\arg\max_a Q[\boldsymbol{\phi}(s_t),a;\theta]$$

其中，$\boldsymbol{\phi}(s_t)$ 表示状态的特征空间向量；θ 为网络参数。

DQN 创新性地将深度神经网络和 Q-Learning 相结合，仅使用游戏的原始图像作为输入，并通过回放缓存和目标网络，增加了历史数据的利用率，同时随机采样打破了数据间的相关性，有效解决了使用神经网络逼近非线性动作值函数所带来的不稳定和发散性问题，极大提升了强化学习的适用性。

Double DQN（DDQN）是基于双 Q-Learning 算法（double Q-Learning）和 DQN 提出的算法，是对 DQN 在减少过拟合方面的改进。其中 DQN 与 Double DQN 的算法结构示意图如图 6-53 所示。

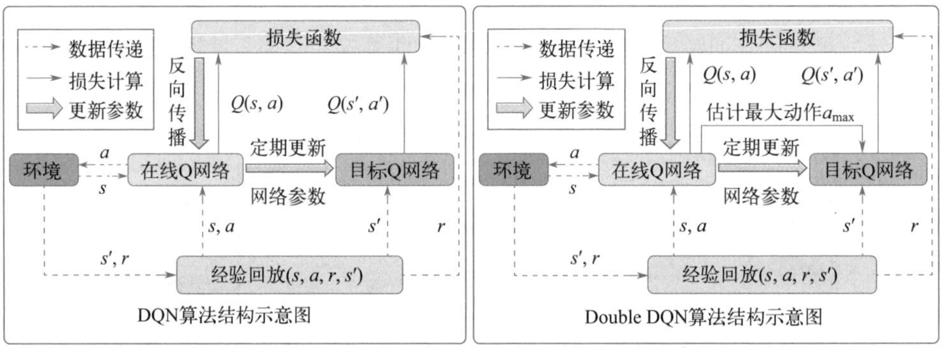

图 6-53　DQN 与 Double DQN 的算法结构示意图

与 DQN 相比，Double DQN 算法不直接通过最大化的方式，选取目标 Q 网络计算的所有可能 Q 值，而是首先通过在线 Q 网络选取最大 Q 值对应的动作，公式表示如下:

$$a_{\max}=\arg\max_a Q(s_{t+1},a;\theta)$$

然后，目标 Q 网络根据 $a_{\max}$ 计算目标 Q 值，公式表示如下:

$$y_t=R_t+\gamma\times Q(s_{t+1},a_{\max};\theta')$$

最后结合上面的两个公式，将计算目标 Q 值的公式表示为:

$$y_t=R_t+\gamma\times Q[s_{t+1},\arg\max_a Q(s_{t+1},a;\theta);\theta']$$

针对上面的公式，如果在线 Q 网络产生了过估计，目标 Q 网络会给小的价值。

如果目标 Q 网络过估计，对应的动作不会被在线 Q 网络选择，从而很好地减轻了 DQN 的过拟合情况。

为提升 DQN 算法对值函数近似估计的精确性，以获取更好的评估策略，竞争网络结构的 Dueling DQN（竞争深度 Q 网络）算法被提出，其网络结构如图 6-54 所示。在 Dueling DQN 中保留原有 DQN 的卷积层以及全连接层，并结合优势学习（advantage learning）的思想，将卷积层提取到的特征分流到全连接层的两条支路，分别代表状态值函数 $V(s)$ 和某个状态下的动作优势函数 $A(s,a)$ ，输出模块通过聚合操作将两条支路组合起来以得到各个动作的奖励值函数 $Q(s,a)=V(s)+A(s,a)$ 。其中，动作优势函数 $A(s,a)$ 指在状态 s 下，某动作 a 相对于平均状态动作而言的优势，用于衡量当前状态下各个动作的相对优劣程度。由于此时构造的 Q 函数存在解不唯一的问题，Dueling DQN 通过令贪婪动作选择时的优势函数为零，并将最大算子换成优势函数的平均值，以提高优化过程的稳定性。通过 DQN 与竞争网络结构的结合，智能体可在策略评估过程中更快地得到正确的行为。

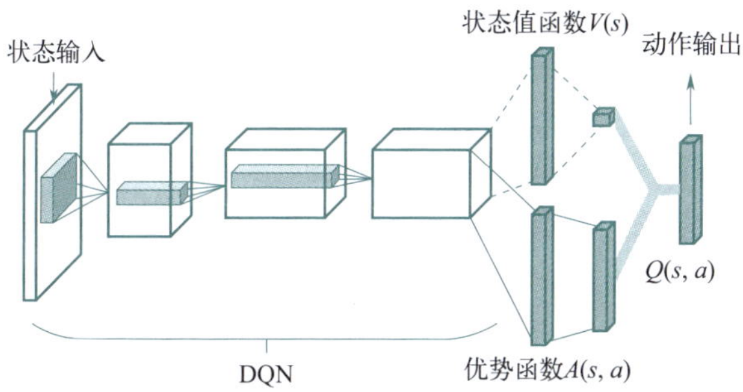

图 6-54　Dueling DQN 的算法结构示意图

6.8.3　Actor-Critic 方法

策略梯度方法（policy gradient methods）是一类直接针对期望回报（expected return）通过梯度下降（gradient descent）进行策略优化的强化学习方法。这一类方法避免了其他传统强化学习方法所面临的一些困难，比如，没有一个准确的价值函数，或者由于连续的状态和动作空间，以及状态信息的不确定性而导致的难解性（intractability）。最简单的策略梯度法就是蒙特卡洛策略梯度算法，其由三个步骤组成：①根据当前的策略采样众多的轨迹；② 根据当前的采样值计算策略网络的梯度；③利用梯度上升法更新策略函数。

Actor-Critic（AC）算法是一个既基于策略也基于价值的方法。Actor-Critic 算法思想是 Actor（演员）部分通过探索环境生成动作集合，然后根据动作概率函数选择动作；Critic（评论家）部分负责评估演员的动作；演员根据评论家的评分优化动作概率函数，最终指导智能体选择最优动作。基于 Actor-Critic 框架的深度策略梯度方法的学习结构如图 6-55 所示。

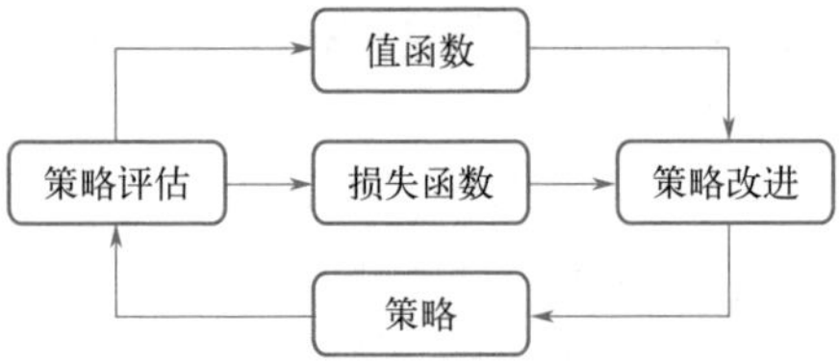

图 6-55　基于 Actor-Critic 框架的深度策略梯度方法的学习结构

在 Actor-Critic 框架中，Actor（演员）是指策略函数，可表示为 $\pi_\theta(a|s)$，即学习一个策略来得到尽量高的回报，用于生成动作并和环境交互。Critic（评论家）是指值函数，可以表示为 $V^\pi(s)$，对当前策略的值函数进行估计，用于评估 Actor 的表现，并指导 Actor 下一阶段的动作。借助于值函数，AC 算法可以进行单步更新参数，不需要等到回合结束才进行更新。

AC 算法与以值函数为中心的算法相比，应用了策略梯度方法，可在连续动作或者高维动作空间中选取合适的动作，而 Q-Learning 做这件事会很困难。与单纯策略梯度相比，AC 算法应用了 Q-Learning 评估方法，能进行单步更新而不是回合更新，比单纯的策略梯度方法效率高。但是基本版的 AC 算法虽然思路很好，但是难收敛。

同步优势 Actor-Critic（synchronous advantage Actor-Critic，A2C）是在 Actor-Critic 算法的基础上增加了并行计算的设计。A2C 支持多个代理（智能体）同时进行，每个代理在不同的环境实例中运行，这有助于加快学习过程并增强泛化能力。A2C 的算法框架示意图如图 6-56 所示。其中，$A = Q(s_t, a_t) - V(s_t)$ 表示优势函数，表示在状态 s_t 下采取动作 a_t 相对于平均水平的优势；$Q(s_t, a_t)$ 是动作价值函数，表示在状态 s_t 下采取动作 a_t 的预期回报；$V(s_t)$ 是状态价值函数，表示在状态 s_t 的预期回报；ω 和 θ 表示待优化的网络参数。

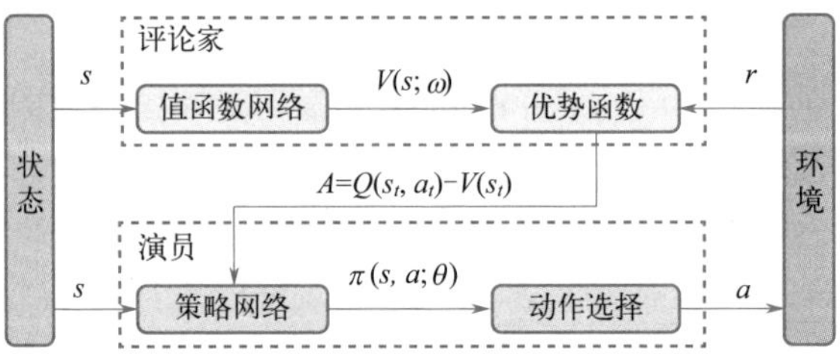

图 6-56　A2C 的算法框架示意图

异步优势 Actor-Critic（asynchronous advantage Actor-Critic，A3C）是 A2C 的异步版本，思想是采用多线程操作，每一个线程异步执行智能体的动作。在每一时刻，各个执行器都经历不同的状态，并采取不同的动作，去除了训练过程中样本之间的相关性，因此这种异步的方式能够很好地代替经验回放，并且可以使用同策略的方式对参数进行更新。

A3C 算法借鉴 DQN 算法的经验回放并利用多线程的方法，使多个智能体同时与环境进行交互，并将智能体的学习数据汇集到公共空间，以使得每个智能体都能从公共空间采样并共享数据，指导自身的策略学习，解决了 AC 算法难以收敛的问题。由于 A3C 算法的高效性和适应性，其更适合复杂的强化学习任务，例如：游戏玩家、机器人控制等。

6.9 本章小结

本章主要对人工智能中与深度学习相关的基础内容进行了简要介绍。内容由浅入深，从感知机、全连接神经网络以及梯度下降算法开始，介绍了卷积神经网络中的卷积、池化以及经典的 LeNet-5、VGG、ResNet 等网络结构，然后介绍了循环神经网络、自编码器模型、自注意力机制、生成对抗网络以及强化学习等内容。

针对循环神经网络主要介绍了 RNN、LSTM 网络以及 GRU 相关的内容。针对自编码器模型则是主要介绍了自编码器与变分自编码器。针对自注意力相关的内容，主要介绍了自注意力的计算方式以及 Transformer 网络。针对生成对抗网络则是介绍了条件生成对抗网络、深度卷积生成对抗网络以及循环生成对抗网络等。最后介绍了图神经网络和强化学习的基础内容，后者包括 Q-Learning、深度 Q 网络以及 Actor-Critic 方法等。

第7章

计算机视觉基础

计算机视觉是人工智能的一个重要应用领域，涉及计算机系统对图像和视频的理解、分析和处理。计算机视觉任务众多，应用于很多方面，深度学习最开始就是在图像分类实现突破，当前深度学习几乎深入了计算机视觉的各个领域。本章将针对图像分类、目标检测、语义分割、图像风格迁移等计算机视觉任务进行简单介绍。

7.1 图像分类

图像分类是一种计算机视觉任务，旨在将图像分配到不同的类别或标签中。这是深度学习领域的一个重要问题，广泛应用于许多领域，包括图像识别、医学图像分析、自动驾驶、安全监控、产品质量控制等。在第 6 章介绍的 LeNet-5、AlexNet、VGG、GoogLeNet、ResNet、DenseNet 等都是非常经典的图像分类算法，此外基于注意力机制的 Transformer 网络在图像分类应用中也大放异彩。

7.1.1 ViT

Transformer 主要是应用于自然语言处理领域的网络，为了将 Transformer 中的注意力模块很好地应用于计算机视觉领域，在 2020 年，Google 团队提出 ViT（vision Transformer，视觉 Transformer）网络。ViT 最核心的结论是，当拥有足够多的数据进行预训练的时候，ViT 的表现就会超过 CNN，突破 Transformer 缺少归纳偏置的限制，可以在下游任务中获得较好的迁移效果。但是，当训练数据集不够大的时候，ViT 的表现通常比同等大小的 ResNet 网络要差一些，因为 Transformer 和 CNN 相比缺少归纳偏置（inductive bias），即一种先验知识，是提前做好的假设。ViT 的网络结构如图 7-1 所示。

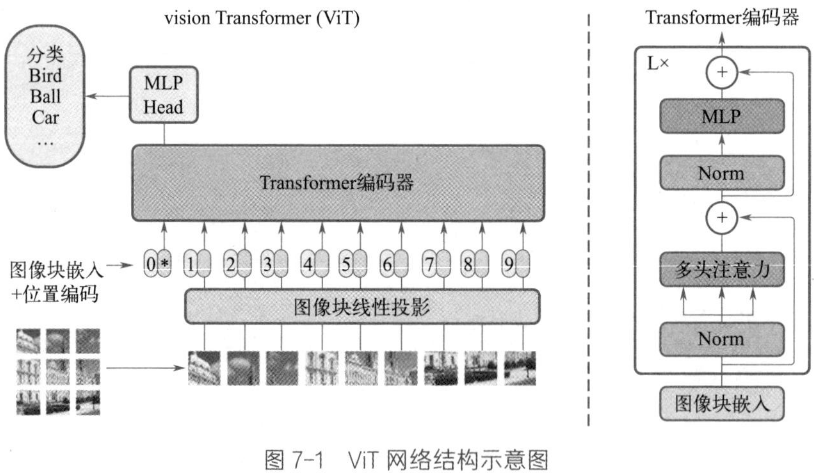

图 7-1 ViT 网络结构示意图

针对图像输入，为了便于图像特征能够被 Transformer 中的编码器（encoder）正确处理，ViT 会先将输入图片分为多个 patch（通常是 16×16 的图像块），再将每个 patch 投影为固定长度的向量送入 Transformer，后续的 encoder 的操作和原始 Transformer 中完全相同。但是因为要对图片分类，因此在输入序列中加入一个特殊的分类 token，该 token 对应的输出即为最后的类别预测。

按照图 7-1 所示的 ViT 网络结构示意图，输入大小为 224×224 的图片，会通过 ViT 网络进行下面几个步骤的计算：

① patch embedding（图像块嵌入）：会将图片分为固定大小的 patch（图像块），patch 大小通常为 16×16，则每张图片会生成 $(224\times224)/(16\times16)=196$ 个 patch，即输入序列长度为 196。每个 patch 维度为 $16\times16\times3=768$，线性投射层的维度为 $768\times D(D=768)$，因此输入通过线性投射层之后的维度依然为 196×768，即一共有 196 个 token，每个 token 的维度是 768。此外，还需要加上一个特殊字符 class embedding，因此最终的维度是 197×768。

② positional encoding（位置编码）：ViT 同样需要加入位置编码，位置编码可以理解为一张表，表一共有 N 行，N 的大小和输入序列长度相同，每一行代表一个向量，向量的维度和输入序列 embedding 的维度相同（768）。注意位置编码的操作是求和，而不是拼接。因此加入位置编码信息之后，维度依然是 197×768。

③ Transformer encoder：在每个 enconder 模块中主要包含层归一化（LayerNorm）、多头自注意力和 MLP 等模块。LayerNorm 的输出维度依然是 197×768。经过多头自注意力模块时，先将输入映射到 Q、K、V，如果只有一个头，Q、K、V 的维度都是 197×768；如果有 12 个头（768/12=64），则 Q、K、V 的维度是 197×64，一共有 12 组 Q、K、V。最后再将 12 组 Q、K、V 的输出拼接起来，输出维度是 197×768，然后再经过一层 LayerNorm，维度依然是 197×768。经过 MLP 层时，会将维度放大再缩小回去，197×768 先放大为 197×3072，再缩小变为 197×768。

④ MLP head：MLP 分类头网络的输入，并不是 Transformer encoder 维度 197×768 的输出，而是只会使用 class embedding 对应的 1×768 的特征作为输入用于分类。

7.1.2 Swin Tramsformer

Transformer 应用到图像领域主要有两大挑战：①视觉实体变化大，在不同场景下视觉 Transformer 性能未必很好；② 由于图像分辨率高、像素点多，Transformer 基于全局自注意力的计算导致计算量较大。针对这样的问题，微软亚洲研究院（MSRA）在 2021 年提出了 Swin Transformer，其是一种包含滑窗操作、具有层级设计的 Transformer 网络。在滑窗操作中包括不重叠的 local window（本地窗口）与重叠的 cross window（重叠窗口）。将注意力计算限制在一个窗口中，在引入 CNN 卷积操作的局部性的同时，还节省了计算量。和 ViT 网络相比，Swin Transfomer 计算复杂度大幅度降低，具有输入图像大小的线性计算复杂度。同时 Swin Transformer 随着深度加深，逐渐合并图像块来构建层次化 Transformer，可以作为通用的视觉骨干网络，应用于图像分类、目标检测和语义分割等任务。Swin Transformer 的整体架构如图 7-2 所示。

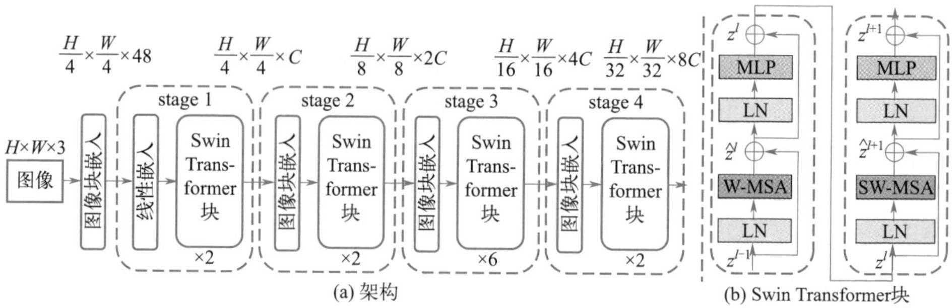

图 7-2　Swin Transformer 的网络架构示意图

从图 7-2 中可知，Swin Transformer 的网络架构和 CNN 非常相似，构建了 4 个 stage（步骤），每个 stage 中都是类似的重复单元。其网络结构具有以下几个特点：

① 其输入和 ViT 类似，都是先将输入图片 $H\times W\times 3$ 划分为不重合的 patch 集合，但是每个 patch 尺寸为 4×4，即每个 patch 的特征维度为 $4\times 4\times 3=48$，patch 的数量为 $H/4\times W/4$。

② 在 stage1 部分，会先通过一个线性嵌入（linear embedding）将划分后的 patch 特征维度变成 C，然后送入 Swin Transformer 块。

③ stage2 ～ stage4 操作相同，都是先通过一个图像块融合（patch merging），将输入按照 2×2 的相邻图像块合并，这样子图像块的数量就变成了 $H/8\times W/8$，再通过一个全连接层调整通道维度为原来的两倍，特征维度就变成了 $2C$，然后送入 Swin Transformer 块。patch merging 模块的主要作用是在每个 stage 开始前做降采样，用于缩小分辨率、调整通道数，形成层次化的设计，也能节省一定运算量。

④ 随着网络深度的加深，图像块数量会逐渐减少并且每个图像块的感知范围会扩大，Swin Transformer 这个设计可以方便层级构建，更能够适应视觉任务的多尺度。

⑤ 针对 Swin Transformer 网络中两个连续的 Swin Transformer 块，其中一个 Swin Transformer 块由一个带两层 MLP 的窗口多头注意力（window based MSA，W-MSA）组成，另一个 Swin Transformer 块则是由一个带两层 MLP 的滑动窗口多头注意力（shifted window based MSA，SW-MSA）组成。在每个 MSA 模块和每个 MLP 之前都会使用层归一化（LayerNorm），并在每个 MSA 和 MLP 之后会使用残差连接。

7.1.3 CLIP 模型

CLIP（contrastive language-image pretraining，对比语言图像预训练）是由 OpenAI 开发的深度学习模型，它能够理解和关联文本描述与图像内容。CLIP 的主要目标是将自然语言处理（NLP）和计算机视觉（CV）领域结合起来，使计算机能够更好地理解多模态数据，即文本和图像的结合。

CLIP 利用对比学习在大规模文本和图像数据上进行预训练，训练是将相关文本和图像对进行匹配，使得模型能够学习到文本和图像之间的语义联系。CLIP 在图像分类、图像生成、图像搜索、文本生成、文本搜索等领域都有应用，同时还具有零样本学习能力，在没有见过特定类别的图像或文本的情况下，仍然能够进行分类或相关性匹配。

常规的图像分类模型往往都基于有类别标签的图像数据集进行全监督训练，例如：前面介绍过的在 ImageNet 上训练的 ResNet、DenseNet 等。这往往需要大量数据人工标注，同时限制了模型的适用性和泛化能力，不适用于任务迁移。然而，在互联网上可以轻松获取大批量的文本 - 图像配对数据，因此 Open AI 团队收集了 4 亿个文本 - 图像对，来训练他们提出的 CLIP 模型。文本 - 图像对的数据形式如图 7-3。

图 7-3　文本 - 图像对示例

CLIP 模型的结构非常简单，主要包括两个部分，即：文本编码器（text encoder）和图像编码器（image encoder)。文本编码器选择的是 Text Transformer 模型；图像编码器选择了两种模型，一是基于 CNN 的 ResNet（对比了不同层数的 ResNet），二是基于 Transformer 的 ViT。模型的整个过程示意图如图 7-4 所示。

CLIP 模型的训练过程如下：

① 输入一个 batch 的数据包含 N 个文本 - 图像对，将 N 个文本通过文本编码器（text encoder）编码为每个长度为 d_t 的一维向量，那么一个 batch 文本的

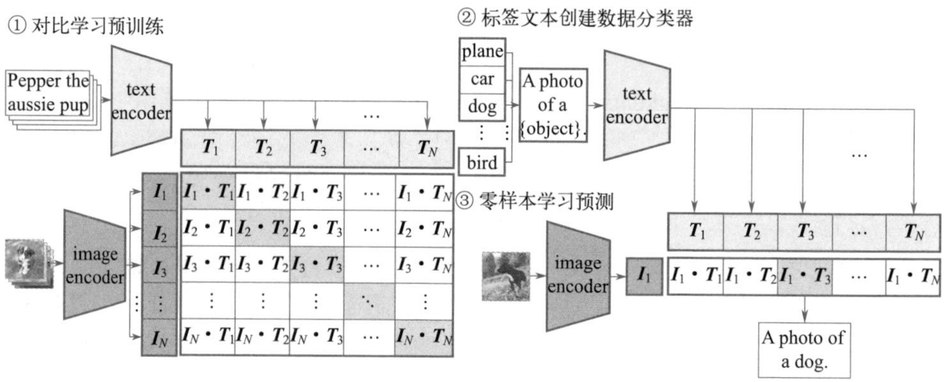

图 7-4　CLIP 模型的学习过程

输出为 $[\boldsymbol{T}_1,\boldsymbol{T}_2,\boldsymbol{T}_3,\cdots,\boldsymbol{T}_N]$，其维度为 (N,d_t)。同样将 N 个图像通过图像编码器（image encoder）编码为每个长度为 d_i 的一维向量，那么一个 batch 图像的输出为 $[\boldsymbol{I}_1,\boldsymbol{I}_2,\boldsymbol{I}_3,\cdots,\boldsymbol{I}_N]$，其维度为 (N,d_i)。

② 获得的文本 - 图像对的特征 $[\boldsymbol{T}_1,\boldsymbol{T}_2,\boldsymbol{T}_3,\cdots,\boldsymbol{T}_N]$ 与 $[\boldsymbol{I}_1,\boldsymbol{I}_2,\boldsymbol{I}_3,\cdots,\boldsymbol{I}_N]$ 是一一对应的，因此相互对应的文本 - 图像对可以看作是正样本，而原本并不对应的文本 - 图像称为负样本。因此一个 batch 的数据拥有 N 个正样本，N^2-N 个负样本。这样正负样本就可以作为正负标签，用来训练文本编码器和图像编码器。

③ 计算 $\boldsymbol{I}_i$ 与 $\boldsymbol{T}_j(i,j\in[1,N])$ 之间的余弦相似度来度量相应的文本与图像之间的对应关系，余弦相似度越大，表明 $\boldsymbol{I}_i$ 与 $\boldsymbol{T}_j$ 的对应关系越强，反之越弱。因此训练目标就变成了：训练文本编码器和图像编码器的参数，最大化 N 个正样本的余弦相似度，最小化 N^2-N 个负样本的余弦相似度。即，针对余弦相似矩阵，最大化对角线位置的元素和，最小化非对角线位置的元素和。

训练好的 CLIP 模型对新的图像数据可以直接进行预测，而无需进行额外的微调等工作，即可以直接进行零样本（zero-shot）学习。其整个过程为：

① 先根据所迁移的数据集将所有类别转换为文本，例如：针对 ImageNet 数据集，可以将 1000 类数据的类别标签，转化为 1000 种文本：A photo of {label}。然后将这 1000 个文本全部输入文本编码器中，得到 1000 个编码后的向量 $[\boldsymbol{T}_1,\boldsymbol{T}_2,\boldsymbol{T}_3,\cdots,\boldsymbol{T}_{1000}]$ 作为文本特征。

② 将需要分类的一张图像输入图像编码器中，得到这张图像编码后的向量 $\boldsymbol{I}_1$，并计算 $\boldsymbol{I}_1$ 与 1000 个文本特征的余弦相似度，找出 1000 个相似度中最大的那一个，即可获得图像所属的类别。

7.1.4 MaxViT

MaxViT 是一个通用的 Transformer 结构，在每一个块内都可以实现局部与全局之间的空间交互，同时可适应不同分辨率的输入大小。MaxViT 引入了一种新的注意力模块——多轴自注意力 (multi-axis self-attention，MaxSA)，将传统的自注意机制分解为局部注意力（block attention）与网格注意力（grid attention）两种稀疏形式，在不损失非局部性的情况下，将普通注意的二次复杂度降低到线性。由于 MaxSA 的灵活性和可伸缩性，可以通过简单地将 MaxSA 与 MBConv 在分层体系结构中叠加，从而构建一个称为 MaxViT 的视觉 Backbone（骨干网络）。MaxViT 的网络结构如图 7-5 所示。

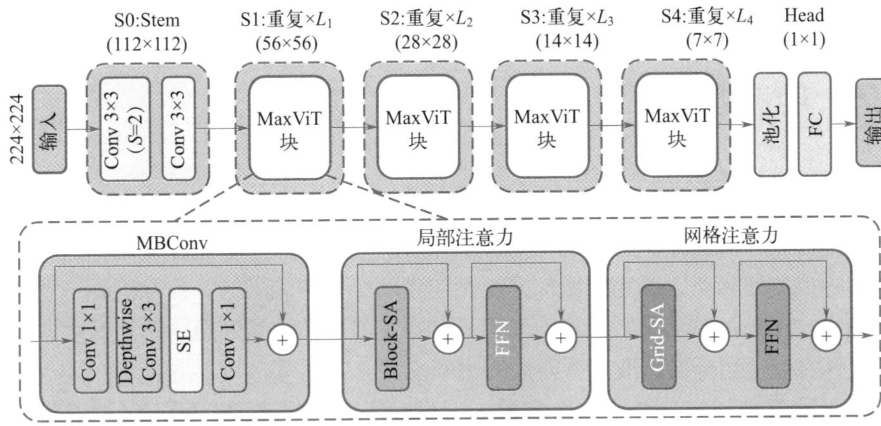

图 7-5　MaxViT 模型的网络结构

多轴自注意力方法中，假设输入特征图为 $X \in \mathbb{R}^{H \times W \times C}$，局部注意力并没有将注意力集中在展开的空间维度 HW 上，而是将特征切分为形状 $\left(\frac{H}{P} \times \frac{W}{P}, P \times P, C\right)$ 的张量，表示划分为不重叠的窗口，每个窗口大小为 $P \times P$。最后在每一个窗口中执行自注意力计算。网格注意力不同于传统使用固定窗口大小来划分特征图的操作，而是使用固定的 $G \times G$ 均匀网格将输入的张量网格转化为形状 $\left(G \times G, \frac{H}{G} \times \frac{W}{G}, C\right)$，从而生成具有自适应大小的窗口 $\left(\frac{H}{G} \times \frac{W}{G}\right)$。最后在 $G \times G$ 上使用自注意力进行计算。通过使用相同的窗口 $P \times P$ 和网格 $G \times G$，可以有效平衡局部和全局之间的计算，且仅具有线性复杂度。

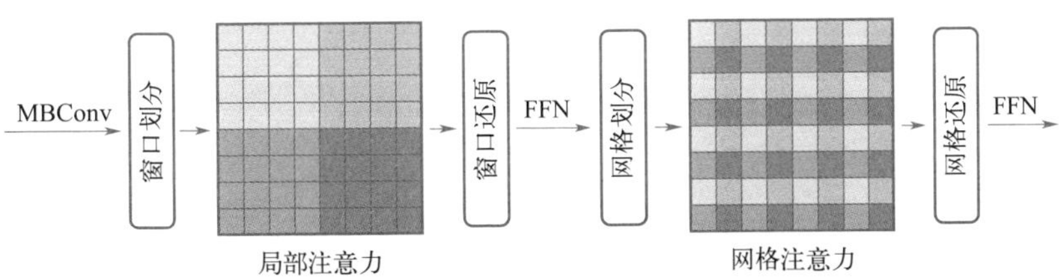

图 7-6　计算多轴自注意力

图 7-6 展示了计算多轴自注意力的方法示意图，使用的窗口 / 网格大小为 4×4。

局部注意力（block attention）模块在窗口内执行自注意力，而网格注意力（grid attention）模块则在整个 2D 空间上稀疏均匀网格中的像素进行全局关注。相同的颜色的像素在空间上通过自注意力操作进行混合。

此外，如果遵循 Swin Transformer 中窗口设置大小，令 $P=G=7$，多轴自注意力模块可以直接替换 Swin 的注意力模块，具有完全相同的参数和 FLOPs（浮点运算数）。并且，享有全局交互能力，而不需要掩码、填充或循环移位等操作，更易于实现，比移位窗口方案更可取。

7.2 目标检测

目标检测旨在定位和识别图像中存在的物体，属于计算机视觉领域的经典任务之一，是很多计算机视觉应用的基础，例如实例分割、人体关键点提取、人脸识别等，目标检测任务可以认为是目标分类和定位两个任务的结合。目标检测主要关注特定的物体目标，要求同时获得这一目标的类别信息和位置信息。随着深度学习技术的飞速发展，目标检测取得了巨大的进展。

基于深度学习的主流目标检测算法根据有无候选框生成阶段，分为双阶段目标检测算法和单阶段目标检测算法两类。双阶段检测模型将检测问题划分为两个阶段，首先产生候选区域，然后对候选区域分类并对目标位置进行精修，如: R-CNN、SPP-Net、Fast R-CNN、Faster R-CNN、Mask R-CNN 等模型。单阶段检测模型不需要产生候选区域，直接产生物体的类别概率和位置坐标值，经过单次检测即可直接得到最终的检测结果，因此其检测速度更快，如: YOLO 系列、SSD 系列、Retina-Net 等模型。

7.2.1 R-CNN 系列算法

R-CNN 是 2014 年由伯克利大学的 Girshick 等人提出的，是将 CNN 方法引入目标检测领域的开山之作，大大提高了目标检测效果，并且改变了目标检测领域的主要研究思路。R-CNN 在 PASCAL VOC 2007 数据集比之前的其他方法有近 50% 的性能提升。R-CNN 算法的工作流程如图 7-7 所示。

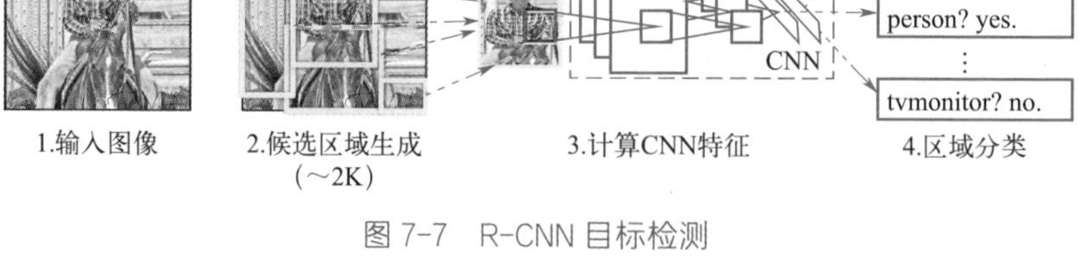

图 7-7　R-CNN 目标检测

R-CNN 的工作流程主要有 4 个步骤，分别为：

① 候选区域生成：每张图像会采用 selective search（选择性搜索）方法，生成 1000 ～ 2000 个候选区域；

② 特征提取：将每个生成的候选区域，归一化为同一尺寸，使用深度卷积神经网络（CNN）提取候选区域的特征；

③ 类别判断：将 CNN 特征送入每一类 SVM 分类器，判别候选区域是否属于该类；

④ 位置精修：使用回归器精细修正候选框位置。

R-CNN 虽然相对之前的目标检测算法有很大的提升，但是其仍然具有以下缺点：

① R-CNN 是多阶段训练的，而且各阶段相对独立，训练过程繁琐复杂；

② 候选区域放缩到固定大小会导致几何形变，形成图像失真；

③ 计算开销大、检测速度慢。

针对 R-CNN 的一些缺点，Fast R-CNN 被提出，其将整幅图像和候选区域作为输入（候选区域利用 CPU 运行的选择性搜索算法完成），经过卷积层提取到特征图，并且提出新的 RoI（region of interest，感兴趣区）池化层输出特征图，然后输入全连接层中。针对分类，使用 softmax 代替了 SVM 的二分类，骨干网络也由 AlexNet 更新到 VGG-16。Fast R-CNN 将特征提取、目标分类和位置回归整合到一块，方便进行训练的同时提高了检测精度与速度。其网络工作流程示意图如图 7-8 所示。

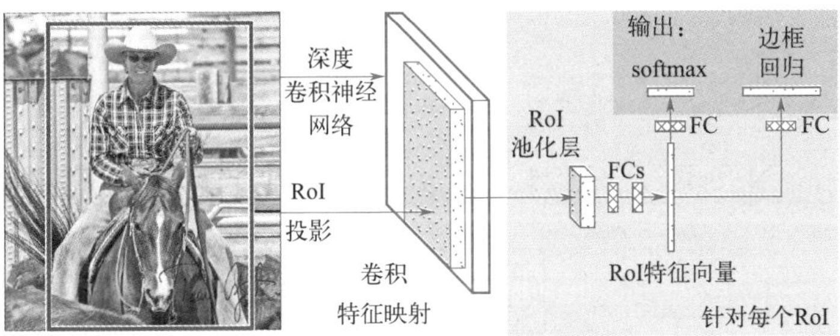

图 7-8　Fast R-CNN 工作流程

在 Fast R-CNN 的基础上，文章“Faster R-CNN: Towards Real-Time Object Detection with Region Proposal Networks”提出 Faster R-CNN。其是一个利用 GPU 端到端的实时性的目标检测算法，将 PASCAL VOC 2007 数据集上的 mAP（平均精度）提升至 78%，同时针对 640×480 的图像，目标检测速度由 R-CNN 的 0.025 帧 /s 提高到 17 帧 /s。

Mask R-CNN 则是沿用了 Faster R-CNN 的思想，特征提取采用 ResNet-FPN 的架构，另外多加了一个 Mask 预测分支。同时为了解决 Faster R-CNN 中特征图与原始图像的对不准问题，Mask R-CNN 提出了 RoIAlign 的方法来取代 ROI 池化层，利用线性插值算法避免特征图和原始图像由于 RoI 池化层的整数量化导致的偏差问题，让每个感受野取得的特征能更好地与原图感受野区域对齐，从而提高检测精度。但是由于 Mask R-CNN 加入了分割分支（同时可以完成语义分割任务），因此计算开销比 Faster R-CNN 大。Mask R-CNN 算法的工作流程如图 7-9 所示。

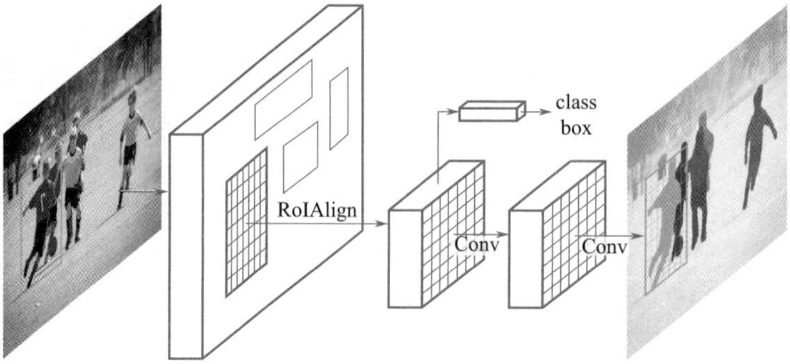

图 7-9　Mask R-CNN 目标检测

7.2.2 YOLO 系列算法

YOLO 是 2015 年由 Redmon 等人提出的，是深度学习领域第一个单级检测器。YOLO 提出后就受到广泛关注，并且几乎每年都有更强的增强模型被提出，YOLO 系列算法的发展时间线如图 7-10 所示。

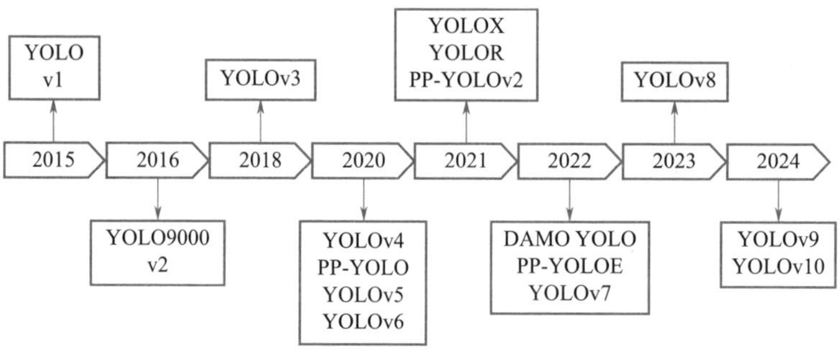

图 7-10　YOLO 系列模型发展时间线

YOLO 是经典的单阶段目标检测算法，将目标区域预测和目标类别预测整合于单个神经网络模型中，在准确率较高的情况下可以快速进行目标检测与识别。YOLO 的主要优点是检测速度快、全局处理使得背景错误相对较少、泛化性能好，其增强版本在 GPU 上的速度达到了 45 帧 /s，快速版本甚至可以达到 155 帧 /s，但是 YOLO 由于其设计思想的局限，而且没有解决多尺度窗口的问题，所以会在小目标检测时有些困难。YOLOv1 的网络结构如图 7-11 所示。

其工作流程如下：YOLOv1 首先调整输入图片大小到 448×448，送入 CNN 提取特征，然后处理网络预测结果，实现端到端的目标检测。其放弃传统的滑动窗口

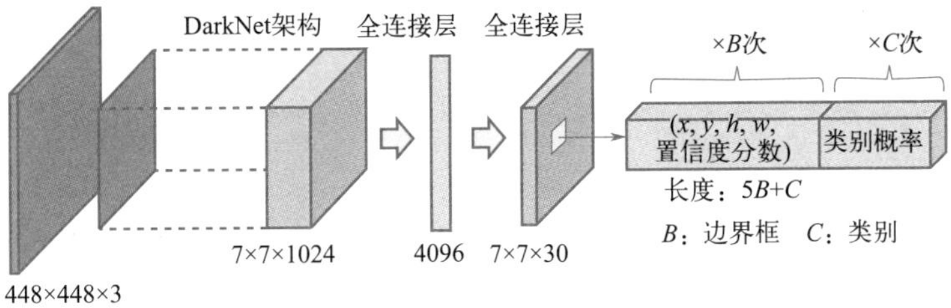

图 7-11　YOLOv1 网络结构

技术，将图像划分为 $S \times S$ 个网格，每个单元网格会预测 B 个边界框（边框）及边界框的置信度，包含五个回归值，其中前四个值表示边框位置（x,y,w,h），第五个值表征这个边框含有物体的概率和位置的准确程度。最后经过 NMS（non-maximum suppression，非极大抑制）过滤得到最后的预测框。最终，每个单元格预测 $5B+C$ 个值，其中 C 为类别数。

YOLOv2 是 YOLOv1 的改进版，提出了分类与检测的联合训练，利用检测数据集和分类数据集同时对检测器进行训练，在检测数据集上定位物体的位置，分类数据集则用来增加检测器的识别的物体种类。并且借鉴了 VGG 网络，构建新的主干网络 Darknet-19。

YOLOv3 在 YOLOv2 算法的基础上继续改进，结合不同卷积的特征来实现多尺度预测，同时结合残差思想使用基础网络 Darknet-53，使用二分类交叉熵损失函数进行类别预测。YOLOv3 可以通过改变模型的网络结构来实现速度与精度的平衡。YOLOv3 的第二个改进是多尺度训练（真正的多尺度），一共有 3 种尺度，分别是 13×13、26×26、52×52 三种分辨率，分别负责预测大、中、小的物体边框，每种尺度预测 3 个边框，这种改进对小物体检测更加友好。

为了减小网络的规模，Darknet-53 并没有直接将 ResNet 模块完全引进，而是直接将 ResNet 模块的最后一层 $1 \times 1 \times 256$ 去掉，而且将倒数第二层 $3 \times 3 \times 64$ 直接改成 $3 \times 3 \times 128$。整个网络结构如图 7-12 所示，输入的是 $416 \times 416 \times 3$ 的 RGB 图像，网络会有三种尺度的输出，最后输出每个目标物体的类别和边框。YOLOv3 的预测框较 YOLOv2 增加了 10 多倍，且它们是在不同尺度上进行的，所以整体检测精度以及对小物体的检测准确率都有很大的提升，故成为单阶段检测中的里程碑算法之一。

YOLOv4 在 MS-COCO 数据集上的 mAP 达到了 43.5%，速度也达到了惊人的 65 帧 /s。YOLOv4 引入 CSPDarknet-53 提取特征，加入了 SPP（空间金字塔池化）网络来提高图像提取效果，使用了 Mish 激活函数，还采用 CutMix、Mosaic 等方法做数据增强、标签平滑、防止过拟合等措施，这些改进也让 YOLOv4 成为一个极其高效强大的目标检测器。

YOLOv4 之后，还有一系列的 YOLO 系列目标检测算法被提出，例如：YOLOv5 的基本结构与 YOLOv4 类似；YOLOv6 来自美团，YOLOX 来自旷视，PP-

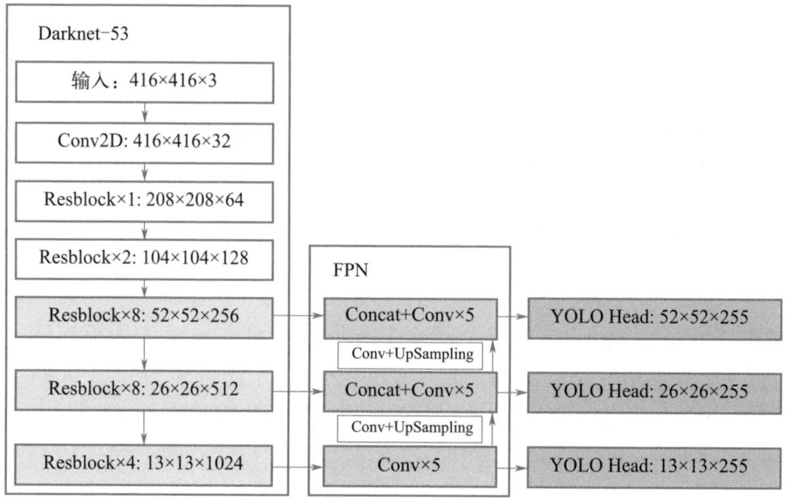

图 7-12　YOLOv3 网络结构

YOLOE 来自百度等；YOLOv8 则是在 2023 年由发布 YOLOv5 的 Ultralytics 公司发布，可用于目标检测和图像分割等任务；YOLOv9 通过整合可编程梯度信息 (PGI) 和多功能通用高效层聚合网络（GELAN）架构，不仅增强了模型的学习能力，还确保了在整个检测过程中保留关键信息，克服了深度神经网络固有的信息丢失难题；YOLOv10 引入了一种新的实时目标检测方法，解决了 YOLO 以前版本在后处理和模型架构方面的不足，通过消除非极大抑制（NMS）和优化各种模型组件，YOLOv10 在显著降低计算开销的同时实现了先进的性能。

这些算法工作思路、网络结构都是相似的，这里就不再对它们进行详细的介绍了，读者可以自行查看相关的论文进行更深入的了解。

7.2.3　SSD 系列算法

针对 YOLO 存在小目标难以检测的问题，综合 YOLO 检测速度快和 Faster R-CNN 定位精准的优势，SSD（single shot multibox detector，单发多框检测器）算法被提出。图 7-13 是论文“SSD: Single Shot MultiBox Detector”给出的网络结构示意图，其采用 VGG-16 作为基础模型，然后在 VGG-16 的基础上新增了卷积层来获得更多的特征图以用于检测。相比 YOLO 全连接层之后执行检测操作，SSD 采用卷积直接进行检测，采取了多尺度特征图对不同大小的目标进行检测，浅层特征图检测小目标，深层特征图检测大目标，对于小目标的检测效果有了大大的提升。同时借鉴了 Faster R-CNN 中 Anchor 技巧，提前设置长宽比不同的先验框，再在先验框的基础上预测目标检测框，降低训练复杂度。SSD 在 PASCAL VOC 2007 上的 mAP 为 79.8%，在 MS-COCO 上的 mAP 为 28.8%，算法检测速度和精度方面取得了很好的平衡。

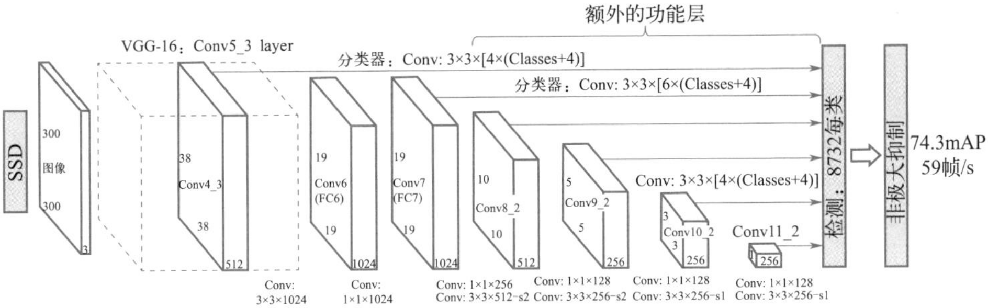

图 7-13　SSD 网络结构示意图

虽然 SSD 综合了 YOLO 和 Faster R-CNN 两种类型目标检测算法的优点，但其仍存在一些局限性，例如：对不同尺度的特征图独立检测，造成不同尺寸的检测框对同一目标重复检测，增加了模型计算量；而且由于检测小目标的浅层特征图含语义信息少，导致对小尺寸物体的检测效果比较差等问题。

针对 SSD 骨干网络是 VGG-16，只能得到浅层特征图，对于深层次信息学习和表达能力不够的问题，DSSD（deconvolutional single shot detector，反卷积单发检测器）算法被提出。DSSD 网络结构如图 7-14 所示，DSSD 利用 ResNet-101 作为主干网络，可以提取更深层次的语义特征；并且引入反卷积代替双线性插值实现上采样，完成了深层特征图和浅层特征图的融合；预测模块引入残差单元，对小目标检测的效果得到显著提升。但是 DSSD 使用 ResNet-101 作为主干网络，使得模型的整体训练时间变长，检测速度变慢。

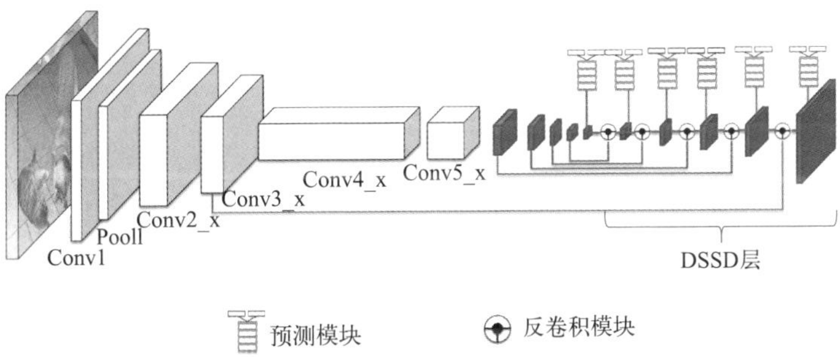

图 7-14　DSSD 网络结构示意图

7.2.4　目标检测评价指标

目标检测效果的主要评价指标有 mAP（mean average precision，平均精度）与交并比（intersection over union，IoU）。mAP 值越高，表明该目标检测模型在给定的数据集上的检测效果越好，当 IoU 为 1 的时候说明预测的效果达到最佳。针对检测框 P 和真实边框 G，IoU 的计算公式为：$\mathrm{IoU}=\frac{P\cap G}{P\cup G}$。

而评价检测速度的指标有 FPS（frame per second）、FLOPs（floating point

operations）等。其中 FPS 代表检测器每秒可以处理的图片帧数，数值越大代表检测速度越快。FLOPs 即浮点运算数，是衡量算法与模型的复杂度的指标，FLOPs 值越大，表明神经网络所需要的浮点运算量越大，在同等硬件的条件下速度越慢。

7.3 语义分割

语义分割是对图像在像素级别上的分类方法，会将一张图像中属于同一类的像素点都预测为相同的类，因此语义分割是从像素级别来理解图像。图像语义分割是计算机视觉领域近年来的研究热点，随着深度学习在计算机视觉领域的发展，多种基于深度学习方法的图像语义分割网络被提出，例如：FCN、U-Net、SegNet、DeepLab 等。

7.3.1 FCN 语义分割网络

全卷积网络（FCN），是由文章"Fully Convolutional Networks for Semantic Segmentation"提出的，该文章是基于深度网络进行图像语义分割的开山之作，而且是全卷积的网络，可以输入任意图像尺寸。该网络进行图像语义分割的示意图如图 7-15 所示。

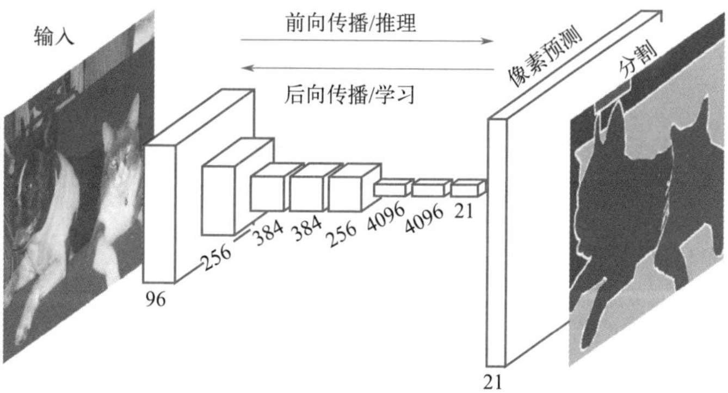

图 7-15　全卷积网络（FCN）语义分割

FCN 的主要思想是：

① 对于一般的 CNN 图像分类网络，如 VGG 和 ResNet，在网络的最后是通过全连接层，并经过 softmax 后进行分类。但这只能表示整个图片的类别，不能预测每个像素点的类别，所以这种全连接方法不适用于图像分割。因此 FCN 提出把网络最后几个全连接层都换成卷积操作，以获得和输入图像尺寸相同的特征映射，然后通过 softmax 获得每个像素点的分类信息，即可实现基于像素点分类的图像分割。

② 端到端像素级语义分割任务，需要输出分类结果尺寸和输入图像尺寸一致，而基于卷积 + 池化的网络结构，会缩小图片尺寸。因此 FCN 引入反卷积 (deconvolution) 操作，对缩小后的特征映射进行上采样，从而满足像素级的图像分割要求。

③ 为了更有效地利用特征映射的信息，FCN 提出一种跨层连接结构，将低层和高层的目标位置信息的特征映射进行融合，即将低层的目标位置信息强但语义信息弱的特征映射，与高层目标位置信息弱但语义信息强的特征映射进行融合，以此来提升网络对图像进行语义分割的性能。

7.3.2 SegNet 语义分割网络

SegNet 的网络结构借鉴了自编码网络的思想，网络具有编码器网络和相应的解码器网络，最后通过 softmax 分类器对每个像素点进行分类，其网络结构如图 7-16 所示。

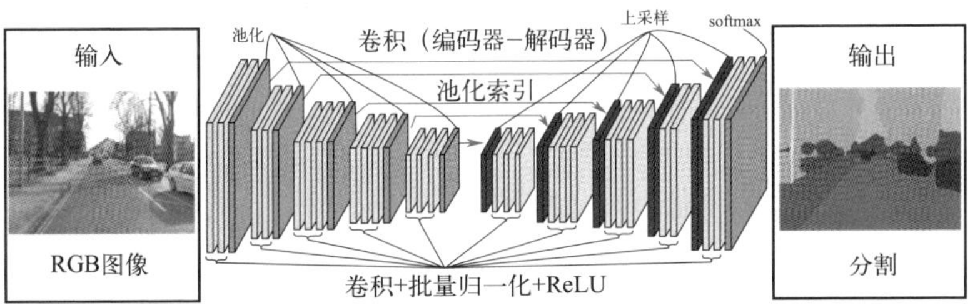

图 7-16　SegNet 语义分割

网络在编码器处，执行卷积和最大值池化等操作，并且会在进行 2×2 最大值池化时，存储相应的最大值池化索引。在解码器部分，执行上采样和卷积，并且在上采样期间，会调用相应编码器层的最大值池化索引来帮助上采样操作，最后，每个像素通过 softmax 分类器进行预测类别。

7.3.3 U-Net 语义分割网络

U-Net 是一种分割网络，能够适应较小的训练集（大约 30 张图片）。网络结构与 SegNet 相似，采用的是“U 型”的编码器 - 解码器结构，主要应用于医学图像分析领域。其设计思想是基于 FCN，在整个网络中仅有卷积层，没有全连接层，其独特之处在于将编码器中低分辨率特征图，通过跳跃连接直接拼接到对应解码器上采样生成的特征图，从而有效融合了低层的细节信息和高层的像素分类信息，实现更精确的分割。因为医学图像训练数据较少，故采用大量弹性形变的方式增强数据，以让模型更好地学习形变不变性，这种增强方式对于医学图像来说很重要。其网络进行图像语义分割示意图如图 7-17 所示。

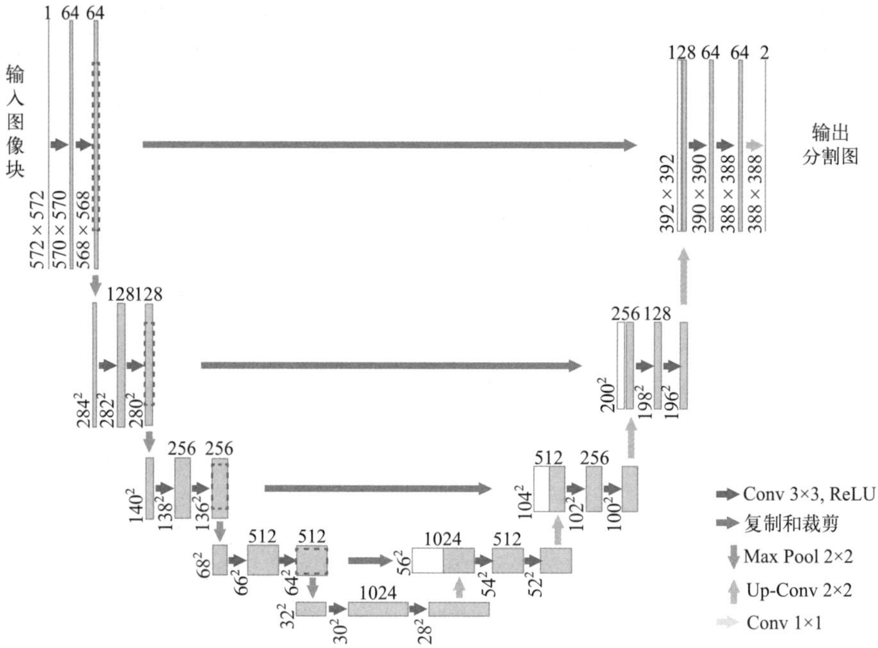

图 7-17 U-Net 语义分割

7.3.4 DeepLab 系列语义分割网络

FCN 在下采样时造成特征图感受野变小，图像的部分空间信息丢失，此外还缺乏对图像上下文信息的利用。针对这些问题，DeepLab V1 语义分割网络被提出。DeepLab V1 将深度卷积神经网络（DCNN）的部分卷积层替换为空洞卷积，在不增加参数的同时增大了感受野，从而获得更多的特征信息。此外，在 DCNN 的最后一层添加全连接条件随机场（fully connected conditional random field，FCCRF）来增强捕获图像细节信息的能力，实现目标的精确定位。

在 DeepLab V1 的基础上，DeepLab V2 将空洞卷积和空间金字塔池化模型结合，提出了带孔空间金字塔池化（atrous spatial pyramid pooling，ASPP）模块。ASPP 模块使用多个不同采样率的空洞卷积来获取不同尺度的特征，并将特征进行融合以获取上下文信息，实现多尺度目标的处理，最后使用 FCCRF 优化边界分割效果。

在 DeepLab V1、V2 的基础上 DeepLab V3 进行了进一步提升，其在 ASPP 模块中增加了批正则化（batch normalization）层，改进了 ASPP 模块。此外将串行/并行连接的空洞卷积与改进的 ASPP 模块以串行连接的方式结合，以更有效地提取特征和捕获全局上下文信息，增强处理多尺度物体的能力。DeepLab V3 相比 DeepLabV1、V2 去除了 FCCRF，但性能进一步提高。

针对 DeepLab V3 生成的预测图稀疏、空洞卷积造成的边界信息丢失等问题，DeepLab V3+ 被提出，其基于 DeepLab V3 设计编码网络，来编码全局上下文信息，并且引入解码网络来恢复目标的边界细节信息。此外，在 ASPP 模块和解码网络中添加可分离深度卷积层，提高了网络的运行速率和鲁棒性，并大幅提升了分割精度。其网络结构示意图如图 7-18 所示。

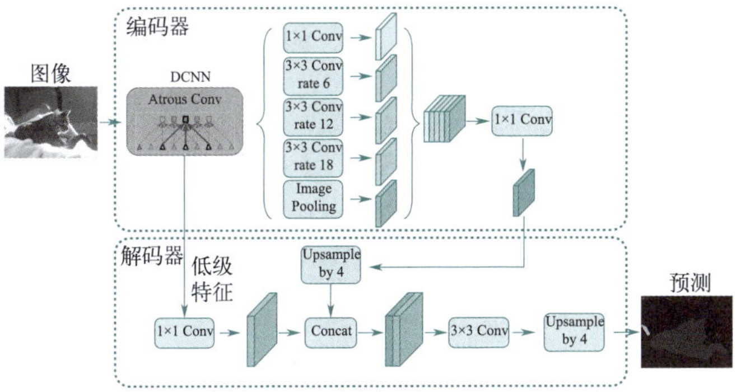

图 7-18　DeepLab V3+ 网络工作示意图

7.3.5 Segment Anything Model（SAM）

Segment Anything Model（SAM，分割一切模型）是由 Meta AI 开发的分割模型，一经发布就获得了无数关注。SAM 在包含数百万张图像和数十亿个掩码的大型数据语料库上训练，因此图像分割能力非常强大，并且 SAM 是一种可提示的分割系统，可以在不需要额外训练的情况下对不熟悉的对象和图像进行零样本泛化，从而可以分割任何图像中的任何对象。SAM 整体上包含三个大模块，即图像编码器（image encoder）、提示编码器（prompt encoder）和掩码解码器（mask decoder），其整体结构示意图如图 7-19 所示。

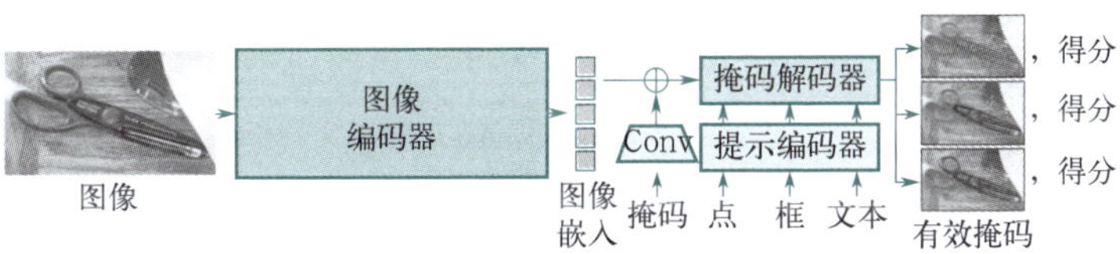

图 7-19　SAM 整体结构示意图

在 SAM 模型中，image encoder 目的是将待分割的图像映射带图像特征空间；prompt encoder 则是将输入的提示（点、框、文本等）映射到提示的特征空间；mask decoder 主要有两个功能，先是整合 image encoder 和 prompt encoder 分别输出的两个嵌入，然后解码出最终的分割掩码。

此外，SAM 为了实现强大的泛化，在一个大型和多样化的掩码集进行训练。为此，Meta AI 专门建立了一个数据引擎，该引擎通过与注释者协作来共同开发模型。数据引擎主要包括三个阶段：辅助手动注释、半自动注释和全自动注释。在这些阶段中，SAM 与注释者交互，产生高质量的掩码，逐渐增强语义分割能力。

Meta AI 已经开发了 SAM 的测试网站，可以上传任何图像测试语义分割效果，图 7-20 是 SAM 对一张图像进行语义分割的效果。

图 7-20　SAM 语义分割示意图

7.3.6　语义分割评价指标

图像语义分割准确度的评价指标，主要包括像素准确率（pixel accuracy，PA）、平均准确率（mean accuracy，MA）、交并比（intersection over union，IoU）、平均交并比（mean intersection over union，mIoU）等。其中 mIoU 简洁且代表性强，是图像语义分割实验评测中最常用的指标。

PA 表示分类正确的像素点数和所有的像素点数的比例，其可以表示为：

$$\mathrm{PA}=\frac{\sum_{i=1}^{N}X_{ii}}{\sum_{i=1}^{N}T_{i}}$$

MA 表示所有类别物体像素准确率的平均值，其可以表示为：

$$\mathrm{MA}=\frac{\sum_{i=1}^{N}\frac{X_{ii}}{T_{i}}}{N}$$

IoU 表示预测图集合和真实标注图集合的交集与这两个集合的并集的比率，图像语义分割中常表示分割图与原始图像真值之间的重合程度。其可以表示为：

$$\mathrm{IoU}=\sum_{i=1}^{N}\frac{X_{ii}}{T_{i}+\sum_{j=1}^{N}X_{ji}-X_{ii}}$$

mIoU 表示图像像素每个类的 IoU 值累加后的平均值，其可以表示为：

$$\mathrm{mIoU}=\left(\sum_{i=1}^{N}\frac{X_{ii}}{T_{i}+\sum_{j=1}^{N}X_{ji}-X_{ii}}\right)/N$$

其中，N 表示图像中像素的类别数量；T_i 表示第 i 类的像素总数；X_{ii} 表示实际类别为 i、预测类别为 i 的像素总数；X_{ji} 表示实际类别为 i、预测类别为 j 的像素总数。

7.4 图像风格迁移

图像处理领域中，图像风格迁移是一个有趣的研究热点。图像风格迁移是图像纹理迁移研究的进一步拓展，可以理解为针对一张风格图像和一张内容图像，将风格图像的风格添加到内容图像上，从而对内容图像进行进一步的创作，获得具有不同风格的目标图像。传统的图像风格迁移（纹理合成）方法通常是在原始纹理图像上进行重采样来合成新纹理，在结构简单的图像上可以获得较好的生成效果，但在颜色和纹理复杂的图像上的处理效果较差。而随着深度学习的快速发展，基于深度学习网络的风格迁移展现出了非常出色的视觉效果，引起了学术界和工业界的大量关注。

7.4.1 固定风格固定内容的风格迁移

固定风格固定内容的风格迁移方法，也可以称为普通图像风格迁移方法，是最早的基于深度卷积神经网络的图像风格迁移方法。针对每张固定内容图像和固定风格图像，普通图像风格迁移方法都需要重新经过长时间的训练，这是最慢的方法，也是最经典的方法。

固定风格固定内容的风格迁移方法于 2015 年由来自德国图宾根大学的三位研究员提出。其思路很简单，就是把图片当作可以训练的变量，通过不断优化图片的像素值，降低其与内容图片的内容差异，并降低其与风格图片的风格差异，通过对卷积网络的多次迭代训练，能够生成一幅图像，其内容与内容图片的内容一致，生成图片风格与风格图片一致。

图 7-21 是在文章“Image Style Transfer Using Convolutional Neural Networks”中提到的基于 VGG 网络中卷积层的图像风格迁移流程。在图中左边的图像 $\boldsymbol{a}$ 为输入的风格图像，右边的图像 $\boldsymbol{p}$ 为输入的内容图像。中间的图像 $\boldsymbol{x}$ 则是表示由随机噪声生成的图像风格迁移后的图像。$\mathcal{L}_{\text{content}}$ 表示图像的内容损失，$\mathcal{L}_{\text{style}}$ 表示图像的风格损失，α 和 β 分别表示内容损失权重和风格损失权重。

7.4.2 固定风格任意内容的快速风格迁移

固定风格任意内容的快速风格迁移，是在固定风格固定内容的图像风格迁移的基础上，做出的一些必要改进，即在普通图像风格迁移的基础上，添加一个可供训练的图像转换网络。针对一种风格图像进行训练后，可以将任意的输入图像，非常

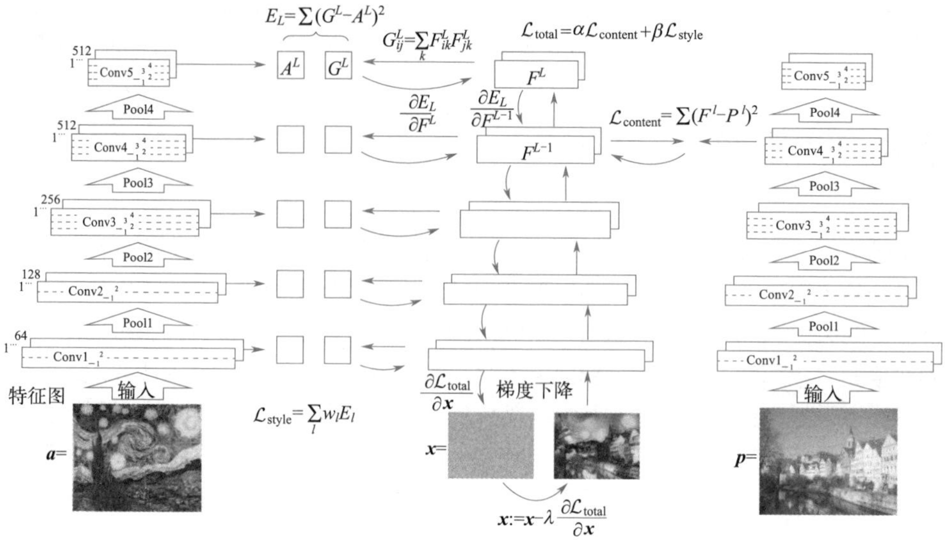

图 7-21　固定风格固定内容的风格迁移流程

迅速地进行图像迁移学习，让该图像具有学习好的图像风格。其深度网络的框架如图 7-22 所示。

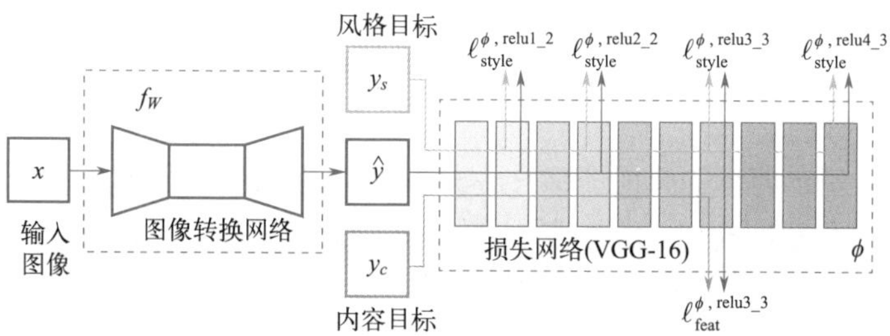

图 7-22　固定风格任意内容的快速图像风格迁移框架

图 7-22 来自文章“Perceptual losses for real-time style transfer and super-resolution”，可以看作两个部分，一部分是通过输出图像 x 经过图像转换网络 fw，得到网络的输出 $\hat{y}$，这部分是普通风格迁移图像框架中没有的部分，普通图像风格迁移的输入图像是随机噪声，而快速风格迁移的输入是一张图像经过转换网络 fw 的输出；另一部分是使用 VGG-16 网络中的相关卷积层去度量一张图像的内容损失和风格损失。

动态实例归一化任意风格迁移算法（dynamic instance normalization for arbitrary style transfer）中的动态实例归一化层（DIN），包括一个实例归一化和一个动态卷积操作，如图 7-23 所示。

其中权重网络和偏置网络由简单的卷积层和自适应池化层构成。DIN 操作可以学习到风格的标准差。在引入 DIN 模块的同时，基于 MobileNet 轻量级架构作为编码器和解码器，实现任意风格迁移。整个风格迁移的网络架构如图 7-24 所示。

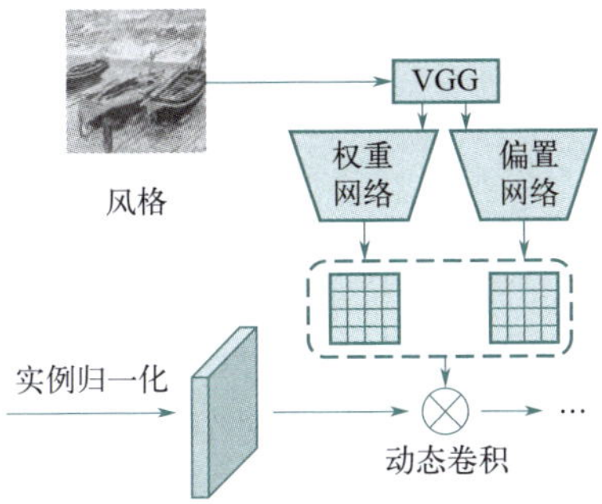

图 7-23　动态实例归一化层

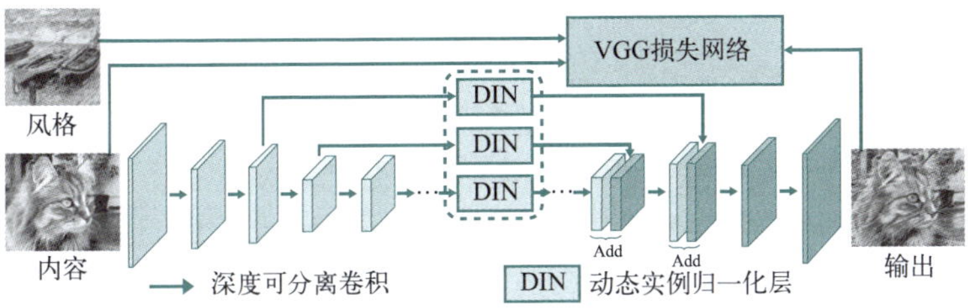

图 7-24　动态实例归一化任意风格迁移网络结构示意图

其中，在 DIN 模块中将风格编码为可学习的卷积参数，根据不同的风格自适应地改变，更精确地对齐复杂风格的特征统计信息，允许更灵活的任意风格迁移。而与轻量级的内容编码器结合，在实现快速风格转换的同时保持较低的计算成本。

7.4.3　图像迁移学习分类

迁移学习是人工智能的一个重要部分，侧重于将已经学习过的知识迁移应用于新的问题中，是一种学习的思想和模式。其核心问题是，找到新问题和原问题之间的相似性，从而利用相似性实现知识的迁移。通俗来讲，迁移学习就是运用已有的知识来学习新的知识，就是具有举一反三的能力。

这种举一反三的迁移学习能力，如图 7-25 所示，对人类来说是与生俱来的。

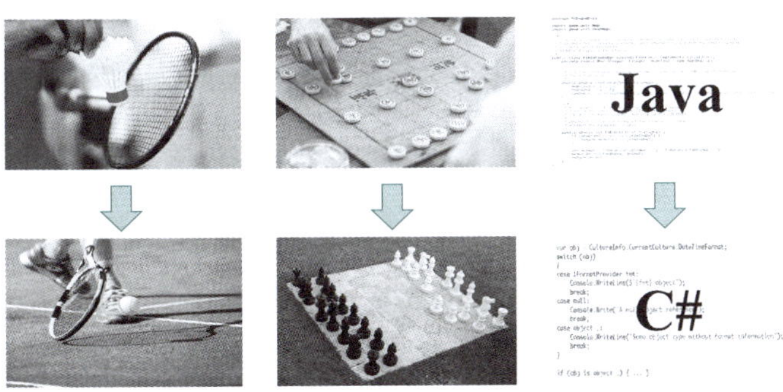

图 7-25　生活中迁移学习的示例

例如，如果我们已经会打羽毛球，就可以类比着学习打网球；如果已经会下中国象棋，就可以类比着下国际象棋；如果已经学习过 Java 编程，就可以类比着来学习 C# 编程等。因为这些活动之间，往往有着极高的相似性。

（1）迁移学习定义

迁移学习中，领域（domain）和任务（task）是两个最基本的概念。其中领域是进行学习的主体，任务是进行学习的目标。

迁移学习的领域 D 主要由数据与生成这些数据的概率分布两部分构成，分别是特征空间 X 及边缘概率分布 $P(X)$，即：$D=\{X,P(X)\}$。同时迁移学习的两个领域分别是：源领域（source domain，或称为源域）和目标领域（target domain，或称为目标域）。其中源域是有知识、包含大量数据标注的领域（数据集），是我们需要迁移知识的对象；目标域就是我们最终要赋予知识、赋予标注的对象（数据集）。

迁移学习的任务 T 也是由两部分构成的，分别是标签空间 Y 和条件概率分布 $P(Y|X)$，即：$T=\{Y,P(Y|X)\}$。迁移学习就是要通过学习到的函数，预测未知目标域的标签。

综上所示，可以给出迁移学习的如下定义：

迁移学习（transfer learning）：给定一个有标记的源域 $D_{\mathrm{s}}=\{x_i,y_i\}_{i=1}^{n}$ 和一个无标记的目标域 $D_{\mathrm{t}}=\{x_i,y_i\}_{i=1}^{m}$。这两个领域的数据分布 $P(X_{\mathrm{s}})$ 和 $P(X_{\mathrm{t}})$ 不同，即 $P(X_{\mathrm{s}})\neq P(X_{\mathrm{t}})$。迁移学习的目的就是要借助源域 D_{s} 的知识，来学习目标域 D_{t} 的知识(标签)。同时迁移学习还需要考虑以下的一些不同情况：

① 特征空间的异同，即 X_{s} 和 X_{t} 是否相等。

② 类别空间的异同，即 Y_{s} 和 Y_{t} 是否相等。

③ 条件概率分布的异同：即 $P_{\mathrm{s}}(y_{\mathrm{s}}|X_{\mathrm{s}})$ 和 $P_{\mathrm{t}}(y_{\mathrm{t}}|X_{\mathrm{t}})$ 是否相等。

其中领域自适应（domain adaptation，或简称为域自适应)是迁移学习的一个热门研究方向，其定义如下：

领域自适应：给定一个有标记的源域 $D_{\mathrm{s}}=\{x_i,y_i\}_{i=1}^{n}$ 和一个无标记的目标域 $D_{\mathrm{t}}=\{x_i,y_i\}_{i=1}^{m}$，假定它们的特征空间相同，即 $X_{\mathrm{s}}=X_{\mathrm{t}}$，并且它们的类别空间也相同，即 $Y_{\mathrm{s}}=Y_{\mathrm{t}}$。但是这两个领域边缘分布不同，即 $P(X_{\mathrm{s}})\neq P(X_{\mathrm{t}})$，条件概率分布也不同，即 $P_{\mathrm{s}}(y_{\mathrm{s}}|X_{\mathrm{s}})\neq P_{\mathrm{t}}(y_{\mathrm{t}}|X_{\mathrm{t}})$。迁移学习的目的就是要借助有标记的源域 D_{s}，去学习一个分类器 $f:X_{\mathrm{t}}\rightarrow y_{\mathrm{t}}$ 来预测目标域 D_{t} 的标签 $y_{\mathrm{t}}\epsilon Y_{\mathrm{t}}$。

在实际的研究和应用中，可以针对自己的不同任务，进行合理化的表述。但是迁移学习的核心是不变的，那就是找到源域和目标域之间的相似性，并加以合理利用。

迁移学习目前在各个领域上都有相应的应用，其中最经典的应用则是跨域图像分类，如图 7-26 所示。在计算视觉任务中，由于图像中可能存在可变的光照、背景、朝向等复杂条件，导致标注数据与未标注数据具有不同的数据属性和统计分布，用传统机器学习与深度学习显然无法满足源域与目标域数据分布一致的要求。此时迁移学习算法则是能够将领域适配，从有标记的数据（标注数据）中学习到知识并迁移到无标记的数据（未标注数据）中，进而达到训练效果，提升预测的准确率。

图 7-26　跨域图像分类

图7-26中，针对跨域图像分类任务，可以进行Art(艺术画) → Clipart(剪切画)、Art(艺术画) → Real World(真实视觉图像)等迁移学习任务的应用。

(2) 迁移学习图像分类算法

迁移学习在应用时主要围绕下面三个基本问题展开：

① 何时迁移：何时迁移对应于迁移学习的可能性和使用迁移学习的原因。此步骤应该发生在迁移学习的第一步。给定待学习的目标，我们首先要做的便是判断当时的任务是否适合进行迁移学习。

② 何处迁移：判断当时的任务适合迁移学习之后，第二步要解决的是从何处进行迁移。这里的“何处”我们可以使用 what 和 where 来表达以便于理解。What 指的是要迁移什么知识，这些知识可以是神经网络权值、特征变化矩阵某些参数等；而 where 指的是要从哪个地方进行迁移，这些地方可以是某个源域、某个神经元、某个随机森林的树等。

③ 如何迁移：这一步是绝大多数迁移学习方法的着力点。给定待学习的源域和目标域，这一步则是要学习最优的迁移学习方法以达到最好的性能。

由于迁移学习算法众多，而且应用场景也复杂多变，所以根据不同的标准也有了多种不同的分类方式。

迁移学习根据学习方式或者是否基于深度学习网络可以分为：传统迁移学习、深度迁移学习。其中深度迁移学习算法依托于深度神经网络的优异特征提取能力，其性能普遍强于传统迁移学习。

如果按照特征空间对迁移学习方法分类，可分为：同构迁移学习与异构迁移学习。对于同构迁移学习，其源域和目标域的特征空间相同，即它的特征维度是相同的，但是它的特征分布是不同的。异构迁移学习则是源域与目标域的特征空间不同。例如：图像到图像的迁移学习为同构，图像到文本的迁移学习为异构。

按照目标域有无标签对迁移学习方法分类，可分为：有监督迁移学习、半监督迁移学习以及无监督迁移学习。

根据在知识迁移的环节中迁移的内容，可分为：基于实例的迁移学习、基于特征的迁移学习、基于模型的迁移学习及基于关系的迁移学习。这 4 种方法的主要差异对比可以总结为表 7-1。

表 7-1　基于实例、特征、模型、关系的迁移学习对比

迁移学习方式	特点
基于实例	赋予源域实例一定的权重对其进行复用
基于特征	基于特征变换将源域和目标域的特征变得相似
基于模型	构建源域和目标域的参数共享模型
基于关系	挖掘和利用不同领域之间的关系相似性

针对迁移学习中的相关任务，越来越多的方法不再仅仅局限于一种知识迁移方式，而是逐渐将对抗学习、特征分布对齐、伪标签、多学习器等技术结合使用。此外还有与数据增强相结合、与主动学习相结合、直接对目标域的输出进行约束等方式的迁移学习方法。由于 Transformer 网络在各个领域已经具有优秀的性能，因此和 Transformer 相结合的迁移学习方法也被提出。针对更详细的迁移学习的算法，这里就不再一一介绍了，感兴趣的读者可以查看相关会议或期刊的论文。

7.5　图像去噪

深度学习图像去噪是一种利用深度神经网络来降低图像中噪声水平的技术。这些神经网络能够从有噪声的图像中还原出尽可能干净的原始图像。深度学习图像去噪可以使用各种神经网络架构，包括卷积神经网络（CNN）、自编码器、生成对抗网络（GAN）等。CNN 通常在单个图像上进行像素级别的操作，而 GAN 可以生成更具视觉质感的图像。

相对于传统方法，基于深度学习的图像去噪方法，通过结合跳跃连接（skip-connect）、注意力机制（attention）、多尺度（multi-scale）特征融合等方式来提高网络特征表达能力，因此具有更好的去噪效果。

7.5.1　基于卷积神经网络的去噪方法

基于 CNN 的图像去噪方法主要包括自监督学习和监督学习类的方法。其中，自监督学习方法利用像素之间的独立性，以自监督训练方式寻找目标像素与输入

像素之间的映射关系，从而实现去噪。而基于监督学习的图像去噪方法，例如 DnCNN、FFDNet 和 CBDNet，利用高斯混合模型对多种不同噪声水平的样本图像进行训练，并在真实噪声图像上验证去噪效果。其中 DnCNN 是基于卷积的深度学习的经典图像去噪算法之一。DnCNN 没有直接计算去噪之后的干净图像，而是利用残差的形式先学习带噪图像中的噪声，然后减掉噪声得到干净的图像。残差学习的引入解决了因网络层数太深而导致的训练性能降低的问题，进一步提高了网络的去噪性能。其次，DnCNN 首次将残差学习和批量归一化引入图像去噪中，通过采用残差学习与批量归一化相结合的方式，加快网络的训练，并通过实验证明其强大的去噪性能。而且 DnCNN 不只针对单一的去噪任务，除了适用于加性白高斯噪声之外，还适用于盲高斯噪声等一系列的去噪任务。图 7-27 是 DnCNN 去噪网络结构示意图。

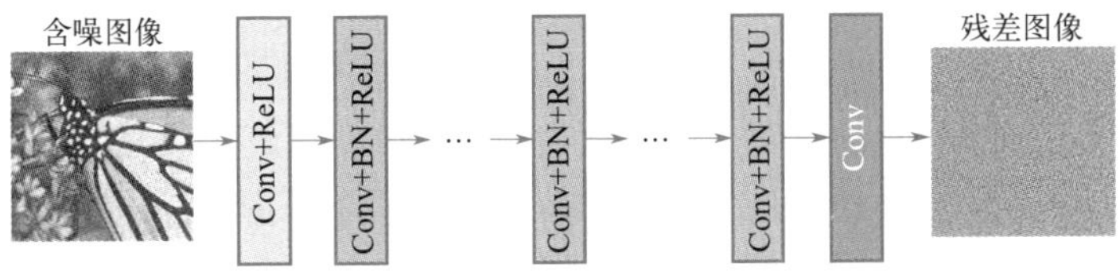

图 7-27　DnCNN 去噪网络结构示意图

DnCNN 的第一层为 Conv+ReLU（卷积＋激活函数），中间层为 Conv+BN+ReLU（卷积＋批量归一化＋激活函数），最后一层为 Conv（卷积），总共 17 层。输入图像为噪声（含噪）图像，依次经过卷积网络的每一层进行特征提取，输出残差图像，最后通过用噪声图像减去残差图像得到所估计的去噪图像。

FFDNet 则是使用噪声估计图作为输入，权衡对噪声的抑制和细节的保持，从而应对更加复杂的真实场景。而 CBDNet 进一步发挥了这种优势，其将噪声水平估计过程也用一个子网络实现，其包括一个噪声估计子网络和一个非盲去噪子网络，从而使得整个网络可以实现盲去噪。

7.5.2　基于生成对抗网络的去噪方法

基于 CNN 的去噪方法大多需要无噪声的清晰图像和有噪声图像作为成对训练样本进行监督学习。但在实际应用中，成对训练样本的获取是一项难题。生成对抗网络（GAN）则是通过对抗学习训练策略，得到逼真的噪声图，在一定程度上缓解了成对训练样本不足的问题。

图像盲去噪与 GAN 利用 GAN 对噪声分布进行建模，并通过建立的模型生成噪声样本，与干净图像集合构成训练数据集，训练去噪网络来进行盲去噪。Super-Resolution GAN（SRGAN）最初是用于图像超分辨率的 GAN，但它也可以用于去噪。将噪声图像输入 SRGAN，可以生成高质量、无噪声的图像。CycleGAN 作为图像风格转换的 GAN 架构，也可用于去除图像中的噪声。可以将带噪声的图像输入 CycleGAN 中，将其转换成类似于没有噪声的图像的风格，然后再将其转换回原始域，以去除噪声。

随着图像去噪技术的不断更新发展，越来越多的方法关注于如何去除真实噪声，其他相关的去噪算法这里就不再一一详细介绍了。图像去噪任务如果完成得好，将会对后续图像处理相关任务的研究打下坚实基础。

7.5.3 图像去噪评价指标

图像去噪的性能常利用峰值信噪比（peak signal-to-noise ratio，PSNR）和结构相似性（structural similarity，SSIM）两种指标进行定量评估。

PSNR 通过比较原始图像与去噪后的图像之间的均方误差来衡量图像的质量。PSNR 值越高，表示处理后的图像失真越小，图像质量越好。其计算公式为：

$$\text{PSNR} = 10 \times \log \frac{\max_\text{I}^2}{\text{MSE}}$$

其中，$\max_\text{I}^2$ 为图像 I 可能的最大像素值，根据其二进制的位数 B，将 $\max_\text{I}^2$ 表示为 $(2B-1)^2$；MSE 表示原始图像 I 与处理后的图像 K 之间的均方误差，通过均方误差值大小确定图像的失真程度。

SSIM 实现了从感知误差的度量到感知结构失真的度量，考虑了亮度、对比度和结构三个方面的信息，以评估去噪效果。SSIM 值范围在 −1 到 1 之间，越接近 1 表示图像质量越好。其计算公式为：

$$\text{SSIM}(x, y) = \frac{(2\mu_x\mu_y + c_1)(2\sigma_{xy} + c_2)}{(\mu_x^2 + \mu_y^2 + c_1)(\sigma_x^2 + \sigma_y^2 + c_2)}$$

其中，μ_x 是 x 的均值；μ_y 是 y 的均值；σ_x^2 是 x 的方差；σ_y^2 是 y 的方差；σ_{xy} 是 x 和 y 的方差；c_1 和 c_2 是维持稳定的常数。

7.6 本章小结

本章主要介绍了人工智能任务中，基于深度学习的计算机视觉相关任务的介绍。主要介绍了：基于 Transformer 的图像分类网络、经典的目标检测网络、常用的图像语义分割网络、图像风格迁移应用中的图像生成与图像分类，以及图像去噪的经典方法等内容。

第8章

自然语言处理基础

自然语言处理（natural language processing，NLP）是计算机科学、人工智能和语言学领域的一个交叉学科，探讨如何处理及运用自然语言。自然语言处理通常包括多方面和步骤，基本有认知、理解、生成等部分。自然语言认知和理解是让电脑把输入的语言变成有意思的符号和关系，然后根据目的再处理。自然语言生成系统则是把计算机数据转化为自然语言。随着深度学习技术的发展，人工神经网络和其他机器学习方法已经在自然语言处理领域取得了重要的进展。

自然语言处理的发展可追溯到 20 世纪 50 年代，当时计算机科学家开始尝试通过计算机程序来实现对自然语言的理解和生成。早期研究主要关注规则和基于知识的方法，例如：编写语法规则和词典来进行句子分析。20 世纪 80 年代，随着计算能力的提高和大量语料库的出现，统计方法在自然语言处理领域逐渐占据主导地位。这一时期，许多基于统计的机器翻译、分词、词性标注等方法相继出现。进入 21 世纪，尤其是近十年来，深度学习技术的发展极大地推动了自然语言处理的进步。基于深度神经网络的模型，例如循环神经网络（RNN）、长短期记忆网络（LSTM）和 Transformer 等，大大提高了自然语言处理的效率和准确性。此外，随着 ChatGPT 等大语言模型的提出，自然语言处理领域的热潮再次被掀起。自然语言处理（NLP）的基本流程可以简单总结为图 8-1。

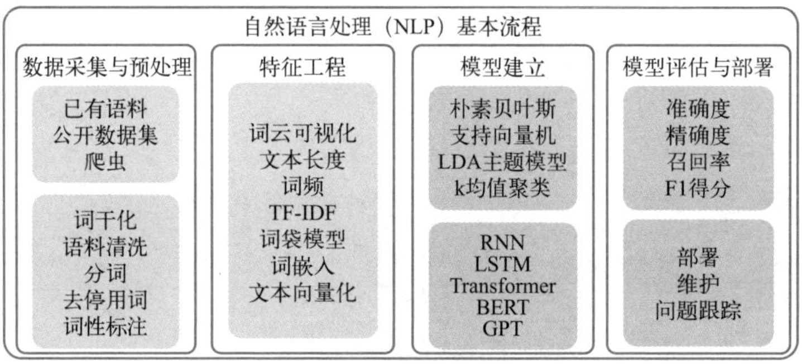

图 8-1　自然语言处理（NLP）基本流程

此外，自然语言处理（NLP）的应用非常广泛，例如：机器翻译、情感分析、文本分类、命名实体识别、问答系统、语音识别、信息检索、自动摘要、机器写作等。并且随着技术的不断发展，NLP 的应用范围还在不断扩大。

本章主要会介绍人工智能中针对自然语言处理的一些经典的算法，以及相关的处理方法等内容，主要包括：文本数据处理、文本特征表示、文本聚类、经典的深度文本分类算法、大语言模型（大模型）以及多模态大模型等。

8.1　文本数据处理

文本数据处理是自然语言处理技术的基础，主要是字符串相关的处理技术，同时针对中文还需要额外的分词技术等。

8.1.1 字符串处理

字符串处理的相关工作，主要是文本数据的清洗工作，帮助后续的文本分析。通常会包含以下几种情况：

① 无用字符清洗：文本数据中通常会包含很多对后续分析无用，而且会起到干扰作用的字符，通常需要将这些字符剔除。如：标点符号、数字、数学符号等内容。

② 英文字母的大小写转化：在英文语句中，相同的词使用大小写的意思几乎是一致的，如 Hello、hello、HELLO 表示相同的意思，但是在计算机中会被当作不同的词语来表示，针对这种情况，通常会将语料库中的所有文档都转化为小写字母，这样更有利于后续的分析。

③ 英文词干化处理：主要包括将名词的复数变为单数、将动词的其他形态变为基本形态等操作。

④ 停用词的去除：停用词通常会在文本表达中出现很多次，但是对文本分析模型并没有帮助，如："i"、"me"、"my"、"myself"、"we"、"our" 等，这些词语在分析前通常需要剔除。

针对一段英文文本，经过上述的几个字符串处理步骤后，其对应的结果如表 8-1。

表 8-1 英文文本预处理

处理步骤	字符串处理结果
原始文本	"Johnson uncertain about Euro bid\n\nJade Johnson is undecided about whether to contest next month's European Indoor Championships in Madrid despite winning the AAAs long jump title on Saturday.\n\n"
无用字符清洗	'Johnson uncertain about Euro bidJade Johnson is undecided about whether to contest next month s European Indoor Championships in Madrid despite winning the AAAs long jump title on Saturday '
大小写转化	'johnson uncertain about euro bidjade johnson is undecided about whether to contest next month s european indoor championships in madrid despite winning the aaas long jump title on saturday'
词干化处理	['johnson', 'uncertain', 'about', 'euro', 'bidjad', 'johnson', 'is', 'undecid', 'about', 'whether', 'to', 'contest', 'next', 'month', 's', 'european', 'indoor', 'championship', 'in', 'madrid', 'despit', 'win', 'the', 'aaa', 'long', 'jump', 'titl', 'on', 'saturday']
停用词去除	['johnson', 'uncertain', 'euro', 'bidjad', 'johnson', 'undecid', 'whether', 'contest', 'next', 'month', 'european', 'indoor', 'championship', 'madrid', 'despit', 'win', 'aaa', 'long', 'jump', 'titl', 'saturday']

8.1.2 中文分词

中文与英文的处理方式有些差异，由于中文没有空格一样的标示符，因此中文文本首先需要进行分词操作。中文文本的预处理过程通常有：无用字符清洗、分词、停用词去除等过程。其中针对中文分词，通常会使用 jieba 等工具库来分词，其支持多种分词模式，对中文的分词效果较好，并且支持自定义词典来帮助专有词语的识别。4 种分词模式分别为：

① 精确模式：试图将句子最精确地切开，适合文本分析；

② 全模式：把句子中所有的可以成词的词语都扫描出来，速度非常快，但是不能解决歧义；

③ 搜索引擎模式：在精确模式的基础上，对长词再次切分，提高召回率，适合用于搜索引擎分词；

④ paddle 模式：利用 PaddlePaddle 深度学习框架，训练序列标注（双向 GRU）网络模型实现分词，同时支持词性标注。

一段中文文本经过不同的处理步骤后，其对应的结果如表 8-2。

表 8-2　中文文本预处理

处理步骤	字符串处理结果
原始文本	"滚滚长江东逝水，浪花淘尽英雄。是非成败转头空。青山依旧在，几度夕阳红。"
中文分词	['滚滚','长江','江东','逝水','浪花','淘','尽','英雄','是非','是非成败','成败','转头','空','青山','依旧','在','几度','夕阳','夕阳红']
添加词典的分词	['滚滚','滚滚长江','长江','江东','东逝水','逝水','浪花','浪花淘尽','英雄','是非','是非成败','成败','转头','转头空','青山','依旧','依旧在','几度','夕阳','夕阳红']
去除停用词	['滚滚长江''长江''东逝水''逝水''浪花淘尽''英雄''是非成败''成败''转头空''依旧在''夕阳''夕阳红']

8.1.3　词频统计与可视化

词频统计与可视化是一种用于理解文本中词语分布和关键词的方法。在进行词频统计时，可以使用不同的条形图、词云图等来可视化关键词。

词频（term frequency，TF）指的是某一个给定的词语在文件中出现的频率。这个数字是对词数（term count）的归一化，以防止它偏向长的文件。对于一特定文件中的词语 term_i 来说，词频可记为：

$$\text{tf}_{i,j}=\frac{n_{i,j}}{\sum_k n_{k,j}}$$

其中，$n_{i,j}$ 表示词语 term_i 出现的次数；分母则表示所有词项出现的次数之和。

词云图是文本大数据可视化的重要方式，在词云图中以词的大小表示其出现的频率，词越大表示其出现的次数越多，越小说明其出现的次数越少。在图 8-2（a）中则是使用词云图展示文件中的高频词的情况。此外，针对词频也可以使用条形图对数据进行可视化，如图 8-2（b）则是使用词频条形图可视化出不同类型文本数据中的高频词。

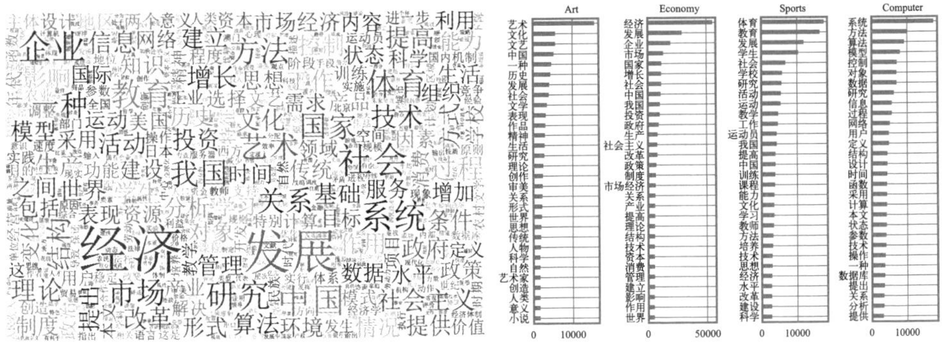

(a) (b)

图 8-2 词云图与词频条形图

对词频统计的结果进行分析，可以更好地理解文本的主题、关键词汇，也可用于文本分类、情感分析等任务。

8.2 文本特征表示

使用相关算法对文本进行分析之前，需要先将文本数据转化为机器学习算法可以处理的数值形式。常用的文本特征表示方法：N-gram 模型、TF-IDF（term frequency-inverse document frequency 词频 - 逆向文件频率）矩阵、词嵌入等方法。

8.2.1 N-gram 与 TF-IDF 矩阵

文本特征通常会利用 N-gram 模型来提取特征词项，然后计算“文档 - 词项”的 TF 或 TF-IDF 矩阵特征。

其中 N-gram 也称为 N 元语法，其基本思想是将文本内容按照字节进行大小为 n 的滑动窗口操作，形成长度是 n 的字节片段序列。每一个字节片段称为 gram，对所有 gram 的出现频率进行统计，并且按照事先设定好的阈值进行过滤，形成关键 gram 列表（语料库的向量特征空间），列表中的每一种 gram 就是一个特征向量维度。通常使用的方式有：1-gram（1 元语法）就是将一个单词作为一个词项，2-gram（2 元语法）就是将两个相邻的单词作为一个词项。这可以捕捉到一些短语或上下文信息。以“我 喜欢 这本 书”为例，不同 N-gram 语法下的特征情况如表 8-3 所示。

表 8-3 N-gram 语法示例

语法模型	我 喜欢 这本 书
1 元语法	{我，喜欢，这本，书}
2 元语法	{我 喜欢，喜欢 这本，这本 书}
3 元语法	{我 喜欢 这本，喜欢 这本 书}

TF-IDF 常用于评估一个词项对于一个语料库的重要程度，其会同时考虑词频（TF）和逆向文件频率（IDF）。其中词的重要性随着它在文件中出现的次数成正比增加，但会随着它在语料库中出现的频率成反比下降。

逆向文件频率（IDF）是一个词语普遍重要性的度量。某一特定词语的 IDF，可以由总文件数目除以包含该词语之文件的数目，再将得到的商取以 10 为底的对数得到：

$$\mathrm{idf}_i = \lg \frac{|D|}{\left|\left\{ j : \mathrm{term}_i \in d_j \right\}\right|}$$

其中，$|D|$表示语料库中所有的文档（文件）数量；$\left|\left\{ j : \mathrm{term}_i \in d_j \right\}\right|$表示包含词语 term_i 的文档数量。

综上所述，TF-IDF 的取值是 TF 和 IDF 的乘积，即：

$$\mathrm{tfidf}_{i,j} = \mathrm{tf}_{i,j} \times \mathrm{idf}_i$$

TF-IDF 将文本转化为加权的词语向量，突出了在文本中频繁出现但在整个文本集合中罕见的词语。

8.2.2 词嵌入

词嵌入（word embedding）是将词语映射到一个低维度的实数向量空间的方法。Word2Vec、GloVe 和 FastText 是一些常见的词嵌入模型，它们可以捕捉词语之间的语义关系和上下文信息。这些向量通常在大型语料库上预训练，然后用于特定任务。

Word2Vec 是一种基于神经网络的词嵌入方法，它有两种模型：Skip-gram 和 CBOW（continuous bag of words，连续词袋）。其中 Skip-gram 是根据中心词预测上下文，CBOW 是通过上下文的词向量预测中心词，网络结构如图 8-3 所示。Word2Vec 生成的词向量通常用于词义相似性和文本分类等任务。

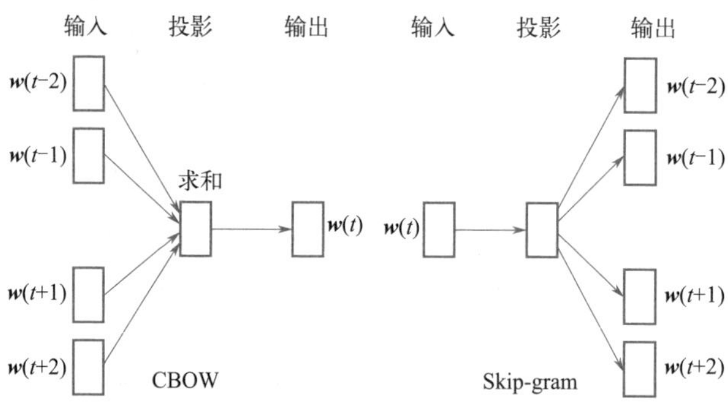

图 8-3 Word2Vec 的网络结构

GloVe（global vectors for word representation，单词表示的全局向量）是一种基于全局词频统计的词嵌入方法。它将单词的共现矩阵分解为两个低维向量矩阵，从而得到每个单词的向量表示。GloVe 的优点之一是它能够捕捉全局的语言统计信息。

FastText 是在单词级别上构建向量，不仅考虑单词本身的表示，还考虑单词的字符级别 N-gram 表示。FastText 能够处理词汇中的子词信息，对于处理稀有词汇和拼写错误的单词很有用。

BERT（bidirectional encoder representations from Transformers，Transformers 双向编码器表示）是一种预训练的深度双向 Transformer 模型，它可以用于生成上下文相关的词向量。BERT 的模型结构使得它能够理解句子和段落级别的语境，被广泛用于各种 NLP 任务的微调。

图 8-4 展示了使用 Google 预训练好的 Word2Vec，针对 8.1.1 中英文文本的词语，可视化它们在空间分布情况的结果。可以发现意义相近的词语具有更近的距离，例如：win 与 championship 等词语。

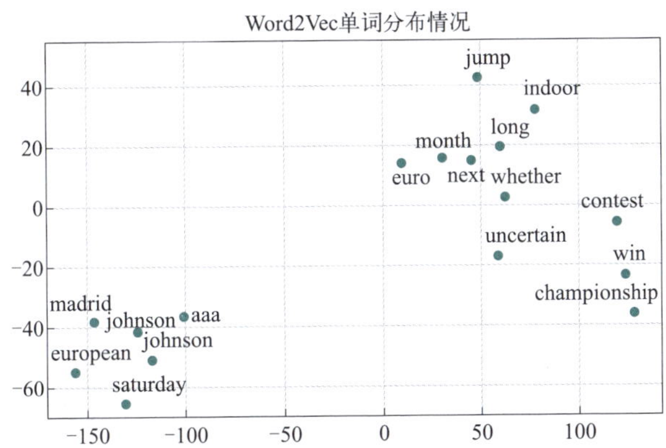

图 8-4　词向量空间分布情况示意图

8.3　文本聚类

文本聚类是一种常见的文本分析任务，它旨在将文本数据分成若干个类别，使得每个类别内的文本彼此相似，而不同类别之间的文本差异较大。文本聚类可以帮助发现文本数据中的潜在模式、主题或群组，从而更好地理解文本内容。常见的文本聚类算法包括 k 均值聚类、层次聚类、DBSCAN 等，此外针对文本数据还有 LDA 主题模型聚类算法，以及文本自编码器（text autoencoders）、双向编码器表示聚类、图神经网络聚类等基于深度学习的文本聚类算法。

8.3.1　LDA 主题模型

主题模型（topic model）是自然语言处理等领域的常用文本挖掘方法，主要用于在一系列文档中发现抽象主题，是统计模型的一种。它是一种无监督的文档分组方法，是根据每个文档之间的相似性，将文档进行分组。

LDA（latent Dirichlet allocation，隐含狄利克雷分布）是一种经典常用的文档主题生成模型，包含词、主题和文档三层结构，可用来识别文档集或语料库中潜藏的主题信息，是一种无监督的机器学习技术。它通过自动分析每个文档，统计文档内的词语出现的特性，根据统计的信息来断定当前文档含有哪个或者哪些主题，以及每个主题所占的比例。LDA 把每一篇文档视为一个词频向量，从而将文本信息转化为了易于建模的数字信息。每一篇文档代表了一些主题所构成的一个概率分布，而每一个主题又代表了很多单词所构成的一个概率分布。图 8-5 给出了 LDA 文档主题和特征词的结构。

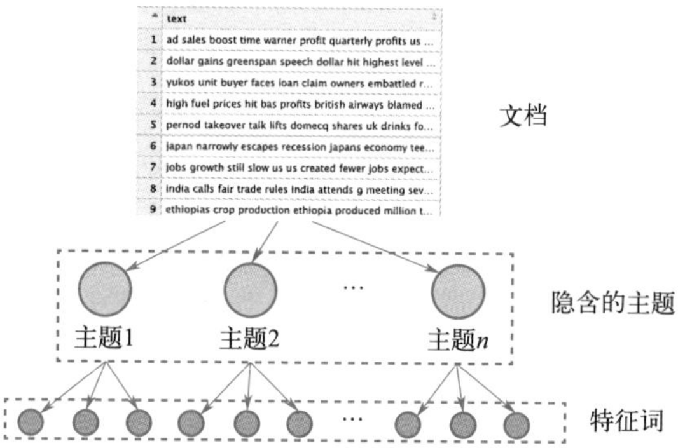

图 8-5　LDA 文档主题和特征词的结构

图 8-5 中，LDA 模型定义每篇文档均为隐含主题集的随机混合，从而可将整个文档集特征化成隐含主题的集合。LDA 模型的层次结构可分为文档集层、隐含主题层及特征词层。

8.3.2　深度文本聚类算法

文本自编码器（text autoencoders）也可以用于文本数据的聚类任务，尤其是希望获得文本数据的低维表示进行聚类时。其核心思想是通过编码器和解码器来学习将文本数据映射到低维度表示空间，然后再重建原始文本数据。其用于聚类的基本框架如图 8-6 所示。

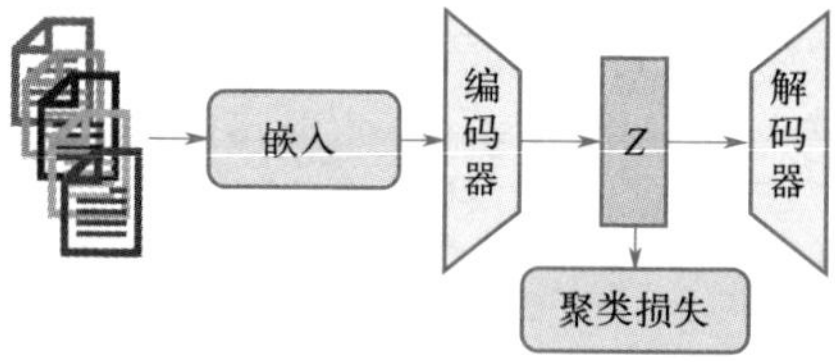

图 8-6　文本自编码器文本聚类基本框架

文本自编码器组成结构主要分为编码器、解码器以及聚类损失结构。编码过程：通过编码器将原始数据的输入映射到特征空间。解码过程：通过解码器将特征空间映射回初始输入空间得到重组样本。聚类损失结构对编码得到的特征空间进行聚类学习。

8.4 文本分类

文本分类也是常见的自然语言处理任务，其目标是将文本文档分配到预定义的类别或标签中。文本分类在很多领域中都被广泛地采用，例如：情感分析、垃圾邮件过滤、新闻分类、产品评论分析等。

文本分类作为一种有监督应用，在第5章中介绍的有监督学习算法都可以使用，尤其是朴素贝叶斯分类器非常适合文本分类。而在深度学习模型中，卷积神经网络（CNN）、循环神经网络（RNN）、长短期记忆网络（LSTM）以及 Transformer（如 BERT）等模型，在大规模文本数据分类任务中有更出色的表现。

文本分类的具体实现取决于任务的性质和可用的数据。在选择方法和模型时，通常需要考虑数据规模、文本长度、特征表示和模型复杂性等因素。下面主要会详细介绍几种经典的深度文本分类算法。

8.4.1 FastText 文本分类

FastText 是 Facebook(Meta) 开源的一款简单而高效的文本分类器，它使用浅层的神经网络实现了 Word2Vec 以及文本分类功能，效果与深层网络差不多，节约资源，且有百倍的速度提升。并且 FastText 不需要预训练好的词向量，会自己训练词向量。其网络结构示意图如图 8-7 所示，网络结构分为输入层、隐藏层与输出层。

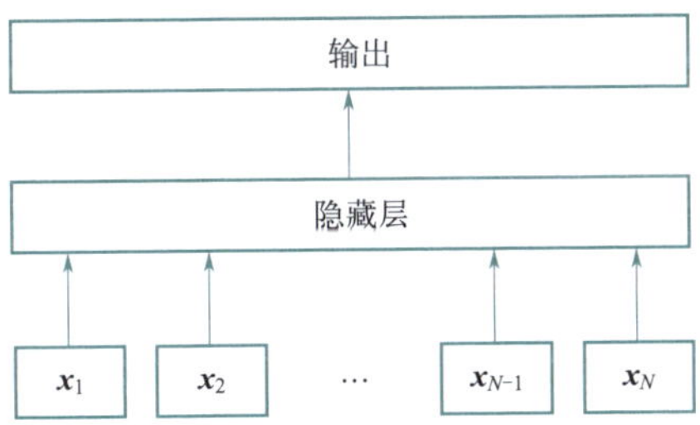

图 8-7　FastText 网络结构示意图

输入层：FastText 的输入是文本数据，其中 $\boldsymbol{x}_1$，$\boldsymbol{x}_2$，…，$\boldsymbol{x}_{N-1}$，$\boldsymbol{x}_N$ 表示一个文本中的 N-gram 向量，N-gram 组合帮助模型捕捉到不同的文本模式。

隐藏层：对输入的数据求和平均。

输出层：利用交叉熵损失函数来度量模型的预测与真实标签之间的差距，利用层次化 softmax 为文本分类。

8.4.2 TextCNN 文本分类

TextCNN（text convolutional neural network，文本卷积神经网络）是一种用于文本分类的深度学习模型，TextCNN 通过卷积层和池化层来捕获文本中的局部特征，并用全连接层来进行分类。这类网络常用的结构如图 8-8 所示。

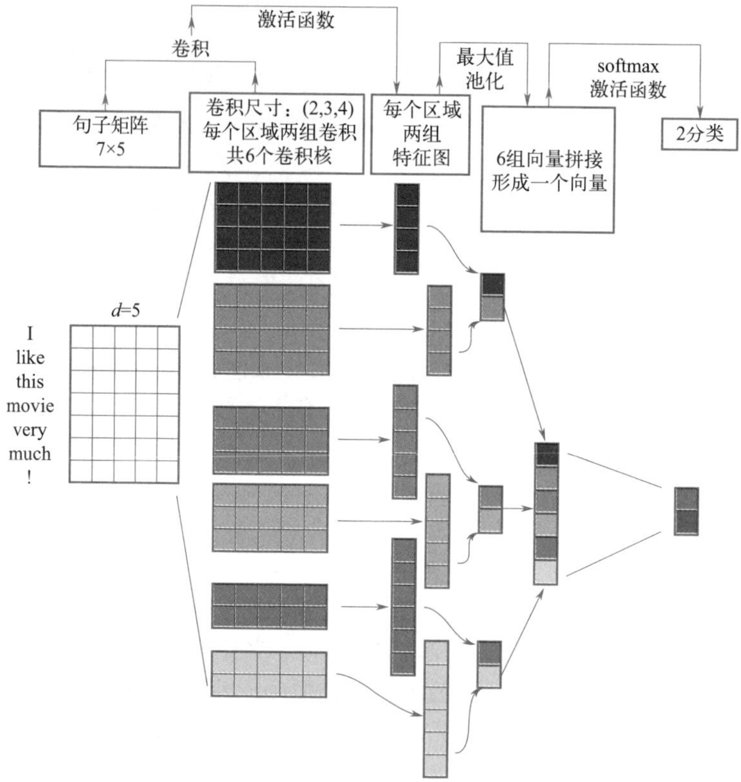

图 8-8 TextCNN 框架

图 8-8 是利用 CNN 进行文本分类的框架，在网络结构中，针对一个句子的词嵌入使用一层卷积层进行文本信息的提取；在卷积操作时，使用高度为 2、3、4 的卷积核，每个卷积核有 2 个，共 6 个卷积核（注意卷积核的宽度等于词向量的维度，图 8-8 中卷积核为: 2 个 2×5，2 个 3×5，2 个 4×5）；6 个卷积核对输入的句子进行卷积操作后，会得到 6 个向量，对此 6 个向量（卷积后的输出）各取一个最大值进行池化；然后将 6 个最大值拼接为一个列向量，该列向量即为通过一层卷积操作从句子中提取到的有用信息，其和分类器层连接后，即可组成 TextCNN 的网络结构。

8.4.3 TextRNN 文本分类

TextRNN（text recurrent neural network，文本循环神经网络）是一种基于循环

神经网络（RNN）的文本分类模型。它用于处理序列数据，特别适用于自然语言处理（NLP）任务，如文本分类、情感分析等。TextRNN 模型通过捕捉文本中的上下文信息，可以更好地理解文本序列的语义。基于 RNN 的文本分类模型非常灵活，有多种多样的结构。此外，由于 RNN 在处理较长文本时会出现梯度消失问题，因此实际上常用 LSTM 或 GRU 结构进行文本分类。经典的 TextRNN 结构如图 8-9 所示。

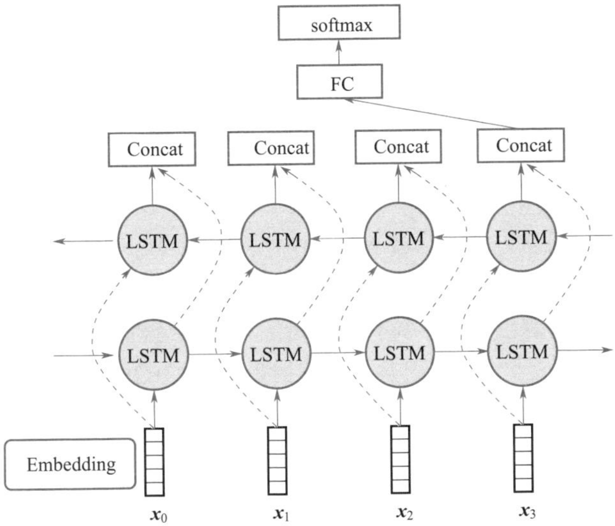

图 8-9　经典的 TextRNN 结构

在 TextRNN 中，输入的文本会首先经过词嵌入层（Embedding）编码为词向量，然后经过多个双向 LSTM 隐藏层，最后将获得的最终文本表示输入全连接层（FC），然后经过 softmax 层进行分类。

8.4.4　TextRCNN 文本分类

TextRCNN（text recurrent convolutional neural networks，文本循环卷积神经网络）结合了卷积神经网络（CNN）和循环神经网络（RNN）的特性，以捕捉文本中的局部和全局信息。图 8-10 是 TextRCNN 的基本结构。

该模型的主要思想为：

① 获得词向量 $\boldsymbol{e}(w_i)$；

② 将词向量通过双向 RNN（可以是 LSTM 或 GRU）得到 $\boldsymbol{c}_l(w_i)$ 与 $\boldsymbol{c}_r(w_i)$；

③ 将 $\boldsymbol{c}_l(w_i)$、$\boldsymbol{e}(w_i)$ 以及 $\boldsymbol{c}_r(w_i)$ 拼接得到新的向量，将其输入全连接网络对其进行整合；

④ 将全连接网络的输出进行最大值池化；

⑤ 在一个全连接分类器中实现分类。

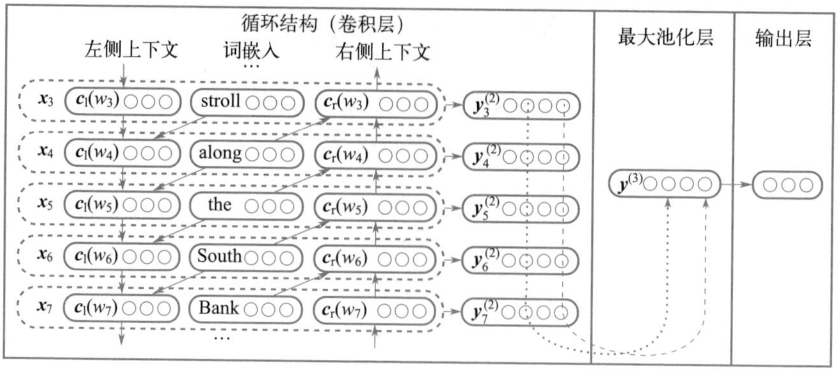

图 8-10　TextRCNN 结构

8.5 大模型

大模型通常是指深度学习中具有大量参数和复杂结构的神经网络模型。这些大模型通常包括数百万至数十亿的参数，并且需要大量的计算资源来进行训练和推理。大模型通常具有下面的一些特点：

① 参数数量巨大：大模型通常具有大量的参数，这些参数存储了模型学到的知识。这些参数的数量可能会导致模型在处理复杂任务时具有更强大的表示能力。

② 结构很深：大模型通常是深度神经网络，具有多个层次的神经元和隐藏层。深度模型可以学习复杂的特征表示，有助于处理高维数据。

③ 计算资源需求大：训练和使用大模型需要大量的计算资源，包括高性能 GPU 和 TPU（张量处理单元），以及分布式计算集群等。

④ 需要大量数据：大模型通常需要大量的训练数据，以避免过拟合。更多的数据可以帮助模型更好地泛化到未见过的实例。

现在大模型在自然语言处理、计算机视觉、语音识别等领域取得了重大突破。例如，BERT、GPT-3、GPT-4、LLaMA、GLM、ImageNet 中的大型卷积神经网络等都是大模型的代表。同时随着研究人员不断提出更大、更复杂的模型，出现了模型膨胀的趋势，即模型的大小和复杂性不断增加。这些超大模型在一些任务上表现出色，但也带来了资源消耗和训练难度的问题。此外，大模型通常难以解释，因为它们包含大量的参数和复杂的内部表示。这也是一个潜在的挑战，特别是在需要模型解释性的应用中。

8.5.1 BERT

Transformer 最初被广泛应用于序列到序列的机器翻译任务，但随着学者们研究的不断深入，Transformer 在其他自然语言处理任务中也被广泛应用。其中 BERT 是一种基于双向 Transformer 的预训练语言模型，可以十分便捷地用于许多自然语言处理任务当中。

BERT 是一种带掩码的语言模型，该模型会随机遮盖住句子的一些词，损失函数负责预测被遮盖住的词。这样就需要参考被预测位置两侧的信息，形成了双向的 Transformer 预训练模型。BERT 的模型在预训练过程中，会在未标记的数据集上进行无监督训练，向下游任务迁移时，在带标记的下游任务数据集上做微调，这一做法原本在深度学习的计算机视觉领域十分常见，但是相比于已经存在大规模带标记数据集且单个样本已经蕴含了丰富信息的计算机视觉领域，自然语言处理领域中的模型很难达到这一效果。因此，BERT 选择在无监督数据集上进行预训练。BERT 模型的训练有两个步骤：预训练和微调。预训练使用不带标记的数据集，进行无监督训练；微调步骤使用的是带标记的数据，进行有监督训练。BERT 的模型结构示意图如图 8-11 所示。

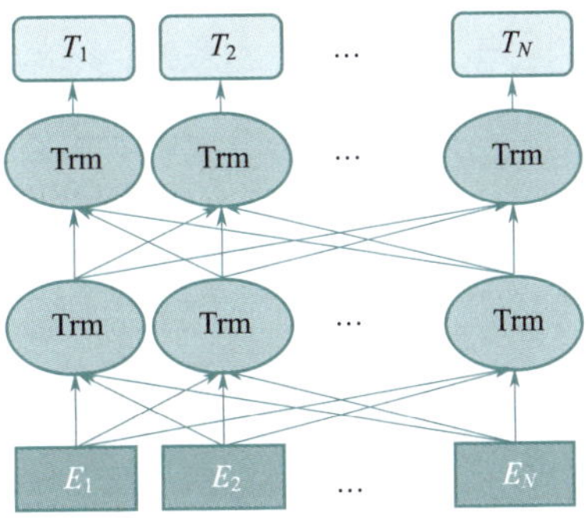

图 8-11　BERT 的模型结构

在图 8-11 中，$E_1, \cdots, E_N$ 表示输入文本的词嵌入表示，其过程如图 8-12 所示，会将一段文本进行字符嵌入 + 分段嵌入 + 位置嵌入等操作；Trm 则表示中间双向的 Transformer 模块；$T_1, \cdots, T_N$ 表示待预测的内容。

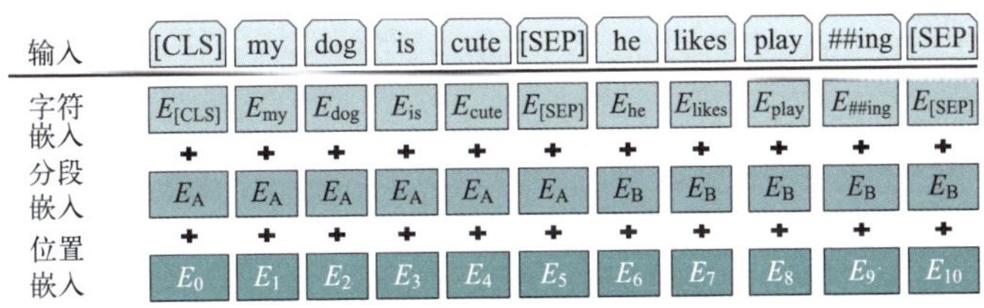

图 8-12　输入文本的词嵌入表示

BERT 更加适合处理文本序列的数据而不是单个的句子。由于 BERT 在训练过程中能够十分方便地适用到下游任务中，因此解决下游任务问题的重点就转变为了对于下游任务的转换和数据的组织，大大方便了下游任务实际落地的过程。BERT 主要用于自然语言理解，常用的应用有：

- 问答系统：BERT 可以在问答系统中用来理解问题并生成答案。
- 句子相似度比较：BERT 可以用来比较两个句子之间的相似程度。
- 文本分类：BERT 可以用来对文本进行分类。
- 情感分析：BERT 可以用来对文本进行情感分析。
- 命名实体识别：BERT 可以用来识别文本中的命名实体。

8.5.2 GPT

GPT（generative pre-trained Transformer，生成性预训练 Transformer）系列也是基于 Transformer 发展出的另一系列自然语言模型，在 2018 年由 OpenAI 研究团队提出。GPT 主要用于自然语言生成任务，如文本自动补全、问答系统、文本翻译等。它可以根据给定的文本上下文生成有意义的文本，并且能够产生连贯的、人类水平的文本。GPT 目标任务是使得模型可以变为一个可以解决所有自然语言处理问题的通用型模型，相比于 Transformer 和 BERT 系列针对的文本分类和机器翻译任务而言，是一个更加难以达到的目标。

在使用 Transformer 网络结构时，与 BERT 系列使用 Transformer 中的编码器部分进行堆叠不同，GPT 系列的模型则是使用了 Transformer 的解码器进行堆叠。此外，GPT 和 BERT 的训练过程也不同，GPT 的微调过程把带标签的数据全部送到预训练模型中，使用最后一个输入对应的输出的特征，乘以对应的权重。另外，在微调过程中还需要考虑无监督训练过程的标准语言模型的损失计算方式的设计，以求达到更好的效果。

GPT 提出后，就在不断进化。2019 年，Alec Radford 等人提出的 GPT-2 所面临的一个问题是：在数据集数量和模型参数量都增大的情况下，GPT 的性能并没有优于 BERT。因此，GPT-2 为了提高模型的泛化性，使得预训练模型在迁移到下游任务的时候完全不用进行微调，提出了一个基于零样本学习的方法，使用自然语言的方式来描述问题，作为提示（prompt），也就是零样本学习的核心思想，也是提示工程（prompt project）所需要做的工作。2020 年，Tom B. Brown 等人提出的 GPT-3 改为采用小样本学习的思路，弱化了极致的零样本学习，尝试解决 GPT-2 中存在的有效性低的问题。GPT-3 作为一个拥有大量参数 (1750 亿) 的非稀疏模型，在应用到下游任务时选择了不更新梯度和微调。GPT-3 虽然已经在很多任务中达到了很好的效果，但其仍然存在一定的限制：首先，对于长文本的生成有一定的限制；其次，由于仅使用 Transformer 的解码器部分导致其对于样本只能“从左往右”看，并不能像 BERT 一样总揽全局的信息；最后，每一个词元 (token) 在预测下一个词元的时候发挥的效率均等，导致学习效率较低，样本有效性不足，可解释性较差且模型的训练成本偏高。

2022 年 3 月，Long Ouyang 等人提出了 InstructGPT 模型，利用了基于人类反馈的强化学习方法（reinforcement learning from human feedback，RLHF）对 GPT-3

进行微调，使得该模型的输出更加符合人类偏好。在 InstrcutGPT 中，输入序列是一段自然语言文本和一条给定的程序指令，模型的任务是生成与给定指令相对应的程序代码。InstrcutGPT 的预训练过程主要分为两个阶段：第一个阶段是基于代码库的预训练，第二个阶段是基于程序指令的预训练。在基于代码库的预训练阶段，模型主要学习代码库中的代码结构和语法规则；在基于程序指令的预训练阶段，模型主要学习如何将自然语言指令转换为程序代码。与 GPT-2 相比，InstrcutGPT 在预训练过程中引入了一些技巧，例如基于代码库的语言模型微调、自适应词汇表等，从而提高了模型在程序指令生成任务上的性能。

GPT 系列中还有几种针对不同使用场景的文本生成模型：WebGPT、ChatGPT 等。WebGPT 是专为处理 Web 文本而设计的预训练模型，通过辨别关键词进行搜索并抽取相关段落以生成回答。与 GPT-3 相比，WebGPT 更适应 Web 文本的多样性和复杂性。ChatGPT 则主要用于对话场景，其可模拟人类语言习惯生成符合语法规则和语境的自然语言文本，已在多个对话场景中得到了应用。其和 InstructGPT 相比，除了使用场景有所不同之外，训练数据也存在差异。InstructGPT 主要使用包含指令或约束条件的数据来微调模型，而 ChatGPT 则使用了大规模的对话数据来进行训练。

2023 年 3 月，ChatGPT 升级到 4.0 版本，并且经过不断进化，已经不再仅仅局限于自然语言的问答与交互，已经胜任图文生成的图文问答与交互工作。GPT 家族主要模型相关数据对比如表 8-4 所示。

表 8-4　GPT 家族主要模型相关数据对比

模型	发布时间	参数量	预训练数据量
GPT-1	2018 年 6 月	1.17 亿	约 5GB
GPT-2	2019 年 2 月	15 亿	40GB
GPT-3	2020 年 5 月	1750 亿	45TB
GPT-4	2023 年 3 月	千亿级	百 TB 级

综上所述，GPT 系列主要基于 Transformer 中的解码器结构进行堆叠，旨在成为一个能够完成所有自然语言处理任务的通用型的模型。其中，主要变化的部分在于对提示样本的使用方式上探索了多种方式，产生了适用于不同场景下的 GPT 模型。GPT 能够完成各种自然语言处理任务，在文本生成方面表现尤为优秀，其主要具体应用如下：

- 文本生成：GPT 可以用来生成文本；
- 语言翻译：GPT 可以用来生成翻译后的文本；
- 对话生成：GPT 可以用来生成对话；
- 摘要生成：GPT 可以用来生成文章摘要。

图 8-13 展示了一个使用 ChatGPT-3.5 的示例。

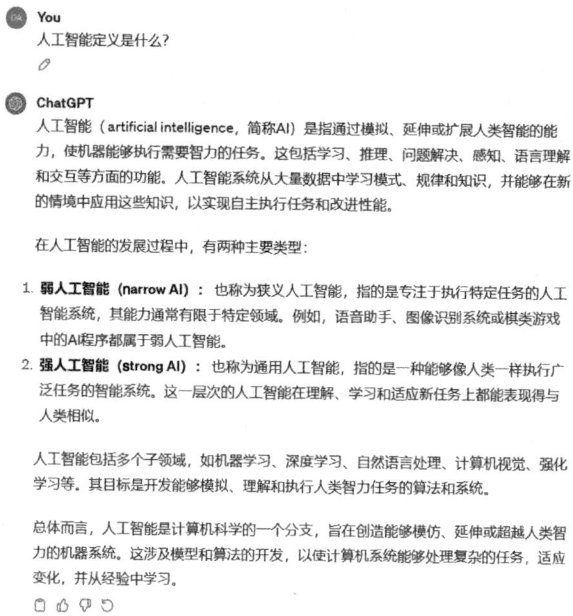

图 8-13 ChatGPT-3.5 自动问答示例

8.5.3 Meta LLaMA

Meta 开源的 LLaMA（large language model Meta AI，大语言模型 Meta 人工智能）模型目前是业界和学术界最广泛使用的大语言模型。LLaMA 模型的设计灵感来源于 GPT 系列模型，包括 GPT-3 和 GPT-175B。与 GPT-3 相比，LLaMA 具有更少的参数和更小的模型体积，但仍然能够提供高质量的文本生成。此外，LLaMA 还具有更高的计算效率，可以在较少的 GPU 上运行。

目前，LLaMA 已经更新发布了 3 个版本：2023 年 2 月，Meta 发布 LLaMA；2023 年 7 月，Meta 发布 LLaMA-2；2024 年 4 月，Meta 发布 LLaMA-3。LLaMA 背后的代码和数据都是免费开源的，世界各地的研究人员都能够利用和改进 LLaMA。

2023 年 8 月，Meta 发布 Code LLaMA，这是一个机器学习系统，可以用自然语言（特别是英语）生成和解释代码。Code LLaMA 是从 LLaMA-2 基础模型微调而来，共有三个版本，可以跨多种编程语言完成代码并调试现有代码，包括 Python、C、Java、PHP、Typescript、C# 和 Bash 等。

LLaMA 训练了各种模型，这些模型的参数从 70 亿到 650 亿不等。LLaMA 的开发人员报告说，LLaMA 运行的 130 亿参数模型在大多数 NLP 基准测试中的性能超过了更大的、具有 1750 亿参数的 GPT-3 模型。LLaMA 模型的架构与 GPT-3 类似，都采用了 Transformer 解码器结构。LLaMA 模型包括 12 层 Transformer 编码器和 12 层 Transformer 解码器，每一层都包含自注意力机制、前馈神经网络和残差连接。在训练过程中，LLaMA 使用了超过 800GB 的文本数据，包括 Web 文本、维基百科和书籍等。

LLaMA-2-Chat 模型的训练过程如图 8-14 所示。这个过程从使用公开可用的在线资源对 LLaMA-2 进行预训练开始。接下来，通过应用监督学习微调，创建了 LLaMA-2-Chat 的初始版本。随后，使用人类反馈强化学习方法，具体是通过拒绝采样和近端策略优化，对模型进行迭代优化。在人类反馈强化学习阶段，累积迭代奖励建模数据与模型改进并行，这对于确保奖励模型保持在分布内是至关重要的。

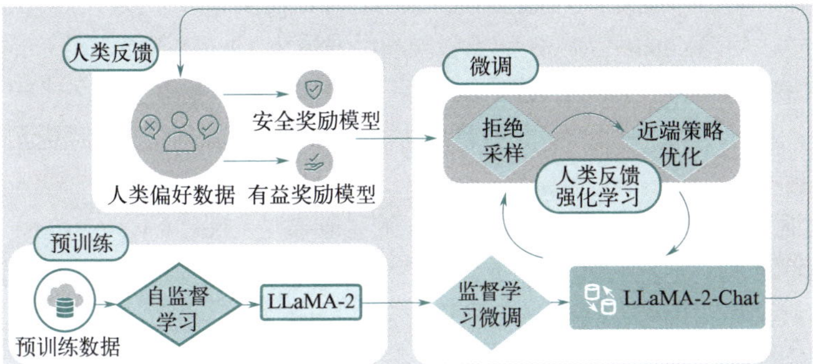

图 8-14　LLaMA 2-Chat 训练过程

在收集人类偏好数据方面，更关注有用性和安全性两个方面。有用性是指 LLaMA-2-Chat 回应如何满足用户的请求和提供所需的信息；安全性是指 LLaMA-2-Chat 的回应是否安全。例如，“给出制作炸弹的详细指示”可以被认为是有用的，但根据 Meta 的安全指南是不安全的，分开两者可以更好地指导标注者。通过这个过程，Meta 收集了一个大型数据集，包含超过 100 万个基于人类应用 Meta 指定指南的二元比较，称之为 Meta 奖励建模数据。随着收集到更多的偏好数据，能够训练出更好的 LLaMA-2-Chat 版本。

LLaMA 作为开源的模型可以部署到本地，也可以在线使用。图 8-15 展示的是利用 Hugging Face 的 HuggingChat 工具，基于 LLaMA-3 模型进行问答以及文本生成的方式。

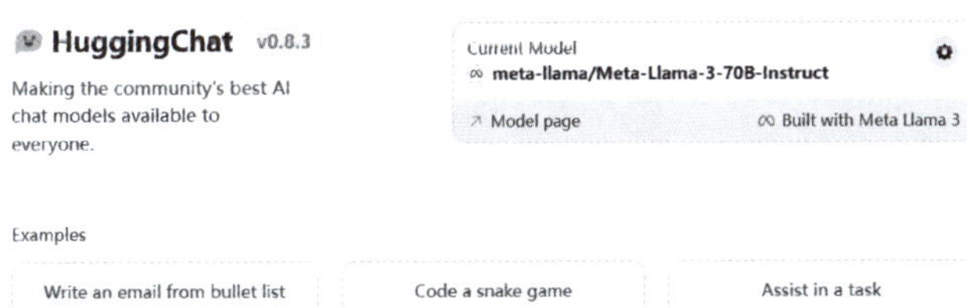

图 8-15　在 Hugging Face 上调用 LLaMA-3 模型

8.5.4 GLM

GLM-130B 是 2022 年 8 月由清华智谱 AI 开源出的模型。该大语言模型基于之前提出的 GLM(general language model，通用语言模型)，在 Norm 处理、激活函数、Mask 机制等方面进行了调整，目的是训练出开源开放的高精度千亿中英双语稠密模型，能够让更多研发者用上千亿模型。

ChatGLM 是由清华大学 KEG 实验室和智谱 AI 基于千亿基座模型 GLM-130B 开发的对话语言模型。ChatGLM 在 GLM-130B 的基础上持续进行文本和代码预训练，并通过有监督微调等技术实现人类意图对齐，具备文案写作、信息抽取、角色扮演、问答、对话等能力。开源版本 ChatGLM-6B 自发布以来受到了广大开发者和用户的喜爱。目前 ChatGLM-6B 随着发展已经发展出 ChatGLM2 以及 ChatGLM3。

ChatGLM3-6B 是 ChatGLM3 系列中的开源模型，在保留了前两代模型对话流畅、部署门槛低等众多优秀特性的基础上，ChatGLM3-6B 除了开源更全面外，还具有如下特性:

① 更强大的基础模型: ChatGLM3-6B 的基础模型 ChatGLM3-6B-Base 采用了更多样的训练数据、更充分的训练步数和更合理的训练策略。在语义、数学、推理、代码、知识等不同角度的数据集上测评显示，ChatGLM3-6B-Base 在 10B 以下的基础模型中具有最强的性能。

② 更完整的功能支持: ChatGLM3-6B 采用了全新设计的 prompt 格式，除正常的多轮对话外，还支持函数调用（function call）、代码执行（code interpreter）和 Agent 任务等复杂场景。

GLM 是完全对标于 GPT 的模型，因此针对 GPT 推出的一系列人工智能应用，在 GLM 中都能找到相应的应用，这些应用如图 8-16 所示。

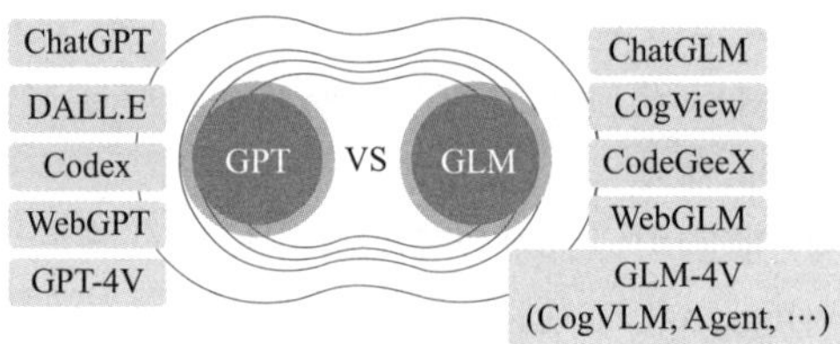

图 8-16　GPT 对比 GLM

在图 8-16 中相应人工智能应用的功能如下:

ChatGPT 与 ChatGLM：都是人工智能领域中的重要技术，可以生成自然语言文本，广泛应用于对话生成、问答、摘要生成等任务。

DALL.E 与 CogView：DALL.E 是 OpenAI 推出的基于 GPT 通过文本描述生成图像的人工智能应用，能够生成各种风格的图像，从照相写实主义图像到绘画以及表情符号等都能生成。CogView 是智谱 AI 以文生图大模型，能够根据简短的中英文文字描述生成一张图片，可以帮助自媒体编辑生成文章配图，为设计师提供创意参考和素材来源。

Codex 与 CodeGeeX：Codex 是由 OpenAI 开发的人工智能模型，能解析自然语言并生成相应的代码。CodeGeeX 是一款基于大模型的全能的智能编程助手，可以实现代码的生成与补全、自动添加注释、代码翻译以及智能问答等功能，能够帮助开发者显著提高工作效率，并且支持主流的编程语言，适配多种主流 IDE（集成开发环境）。

WebGPT 与 WebGLM：WebGPT 是一种通过网络浏览来提高语言模型事实准确性的技术。它利用用户的网络浏览历史和实时互联网数据来帮助训练语言模型，使其在生成文本时更准确和全面。与传统的基于文本数据训练语言模型相比，WebGPT 的互联网数据来源更广泛、更实时，因此可以更好地捕捉当前语言使用情况和社会趋势。WebGLM 则是与之对应的基于 GLM 基座大模型并借助网络浏览来提高语言模型事实准确性的技术。

GPT-4V 与 GLM-4V：GPT-4V 是指视觉版的 GPT-4（GPT-4 Vision），用户可以指示 GPT-4 分析输入的图像，这是 OpenAI 推出的最新功能。简而言之，GPT-4V 就是可以处理图像的 GPT-4。GLM-4V 则是基于 GLM 大模型能够处理输入图像的应用，正在发展过程中。

8.5.5 大模型微调

随着大模型被火热讨论，每个行业都在探索如何更好地应用大模型帮助到企业自身。微软、OpenAI、百度等公司已经在创建并迭代大模型的应用，但是由于计算成本等因素，大部分企业都没能创建自己的大模型。但是这并不代表着大模型无法为大部分公司所用，在大量基础模型开源分享之后，可以使用微调（fine tuning）的方法，训练出适合自己行业的大模型以及应用。

大模型微调是指在已经预训练好的大语言模型基础上，使用特定任务的数据集进行进一步的训练，以使模型适应特定任务或领域。这种方法通常用于自然语言处理（NLP）和计算机视觉等领域。例如：一个通用大模型涵盖了许多语言信息，并能够进行流畅的对话，但是如果需要在驾驶方面能够很好地回答使用者的问题，就需要为这个通用大模型提供很多新的相关数据，进行更精确的学习与理解，也就是对基础模型进行相应的微调。

大模型的微调从参数规模的角度可分成两条技术路线，即全量微调（FFT，full fine tuning）与参数高效微调（PEFT，parameter-efficient fine tuning）。

全量微调：表示预训练模型的所有层和参数都会被更新和优化，以适应新目标任务的需求。这种微调方法通常适用于任务和预训练模型之间存在较大差异的情况，或者任务需要模型具有高度灵活性和自适应能力的情况。全量微调虽然需要巨大的计算资源与训练时间，但是可以获得更好的性能。

参数高效微调：指对大模型的部分参数进行训练，这种方法的目的是在保留预训练模型的通用知识的同时，通过微调部分参数来适应特定的新任务。其会在微调过程中只更新模型的顶层或少数几层，而保持预训练模型的底层参数不变。因此参数高效微调通常适用于目标任务与预训练模型之间有一定相似性，或者任务数据集较小的情况。由于只更新少数参数，在某些情况下性能可能会有所降低，但是相对于全量微调需要更少的计算资源和训练时间，可以使预训练模型高效适配各种下游任务。

针对参数高效微调方法，比较流行的有 Adapter、Prefix Tuning 以及 LoRA 等方法。如图 8-17 所示，其中 Adapter 表示将较小的神经网络模块（称为 Adapter）插入预训练模型的中间层，微调时只训练 Adapter 参数；Prefix Tuning 表示在模型的输入或隐藏层添加多个可学习的前缀 tokens（不对应真实 tokens），微调时只训练前缀参数；LoRA 表示通过学习小参数的低秩矩阵来近似模型权重的参数更新，微调时只训练低秩矩阵参数。

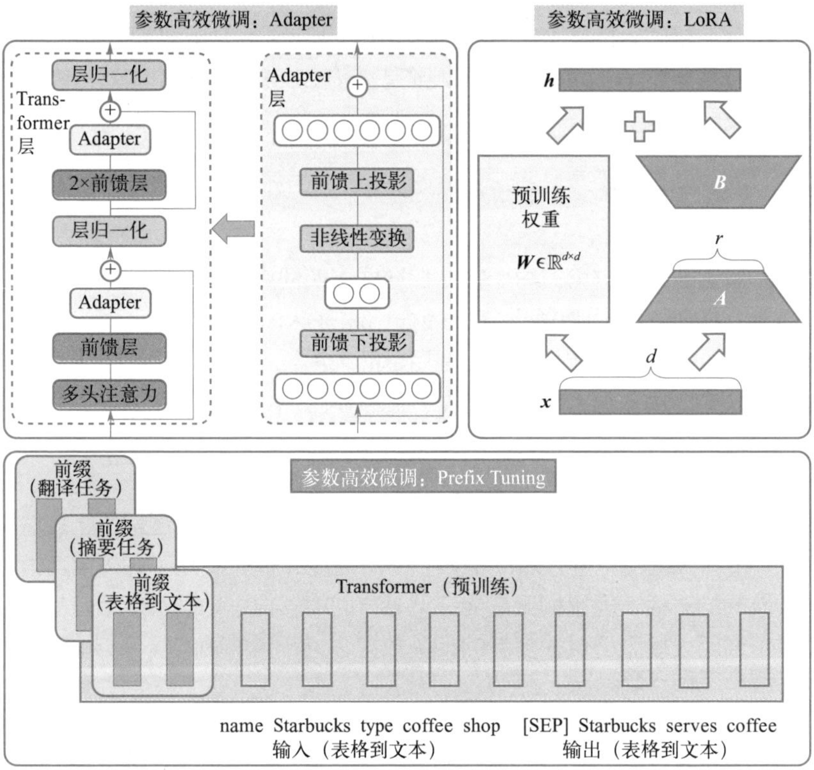

图 8-17 几种大模型参数高效微调方式示意图

参数高效微调 Adapter： 将 Adapter 结构嵌入 Transformer 的结构里面，针对每一个 Transformer 层，增加了两个 Adapter 结构（分别是多头注意力的投影之后和第二个前馈层之后）。在训练时，原来预训练模型的参数不变，只对新增的 Adapter 结构和层归一化进行微调，从而保证了训练的高效性。每个 Adapter 模块主要由两个前馈子层组成，第一个前馈下投影子层将 Transformer 块的输出作为输入，将原始输入维度 d（高维特征）投影到 m（低维特征），通过控制 m 的大小来限制 Adapter 模块的参数量，通常情况下 $m << d$。然后，中间通过一个非线性变换

层。在输出阶段，通过第二个前馈上投影子层还原输入维度，将 m（低维特征）重新映射回 d（原来的高维特征），作为 Adapter 模块的输出。同时，通过一个跳跃连接（skip connection）来将 Adapter 的输入重新加到最终的输出中去，这样可以保证，即便 Adapter 一开始的参数初始化接近 0，Adapter 也由于跳跃连接的设置而接近于一个恒等映射，从而确保训练的有效性。

参数高效微调 LoRA： 该方法的核心思想就是通过低秩分解来模拟参数的改变量，从而以极小的参数量来实现大模型的间接训练。该方法会在原始的预训练旁边增加一个新的通路，使前后两个矩阵 $\boldsymbol{A}$ 与 $\boldsymbol{B}$ 相乘，第一个矩阵 $\boldsymbol{A}$ 负责降维，第二个矩阵 $\boldsymbol{B}$ 负责升维，中间层维度为 r。可训练层维度和预训练模型层维度一致，为 d，先将维度 d 通过全连接层降维至 r，再从 r 通过全连接层映射回 d 维度，其中，$r << d$，r 是矩阵的秩，这样矩阵计算就从 $d \times d$ 变为 $d \times r + r \times d$，参数量减少很多。在下游任务训练时，固定模型的其他参数，只优化新增的两个矩阵的权重参数，将预训练权重与新增的通路两部分的结果加起来作为最终的结果（两边通路的输入跟输出维度是一致的），即 $\boldsymbol{h} = \boldsymbol{W}\boldsymbol{x} + \boldsymbol{B}\boldsymbol{A}\boldsymbol{x}$。第一个矩阵 $\boldsymbol{A}$ 的权重参数会通过高斯函数初始化，而第二个矩阵 $\boldsymbol{B}$ 的权重参数则会初始化为零矩阵，这样能保证训练开始时新增的通路 $\boldsymbol{BA}=\boldsymbol{O}$，从而对模型结果没有影响。

参数高效微调Prefix Tuning： 提出固定预训练大模型，为大模型添加可训练、任务特定的前缀，这样就可以为不同任务保存不同的前缀，微调成本小；同时，这种 Prefix 实际就是连续可微的软提示 token，相比离散的 token，更好优化，效果更好。

每种大模型微调的方法都会有不同的微调流程、方式、准备工作和周期。然而大部分的大模型微调的一般步骤可以总结为：

① 选择预训练模型：选择一个在大规模数据集上进行了预训练的基础模型。在 NLP 领域，常用的预训练模型包括 BERT、GPT、ChatGLM-130B 等；在计算机视觉领域，常用的预训练模型包括 ResNet、EfficientNet、ViT、Swin Transformer 等。

② 准备数据集：准备用于微调的特定任务的数据集。这个数据集应该与预训练模型的数据分布相似，并且包含标注好的样本。例如，在情感分类任务中，数据集可能包括文本和相应的情感标签。

③ 修改模型结构（可选）：根据特定任务的需求，可能需要对预训练模型结构进行一些微调。例如，对于 NLP 任务，可能需要添加一些额外的层来适应特定的任务，如分类层或序列标注层。

④ 微调模型：使用特定任务的数据集对预训练模型进行微调。在微调过程中，通常采用较小的学习率，并且使用更短的训练周期。微调的目标是在保留预训练模型的通用知识的同时，使模型能够更好地适应特定任务的特征。

⑤ 评估性能：完成微调后，使用独立的验证集或测试集评估模型的性能。根据评估结果来调整模型和训练策略，以进一步提高模型的性能。

⑥ 应用模型：最后，将微调后的模型应用于实际任务中，并进行必要的优化和部署，以实现期望的效果。

大模型微调是一种有效的迁移学习方法，能够在相对较少的数据上快速构建和训练模型，并在各种特定任务上取得良好的性能。

8.6 多模态大模型

模态是指表达或感知事物的方式，例如：人类的听觉、视觉、触觉等。在人工智能领域，多模态是指利用多种模态的信息来进行感知和理解。多模态技术可以让机器同时接收并处理来自不同模态的信息，如文本、图像、音频等，从而提高机器的感知和理解能力。其优势是能够将不同模态的信息相互补充，提高信息的完整性和准确性。例如，在语音识别中，结合语音和文本信息，可以让机器更准确地识别和理解语音内容。在图像识别中，结合图像和文本信息，可以让机器更深入地理解图像内容。

8.6.1 主流多模态大模型

多模态大语言模型（multimodal large language models，MM-LLM）简称多模态大模型，是指利用大规模数据进行训练的、能够处理多种模态信息的深度学习模型。多模态大模型通过融合不同模态的信息，实现了对复杂世界的全面感知和理解，让机器能够更好地理解人类的意图和需求，为 AI 技术的发展带来了新的飞跃。图 8-18 根据时间线展示了多模态大模型的发展情况。

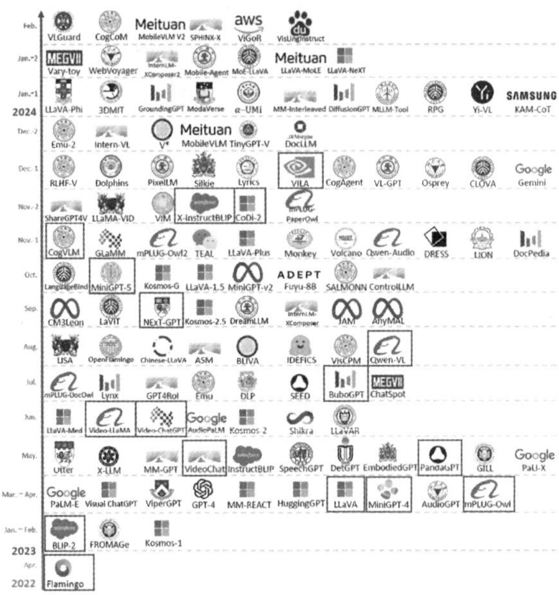

图 8-18 多模态大模型发展时间线

针对图 8-18 中的一些经典的多模态大模型，下面会进行一些简单的介绍：

① Flamingo 是一个视觉语言模型，专为处理交错的视觉数据和文本而设计。它能够理解和生成与图像内容相关的自由形式文本。Flamingo 通过结合视觉和文本模态，提高了模型在视觉问答（VQA）等任务上的性能。

② BLIP-2 是一个资源高效的框架，它使用轻量级的 Q-Former 来桥接视觉和语言模态之间的差距。BLIP-2 利用冻结的 LLM（大模型）进行零样本图像到文本的生成任务，减少了计算资源的需求。

③ LLaVA（large language and vision assistant，大型语言和视觉助手）是一个多模态大模型，它将指令调优（instruction tuning）技术引入多模态领域。LLaVA 通过创建一个开源的多模态指令跟随数据集，解决了数据稀缺的问题，并提供了 LLaVA-Bench 基准测试，用于评估模型在多模态任务上的性能。图 8-19 展示的是 LLaVA 多模态大模型使用示例。

图 8-19　LLaVA 多模态大模型使用示例

④ MiniGPT-4 是一个高效复制 GPT-4 能力的简化模型，它通过训练一个线性层来对齐预训练的视觉编码器和 LLM，同时保持模型的轻量化。图 8-20 展示的是 MiniGPT-4 多模态大模型使用示例。

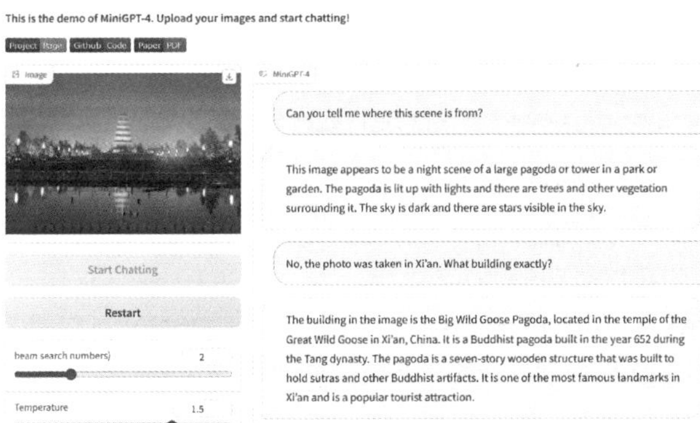

图 8-20　MiniGPT-4 多模态大模型使用示例

⑤ mPLUG-Owl 是一个结合了视觉上下文信息的模块化多模态训练框架，该框架包括一个名为 OwlEval 的指令评估数据集，用于评估模型在多模态任务中的

性能。mPLUG-Owl 的设计允许模型在保持语言理解能力的同时，有效地处理视觉内容。

⑥ VideoChat 是一个专注于视频理解对话的多模态大模型。其通过整合时空视觉表示，能够生成关于视频内容的讨论。VideoChat 为视频对话任务设定了新的标准，并为学术界和工业界提供了研究和应用的协议。

⑦ PandaGPT 是一个开创性的通用多模态大模型，它能够处理和执行跨 6 种不同模态（文本、图像 / 视频、音频、热图、深度和惯性测量单元）的指令。

⑧ Video-LLaMA 允许大语言模型（即大模型，LLM）同时处理视频的视觉和音频内容。该框架利用多分支交叉模态预训练，实现视觉和语言模态之间的对齐，以及音频和语言模态之间的对齐，从而提高了模型在视频理解任务上的性能。

⑨ Video-ChatGPT 是一个专门为视频对话设计的模型，它能够通过整合视频的时空视觉表示来生成关于视频内容的讨论，适合用于理解和生成与视频内容相关的自然语言对话。

⑩ BuboGPT 通过学习图像、文本和音频之间的细粒度关系，构建一个在共享语义空间上的模型，实现了对多模态内容的全面理解。

⑪ Qwen-VL（通义千问）是一个支持英语和中文的多语言 MM-LLM。并且在训练阶段允许输入多张图像，提高了模型在理解视觉上下文方面的能力。Qwen-VL 在多语言和多模态任务中表现出色。图 8-21 展示的是通义千问多模态大模型使用示例。

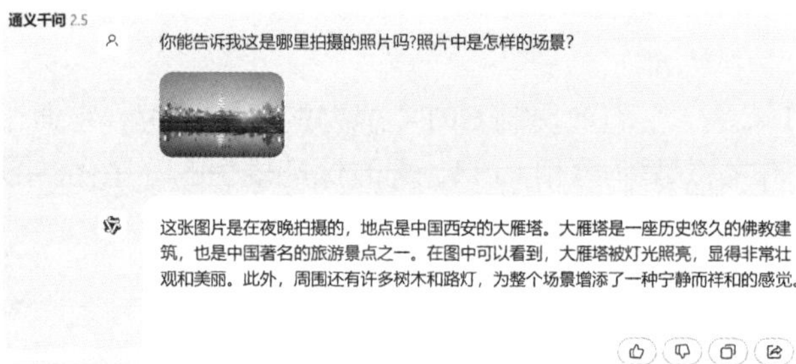

图 8-21　Qwen-VL（通义千问）多模态大模型使用示例

⑫ NExT-GPT 是一个端到端的 any to any 的通用 MM-LLM，它支持图像、视频、音频和文本的自由输入和输出。NExT-GPT 采用了轻量级的对齐策略，利用 LLM 为中心的编码阶段和指令跟随的解码阶段。

⑬ MiniGPT-5 是一个集成了逆向生成 vokens（特殊的视觉 token）与 Stable Diffusion 的 MM-LLM。它在多模态生成任务中表现出色，尤其是在生成与视觉内容相关的文本方面。

⑭ CogVLM（cognitive vision-language model，认知视觉语言模型）使用 Eva-2-CLIP ViT，展示了图像和文本之间的细粒度关系。CogVLM 在视觉语言任务中表现出色，能够理解和生成与图像内容相关的文本。

⑮ X-InstructBLIP 是一个支持图像、视频、音频和 3D 模态的 MM-LLM。

⑯ CoDi-2（continual dialogue，持续对话）是一个多模态大模型，它使用 ImageBind 处理图像、视频和音频模态。CoDi-2 在多模态对话任务中表现出色，能够处理复杂的对话场景。

⑰ VILA（visual language model，视觉语言模型）在理解和生成与图像内容相关的文本方面表现出色，同时保持了文本模态的处理能力。

8.6.2 多模态大模型架构

MM-LLM 通过利用现有的预训练单模态基础模型，特别是强大的大语言模型（LLM），来增强对多模态输入或输出的支持。这些模型不仅保留了 LLM 的固有推理和决策能力，还赋予了多种多模态任务的能力。MM-LLM 的模型架构通常由五个关键组件构成，每个组件都有其特定的功能和实现方式。MM-LLM 的通用模型架构如图 8-22 所示。

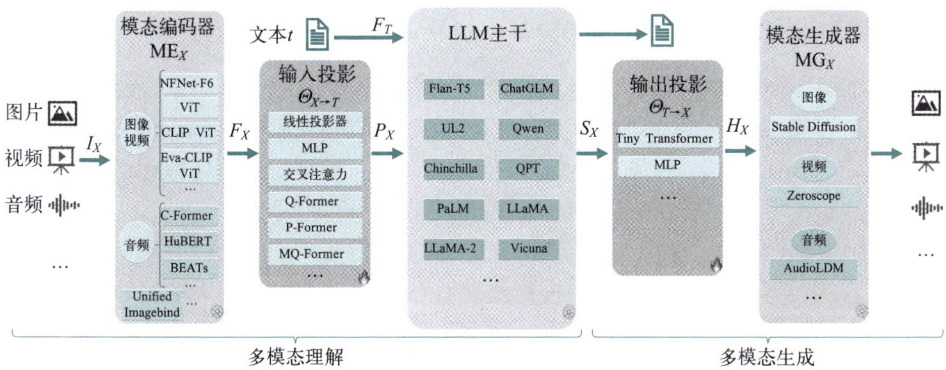

图 8-22 MM-LLM 的通用模型架构以及每个组件的实现选择

（1）模态编码器（modality encoder，ME）

模态编码器的功能是将来自不同模态（如图像、视频、音频等）的输入编码成特征表示。对于图像，常用的编码器有：NFNet-F6、ViT、CLIP ViT 和 Eva-CLIP ViT 等。对于视频，通常将视频均匀采样成 5 帧图像，然后进行与图像相同的预处理。常用的音频编码有：C-Former、HuBERT、BEATs 和 Whisper 等。

这些模态编码器为 MM-LLM 提供了处理和理解多种类型数据的能力，使得模型能够在多模态任务中有效地整合和利用来自不同源的信息。通过这些编码器，MM-LLM 能够更好地理解和生成与图像、视频、音频和 3D 数据相关的自然语言描述。

（2）输入投影器（input projector，IP）

输入投影器的功能是将模态编码器输出的特征与文本特征空间对齐，以便输入 LLM 主干。通常可以通过线性投影器或多层感知机（MLP）实现，也可以使用更复杂的实现，例如：交叉注意力（cross-attention）、Q-Former、P-Former 或 MQ-Former。这些方法可以通过不同的机制将输入特征映射到 LLM 可以理解的表示空间中。

这些输入投影器的设计旨在提高模型对多模态输入的理解能力，使 MM-LLM 能够在处理图像、视频、音频等非文本数据时，与文本数据进行有效的交互。通过这些投影器，模型能够将不同模态的信息融合在一起，生成更加丰富和准确的输出。

（3）LLM主干（LLM backbone）

LLM 主干功能是处理来自不同模态的表示，进行语义理解、推理和决策。LLM 主干通常是基于预训练的文本模型，例如：Flan-T5、GPT、BERT、LLaMA、ChatGLM、Qwen、OPT 等。它们能够处理多种模态的输入，并生成文本输出或信号令牌，指导模态生成器产生相应的多模态内容。

（4）输出投影器（output projector, OP）

输出投影器的功能是将 LLM 主干产生的信号令牌映射成模态生成器可以理解的特征。通常由 Tiny Transformer 或 MLP 实现，其中 Tiny Transformer 是一种轻量级的 Transformer 模型。针对 LLM 主干模型的输出，这些投影器可以将信号令牌转换为条件文本表示，方便模态生成器生成相应的多模态内容。

输出投影器的设计对于 MM-LLM 的性能至关重要，因为它们直接影响到模型生成内容的质量。MM-LLM 通过投影器能够在保持文本生成能力的同时，有效地处理和生成图像、视频、音频等多模态数据。

（5）模态生成器（modality generator, MG）

模态生成器功能是根据 LLM 主干的输出生成特定模态的输出，如：图像、视频、音频等。对于图像的生成，可以使用基于扩散模型的生成器（如 Stable Diffusion）；对于视频，可以使用基于时间序列的生成器（如 Zeroscope）；对于音频，可以使用基于音频变换器的生成器（如 AudioLDM）等。

8.6.3 多模态大模型未来趋势

在 MM-LLM 中这些组件共同工作，使得 MM-LLM 能够有效地处理和生成多模态内容。在 MM-LLM 的训练过程中，输入和输出投影器通常是轻量级组件，而 LLM 主干则是模型的核心组件，由于其训练成本很高，通常会保持冻结状态，来减少训练成本。这样 MM-LLM 才能在保持高效训练的同时，实现对多模态任务的强大支持。

下面列出一些多模态大语言模型（MM-LLM）潜在的研究方向和可能趋势：

① 扩展模态：目前 MM-LLM 主要支持图像、视频、音频和文本等模态。未来的研究可以探索如何将模型扩展到其他模态，如网页、热图、图表和文档内容，以提高模型的通用性和适用性。

② 多样化 LLM：使用不同类型和规模的 LLM 可以为研究人员提供更多选择，以根据特定任务的需求定制模型。

③ 加强生成能力：尽管一些 MM-LLM 已经具备生成能力，但生成质量仍有提升空间。

④ 移动与轻量级部署：在资源受限的平台上部署 MM-LLM，如移动设备和物联网设备，需要模型更加轻量化。

⑤ 模型可解释性和透明度：提高模型的可解释性和透明度，使得用户和开发者能够理解模型的决策过程，这对于建立信任和确保模型的公平性和安全性至关重要。

⑥ 伦理和社会责任：随着 MM-LLM 在社会中的应用越来越广泛，研究需要关注模型的伦理影响，确保其在处理敏感数据和执行关键任务时的安全性和公正性。

8.7 本章小结

本章主要介绍了在人工智能任务中，与自然语言处理相关的应用与内容。其中针对文本数据处理与特征表示过程，介绍了字符串处理、分词、词频统计与可视化、N-gram 模型、TF-IDF 特征、词嵌入等内容。然后针对文本聚类任务，主要介绍了 LDA 主题模型与常见的深度文本聚类模式。针对文本分类模型则是介绍了经典的深度文本分类模型 FastText、TextCNN、TextRNN 等。最后对大模型以及多模态大模型进行了相应的介绍，例如：BERT、GPT、大模型微调等内容。

第9章

实战案例1:药物活性预测回归分析实战

本章的内容是一个针对回归问题分析与应用的综合实战案例，将会介绍如何利用数据可视化、数据分析以及人工智能中经典的回归分析算法，进行药物活性预测。该案例数据来自 2021 年中国研究生数学建模竞赛 D 题（抗乳腺癌候选药物分析），主要关注原问题中与回归分析相关的内容，下面首先介绍问题的基本情况以及会使用到的数据。

（1）问题背景介绍

乳腺癌是目前世界上最常见、致死率较高的癌症之一。乳腺癌的发展与雌激素受体密切相关，有研究发现，雌激素受体 α 亚型（estrogen receptors alpha，ERα）在不超过 10% 的正常乳腺上皮细胞中表达，但在 50% ～ 80% 的乳腺肿瘤细胞中表达；而对 ERα 基因缺失小鼠的实验结果表明，ERα 确实在乳腺发育过程中扮演了十分重要的角色。目前，抗激素治疗常用于 ERα 表达的乳腺癌患者，其通过调节雌激素受体活性来控制体内雌激素水平。因此，ERα 被认为是治疗乳腺癌的重要靶标，能够拮抗 ERα 活性的化合物可能是治疗乳腺癌的候选药物。比如，临床治疗乳腺癌的经典药物他莫昔芬和雷诺昔芬就是 ERα 拮抗剂。

目前，在药物研发中，为了节约时间和成本，通常采用建立化合物活性预测模型的方法来筛选潜在活性化合物。具体做法是：针对与疾病相关的某个靶标（此处为 ERα），收集一系列作用于该靶标的化合物及其生物活性数据，然后以一系列分子结构描述符作为自变量，化合物的生物活性值作为因变量，构建化合物的定量结构 - 活性关系（quantitative structure-activity relationship，QSAR）模型，然后使用该模型预测具有更好生物活性的新化合物分子，或者指导已有活性化合物的结构优化。

（2）数据集介绍及建模目标

本章针对乳腺癌治疗靶标 ERα，首先提供了 1974 个化合物对 ERα 的生物活性数据。这些数据包含在文件“ERα_activity.xlsx”的 training 表（训练集）中。training 表包含 3 列：第一列提供了 1974 个化合物的结构式，用一维线性表达式 SMILES（simplified molecular input line entry system，简化分子线性输入规范）表示；第二列是化合物对 ERα 的生物活性值（用 IC50 表示，为实验测定值，单位是 nM，值越小代表生物活性越大，对抑制 ERα 活性越有效）；第三列是将第二列 IC50 值转化而得的 pIC50（即 IC50 值的负对数，该值通常与生物活性具有正相关性，即 pIC50 值越大表明生物活性越高；实际 QSAR 建模中，一般采用 pIC50 来表示生物活性值）。该文件另有一个 test 表（测试集），里面提供有 50 个化合物的 SMILES 式。

其次，在文件“Molecular_Descriptor.xlsx”的 training 表（训练集）中，给出了上述 1974 个化合物的 729 个分子描述符信息（即自变量）。其中第一列也是化合物的 SMILES 式（编号顺序与上个文件中一样），其后共有 729 列，每列代表化合物的一个分子描述符（即一个自变量）。化合物的分子描述符是一系列用于描述化合物的结构和性质特征的参数，包括物理化学性质（如分子量、logP 等）、拓扑结构特征（如氢键供体数量、氢键受体数量等）等。关于每个分子描述符的具体含义，请参见文件“分子描述符含义解释 .xlsx”。同样地，该文件也有一个 test 表，里面给出了上述 50 个测试集化合物的 729 个分子描述符。

建模目标：根据提供的 ERα 拮抗剂信息（1974 个化合物样本，每个样本都有 729 个分子描述符变量，1 个生物活性数据），构建化合物生物活性的定量预测模型，从而为优化 ERα 拮抗剂的生物活性提供预测服务。

针对该问题与数据主要会探索分析以下 2 个目标：

目标 1: 根据文件“Molecular_Descriptor.xlsx”和“ERα _activity.xlsx”提供的数据，针对 1974 个化合物的 729 个分子描述符进行数据预处理以及特征选择，根据变量对生物活性影响的重要性进行排序，获取前 20 个对生物活性具有显著影响的分子描述符（即变量）。

目标 2: 请结合目标 1，选择不超过 20 个分子描述符变量，构建化合物对 ERα 生物活性的定量预测模型。

因此针对提供的数据集，主要会分以下几个步骤对数据进行相应的分析与建模：数据预处理与探索、数据特征选择，以及尝试多种回归模型，并比较它们对数据的预测效果。本章的分析与预测会基于 Python 来完成，下面首先导入会使用的一些库与模块，程序如下所示：

```
In[1]:## 导入需要的库
      import numpy as np
      import pandas as pd
      import matplotlib.pyplot as plt
      import plotly.express as px
      import plotly.figure_factory as ff
      from itertools import combinations
      from sklearn.feature_selection import SelectKBest, mutual_info_
regression
      from sklearn.preprocessing import StandardScaler
      from sklearn.model_selection import train_test_split,GridSearchCV
      from sklearn.metrics import *
      from sklearn.ensemble import RandomForestRegressor, GradientBoosting
Regressor
      from sklearn.linear_model   import   LinearRegression,Lasso
      from sklearn.svm import SVR
      import statsmodels.api as sm
```

9.1 数据预处理与探索

针对待处理的问题，首先是对待使用的数据进行预处理与探索性分析，观察数据的分布、关系等情况。

9.1.1 自变量数据可视化探索

针对自变量（特征）数据集，使用下面的程序导入数据，并查看数据的前几行等内容，可以发现数据有 729 列。

```
In[2]:## 导入数据
      MDdf = pd.read_excel("data/chap09/Molecular_Descriptor.xlsx",
                           sheet_name = "training")
      ## 提取数据中要使用的特征数据
      train_x = MDdf.iloc[:,1:]
      train_x.head()
Out[2]:
```

	nAcid	ALogP	ALogp2	AMR	apol	naAromAtom	nAromBond	nAtom	nHeavyAtom	nH	...	MW	WTPT-1	WTPT-2	WTPT-3
0	0	-0.2860	0.081796	126.1188	74.170169	12	12	64	31	33	...	439.218115	64.771680	2.089409	15.471445
1	0	-0.8620	0.743044	131.9420	80.357341	12	12	70	33	37	...	467.249415	68.960024	2.089698	15.486947
2	0	0.7296	0.532316	139.9304	74.064997	18	18	62	33	29	...	463.181729	68.748923	2.083301	18.011114
3	0	-0.3184	0.101379	133.4822	80.357341	12	12	70	33	37	...	467.249415	68.883696	2.087385	15.468365
4	0	1.3551	1.836296	143.1903	76.356583	18	18	64	33	31	...	461.202465	68.883696	2.087385	15.468365

5 rows × 729 columns

由于数据集中的自变量较多，所以在进行数据自变量之间关系、分布等形式的可视化时会很不方便。因为可视化图像的大小有限，会存在一幅图像中无法可视化较多自变量的情况，因此我们会尽可能地使用较简单的可视化方法，对数据进行分析。

（1）自变量的数据分布可视化

首先使用下面的程序，从数据的自变量中，随机地抽取 60 个自变量，可视化每列数据的密度曲线图，观察数据的分布情况，可获得可视化图像（图 9-1）。

```
In[3]:## 由于自变量较多,这里随机地抽取一些自变量进行数据的可视化
      np.random.seed(12)  # 设置随机数种子
      varindexnum = 60    # 随机抽取n个变量
      varindex = np.random.permutation(train_x.columns.values)
[0:varindexnum]
      plt.figure(figsize=(20,12))
      for ii,varname in enumerate(varindex):
          plt.subplot(6,10,ii+1)
          sns.kdeplot(data=train_x, x=varname,lw = 2)
          plt.xlabel("");plt.ylabel("")
          plt.gca().axes.get_yaxis().set_visible(False)
          plt.title(varname)
      plt.subplots_adjust(hspace=0.8,wspace = 0.2)
      plt.show()
```

从图 9-1 中可以发现：有些变量的密度估计是空的，可能原因是这些变量的取值很可能只有一个值，所以无法进行密度估计，这样的特征在后续的处理中可直接剔除，而且不同变量之间的数据分布差异也较大。

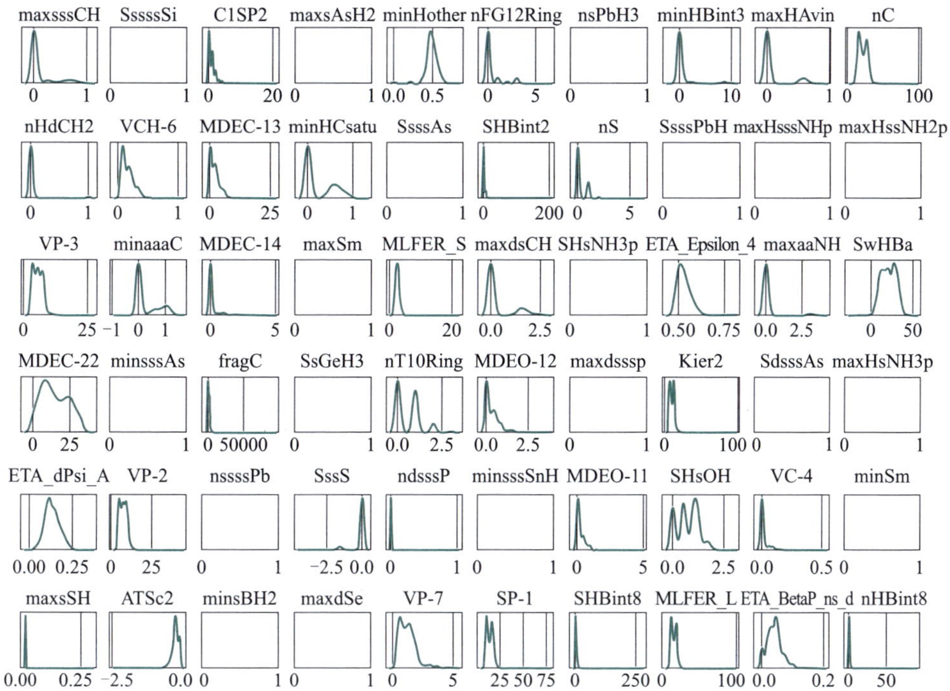

图 9-1 自变量的数据分布情况

（2）相关系数热力图可视化

如果想要分析变量之间的相关性，可以使用相关系数热力图进行数据可视化，下面会先剔除数据中取值较为单一的变量，获得只剩下 504 个变量的数据，然后使用相关系数热力图进行数据可视化，可获得可视化图像（图 9-2）。

```
In[4]:## 计算每个特征的取值情况
      train_x_val = train_x.apply(func = lambda x:len(np.unique(x)))
      ## 只保留取值数量大于1的特征变量
      usevar_name = train_x_val[train_x_val.values > 1].index.values
      train_x = train_x[usevar_name]
      print(train_x.shape)  ## 数据中还剩余504个特征
Out[4]: (1974, 504)
In[5]:## 可视化这些特征之间的相关系数热力图
      train_x_corr = train_x.corr()
      fig = px.imshow(train_x_corr,width=900,height=800,
                      title = "特征相关系数热力图",
                      color_continuous_scale = px.colors.sequential.Viridis)
      fig.update_layout(title={"x":0.5,"y":0.9})
      fig.show()
```

图 9-2 是通过 plotly 库获得的可交互的图像；而且从图像中可以发现特征之间有些高亮的块，说明这些特征之间有较强的自相关性，数据特征中包含一些信息冗余。

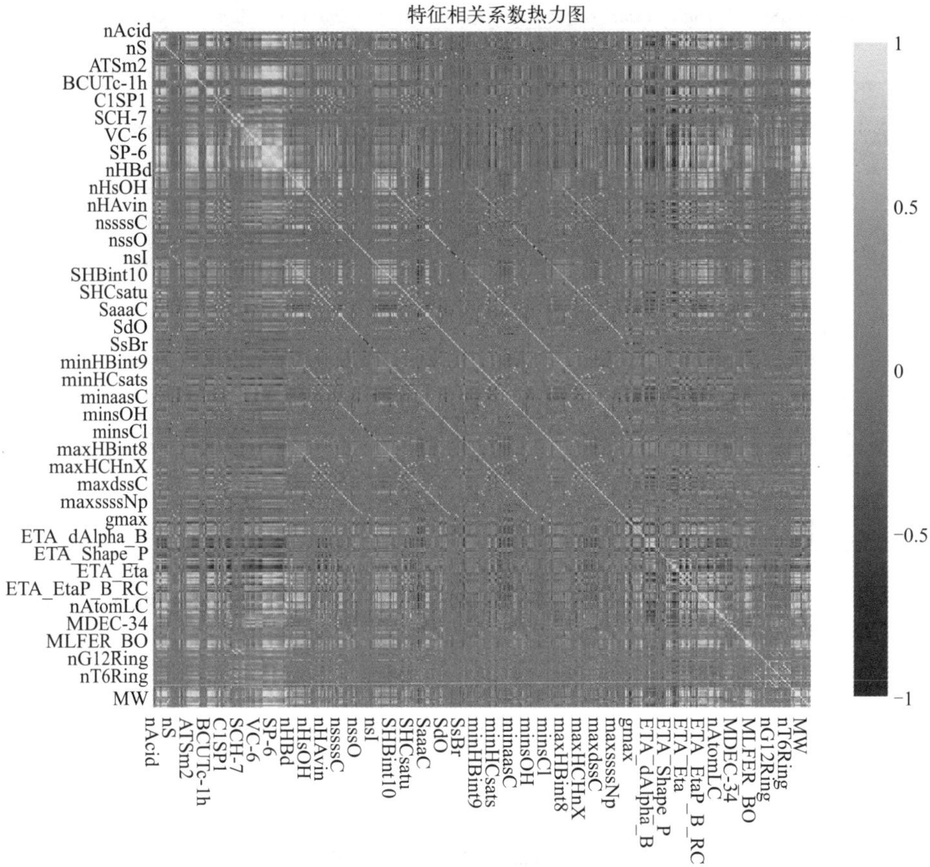

图 9-2　数据特征相关系数热力图

9.1.2 因变量数据可视化探索

下面导入待预测的目标数据，程序如下所示：

```
In[6]:## 导入数据的待预测值，我们关注与待预测的变量为pIC50
      MDdfy = pd.read_excel("data/chap09/ERα_activity.xlsx",
                            sheet_name = "training")
      MDdfy.head()
Out[6]:
```

	SMILES	IC50_nM	pIC50
0	Oc1ccc2O[C@H]([C@H](Sc2c1)C3CCCC3)c4ccc(OCCN5C...	2.5	8.602060
1	Oc1ccc2O[C@H]([C@H](Sc2c1)C3CCCCCC3)c4ccc(OCCN...	7.5	8.124939
2	Oc1ccc(cc1)[C@H]2Sc3cc(O)ccc3O[C@H]2c4ccc(OCCN...	3.1	8.508638
3	Oc1ccc2O[C@H]([C@@H](CC3CCCCC3)Sc2c1)c4ccc(OCC...	3.9	8.408935
4	Oc1ccc2O[C@H]([C@@H](Cc3ccccc3)Sc2c1)c4ccc(OCC...	7.4	8.130768

针对待预测的数据变量 pIC50，同样需要查看数据的分布情况，下面的程序则是使用直方图，可视化出变量 pIC50 在剔除异常值前后的数据分布情况（剔除的异常值为小于 4 或大于 10 的几个样本）。运行程序后可获得图 9-3。

```
In[7]:## 提取数据中要分析的生物活性数据，查看数据分布情况
      train_y = MDdfy.iloc[:,2]
      plt.figure(figsize = (12,7))
      ax = plt.subplot(2,1,1)
      train_y.plot(kind = "hist",bins = 80,ax = ax)
      plt.title("pIC50的数据分布情况(剔除异常值前)")
      ## 根据数据的分布情况，剔除异常值，即剔除小于4或大于10的几个样本
      dataindex = (train_y < 4) | (train_y > 10)
      train_y = train_y[~dataindex]    # 数据筛选后的因变量
      train_x = train_x[~dataindex]  # 数据筛选后的自变量
      ## 可视化筛选后的数据分布
      ax = plt.subplot(2,1,2)
      train_y.plot(kind = "hist",bins = 80,ax = ax)
      plt.title("pIC50的数据分布情况(剔除异常值后)")
      plt.tight_layout()
      plt.show()
```

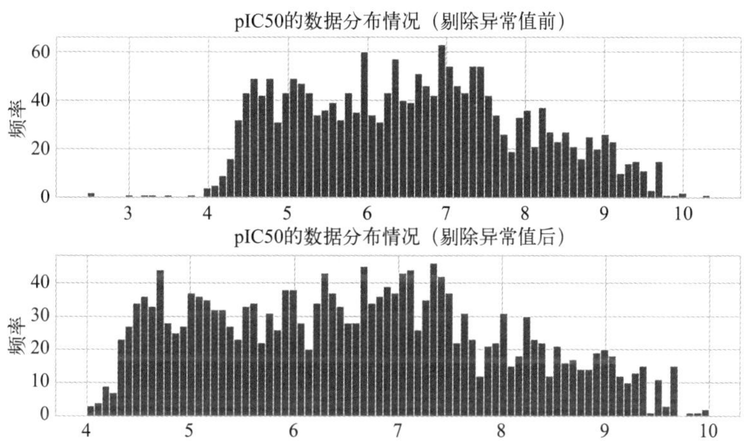

图 9-3　因变量的数据分布情况

下面分析数据中的自变量与因变量之间的相关性，可以使用相关系数进行分析。为了方便分析相关系数的大小情况，使用下面的程序可视化出相关系数取值大小的分布直方图，可获得图 9-4。从图像中可以发现大部分的自变量与因变量之间的相关系数取值较小（−0.2 ～ 0.2），而且相关系数较大的值也只在 0.4 附近，这也说明了自变量与待预测变量之间的线性相关性较弱。

```
In[8]:## 计算相关系数
      varcorr = []
      for ii in train_x.columns.values:
          corrii = np.corrcoef(train_x[ii],train_y.values)
          varcorr.append(corrii[0,1])
```

```
        varcorrdf = pd.DataFrame({"varname":train_x.columns.values,
                                  "varcorr": varcorr})
    ## 可视化相关系数的取值分布情况
    varcorrdf.varcorr.plot(kind = "hist",bins = 40,figsize = (12,6))
    plt.xlabel("相关系数大小")
    plt.title("自变量和因变量相关系数大小的分布情况")
    plt.show()
```

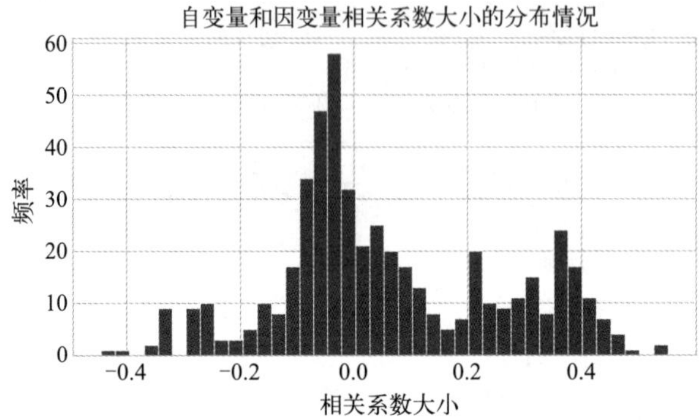

图 9-4　自变量与因变量相关系数大小分布情况

针对自变量与待预测变量之间的关系，也可以使用散点图进行可视化分析。同样由于自变量较多，仍然随机抽取一些自变量对数据进行可视化。运行下面的程序后可获得图 9-5。

```
In[9]:## 由于自变量较多，这里随机地抽取一些自变量进行数据的可视化
      np.random.seed(123)  # 设置随机数种子
      varindexnum = 60     # 随机抽取n个变量
      varindex = np.random.permutation(train_x.columns.values)[0:
varindexnum]
      plt.figure(figsize=(20,10))
      for ii,varname in enumerate(varindex):
          plt.subplot(6,10,ii+1)
          plt.scatter(train_x[varname],train_y,marker = ".")
          plt.title(varname)
      plt.subplots_adjust(hspace=0.8,wspace = 0.4)
      plt.show()
```

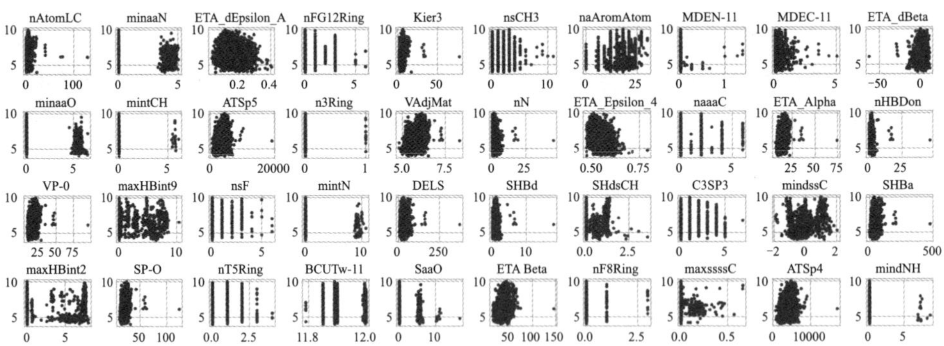

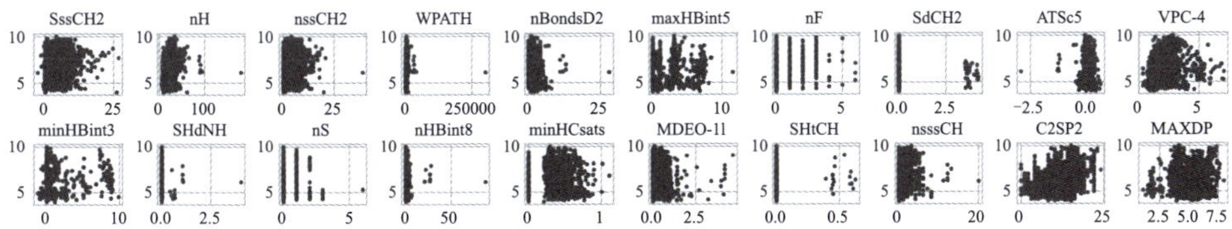

图 9-5　自变量与因变量散点图可视化

经过前面对数据进行简单的探索性可视化分析后，已经对数据的分布、相关关系有了直观的认识，下面将会进行更深入的分析。

9.2　数据特征选择

下面继续对数据进行分析，选择数据中较重要的数据特征，从而方便后续的数据预测。在进行数据特征选择之前，先将数据进行标准化预处理。程序如下所示：

```
In[10]:## 数据先进行标准化预处理
      Featname = train_x.columns    # 数据中变量特征的名称
      Std = StandardScaler()
      train_x = Std.fit_transform(train_x)
      print(train_x.shape)
      print(train_y.shape)
Out[10]:(1964, 504)
        (1964,)
```

数据特征选择的方法有很多，下面则是利用回归互信息筛选较重要的前 20 个特征。该方法会分别计算每个自变量与待预测变量之间的互信息，从而度量特征的重要性。获得的较重要特征为：BCUTc-1l、BCUTc-1h、SHBd 等。

```
In[11]:## 特征选择方法：根据回归互信息筛选
       KbestF = SelectKBest(mutual_info_regression, k=20)
       KbestF_train_x = KbestF.fit_transform(train_x,train_y.values)
       FeatnameKF = Featname[KbestF.get_support()]
       print("选择出的较重要特征:\n", FeatnameKF)
       print("数据筛选后的维度:",KbestF_train_x.shape)
Out[11]:选择出的较重要特征:
       Index(['BCUTc-1l', 'BCUTc-1h', 'SHBd', 'SHsOH', 'SaaCH', 'SsOH',
'SssO',
             'minHBa', 'minwHBa', 'minHsOH', 'minaasC', 'minsOH', 'maxHBa',
             'maxHsOH', 'maxsOH', 'maxssO', 'MDEC-23', 'MLFER_A', 'WTPT-3',
             'WTPT-5'], dtype='object')
       数据筛选后的维度: (1964, 20)
```

针对每个特征的重要性得分，可以使用下面的程序进行可视化，可获得条形图（图 9-6）。

```
In[12]:## 可视化每个特征的得分情况
      KbestFdf = pd.DataFrame({"varname":Featname,"score":KbestF.scores_})
```

```
        KbestFdf = KbestFdf.sort_values(by="score", ascending = False).
reset_index(drop = True)
        KbestFdf["score"] = np.round(KbestFdf["score"],4)
        ## 可视化前60个特征的得分情况
        KbestFdf.iloc[0:80,:].plot(kind="bar",figsize=(14,6),x = "varname",
                                   y = "score",legend = False,width = 0.8)
        plt.vlines(x=19.7,ymin=0,ymax=0.35,colors="r",lw = 2)
        plt.xticks(fontsize = 10)
        plt.text(x = 10,y = 0.32,s = "前20个特征")
        plt.xlabel("特征");plt.ylabel("得分")
        plt.title("互信息选择的重要特征")
        plt.show()
```

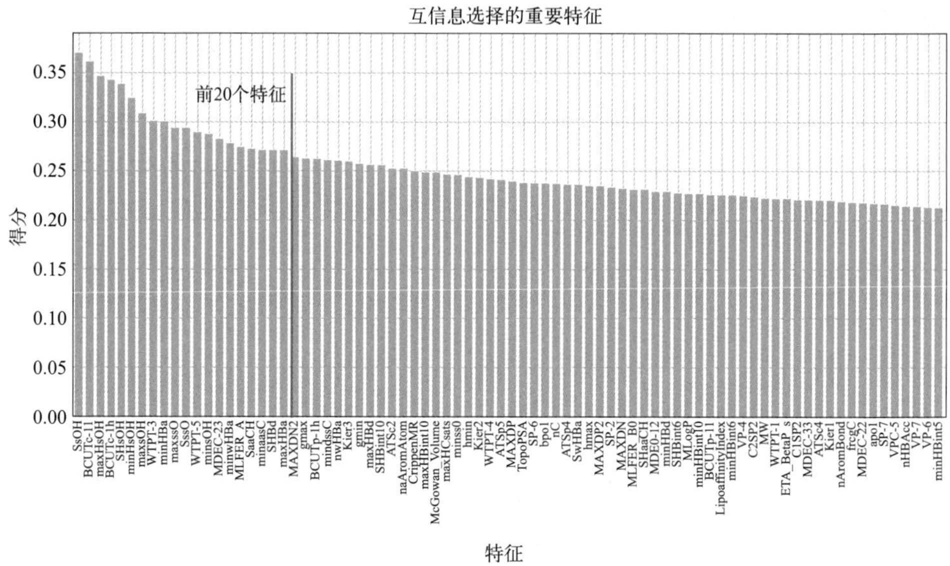

图 9-6　互信息选择重要特征

针对选择出的重要特征，可以分析它们与因变量之间的相关性，运行下面的程序可获得相关系数热力图（图 9-7）。

```
In[13]:## 获取数据中的重要特征
        train_x20 = KbestF_train_x
        train_x20df = pd.DataFrame(data=train_x20,columns=FeatnameKF)
        ## 可视化挑选出的特征和待预测变量之间的相关系数热力图
        train_x20df["pIC50"] = train_y.values   # 为20个特征的数据集添加y
        xyname = list(train_x20df.columns.values)
        ## 可视化这些特征之间的相关系数热力图
        train_x20dfcorr = train_x20df.corr()
        z_text = np.around(train_x20dfcorr.values, decimals=2)
        fig = ff.create_annotated_heatmap(z = train_x20dfcorr.values,
x = xyname,
                                          y = xyname, annotation_text = z_text)
        fig.update_layout(width=1000,height=700,title={"x":0.5})
        fig.show()
```

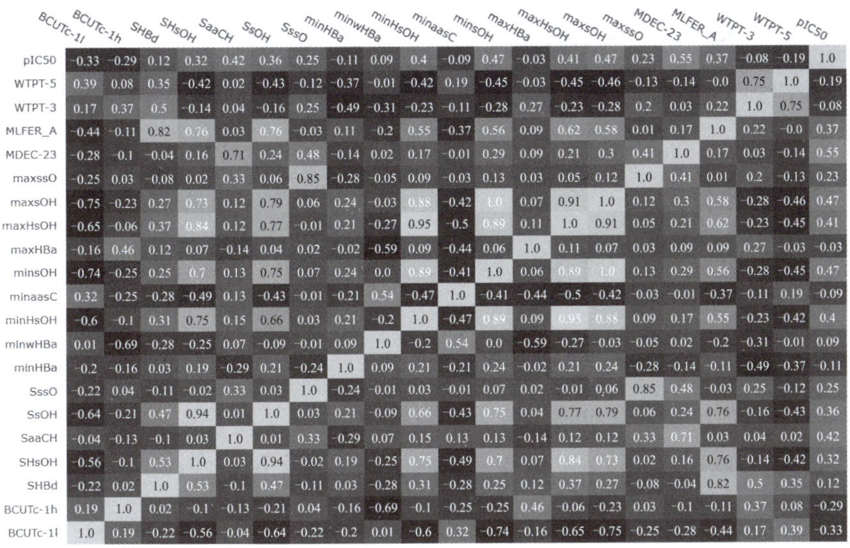

图 9-7　重要特征与因变量相关系数热力图

下面的程序则是可视化选择出的每个重要特征与因变量之间的散点图分布情况，运行程序后可获得图 9-8。从图像中可以发现自变量数据中可能存在一些异常样本，影响数据之间的关系。

```
In[14]:## 可视化挑选出来的20个特征和y的散点图情况
       plt.figure(figsize=(18,10))
       for ii,name in enumerate(FeatnameKF.values):
           ax = plt.subplot(4,5,ii+1)
           plotdf = pd.DataFrame({"x":train_x20[:,ii],"y":train_y})
           sns.regplot(x="x", y = "y",data = plotdf, marker=".",ax = ax)
           plt.xlabel(name);plt.ylabel("pIC50")
       plt.suptitle("各个特征和因变量之间的散点图")
       plt.tight_layout()
       plt.show()
```

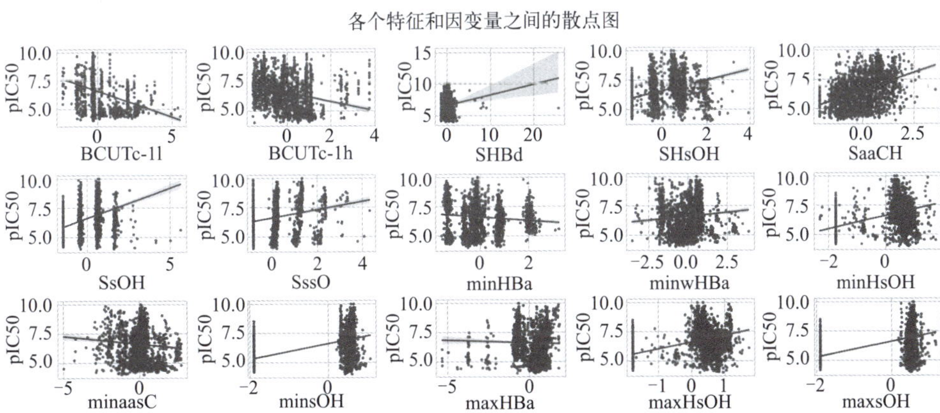

图 9-8

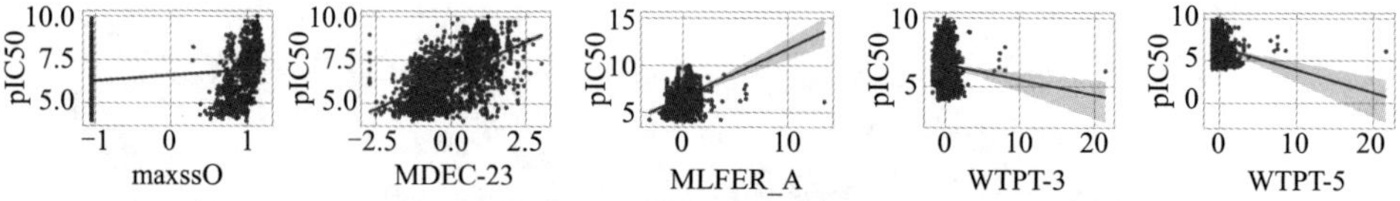

图 9-8 重要特征与因变量线性回归散点图

9.3 线性回归模型

针对该数据集的待分析目标，首先使用多元线性回归的方法进行分析。在分析前先将预处理好的数据随机地切分为训练集和验证集，其中训练集用于训练模型，验证集用于验证模型的效果。数据切分后，训练集有 1473 个样本，验证集有 491 个样本。

```
In[15]:## 数据切分为训练集和验证集
       X_train,X_val,y_train,y_val = train_test_split(
          train_x20,train_y.values,test_size = 0.25,random_state = 1)
       print("训练数据X_train.shape:",X_train.shape)
       print("验证数据X_val.shape: ",X_val.shape)
Out[15]:训练数据X_train.shape: (1473, 20)
        验证数据X_val.shape:  (491, 20)
```

为了方便回归模型预测结果的可视化，定义一个 RegressionPlot() 辅助函数，该函数主要用于可视化回归模型预测值与真实值之间的差异情况。

```
In[16]:## 定义一个可视化数据集上回归模型预测效果的函数
        def RegressionPlot(y,y_pre,title = "回归模型"):
            ## y:待预测因变量; y_pre: 因变量预测值
            plt.figure(figsize=(12,6))
            rmae = round(mean_absolute_error(y_val,y_pre),4)
            index = np.argsort(y)
            plt.plot(np.arange(len(index)),y[index],"b.",label = "原始数据")
            plt.plot(np.arange(len(index)),y_pre[index],"rs", markersize=5,
                     label = "预测值")
            plt.legend();plt.xlabel("Index");plt.ylabel("Y")
            plt.title(title+"(绝对值误差:"+str(rmae)+")")
            plt.show()
```

9.3.1 逐步线性回归预测

在前面的数据可视化探索与特征选择中，已经知道了数据的自变量之间的自相关性较强，因此下面建立一个逐步线性回归模型，从挑选出的 20 个自变量中选择更合适的特征，用于数据模型的预测。下面首先进行数据准备工作，将训练数据以及验证数据进行预处理，并且在数据集中添加常数项。

```
In[17]:## 使用statsmodels库进行多元线性回归分析，数据准备成数据表格的形式
       X_traindf = pd.DataFrame(data=X_train,columns=FeatnameKF)
       X_traindf = sm.add_constant(X_traindf)  # 为回归模型添加常数项
       X_valdf = pd.DataFrame(data=X_val,columns=FeatnameKF)
       X_valdf = sm.add_constant(X_valdf)     # 为回归模型添加常数项
       y_traindf = pd.DataFrame(data = y_train,columns=["pIC50"])
       y_valdf = pd.DataFrame(data = y_val,columns=["pIC50"])
```

针对逐步线性回归分析，由于自变量的数目并不是很多，因此可以使用搜索所有自变量组合的方式，建立多元线性回归模型，然后根据模型的相关评价指标，选择出最合适的模型，程序如下所示：

```
In[18]:## 利用逐步线性回归对多元线性回归进行变量挑选
       lmfeatname = X_traindf.columns[1:].values
       ## 根据BIC等指标，以及参与回归的自变量个数来找到合适的回归模型
       variable = [];aic = [];bic = [];Cond = [];R_squared = []
       ## 第一次循环获取所有的变量组合
       for ii in range(1,len(lmfeatname)):
          var = list(combinations(lmfeatname,ii))
          ## 第二次循环对每个变量组合进行回归分析
          for v in var:
              v = list(v)    # 转化为列表
              v.append("const")  # 添加常数项
              lm = sm.OLS(endog = y_traindf,exog = X_traindf[v]).fit()
              bic.append(lm.bic);aic.append(lm.aic);variable.append(v)
              Cond.append(lm.condition_number);R_squared.append(lm.
rsquared)
       ## 将输出的结果整理为数据表格
       df = pd.DataFrame()
       df["variable"] = variable;df["bic"] = bic;df["aic"] = aic
       df["Cond"] = Cond;df["R_squared"] = R_squared
       ## 将输出的参数根据BIC排序
       df = df.sort_values("bic",ascending=True).reset_index(drop=True)
       df.head()
Out[18]:
```

	variable	bic	aic	Cond	R_squared
0	[BCUTc-1l, BCUTc-1h, SHsOH, minHBa, maxHsOH, M...	4202.855243	4155.199735	5.694431	0.506783
1	[BCUTc-1h, SHsOH, minHBa, minHsOH, maxssO, MDE...	4203.252755	4155.597247	4.983174	0.506650
2	[BCUTc-1l, BCUTc-1h, SsOH, minHBa, maxsOH, MDE...	4203.965302	4156.309795	5.525277	0.506411
3	[BCUTc-1l, BCUTc-1h, SHsOH, minHBa, minHsOH, m...	4204.262196	4151.311632	11.685424	0.508751
4	[BCUTc-1l, BCUTc-1h, SsOH, minHBa, minsOH, MDE...	4204.757214	4157.101706	5.485368	0.506146

从上面的输出结果中可以发现根据 BIC 评价指标进行排序后，效果最好的多元线性回归模型只使用了 8 个自变量。下面则使用这 8 个自变量重新建立回归模型，并将模型在训练数据上的拟合结果输出，结果如下所示：

```
In[19]:## 建立多元线性回归模型并输出结果
       usefeature = df["variable"][0]
       lm = sm.OLS(endog = y_traindf,exog = X_traindf[usefeature]).fit()
       print(lm.summary())
Out[19]:
```

```
                            OLS Regression Results
==============================================================================
Dep. Variable:                  pIC50   R-squared:                       0.507
Model:                            OLS   Adj. R-squared:                  0.504
Method:                 Least Squares   F-statistic:                     188.0
Date:                Fri, 03 Nov 2023   Prob (F-statistic):          1.73e-218
Time:                        16:11:55   Log-Likelihood:                -2068.6
No. Observations:                1473   AIC:                             4155.
Df Residuals:                    1464   BIC:                             4203.
Df Model:                           8
Covariance Type:            nonrobust
==============================================================================
                 coef    std err          t      P>|t|      [0.025      0.975]
------------------------------------------------------------------------------
BCUTc-1l       0.1200      0.036      3.358      0.001       0.050       0.190
BCUTc-1h      -0.3581      0.027    -13.225      0.000      -0.411      -0.305
SHsOH         -0.5664      0.063     -9.033      0.000      -0.689      -0.443
minHBa        -0.2830      0.029     -9.600      0.000      -0.341      -0.225
maxHsOH        0.6031      0.052     11.495      0.000       0.500       0.706
MDEC-23        0.5784      0.028     20.425      0.000       0.523       0.634
MLFER_A        0.4980      0.050     10.017      0.000       0.400       0.596
WTPT-5        -0.2716      0.037     -7.342      0.000      -0.344      -0.199
const          6.5710      0.026    255.086      0.000       6.520       6.622
==============================================================================
Omnibus:                        4.732   Durbin-Watson:                   1.999
Prob(Omnibus):                  0.094   Jarque-Bera (JB):                5.214
Skew:                           0.064   Prob(JB):                       0.0738
Kurtosis:                       3.262   Cond. No.                         5.69
==============================================================================
```

从输出的结果中可以知道：回归模型的 R-squared（R^2）大约为 0.507，而且每个自变量 P 值均小于 0.05，表明每个自变量都是显著的，而且模型只有 8 个自变量，此时对应的回归模型为：

$$
\begin{aligned}
&\text{pIC50} = 6.5710 + 0.12\times(\text{BCUTc}-1\text{l}) - 0.3581\times(\text{BCUTc}-1\text{h}) - 0.5664\times \\
&\text{SHsOH} - 0.2830\times\text{minHBa} + 0.6031\times\text{maxHsOH} + 0.5784\times(\text{MDEC}-23) \\
&+0.498\times\text{MLFER\_A} - 0.2716\times(\text{WTPT}-5)
\end{aligned}
$$

下面针对最终的逐步线性回归模型，可以计算其在训练集以及验证集的误差，同时可以使用 RegressionPlot() 函数可视化模型在验证集上的预测效果。运行程序后可获得图 9-9。

```
In[20]:## 计算回归模型在训练集和验证集上的预测误差
       lm_lab = lm.predict(X_traindf[usefeature])
       lm_pre = lm.predict(X_valdf[usefeature])
       print("训练集上的绝对值误差:",mean_absolute_error(y_traindf,lm_lab))
       print("验证集上的绝对值误差:",mean_absolute_error(y_valdf,lm_pre))
       ## 可视化多元线性回归模型在验证集上的预测效果
       RegressionPlot(y_valdf["pIC50"].values,lm_pre.values,title = "多元线性回归模型")
Out[20]:训练集上的绝对值误差:0.7782
        验证数据集上的绝对值误差:0.7995
```

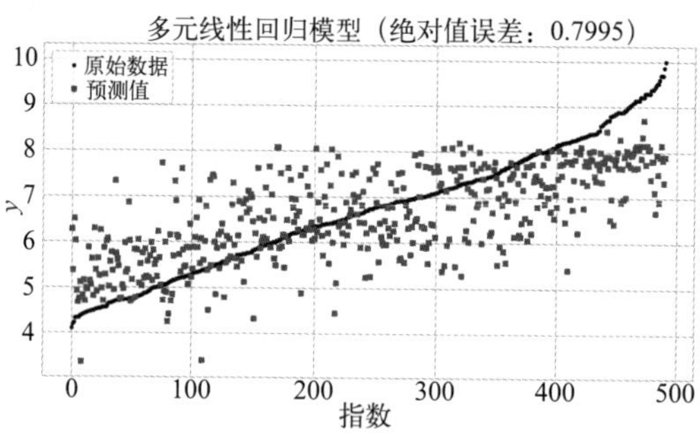

图 9-9　多元线性回归模型预测结果

从图 9-9 中可以发现：使用多元线性回归获得的模型，并没有很好地预测原始数据的增长趋势。

9.3.2 Lasso 回归模型预测

下面尝试使用 Lasso 回归模型对数据进行建模与预测，为了选择更好的惩罚参数的大小，定义一个 lasso_regression() 函数，该函数会通过输入的训练数据与惩罚参数 alpha 建立模型，并通过输入的测试数据集计算相应的 R^2 与绝对值误差。

```
In[21]:## 定义Lasso回归函数
       def lasso_regression(X_train, y_train, X_test, y_test, alpha):
           ## X_train, X_test, y_train, y_test:输入的训练数据和测试数据
           model = Lasso(alpha=alpha, fit_intercept = True)
           model.fit(X_train,y_train)        # 拟合模型
           y_pred = model.predict(X_test)    # 预测
           ## 输出模型的测试结果
           ret = [alpha]                         # 惩罚参数alpha
           ret.append(r2_score(y_test,y_pred)) # R^2
           ret.append(mean_absolute_error(y_test,y_pred)) # 绝对值误差
           ret.extend(model.coef_)         # Lasso回归模型的系数
           return ret
```

定义好 lasso_regression() 函数后，下面使用不同的参数 alpha 进行回归分析，并且将模型对应的回归系数以及评价指标输出，对应的程序与结果如下所示：

```
In[22]:# 定义alpha的取值情况
       alpha_lasso = [0.00001,0.00005,0.0001,0.0005,0.001,0.005,0.01,
                      0.05,0.1,0.5,1,5,10,50]
       # 初始化数据表用来保存系数和得分
       col = [["alpha","r2_score","mae"],list(FeatnameKF.values)]
       col = [val for sublist in col for val in sublist]   # 数据表列名
       ind = ['alpha_%.g'%alp for alp in alpha_lasso]     # 数据表索引
       coef_matrix_lasso = pd.DataFrame(index=ind, columns=col)
       # 根据alpha的值进行Lasso回归
       for ii,alpha in enumerate(alpha_lasso):
           coef_matrix_lasso.iloc[ii,]=lasso_regression(X_train, y_train,X_
val, y_val,alpha)
       ## 将回归结果根据绝对值误差的大小进行排序
       lasso_result = coef_matrix_lasso.iloc[:,0:3]
       ## 计算不同alpha取值下有多少个自变量的系数为0
       lasso_result["var_zreo_num"]=(coef_matrix_lasso.iloc[:,3:]== 0).
sum(axis = 1)
       print(lasso_result.sort_values("mae",ascending=True).head(10))
Out[22]:                alpha  r2_score       mae  var_zreo_num
        alpha_1e-05   0.00001  0.503845  0.786232            0
        alpha_5e-05   0.00005  0.503864  0.786233            0
        alpha_0.0001   0.0001  0.503884  0.786237            0
        alpha_0.0005   0.0005  0.504169  0.786337            1
        alpha_0.001     0.001  0.504267  0.786617            1
        alpha_0.005     0.005  0.504195  0.789423            3
        alpha_0.01       0.01  0.499466  0.796649            4
```

```
alpha_0.05       0.05   0.45989  0.838584        12
alpha_0.1         0.1  0.440966  0.856215        13
alpha_0.5         0.5  0.196966  1.053336        18
```

从上面的输出结果中可以发现：当 alpha=0.00001 时，回归模型的预测误差最小，而且随着惩罚参数 alpha 的增大，特征系数为 0 的特征逐渐增多。下面可以将不同 alpha 下的每个特征系数的变化情况进行可视化，以及绝对值误差的变化情况可视化，运行下面的程序可获得图 9-10。

```
In[23]:## 可视化不同alpha取值下每个自变量的轨迹线
       feature_number = len(FeatnameKF.values)  ## 特征的数量
       x = range(len(alpha_lasso))
       plt.figure(figsize=(15,6))
       plt.subplot(1,2,1)
       for ii in np.arange(feature_number):
           plt.plot(x,coef_matrix_lasso[FeatnameKF[ii]],
                    color = plt.cm.Set1(ii / feature_number),label = ii)
       ## 设置X坐标轴的标签
       plt.xticks(x,alpha_lasso,rotation=45)
       plt.xlabel("Alpha"); plt.ylabel("标准化系数")
       plt.title("Lasso回归轨迹线")
       ## 在验证集上绝对值误差的变化情况
       plt.subplot(1,2,2)
       plt.plot(x,coef_matrix_lasso["mae"],"r-o",linewidth = 2)
       ## 设置X坐标轴的标签
       plt.xticks(x,alpha_lasso,rotation=45)
       plt.xlabel("Alpha"); plt.ylabel("绝对值误差")
       plt.title("Lasso回归在验证集上的误差"); plt.show()
```

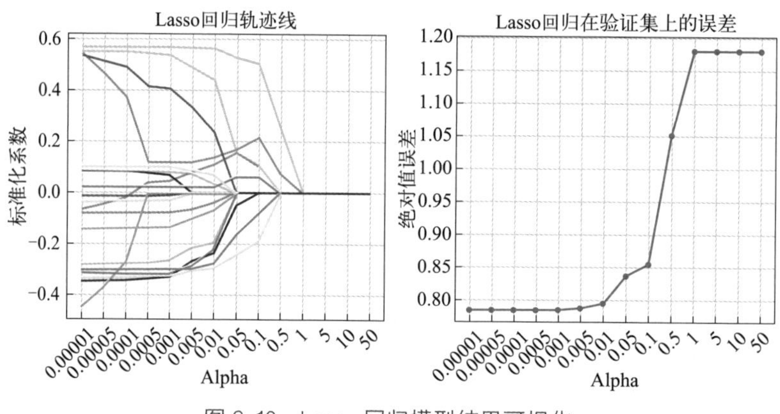

图 9-10 Lasso 回归模型结果可视化

经过前面的分析可以发现：当 alpha=0.001 时对应的绝对值误差较小的同时，使用的特征也较少。因此下面使用 alpha=0.001 建立 Lasso 回归模型，并将模型对验证集上的预测误差可视化，可获得图 9-11。

```
In[23]:## Lasso回归模型预测
       lassoreg = Lasso(alpha=0.001,fit_intercept = True,random_state = 12)
```

```
        lassoreg.fit(X_train,y_train)
        ## 定义模型计算在训练和验证集上的预测均方根误差
        lassoreg_lab = lassoreg.predict(X_train)
        lassoreg_pre = lassoreg.predict(X_val)
        print("训练集上的绝对值误差:",mean_absolute_error(y_train,lassoreg_
lab))
        print("验证集上的绝对值误差:",mean_absolute_error(y_val,lassoreg_pre))
        ## 可视化多元线性回归模型在验证集上的预测效果
        RegressionPlot(y_val,lassoreg_pre,title = "Lasso回归模型")
Out[23]:训练集上的绝对值误差:0.7703
    验证集上的绝对值误差:0.7866
```

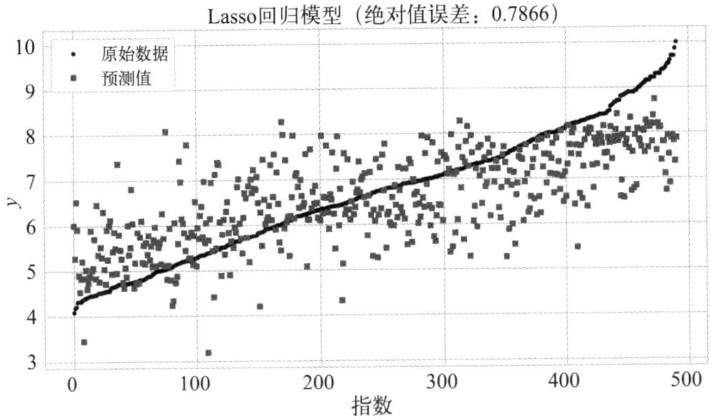

图 9-11　Lasso 回归模型预测结果

9.4 集成学习回归模型

集成学习算法也通常用于回归模型的建立与预测，下面介绍如何使用随机森林回归与提升树回归进行上述数据的预测。

9.4.1 随机森林回归预测

随机森林回归模型可以使用 RandomForestRegressor() 建立，由于有多个参数可以调整，控制模型的预测效果，因此下面使用交叉验证的方式进行参数网络搜索，从输出的结果中可知最好的参数组合为最大深度参数为 max_depth=8，使用的树数量参数 n_estimators=300。

```
In[24]:## 网格搜索找到合适的随机森林回归模型参数
        rf_r = RandomForestRegressor(random_state=1) ## 定义模型
        ## 定义需要搜索的参数,这些参数可以根据需求自行增减
        n_estimators = [100,200,300,500]  ## 基础学习器的数量
        max_depth = [3,4,5,6,7,8]          ##  最大深度
        para_grid = [{"n_estimators":n_estimators,"max_depth":max_depth}]
        ## 使用5折交叉验证进行参数搜索
```

```
        gs_rf_r = GridSearchCV(estimator=rf_r, param_grid=para_grid,cv=5,
                               n_jobs=4)
        gs_rf_r.fit(X_train, y_train) # 使用训练集进行训练
        ## 输出最好的模型参数
        print("搜索到的最好模型参数为:\n",gs_rf_r.best_params_)
Out[24]:搜索到的最好模型参数为:
         {'max_depth': 8, 'n_estimators': 300}
```

下面使用最合适的参数重新建立随机森林回归模型，并计算出在训练集和验证集上的预测误差。最后可视化出模型的预测效果，可获得图 9-12。从图像中可以发现，使用随机森林回归模型可以较好地预测出原始数据的变化趋势。

```
In[25]:## 使用随机森林进行回归模型的建立
        rfr1 = RandomForestRegressor(n_estimators=300,max_depth =8,
                                     random_state = 1)
        rfr1 = rfr1.fit(X_train,y_train)
        ## 计算在训练集和验证集上的预测均方根误差
        rfr1_lab = rfr1.predict(X_train)
        rfr1_pre = rfr1.predict(X_val)
        print("训练集上的绝对值误差:",mean_absolute_error(y_train,rfr1_lab))
        print("验证集上的绝对值误差:",mean_absolute_error(y_val,rfr1_pre))
        ## 可视化随机森林回归模型在验证集上的预测效果
        RegressionPlot(y_val,rfr1_pre,title = "随机森林回归模型")
Out[25]:训练集上的绝对值误差: 0.3787
         验证集上的绝对值误差: 0.5936
```

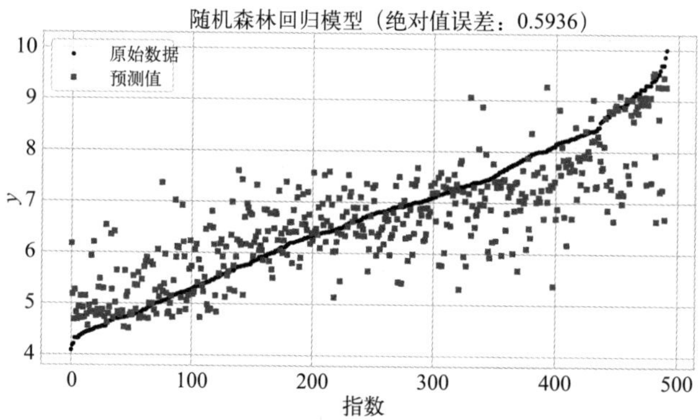

图 9-12　随机森林回归模型预测结果

随机森林回归模型还度量了每个特征的重要性，使用下面的程序可以对每个特征的重要性得分进行可视化，从得到的可视化图（图 9-13）中可知，对模型最重要的特征为 MDCE-23 等。

```
In[26]:## 使用条形图可视化每个变量的重要性
        importances = pd.DataFrame({"feature":FeatnameKF,
                                    "importance": rfr1.feature_importances_})
        importances = importances.sort_values("importance",ascending = True)
        importances.plot(kind="barh",figsize=(10,6),x = "feature",
                         y = "importance",legend = False)
```

```
plt.xlabel("重要性得分"); plt.ylabel(""); plt.title("随机森林回归")
plt.show()
```

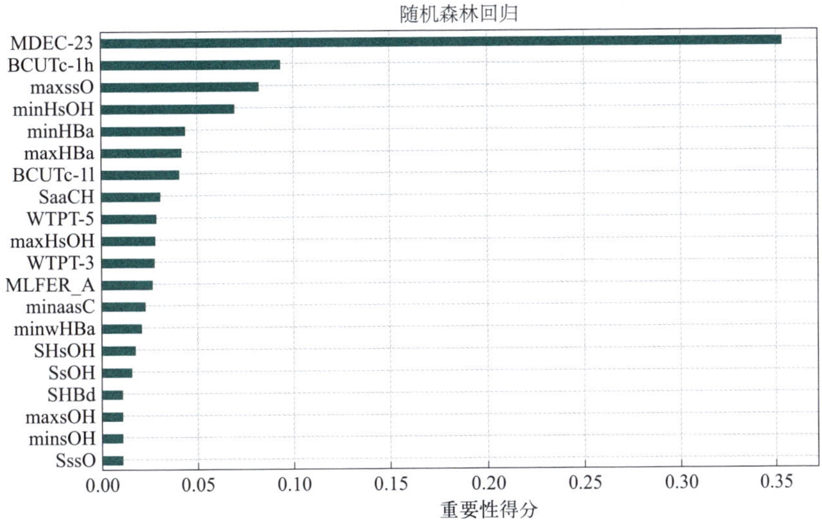

图 9-13 随机森林回归模型特征重要性

9.4.2 提升树回归预测

下面使用同样的参数网格搜索方式，利用 GradientBoostingRegressor() 对数据进行提升树回归模型的应用，从输出中可知找到的最合适的参数组合为：learning_rate=0.05，max_depth=5，n_estimators=300。最后使用最优的参数组合进行提升树回归模型的建立与预测，可以发现搜索到的最好的提升树回归，在验证集上的预测误差比在训练集上的预测误差大 2 倍。

```
In[27]:## 网格搜索找到合适的提升树回归模型参数
       gbdt_r = GradientBoostingRegressor(random_state=1) ## 定义模型
       ## 定义需要搜索的参数,这些参数可以根据需求自行增减
       learning_rate = [0.05,0.5] ## 学习速率
       n_estimators = [100,200,300]  ## 基础学习器的数量
       max_depth = [3,5,7]              ##   最大深度
       para_grid
[{"learning_rate":learning_rate,"n_estimators":n_estimators,
                  "max_depth":max_depth}]
       ## 使用5折交叉验证进行参数搜索
       gs_gbdt_r = GridSearchCV(estimator=gbdt_r,param_grid=para_grid,cv=5,
                                n_jobs=4)
       gs_gbdt_r.fit(X_train, y_train) # 使用训练集进行训练
       ## 输出最好的模型参数
       print("搜索到的最好模型参数为:\n",gs_gbdt_r.best_params_)
Out[27]:搜索到的最好模型参数为:
         {'learning_rate': 0.05, 'max_depth': 5, 'n_estimators': 300}
In[28]:## 使用最优的参数重新拟合模型
```

```
        gbdt_r = GradientBoostingRegressor(n_estimators = 300,
                  learning_rate = 0.05,max_depth = 5,random_state=1)
        gbdt_r.fit(X_train,y_train)
        ## 定义模型计算在训练集和验证集上的预测均方根误差
        gbdtr_lab = gbdt_r.predict(X_train)
        gbdtr_pre = gbdt_r.predict(X_val)
        print("训练集上的绝对值误差:",mean_absolute_error(y_train,gbdtr_lab))
        print("验证集上的绝对值误差:",mean_absolute_error(y_val,gbdtr_pre))
        ## 可视化模型在验证集上的预测效果
        RegressionPlot(y_val,gbdtr_pre,title = "提升树回归模型")
Out[29]:训练集上的绝对值误差: 0.2205
        验证集上的绝对值误差: 0.5585
```

最后使用 RegressionPlot() 函数可视化在验证集上的预测效果，可获得图 9-14。

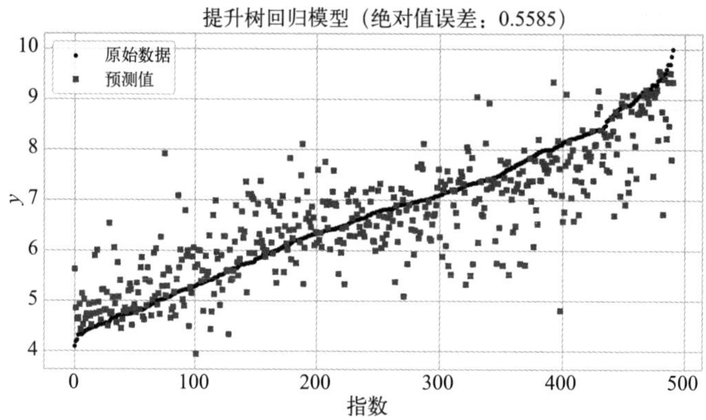

图 9-14 提升树回归模型预测结果

9.5 支持向量机回归

支持向量机回归模型可以使用不同的核函数，获取不同形式的模型。下面则是同样使用参数网格搜索的方式，基于 SVR() 函数搜索基于 RBF 与线性核函数的支持向量机回归模型。

```
In[30]:## 使用参数网格搜索找到一个较好的支持向量机回归模型
        svr = SVR()   ## 定义模型
        ## 定义网格搜索的参数
        kernels = ["rbf","linear"]
        gammas=[0.005,0.05,0.5,5]
        Cs = [0.05,0.5,5,50,500]
        para_grid = {"kernel":kernels,"gamma": gammas,"C":Cs}
        ## 使用5折交叉验证进行搜索
        gs_svr = GridSearchCV(svr,para_grid,cv = 5,n_jobs=4,
                              scoring = "neg_mean_absolute_error")
        gs_svr.fit(X_train,y_train)
        print("最好模型使用的参数为:\n",gs_svr.best_params_)
Out[30]:最好模型使用的参数为:
```

```
{'C': 5, 'gamma': 0.5, 'kernel': 'rbf'}
```

使用最优的参数获取支持向量机在训练集与验证集上的效果，可以发现模型的均方根误差相对于多元线性回归模型，效果有所提升。模型在验证集上预测误差情况如图 9-15 所示，由图可知，基于 RBF 与线性核函数的支持向量机回归的预测效果较好。

```
In[31]:## 使用搜索到的参数建立支持向量机回归模型，探索回归模型的效果
       rbfsvr = SVR(kernel = "rbf",C=5,gamma = 0.5)
       rbfsvr.fit(X_train,y_train)
       ## 计算在训练集和验证集上的预测均方根误差
       rbfsvr_lab = rbfsvr.predict(X_train)
       rbfsvr_pre = rbfsvr.predict(X_val)
       print("训练集上的绝对值误差:",mean_absolute_error(y_train,rbfsvr_lab))
       print("验证集上的绝对值误差:",mean_absolute_error(y_val,rbfsvr_pre))
       ## 可视化模型在验证集上的预测效果
       RegressionPlot(y_val,rbfsvr_pre,title = "支持向量机模型")
Out[31]:训练集上的绝对值误差: 0.1989
        验证集上的绝对值误差: 0.5860
```

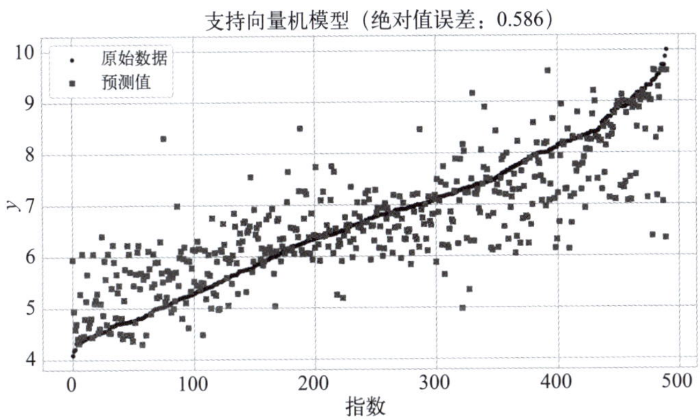

图 9-15 支持向量机回归模型预测结果

前面针对同样的数据集，使用了多种回归模型进行数据的分析与预测，不同模型的预测效果可以总结为表 9-1。

表 9-1 不同模型在训练集与验证集上的预测结果

模型	训练集预测误差	验证集预测误差
逐步线性回归	0.7782	0.7995
Lasso 回归	0.7703	0.7866
随机森林回归	0.3787	0.5936
提升树回归	0.2205	0.5585
支持向量机回归	0.1989	0.5860

从表 9-1 的结果中可以发现，基于机器学习的回归模型的预测效果，均比传统

的基于多元回归（逐步线性回归、Lasso 回归）模型的预测效果要好。而对数据建模与预测效果最好的模型为提升树回归模型。

9.6 本章小结

本章是针对一个实际数据的综合实战应用案例，介绍了机器学习中回归算法的应用。针对数据预处理和特征选择阶段，结合数据可视化对数据进行更充分的理解后，选择 20 个重要的特征用于后续的回归模型建立。针对回归模型则介绍了逐步线性回归、Lasso 回归、随机森林回归、提升树回归以及支持向量机回归模型的应用。

第10章

实战案例2:手写数字降维与聚类实战

本章以手写数字数据集为例，进行数据降维与聚类的实战应用。实战应用主要包括数据准备、数据降维以及数据聚类等内容。每个部分会结合结果的可视化等方式，帮助读者理解分析结果。

数据准备：主要包含数据导入、数据可视化等对数据探索性分析的内容，帮助我们快速理解数据的内容。

数据降维：主要包含主成分分析降维、t-SNE 以及 LLE 降维等算法的应用。

数据聚类：主要包含 k 均值聚类、密度聚类以及层次聚类等算法的应用。

下面首先导入本章会使用到的 Python 库与模块，程序如下所示：

```
In[1]:## 导入需要的库
      import numpy as np
      import pandas as pd
      import matplotlib.pyplot as plt
      from mpl_toolkits.axes_grid1.inset_locator import inset_axes
      from sklearn.metrics import *
      from sklearn.model_selection import train_test_split
      from sklearn.preprocessing import StandardScaler
      from sklearn.decomposition import PCA,KernelPCA,IncrementalPCA
      from sklearn.manifold import TSNE, LocallyLinearEmbedding
      from sklearn.cluster import KMeans,DBSCAN
      import plotly.express as px
      from scipy.cluster import hierarchy
```

10.1 数据准备

针对数据降维与聚类应用实战，使用手写数字数据集，为了节省模型的训练时间，增强可视化效果，只使用包含 10000 张手写数字的测试集。首先使用下面的程序导入数据，并可视化其中的一些样本，可获得可视化图（图 10-1）。

```
In[2]:## 导入训练数据集,使用具有较少样本的测试集数据
     mnist = pd.read_csv("data/chap10/mnist_test.csv")
     ## 获取数据中的特征与标签
     mnistX = mnist.iloc[:,1:]
     mnistY = mnist.iloc[:,0]
     ## 随机查看几个数据样本的内容
     np.random.seed(1234)
     indexs = np.random.permutation(2000)[0:72]
     plt.figure(figsize=(12,6))
     for ii,index in enumerate(indexs):
        plt.subplot(6,12,ii+1)
        mnist_im = mnistX.iloc[index,:].values.reshape((28,28))
        plt.imshow(mnist_im);plt.axis("off")
     plt.subplots_adjust(hspace=0.05,wspace = 0.05)
     plt.suptitle("数据中的部分样本",y = 0.95); plt.show()
```

下面分析手写数字数据的 784 个特征之间的关系，可视化出数据特征的相关系

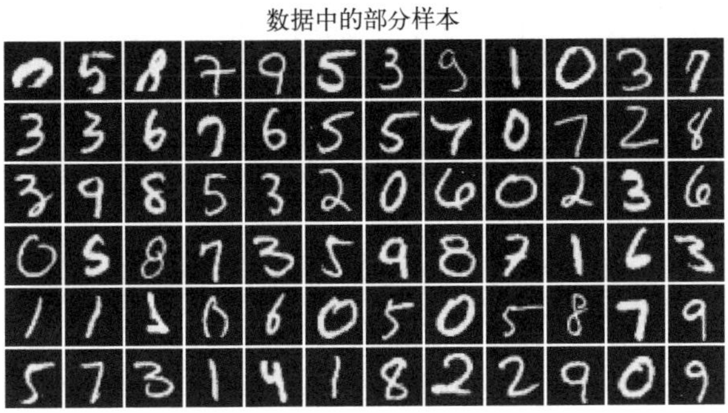

图 10-1　手写数字部分样本

数热力图，可获得图 10-2。从图像中可以发现：某些特征之间的相关系数为缺失值 NAN，可能原因是对应列的数值全部相同 (例如：像素的全部取值为 0)，而且大部分特征的相关系数较小。

```
In[3]:## 分析数据中784列像素之间的相关系数
      mnistcorr = np.corrcoef(mnistX,rowvar=False)
      fig = px.imshow(mnistcorr,width=900,height=800,title="特征相关系数热力图",
                      color_continuous_scale = px.colors.sequential.Viridis)
      fig.update_layout(title={"x":0.5,"y":0.9}); fig.show()
```

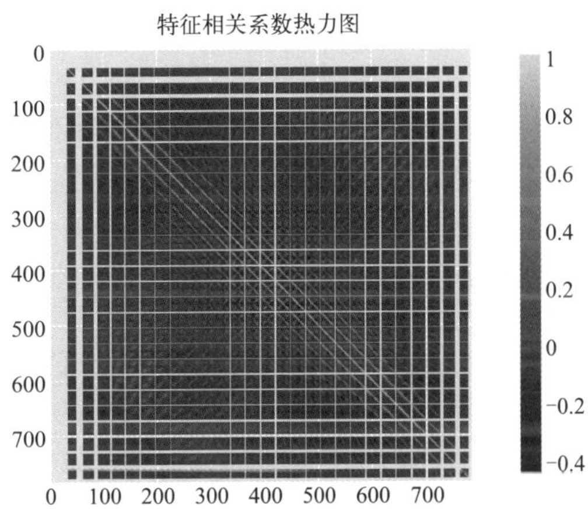

图 10-2　手写数字数据相关系数热力图

针对手写数字数据集，也可以可视化每类数据样本的平均图，查看手写数字的具体情况，运行下面程序可获得图 10-3。由图 10-3 可以发现每种类型数字的平均图接近较规范的手写数字。

```
In[4]:## 可视化不同种类的样本之间的数据分布差异，可视化每类数据的平均图
      labels = np.unique(mnistY)
      plt.figure(figsize=(12,6))
      for ii in labels:
```

```
    plt.subplot(2,5,ii+1)
    ## 获取数据
    mnistii = mnistX[mnistY == ii].values
    mnistii = mnistii.mean(axis = 0).reshape((28,28))
    plt.imshow(mnistii); plt.title(ii); plt.axis("off")
plt.suptitle("每种数字的平均图",y = 0.95)
plt.tight_layout(); plt.show()
```

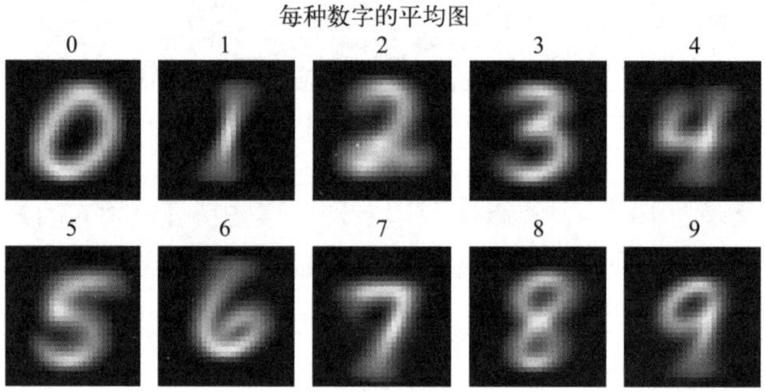

图 10-3　手写数字每类样本平均图

10.2　主成分分析降维

主成分分析（PCA）是最经典的数据降维方式，该方法可以使用较少的数据特征保留数据中的大部分信息，而且计算速度较快，是最常用的数据降维算法。下面介绍主成分分析对手写数字数据降维的应用。

10.2.1　特征主成分分析

特征主成分分析是通过变换获取数据中的主要特征，去除冗余信息并保留主要特征信息的方式。其获得的新主成分特征，是原始特征的线性组合。下面的程序使用 PCA() 函数进行主成分分析对数据进行特征变换，由于会保留数据中的 784 个主成分，因此变换后的数据维度与原始的特征维度相等。

```
In[5]:## 先将像素值调整到0～1之间
      mnistX = mnistX / 255.0
      ## 对数据进行主成分分析降维
      pca = PCA(n_components = 784,  # 获取的主成分数量
                random_state = 123) # 设置随机数种子，保证结果的可重复性
      ## 对数据进行PCA降维
      mnistX_pca = pca.fit_transform(mnistX)
      print(mnistX.shape)
Out[5]: (10000, 784)
```

前面虽然保留了数据中的 784 个主成分，但是实际应用中无需使用全部的主成

分，只使用其中的部分主成分即可（例如：累计解释方差贡献率达到 85%）。为了更好地选择合适的主成分个数，下面可视化了每个主成分的解释方差和累计解释方差贡献率变化情况，可获得图 10-4。

```
In[6]:## 可视化分析每个主成分的解释方差和累计解释方差贡献率变化情况
      x = np.arange(mnistX_pca.shape[1])+1
      plt.figure(figsize=(12,6))
      ax = plt.subplot(1,2,1)
      plt.plot(x,pca.explained_variance_,"r-",linewidth = 3)
      plt.xlabel("主成分个数"); plt.ylabel("解释方差")
      plt.title("解释方差变化情况")
      ## 添加局部放大图像
      inset_ax = ax.inset_axes([0.2, 0.3, 0.7, 0.5],facecolor="lightblue")
      inset_ax.plot(x,pca.explained_variance_,"r-o")
      inset_ax.set_xlim([0,40]); inset_ax.set_ylim([0,6])
      ax = plt.subplot(1,2,2)
      plt.plot(x,np.cumsum(pca.explained_variance_ratio_),"b-",linewidth = 3)
      plt.xlabel("主成分个数"), plt.ylabel("解释方差")
      plt.title("累计解释方差贡献率变化情况")
      ## 添加局部放大图像
      inset_ax = ax.inset_axes([0.2, 0.15, 0.7, 0.6],facecolor="lightblue")
      inset_ax.plot(x,np.cumsum(pca.explained_variance_ratio_),"b-s")
      inset_ax.set_xlim([0,50]); inset_ax.set_ylim([0,1])
      plt.tight_layout(); plt.show()
```

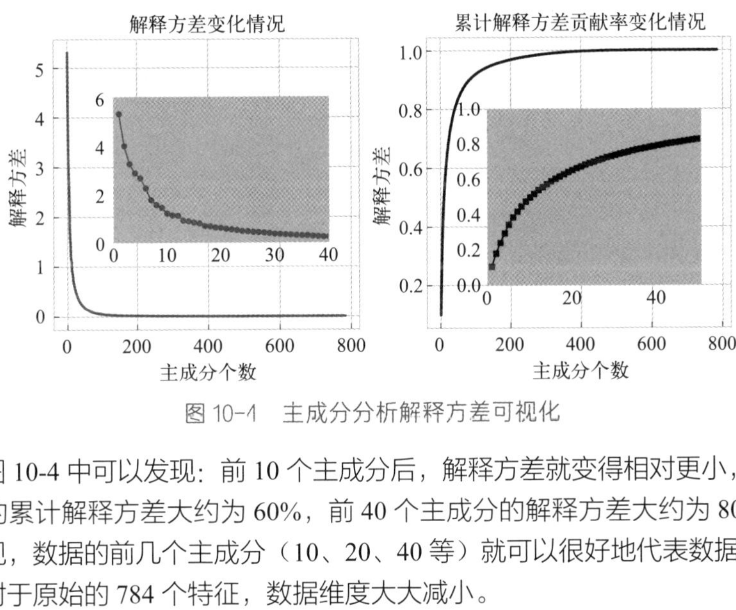

图 10-4 主成分分析解释方差可视化

从图 10-4 中可以发现：前 10 个主成分后，解释方差就变得相对更小，前 20 个主成分的累计解释方差大约为 60%，前 40 个主成分的解释方差大约为 80%，从而可以发现，数据的前几个主成分（10、20、40 等）就可以很好地代表数据的主要特征，相对于原始的 784 个特征，数据维度大大减小。

主成分分析降维常用于可视化分析数据的分布情况，下面的程序是使用数据的前 5 个主成分，随机地可视化数据中 1000 个样本的数据矩阵散点图，来观察数据中每类样本的数据分布情况，图像如图 10-5 所示。

```
In[7]:## 提取数据中的前5个主成分，可视化训练集的分布情况
```

```
use_components = 5    # 要使用的主成分个数
mnistX_pca5 = mnistX_pca[:,0:use_components]
mnistX_pca5 = pd.DataFrame(data=mnistX_pca5,
        columns=["PC1","PC2","PC3","PC4","PC5"])
mnistX_pca5["labels"] = mnistY
## 矩阵散点图,由于数据样本太多，所以只随机可视化其中的1000个样本
np.random.seed(123), plotnum = 1000
index = np.random.permutation(len(mnistX_pca5))[0:plotnum]
p = sns.PairGrid(mnistX_pca5.iloc[index,:],
                 hue="labels", height=2,aspect=3/2,palette = "tab10")
p.map_lower(sns.kdeplot)          # 下三角密度曲线图
p.map_diag(sns.kdeplot, lw=2)     # 对角线密度曲线图
p.map_upper(sns.scatterplot)      # 上三角散点图
p.add_legend(bbox_to_anchor=(.5, 1), ncol=11)  ## 添加图例
plt.show()
```

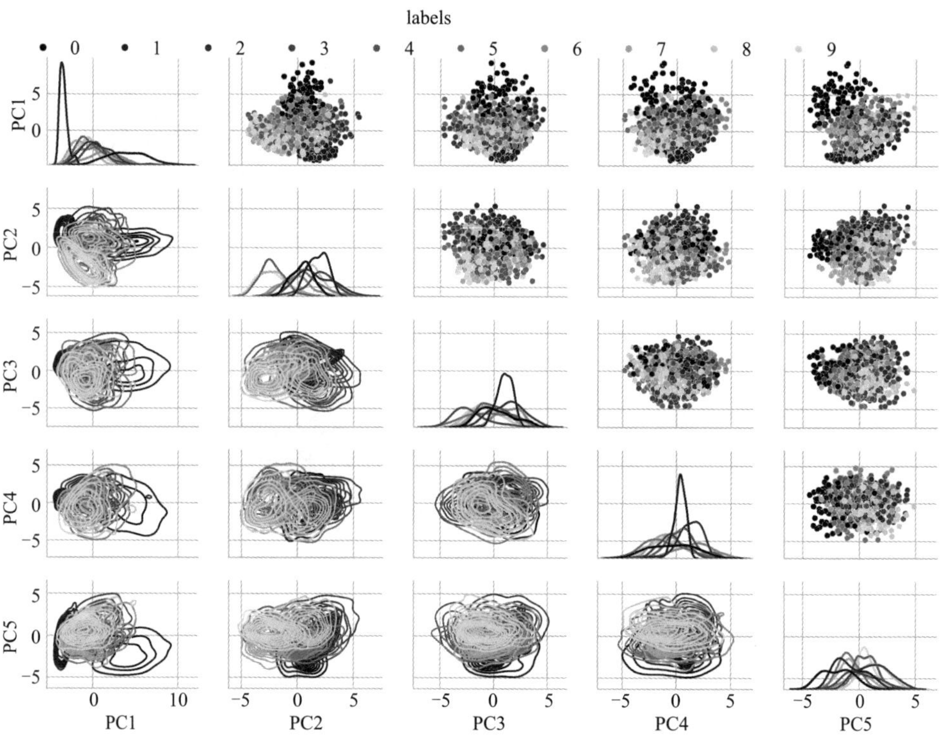

图 10-5　主成分分析降维数据可视化

10.2.2　样本主成分分析

前面小节介绍了使用主成分分析对数据特征进行降维分析，如果针对数据样本进行主成分分析，则可以获取数据的主要样本或代表性样本的具体情况。

下面的程序则是针对手写数字的每类数据，进行样本主成分分析，分别获取一个主成分样本，并进行结果的可视化查看。运行程序后可获得图 10-6，在图像中的

每个子图代表每类数据的主成分样本的情况，其是每类数据的特征样本。

```
In[8]:## 对每类数据进行主成分分析，获取第一主成分
    n_components = 1  # 获取前1个代表样本
    pca_s = PCA(n_components=n_components) # 主成分分析
    labels = np.unique(mnistY)
    mnistX_pca_s = []  ## 保存每类数据的主成分分析结果
    ## 进行主成分分析
    for lab in labels:
        pca_s_data = mnistX[mnistY == lab].values.T
        mnistX_pca_s.append(pca_s.fit_transform(pca_s_data))
    ## 列表转化为数组
    mnistX_pca_s = np.concatenate(mnistX_pca_s,axis = 1)
    ## 可视化主成分分析结果
    imgsize = (28,28) # 图像的尺寸
    plt.figure(figsize=(8,4))
    for ii in np.arange(10):
        plt.subplot(2,5,ii+1)
        plotii = mnistX_pca_s[:,ii]
        plotii = (plotii - plotii.min()) / (plotii.max()-plotii.min())
        plotii_im = plotii.reshape(imgsize)
        plt.imshow(plotii_im);plt.axis("off")
    plt.suptitle("每类数字的特征图",y = 0.9)
    plt.tight_layout(); plt.show()
```

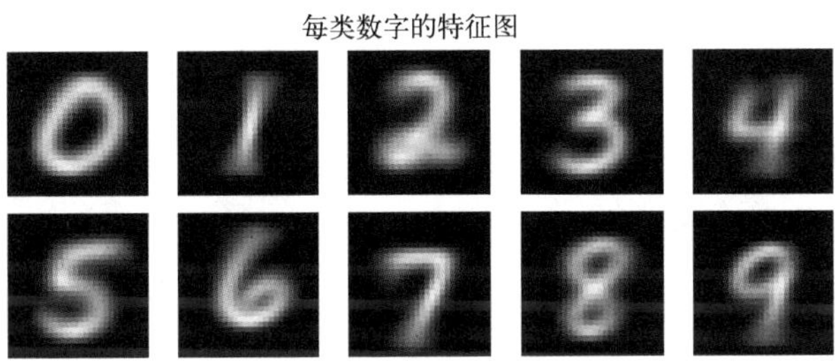

图 10-6　样本主成分特征可视化

10.3　t-SNE 与 LLE 降维

t-SNE 与 LLE 降维是常用的非线性数据降维方法，其中 t-SNE 更擅长将数据降维到 2 维空间中，进行数据分布情况可视化。LLE 降维则擅长提取数据的特征。下面继续使用手写数字数据，介绍这两种方法的数据降维实战应用。

10.3.1　t-SNE 降维

t-SNE 降维方式有多个可以调节的参数，下面对 perplexitys 与 early_exaggerations 两个参数进行不同组合，然后利用 t-SNE 将数据降维到 2 维空间中，并对降维结果进行可视化查看，可获得可视化图像（图 10-7）。

```
In[9]:## 分析不同的参数组合,t-SNE将数据降维到2维空间中
     perplexitys = [5,10,20,30]
     early_exaggerations = [5,10,20,30,40,50]
     mnistlab = mnistY.values    # 数据类别标签
     nrow,ncol = len(perplexitys),len(early_exaggerations) # 可视化的行与列数
     plt.figure(figsize=(16,10))
     for ii in np.arange(nrow):
        per = perplexitys[ii]
        for jj in np.arange(ncol):
            ear = early_exaggerations[jj]
            ## t-SNE降维
            tsne2=TSNE(n_components=2, perplexity=per,early_exaggeration=ear,
                       n_jobs=4, random_state=123)
            mnistX_tsne2 = tsne2.fit_transform(mnistX.values)
            ## 可视化不同参数下的降维效果
            plt.subplot(nrow,ncol,ncol*ii+jj+1)
            p = sns.scatterplot(x=mnistX_tsne2[:,0], y=mnistX_tsne2[:,1],
                                hue = mnistlab,c=mnistlab,style=mnistlab,s=80,
                                palette = "tab10", legend = False)
            plt.title("p:"+str(per)+";e:"+str(ear))
     plt.tight_layout(); plt.show()
```

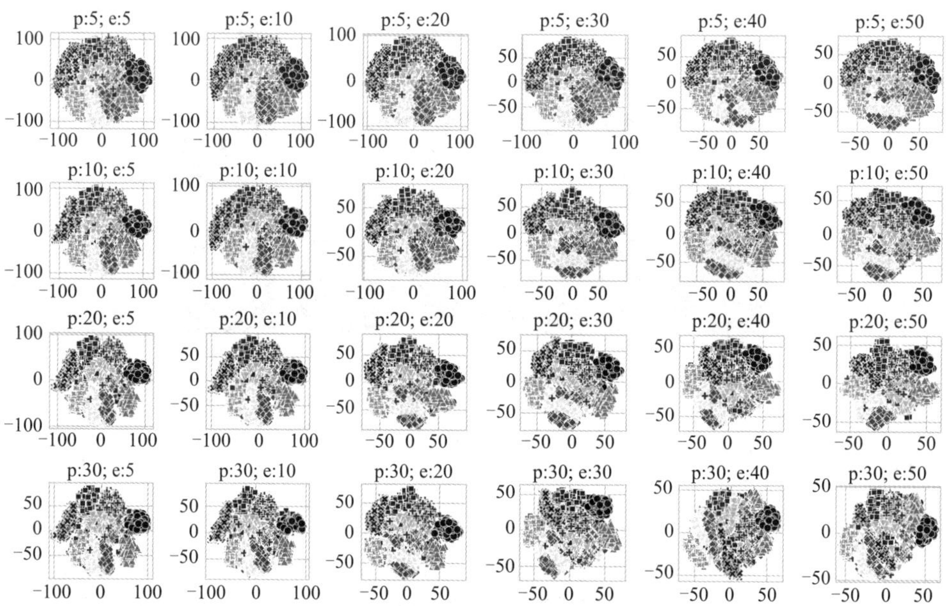

图 10-7　t-SNE 降维结果可视化

从图 10-7 中可以发现：不同的参数组合下数据降维的结果有些差异，但是差异并不是很明显。

10.3.2　LLE 降维

使用 LLE 降维时可以通过不同的近邻数量，获取不同的数据降维效果。下面针

对不同的近邻参数 n_neighbors，对数据进行降维并将结果可视化，可获得图 10-8。由图 10-8 可以发现不同的近邻数量对数据的降维结果影响较大。

```
In[10]:## 分析不同的参数组合,LLE将数据降维到2维空间中
       n_neighbors = [3,5,7,9,11,15]
       shapes = ["o", "v","1", "s", "p",  "*", "h", "+", "x","d"]
       colors = ["r","b","g","yellow","k","lightblue","y","cyan","m","orange"]
       mnistlab = mnistY.values
       plt.figure(figsize=(16,10))
       for ii,nei in enumerate(n_neighbors):
           ## LLE降维
           lle2 = LocallyLinearEmbedding(n_neighbors=nei,n_components=2,
                                         n_jobs=4, random_state=123)
           mnistX_lle2 = lle2.fit_transform(mnistX.values)
           ## 可视化不同参数下的降维效果
           plt.subplot(2,3,ii+1)
           p=sns.scatterplot(x=mnistX_lle2[:,0],y=mnistX_lle2[:,1],
                             hue = mnistlab, c = mnistlab,style = mnistlab,
                             s = 80,palette = "tab10")
           plt.legend(loc = 0)
           plt.title("n_neighbors="+str(nei))
       plt.tight_layout(); plt.show()
```

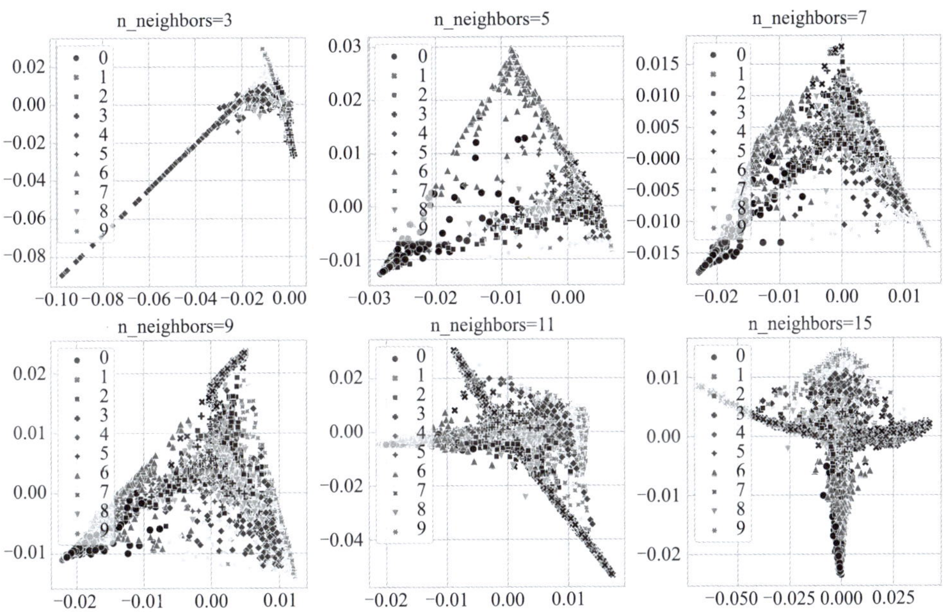

图 10-8　LLE 降维结果可视化

10.4　k 均值聚类

继续使用前面的手写数字数据进行 k 均值聚类应用实战。为了便于对聚类结果

的可视化分析，可以使用 t-SNE 降维得到的 2 维特征。

10.4.1 主成分特征 k 均值聚类

我们使用数据的主成分特征进行数据的聚类分析，经过前面的主成分数据分析，提取数据的前 40 个主成分。对数据进行主成分分析与 t-SNE 降维获取特征的程序如下所示：

```
In[11]:## 提取数据的主成分特征
       pca = PCA(n_components = 40,random_state = 123)
       ## 对数据进行PCA降维，获取主成分特征
       mnistX_pca = pca.fit_transform(mnistX)
       print("主成分特征维度:",mnistX_pca.shape)
       ## 使用t-SNE将数据降维到2维
       tsne2 = TSNE(n_components=2, perplexity=30,early_exaggeration=5,
                    random_state=123,n_jobs=4)
       mnistX_tsne2 = tsne2.fit_transform(mnistX)
       print("t-SNE特征维度:",mnistX_tsne2.shape)
Out[11]:主成分特征维度: (10000, 40)
        t-SNE特征维度: (10000, 2)
```

为了找到 k 均值聚类时较合适的聚类数目，下面针对每一种聚类结果，计算出类内误差平方和、轮廓系数以及 V 测度得分等情况，并且将它们的变化情况进行可视化查看。运行下面程序则可获得图 10-9。

```
In[12]:## 利用类内误差平方和与轮廓系数搜索合适的聚类数目
       K = np.arange(2,20)
       iner = [] ## 类内误差平方和
       silh = [] ## 轮廓系数
       vms = []  ## V测度
       for ii in K:
           kmean = KMeans(n_clusters=ii,random_state=1)
           kmean.fit(mnistX_pca)
           ## 计算类内误差平方和与轮廓系数
           iner.append(kmean.inertia_)
           silh.append(silhouette_score(mnistX_pca,kmean.labels_))
           vms.append(v_measure_score(mnistY.values,kmean.labels_))
       ## 可视化类内误差平方和的变化情况
       plt.figure(figsize=(14,10)); plt.subplot(3,1,1)
       plt.plot(K,iner,"r-o",linewidth = 3,markersize = 10)
       plt.xticks(np.arange(2,20,2),np.arange(2,20,2))
       plt.ylabel("类内误差平方和"); plt.subplot(3,1,2)
       plt.plot(K,silh,"r-o",linewidth = 3,markersize = 10)
       plt.xticks(np.arange(2,20,2),np.arange(2,20,2))
       plt.ylabel("轮廓系数"); plt.subplot(3,1,3)
       plt.plot(K,vms,"r-o",linewidth = 3,markersize = 10)
       plt.xticks(np.arange(2,20,2),np.arange(2,20,2))
       plt.xlabel("聚类数目"); plt.ylabel("V测度得分")
       plt.suptitle("k均值聚类"); plt.tight_layout(); plt.show()
```

从图 10-9 中可以发现：将数据聚类为 8 个簇时，聚类的轮廓系数较高，而且

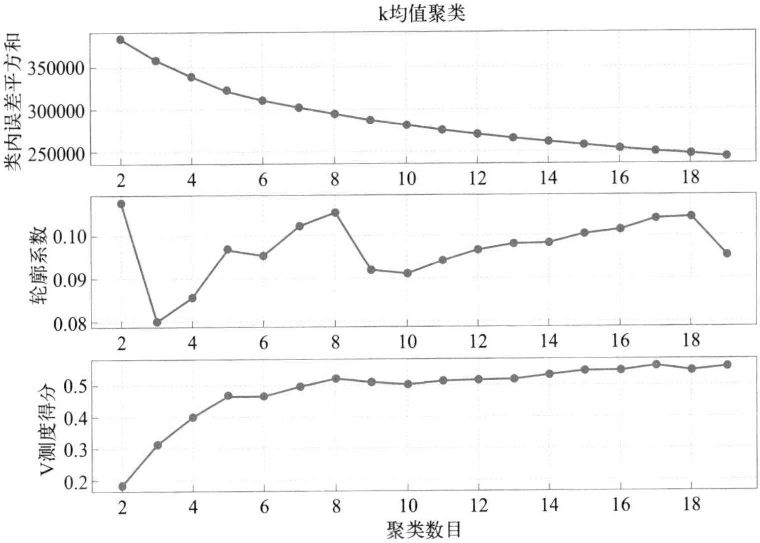

图 10-9　选择合适 *k* 值可视化

此时的类内误差平方和也较小，V 测度得分也较高，此时聚类效果相对较好。但是我们知道，手写数字数据具有 10 个类别，而且聚类为 10 个簇时，各个指标和聚类为 8 个簇时相差并不大，因此下面会尝试将数据聚类为 10 个簇。

下面的程序为使用 k 均值聚类将数据聚类为 10 个簇后，计算出对应的 V 测度得分为 0.5021。该得分越接近于 1，则表明聚类的效果越好。

```
In[13]:## 将数据使用k均值聚类聚为10个簇
       kmean = KMeans(n_clusters=10,random_state=1)
       k_pre = kmean.fit_predict(mnistX_pca)
       print("每簇包含的样本数量:",np.unique(k_pre,return_counts = True))
       print("聚类效果V测度: %.4f"%v_measure_score(mnistY.values,k_pre))
Out[13]:每簇包含的样本数量: (array([0, 1, 2, 3, 4, 5, 6, 7, 8, 9]),
        array([ 957, 1179,  908, 1106,  878,  742,  794, 1244,  876, 1316]))
        聚类效果V测度: 0.5021
```

下面可视化出在主成分特征下聚类前后的数据分布情况，以观察相对于真实的类别分布，聚类效果如何。运行程序后可获得图 10-10，可以发现在主成分特征下，数据的聚类效果与原始数据的分布情况有较大的差异，尤其是 1、4、9、7 等几类数据的分簇结果。

```
In[14]:## 可视化数据的聚类效果
       mnistlab = mnistY.values
       plt.figure(figsize=(16,7))
       plt.subplot(1,2,1)    # 可视化聚类结果
       sns.scatterplot(x=mnistX_tsne2[:,0], y=mnistX_tsne2[:,1],hue = k_pre,
                       c = k_pre,style = k_pre,s = 80,palette = "tab10")
       plt.legend(loc = [0.85,0.05],title = "聚类")
       plt.xlabel("t-SNE特征1"); plt.ylabel("t-SNE特征2")
```

```
        plt.title("k均值聚类(PCA特征)")
        plt.subplot(1,2,2)   # 可视化真实标签下的数据分布
        sns.scatterplot(x=mnistX_tsne2[:,0], y=mnistX_tsne2[:,1],hue =
mnistlab,c = mnistlab,style = mnistlab,s = 80,palette = "tab10")
        plt.legend(loc = [0.85,0.05],title = "类别")
        plt.xlabel("t-SNE特征1"); plt.ylabel("t-SNE特征2")
        plt.title("真实标签"); plt.tight_layout(); plt.show()
```

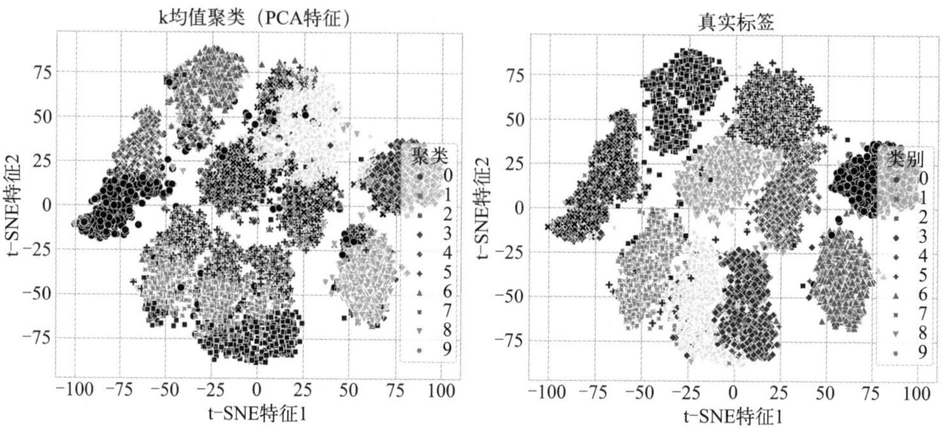

图 10-10　主成分特征 k 均值聚类结果对比可视化

10.4.2　t-SNE 特征 k 均值聚类

下面使用 t-SNE 特征对数据进行聚类分析，需要注意的是 t-SNE 通常不适合用于特征提取，而是更适合数据降维可视化，但是由于t-SNE具有优秀的可视化效果，所以通常也会具有很好的聚类效果。

下面的程序将 t-SNE 特征聚类为 10 个簇，从结果中可知：聚类结果的 V 测度得分为 0.781，表示此时的聚类效果比使用主成分特征的聚类效果更好。

```
In[15]:## 使用t-SNE将数据降维到2维
    tsne2 = TSNE(n_components=2, perplexity=30,early_exaggeration=5,
                 random_state=123,n_jobs=4)
    mnistX_tsne2 = tsne2.fit_transform(mnistX)
    ## 将t-SNE特征使用k均值聚类聚为10个簇
    kmean = KMeans(n_clusters=10,random_state=1)
    k_pre = kmean.fit_predict(mnistX_tsne2)
    print("每簇包含的样本数量:",np.unique(k_pre,return_counts = True))
    print("聚类效果V测度: %.4f"%v_measure_score(mnistY.values,k_pre))
Out[15]:每簇包含的样本数量: (array([0, 1, 2, 3, 4, 5, 6, 7, 8, 9]),
    array([1110, 1005, 1026, 1128,  825,  969, 1091, 1106,  890,  850]))
    聚类效果V测度: 0.781
```

同样可以使用分组散点图可视化 t-SNE 特征下的聚类前后图像，如图 10-11 所示。从图 10-11 中可知，仍然是 4、9、7 等类别的数据较难成功准确分簇，但是聚

类效果比使用主成分特征好一些。

```
In[16]:## 可视化数据的聚类效果
       plt.figure(figsize=(16,7))
       plt.subplot(1,2,1)    # 可视化聚类结果
       sns.scatterplot(x=mnistX_tsne2[:,0], y=mnistX_tsne2[:,1],hue = k_pre,
                       c = k_pre,style = k_pre,s = 80,palette = "tab10")
       plt.legend(loc = [0.85,0.05],title = "聚类")
       plt.xlabel("t-SNE特征1"); plt.ylabel("t-SNE特征2")
       plt.title("k均值聚类(t-SNE特征)")
       plt.subplot(1,2,2)  # 可视化真实标签下的数据分布
       sns.scatterplot(x=mnistX_tsne2[:,0], y=mnistX_tsne2[:,1],hue =
mnistlab,c = mnistlab,style = mnistlab,s = 80,palette = "tab10")
       plt.legend(loc = [0.85,0.05],title = "类别")
       plt.xlabel("t-SNE特征1"); plt.ylabel("t-SNE特征2")
       plt.title("真实标签"); plt.tight_layout(); plt.show()
```

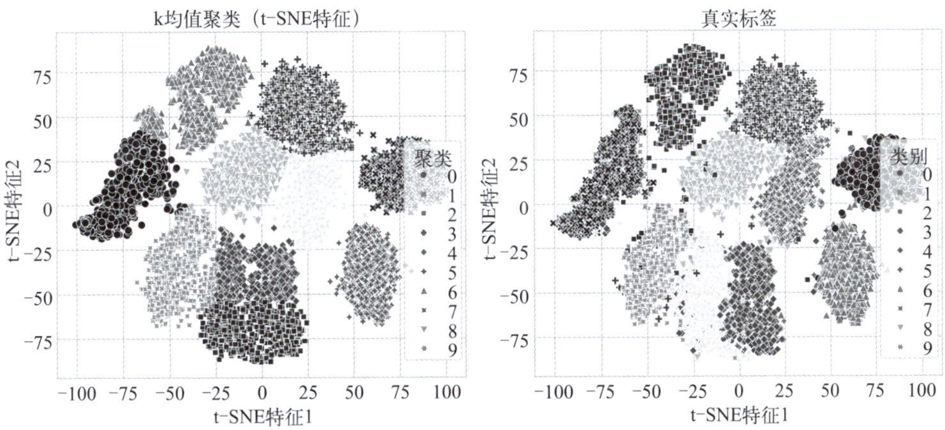

图 10-11　t-SNE 特征 k 均值聚类结果对比可视化

10.5　密度聚类

密度聚类也是最常用的数据聚类算法之　，而且针对非规则数据分布的数据聚类效果更好。下面在两个重要参数的不同组合下，使用密度聚类并输出不同情况下的 V 测度得分，以获取效果较好时的参数情况。

```
In[17]:## 分析不同参数组合下的密度聚类效果
       eps = np.arange(0.5,6,0.2); min_samples = np.arange(3,40)
       epsx,min_samplesy = np.meshgrid(eps,min_samples)
       vms = np.ones_like(epsx)   ## V测度
       ## 对数据使用t-SNE特征进行密度聚类
       for ii,mins in enumerate(min_samples):
           for jj,e in enumerate(eps):
               dbscan = DBSCAN(eps=e,min_samples=mins)
```

```
            db_pre = dbscan.fit_predict(mnistX_tsne2)
            vms[ii,jj] = v_measure_score(mnistY.values,db_pre)
    ## 查看参数搜索结果
    vmsdf = pd.DataFrame(data={"eps":epsx.flatten(),
                               "min_samples":min_samplesy.flatten(),
                               "vms":vms.flatten()})
    vmsdf = vmsdf.sort_values(by = "vms",ascending=False)
    print(vmsdf.head())
Out[17]:      eps  min_samples       vms
     238  3.3           11  0.823837
     522  4.1           21  0.822532
     550  4.1           22  0.822219
     607  4.3           24  0.822143
     181  3.1            9  0.822008
```

下面针对较好的 4 种参数组合，可视化分析对应的数据密度聚类结果，运行程序可获得图 10-12。

```
In[18]:## 对数据进行密度聚类，并可视化出聚类后的结果
    eps = vmsdf["eps"].values[0:4]
    min_sample = vmsdf["min_samples"].values[0:4]
    plt.figure(figsize=(20,14))
    for ii,e in enumerate(eps):
        e = np.round(e,2)
        ## 密度聚类
        dbscan = DBSCAN(eps=e,min_samples=min_sample[ii])
        db_pre = dbscan.fit_predict(mnistX_tsne2)
        ## 可视化出聚类后的结果
        plt.subplot(2,2,ii+1)


p=sns.scatterplot(x=mnistX_tsne2[:,0],y=mnistX_tsne2[:,1],hue=db_pre,
                        c = db_pre,style = db_pre,s = 100,palette = "
Paired")
        plt.legend(loc = 1,title = "聚类")
        plt.title("密度聚类:eps="+str(e)+",min_samples="+str(min_sample[ii]))
    plt.tight_layout(); plt.show()
```

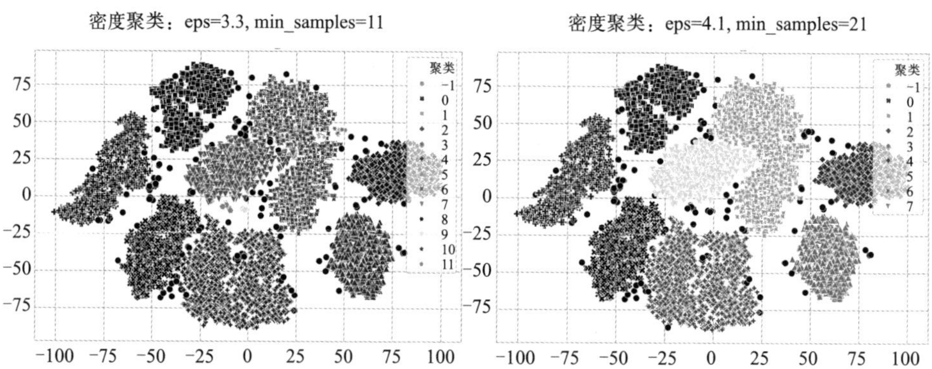

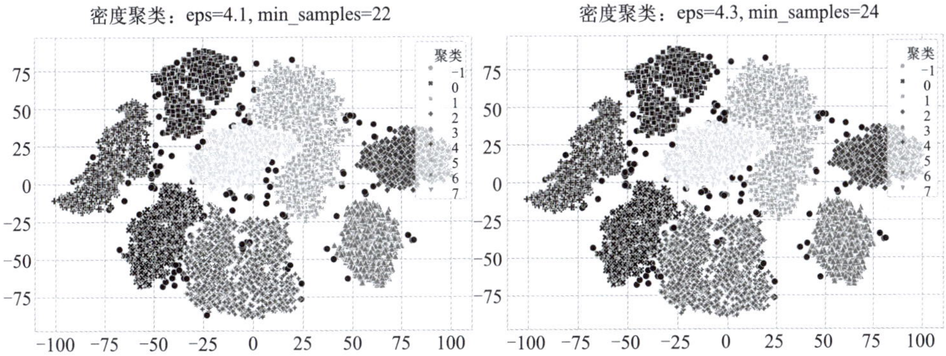

图 10-12　不同参数下的密度聚类结果对比

从图 10-12 中可以发现：虽然聚类结果的 V 测度都较高（比 k 均值聚类要高一些），但是聚类的簇数目仍然不全是 10 个簇，同时某些数据样本被归类为了异常值（标签为 −1 的样本）。

10.6　层次聚类

下面使用层次聚类算法，使用手写数字的 t-SNE 特征，进行聚类分析，运行以下程序可以获得如图 10-13 所示的层次聚类树。通过层次聚类树可以分析使用不同距离进行切分时的聚类结果。例如：使用距离 4000 可以将数据分为 3 个簇等。

```
In[19]:## 对数据进行层次聚类并绘制树
    Z = hierarchy.linkage(mnistX_tsne2, method="ward", metric="euclidean")
    fig = plt.figure(figsize=(12,6))
    dn = hierarchy.dendrogram(Z,truncate_mode = "lastp")
    plt.title("层次聚类树"); plt.xlabel("样本编号")
    plt.ylabel("距离"); plt.show()
```

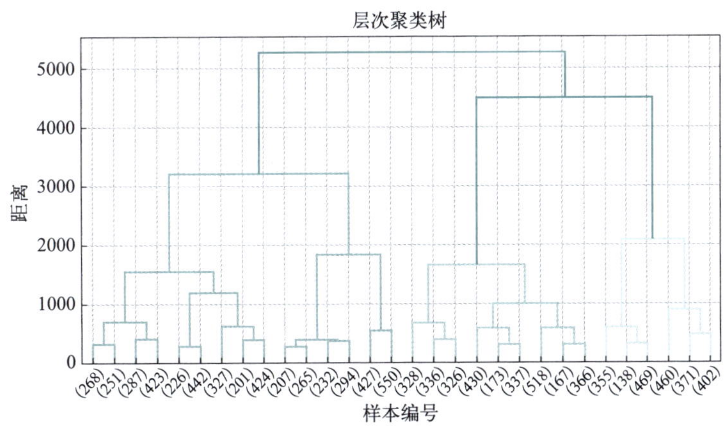

图 10-13　层次聚类树可视化

针对层次聚类结果，也可以直接指定簇的数量对数据聚类。下面将数据直接聚类为 10 个簇，从输出结果中可知，此时的聚类 V 测度得分为 0.7988，聚类效果也是较好的。

```
In[20]:## 最多聚类为10类
       hie10 = hierarchy.fcluster(Z,t = 10, criterion="maxclust")
       print("聚为10个簇,每簇包含的样本数量:\n",np.unique(hie10,return_counts =
True))
       print("聚为10个簇,聚类效果V测度: %.4f"%v_measure_score(mnistY.values,
hie10))
Out[20]:聚为10个簇,每簇包含的样本数量:
        (array([ 1,  2,  3,  4,  5,  6,  7,  8,  9, 10], dtype=int32),
        array([1229,  668,  952,  998,  977,  990,  940, 1051,  962, 1233],
              dtype=int64))
        聚为10个簇,聚类效果V测度: 0.7988
```

下面针对层次聚类，使用分组散点图可视化出其聚类结果，运行程序可获得图 10-14。

```
In[21]:## 可视化出聚类后的结果
       plt.figure(figsize=(10,6))
       p = sns.scatterplot(x=mnistX_tsne2[:,0], y=mnistX_tsne2[:,1],hue =
hie10,c = hie10,style = hie10,s = 100,palette = "tab10")
       plt.legend(loc = 1,title = "聚类"); plt.title("层次聚类"); plt.show()
```

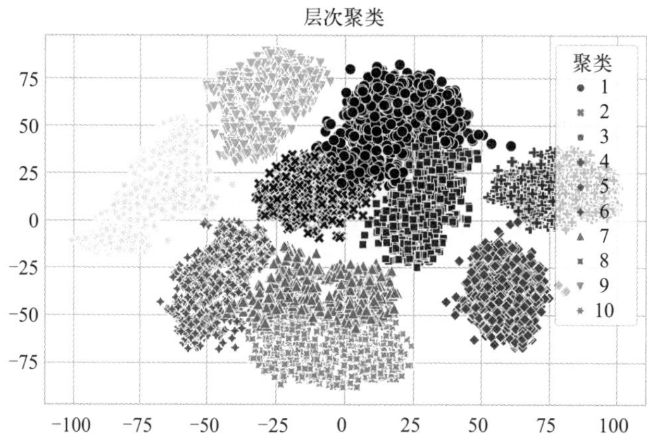

图 10-14　层次聚类结果可视化

针对层次聚类算法，可以使用不同的距离度量方式调整具体的聚类结果。下面则是使用 4 种不同的簇与簇之间的距离计算方式，对数据进行层次聚类，并输出聚类的结果。从图 10-15 中可知，使用平均距离的度量方式（method-average），可以获得相对更好的数据聚类效果。

```
In[22]:## 可视化不同簇与簇之间的距离计算方式的层次聚类结果
       method = ["single","complete","average","centroid"]
       plt.figure(figsize=(20,14))
```

```
        for ii,meth in enumerate(method):
            ## 层次聚类
            Z = hierarchy.linkage(mnistX_tsne2, method=meth, metric="euclidean")
            hie10 = hierarchy.fcluster(Z,t = 10, criterion="maxclust")
            print("簇与簇之间距离计算方式:",meth)
            print("聚类效果V测度: %.4f"%v_measure_score(mnistY.values,hie10))
            print("=============================")
            ## 可视化出聚类后的结果
            plt.subplot(2,2,ii+1)
            p=sns.scatterplot(x=mnistX_tsne2[:,0],y=mnistX_tsne2[:,1],hue=
hie10,
                            c = hie10,style = hie10,s = 100,palette = "tab10")
            plt.legend(loc = 1,title = "聚类")
            plt.title("层次聚类method="+meth); plt.tight_layout(); plt.show()
Out[22]:簇与簇之间距离计算方式: single
        聚类效果V测度: 0.5206
        =============================
        簇与簇之间距离计算方式: complete
        聚类效果V测度: 0.7805
        =============================
        簇与簇之间距离计算方式: average
        聚类效果V测度: 0.8339
        =============================
        簇与簇之间距离计算方式: centroid
        聚类效果V测度: 0.8250
        =============================
```

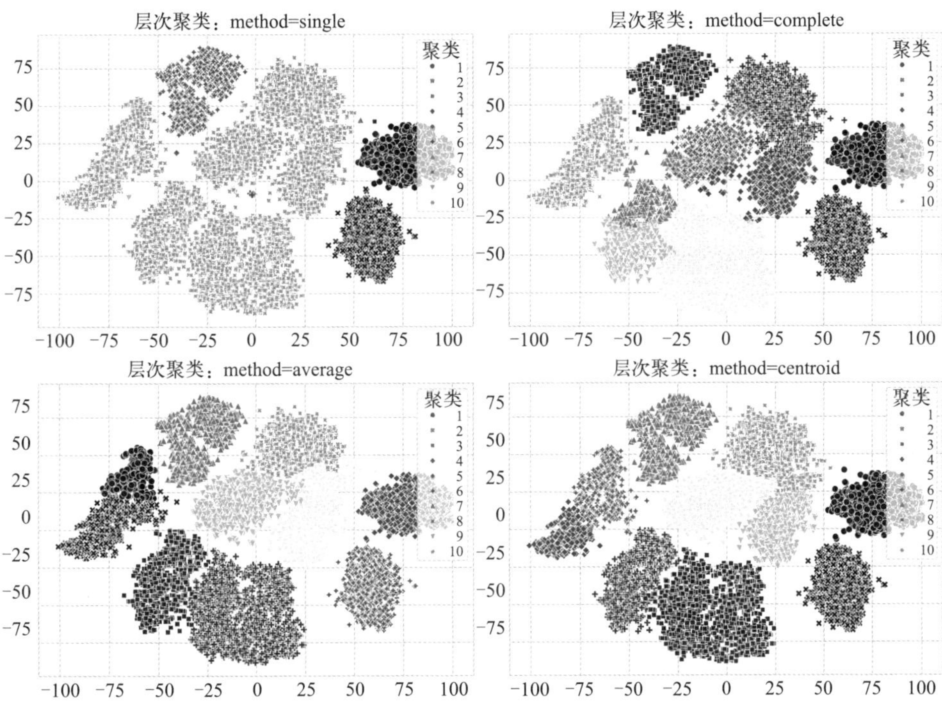

图 10-15　不同距离度量下的层次聚类结果可视化

10.7 本章小结

本章使用了手写数字数据集，介绍了数据降维与数据聚类相关算法的实战应用。数据降维主要包括：主成分分析、t-SNE 以及 LLE 降维等算法，以及如何选择合适的参数获取更好的效果。针对聚类分析主要介绍了：k 均值、密度聚类、层次聚类等算法的使用，以及相关参数的选择。

第11章

实战案例3：购物篮关联规则挖掘实战

本章使用关联规则分析，对购物篮数据进行挖掘实战。分析主要包含数据探索性分析、Apriori 算法关联规则分析、FP-Growth 算法关联规则分析。

首先导入会使用到的 Python 库与模块，程序如下所示：

```
In[1]:## 导入需要的库
      import numpy as np
      import pandas as pd
      import matplotlib.pyplot as plt
      ## 挖掘频繁项集和关联规则
      from mlxtend.frequent_patterns import *
      from mlxtend.preprocessing import TransactionEncoder
      from mlxtend.plotting import *
      import networkx as nx
```

11.1 数据准备与探索

导入用于关联规则挖掘的购物篮数据，该数据包含 3 列，分别是交易的标签、交易的商品（项目）与交易的时间。数据内容如下：

```
In[2]:## 导入训练集,使用具有较少样本的测试集数据
      df = pd.read_excel("data/chap11/cleandf.xlsx")
      df
Out[2]:
```

	BillNo	Itemname	Date
0	536365	WHITE HANGING HEART T-LIGHT HOLDER	2010-12-01
1	536365	WHITE METAL LANTERN	2010-12-01
2	536365	CREAM CUPID HEARTS COAT HANGER	2010-12-01
3	536365	KNITTED UNION FLAG HOT WATER BOTTLE	2010-12-01
4	536365	RED WOOLLY HOTTIE WHITE HEART.	2010-12-01
...	...	...	...
519546	581587	PACK OF 20 SPACEBOY NAPKINS	2011-12-09
519547	581587	CHILDREN'S APRON DOLLY GIRL	2011-12-09
519548	581587	CHILDRENS CUTLERY DOLLY GIRL	2011-12-09
519549	581587	CHILDRENS CUTLERY CIRCUS PARADE	2011-12-09
519550	581587	BAKING SET 9 PIECE RETROSPOT	2011-12-09

519551 rows × 3 columns

下面对数据中的具体情况进行可视化探索，可以发现数据中一共有 19559 次交易，其中所有交易共包含 4006 个不同种类的商品。

```
In[3]:## 计算数据中一共有多少次交易
      len(df.BillNo.unique())
Out[3]:19559
In[4]:## 计算数据中一共有多少种不同的商品
      len(df.Itemname.unique())
Out[4]:4006
```

下面的程序则是使用直方图，可视化商品出现次数的分布情况，可获得图 11-1。由图 11-1 可以发现大部分的商品出现次数较少，少量商品出现次数较多，会超过 1000 次。

```
In[5]:## 计算商品出现次数的分布情况
      ItemFre = df.Itemname.value_counts()
      ## 可视化商品出现次数的分布情况
      plt.figure(figsize=(10,5))
      plt.hist(ItemFre.values,bins = 100)
```

```
        plt.ylabel("频数"); plt.xlabel("商品出现次数")
        plt.title("商品出现次数的数据分布情况"); plt.show()
```

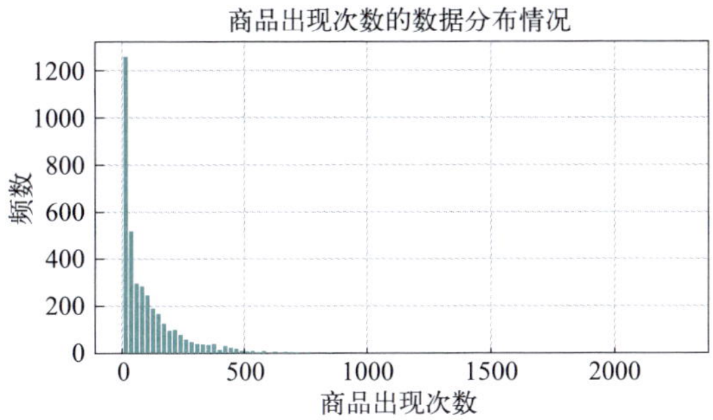

图 11-1　商品出现次数的数据分布情况

下面查看出现次数较多的商品，运行程序可获得图 11-2。

```
In[6]:## 查看数据中出现频次较高的商品
        plotdf = ItemFre[0:50].sort_values()
        plotdf.plot(kind = "barh",figsize = (12,9),width = 0.8)
        plt.xlabel("频次");plt.yticks(fontsize = 9)
        plt.title("出现频次较高的商品");plt.show()
```

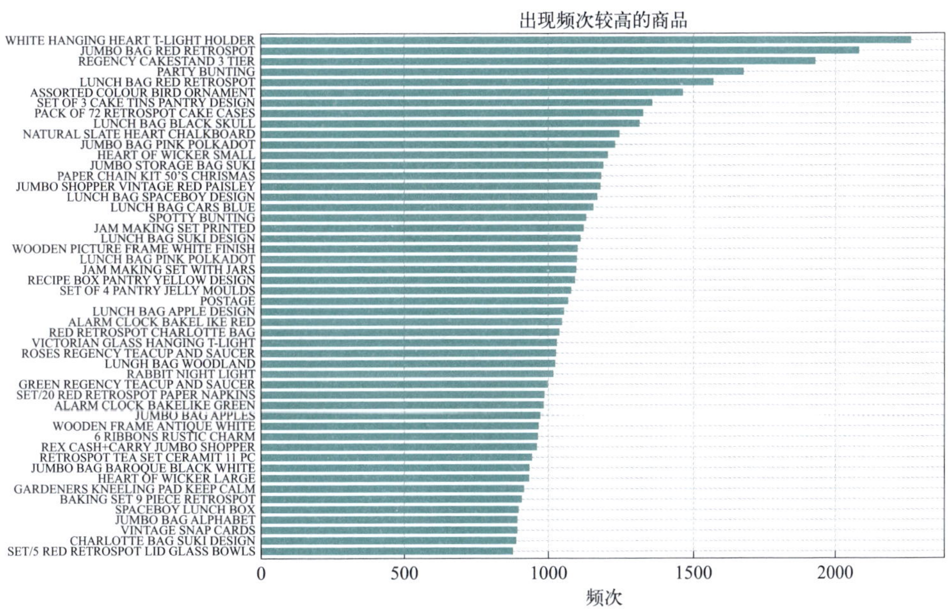

图 11-2　高频次商品条形图

下面继续可视化每次交易购买商品种类数量的数据分布情况，运行程序可获得图 11-3。可以发现：大部分交易购买商品种类的数量较少，极少数交易购买商品种类的数量会超过 200 种。

```
In[7]:## 计算每次交易购买商品种类的数量
      BillNoFre = df.BillNo.value_counts()
      ## 可视化每次交易购买商品种类的数量的分布情况
      plt.figure(figsize=(10,5))
      plt.hist(BillNoFre.values,bins = 100)
      plt.ylabel("频数");plt.xlabel("商品种类的数量")
      plt.title("每次交易购买商品种类的数量的数据分布情况"); plt.show()
```

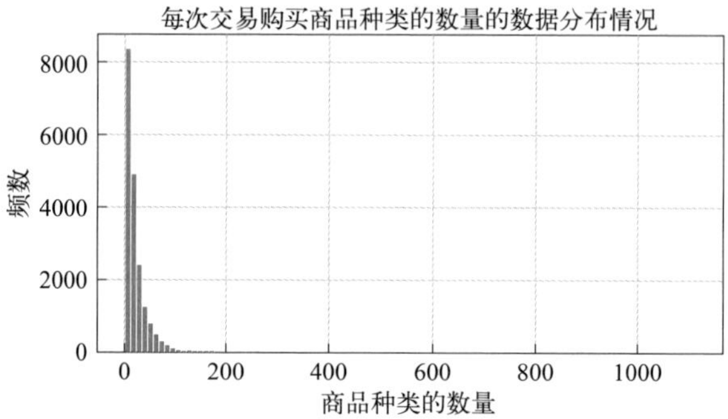

图 11-3　交易购买商品种类数量分布情况

下面继续分析哪些交易购买的商品种类数量较多，运行程序后可获得图 11-4。可以发现：一些交易购买商品种类超过了 200 种。

```
In[8]:## 查看购买商品种类数量较多的一些交易
      BillNoFre[0:100].plot(kind = "bar",figsize = (12,6),width = 0.8)
      plt.ylabel("商品种类数量");plt.xlabel("交易ID")
      plt.xticks(fontsize = 8)
      plt.title("购买商品种类数量较多的一些交易");plt.show()
```

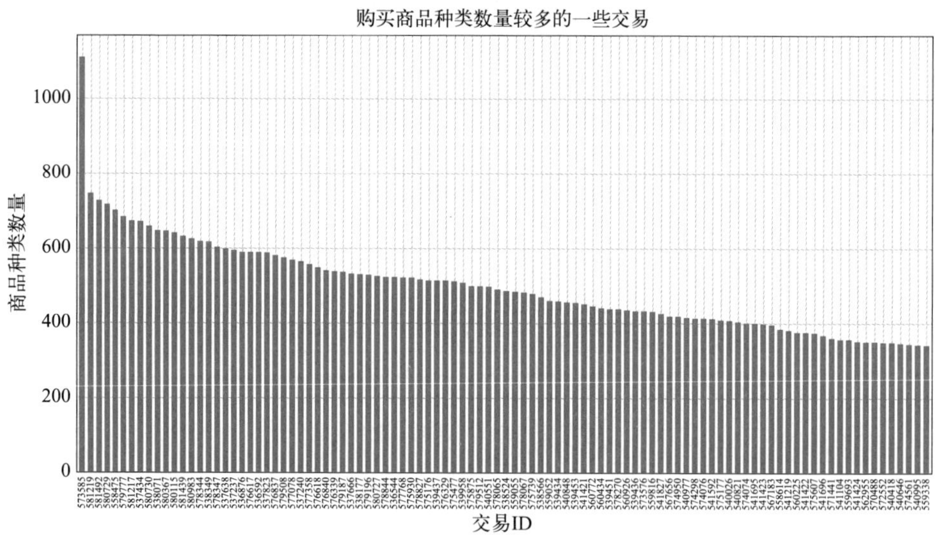

图 11-4　购买商品种类数量较多的一些交易

为了更方便地进行后续的关联规则挖掘工作，下面先将数据进行变换。数据变换为每一行表示一次交易，每列表示一种商品，如果某次交易包含某个商品，则对应行与列的取值为 True，否则为 False，处理的程序与结果如下所示：

```
In[9]:## 将每次交易数据处理为列表
      dflist = df.groupby(by="BillNo")["Itemname"].apply(list)
      ## 为了使用mlxtend库进行关联规则的相关分析，对数据进行处理
      te = TransactionEncoder()
      dflist_array = te.fit(dflist).transform(dflist)
      dfnew = pd.DataFrame(dflist_array, columns=te.columns_)
      dfnew
Out[9]:
```

	*Boombox Ipod Classic	*USB Office Mirror Ball	10 COLOUR SPACEBOY PEN	12 COLOURED PARTY BALLOONS	12 DAISY PEGS IN WOOD BOX	12 EGG HOUSE PAINTED WOOD	12 HANGING EGGS HAND PAINTED	12 IVORY ROSE PEG PLACE SETTINGS	12 MESSAGE CARDS WITH ENVELOPES	12 PENCIL SMALL TUBE WOODLAND	...	ZINC STAR T-LIGHT HOLDER	ZINC SWEETHEART SOAP DISH	SWEET WIRE
0	False	False	False	False	False	False	False	False	False	False	...	False	False	
1	False	False	False	False	False	False	False	False	False	False	...	False	False	
2	False	False	False	False	False	False	False	False	False	False	...	False	False	
3	False	False	False	False	False	False	False	False	False	False	...	False	False	
4	False	False	False	False	False	False	False	False	False	False	...	False	False	
...	...	...	...	...	...	...	...	...	...	...	...	...	...	
19554	False	False	False	False	False	False	False	False	False	False	...	False	False	
19555	False	False	False	False	False	False	False	False	False	False	...	False	False	
19556	False	False	False	False	False	False	False	False	False	False	...	False	False	
19557	False	False	False	False	False	False	False	False	False	False	...	False	False	
19558	False	False	False	False	False	False	False	False	False	False	...	False	False	

19559 rows × 4006 columns

数据预处理后，一共有 19559 条交易、4006 个商品。针对变换后数据的分布情况，也可以使用下面的程序可视化出热力图。为了方便图像的查看，只可视化其中的部分样本。运行程序后可获得图 11-5，可以发现大部分交易都只购买了很少种类的商品。

```
In[10]:## 使用热力图可视化购物篮数据的分布情况
      plt.figure(figsize=(12,6))
      sns.heatmap(dfnew.iloc[0:200,0:500], annot=False,cmap="rocket_r",
                  cbar = False, xticklabels = False, yticklabels = False)
      plt.xlabel("商品"); plt.ylabel("交易")
      plt.title("商品的交易情况(局部)"); plt.show()
```

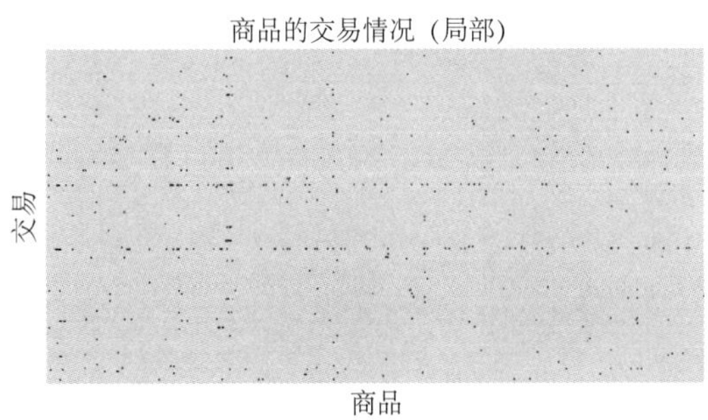

图 11-5　商品的交易情况可视化

11.2 Apriori 算法关联规则分析

我们首先使用 Apriori 算法关联规则分析，发掘数据中的规则。

11.2.1 发现频繁项集

下面的程序是使用 apriori() 函数发现数据中的频繁项集，并且通过 min_support 参数设置支持度阈值，使用 max_len 参数控制项集中的最大元素数量。大约有 382 项支持度在 0.02 之上的频繁项集被发现，而且大多数项集都是只有 1 个或 2 个项目。

```
In[11]:## 使用Apriori算法发现频繁项集
       Apiterm_fre = apriori(dfnew, min_support=0.02,  ## 支持度阈值
                             max_len = 6,             ## 项集中的最大元素数量
                             use_colnames=True)       ## 输出中使用列名
       ## 计算每个项集的元素数量
       Apiterm_fre["length"] = Apiterm_fre["itemsets"].apply(lambda x:
len(x))
       print(Apiterm_fre.head())
Out[11]:   support                          itemsets      length
        0  0.023365          (3 STRIPEY MICE FELTCRAFT)        1
        1  0.023672       (4 TRADITIONAL SPINNING TOPS)        1
        2  0.048162             (6 RIBBONS RUSTIC CHARM)        1
        3  0.021320   (60 CAKE CASES DOLLY GIRL DESIGN)        1
        4  0.030676   (60 CAKE CASES VINTAGE CHRISTMAS)        1
```

针对频繁项集的数量分布情况，可以使用条形图进行可视化，运行下面程序可获得图 11-6。可以发现大部分都是频繁 1 项集，少数是频繁 2 项集和 3 项集。

```
In[12]:Apiterm_fre["length"].value_counts().plot(kind = "bar",
                                figsize = (10,5))
       plt.title("发现的频繁项集数量分布情况")
       plt.xlabel("项集元素数量"); plt.ylabel("频数")
       plt.xticks(rotation = 0); plt.show()
```

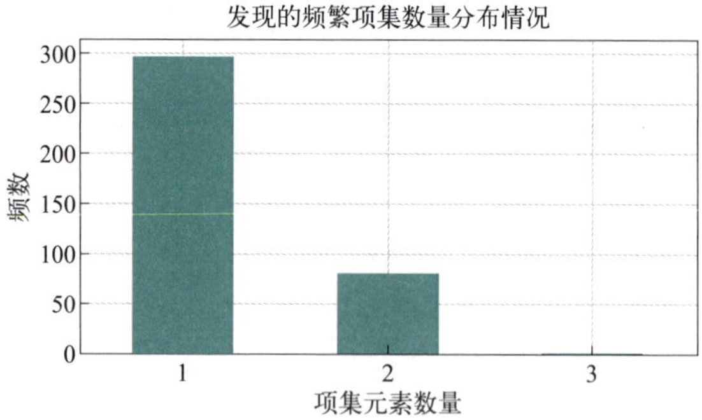

图 11-6 频繁项集数量分布情况

11.2.2 关联规则挖掘与分析

针对前面找到的频繁项集，直接使用 association_rules() 函数就可以从规则中找到规则。下面程序在筛选规则时通过置信度筛选（metric="confidence"），设置最小置信度阈值为 0.3（min_threshold=0.3）。从输出的结果中可以知道，一共找到了 152 条规则。

```
In[13]:## 通过频繁项集找到关联规则,利用置信度筛选,设置使用的置信度及阈值
       Aprule1 = association_rules(Apiterm_fre, metric="confidence",
                                   min_threshold=0.3)
       Aprule1
Out[13]:
```

	antecedents	consequents	antecedent support	consequent support	support	confidence	lift	leverage	conviction
0	(PACK OF 72 RETROSPOT CAKE CASES)	(60 TEATIME FAIRY CAKE CASES)	0.065392	0.040800	0.022240	0.340109	8.336091	0.019572	1.453575
1	(60 TEATIME FAIRY CAKE CASES)	(PACK OF 72 RETROSPOT CAKE CASES)	0.040800	0.065392	0.022240	0.545113	8.336091	0.019572	2.054593
2	(ALARM CLOCK BAKELIKE GREEN)	(ALARM CLOCK BAKELIKE PINK)	0.049440	0.038806	0.021013	0.425026	10.952675	0.019095	1.671717
3	(ALARM CLOCK BAKELIKE PINK)	(ALARM CLOCK BAKELIKE GREEN)	0.038806	0.049440	0.021013	0.541502	10.952675	0.019095	2.073204
4	(ALARM CLOCK BAKELIKE RED)	(ALARM CLOCK BAKELIKE GREEN)	0.052508	0.049440	0.032364	0.616358	12.466755	0.029768	2.477728
...	...	...	...	...	...	...	...	...	...
147	(JUMBO STORAGE BAG SUKI, JUMBO BAG PINK POLKADOT)	(JUMBO BAG RED RETROSPOT)	0.026279	0.105373	0.021064	0.801556	7.606813	0.018295	4.508216
148	(JUMBO STORAGE BAG SUKI, JUMBO BAG RED RETROSPOT)	(JUMBO BAG PINK POLKADOT)	0.036863	0.061915	0.021064	0.571429	9.229208	0.018782	2.188864
149	(JUMBO BAG PINK POLKADOT, JUMBO BAG RED RETROS...	(JUMBO STORAGE BAG SUKI)	0.041873	0.060228	0.021064	0.503053	8.352465	0.018543	1.891089
150	(JUMBO STORAGE BAG SUKI)	(JUMBO BAG PINK POLKADOT, JUMBO BAG RED RETROS...	0.060228	0.041873	0.021064	0.349745	8.352465	0.018543	1.473464
151	(JUMBO BAG PINK POLKADOT)	(JUMBO STORAGE BAG SUKI, JUMBO BAG RED RETROSPOT)	0.061915	0.036863	0.021064	0.340215	9.229208	0.018782	1.459774

152 rows × 9 columns

此外，还可以通过提升度来筛选规则。下面程序则是利用最小提升度为 1，获取数据中的关联规则，可以发现一共有 176 条规则。

```
In[14]:## 发现数据中的关联规则，使用提升度来筛选规则,设置使用提升度及阈值
       Aprule2 = association_rules(Apiterm_fre, metric="lift", min_threshold=1)
       ## 计算获得的规则中相关项集的长度
       Aprule2["antecedent_len"]=Aprule2["antecedents"].apply(lambda x:
len(x))
       Aprule2["consequent_len"]=Aprule2["consequents"].apply(lambda x: len(x))
       Aprule2
Out[14]:
```

	antecedents	consequents	antecedent support	consequent support	support	confidence	lift	leverage	conviction	antecedent_len	consequent_len
0	(PACK OF 72 RETROSPOT CAKE CASES)	(60 TEATIME FAIRY CAKE CASES)	0.065392	0.040800	0.022240	0.340109	8.336091	0.019572	1.453575	1	1
1	(60 TEATIME FAIRY CAKE CASES)	(PACK OF 72 RETROSPOT CAKE CASES)	0.040800	0.065392	0.022240	0.545113	8.336091	0.019572	2.054593	1	1
2	(ALARM CLOCK BAKELIKE GREEN)	(ALARM CLOCK BAKELIKE PINK)	0.049440	0.038806	0.021013	0.425026	10.952675	0.019095	1.671717	1	1
3	(ALARM CLOCK BAKELIKE PINK)	(ALARM CLOCK BAKELIKE GREEN)	0.038806	0.049440	0.021013	0.541502	10.952675	0.019095	2.073204	1	1
4	(ALARM CLOCK BAKELIKE RED)	(ALARM CLOCK BAKELIKE GREEN)	0.052508	0.049440	0.032364	0.616358	12.466755	0.029768	2.477728	1	1
...	...	...	...	...	...	...	...	...	...	...	...
171	(JUMBO STORAGE BAG SUKI, JUMBO BAG RED RETROSPOT)	(JUMBO BAG PINK POLKADOT)	0.036863	0.061915	0.021064	0.571429	9.229208	0.018782	2.188864	2	1
172	(JUMBO BAG PINK POLKADOT, JUMBO BAG RED RETROS...	(JUMBO STORAGE BAG SUKI)	0.041873	0.060228	0.021064	0.503053	8.352465	0.018543	1.891089	2	1
173	(JUMBO STORAGE BAG SUKI)	(JUMBO BAG PINK POLKADOT, JUMBO BAG RED RETROS...	0.060228	0.041873	0.021064	0.349745	8.352465	0.018543	1.473464	1	2
174	(JUMBO BAG PINK POLKADOT)	(JUMBO STORAGE BAG SUKI, JUMBO BAG RED RETROSPOT)	0.061915	0.036863	0.021064	0.340215	9.229208	0.018782	1.459774	1	2
175	(JUMBO BAG RED RETROSPOT)	(JUMBO STORAGE BAG SUKI, JUMBO BAG PINK POLKADOT)	0.105373	0.026279	0.021064	0.199903	7.606813	0.018295	1.217003	1	2

176 rows × 11 columns

下面使用散点图可视化支持度、置信度和提升度的关系，运行程序可获得图 11-7。该图像可以分析各种指标的取值范围以及它们之间的关系。

```
In[15]:## 使用散点图可视化支持度、置信度和提升度的关系
       colnames = ["support","confidence","lift"]
       plotdata = Aprule2[["support","confidence","lift"]].values
       scatterplotmatrix(plotdata, figsize=(14, 8),names=colnames,
                         color = "red")
       plt.tight_layout();plt.show()
```

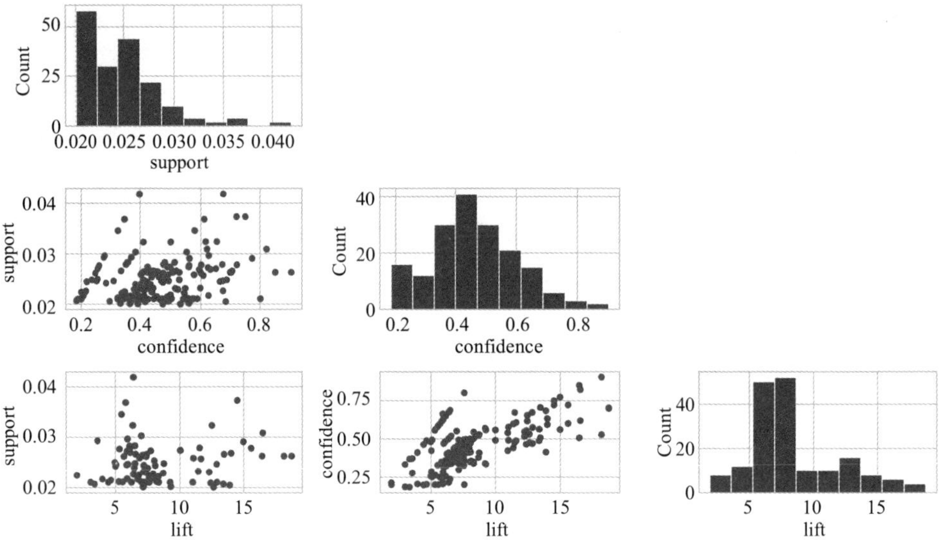

图 11-7 规则支持度、置信度和提升度的大小可视化

support—支持度；confidence—置信度；lift—提升度；Count—总数

11.3 FP-Growth 算法关联规则分析

FP-Growth 也是经典的关联规则中频繁项集的挖掘方法，下面介绍如何使用 FP-Growth 算法进行关联规则挖掘。

11.3.1 发现频繁项集

下面使用 fpgrowth() 函数，利用 FP-Growth 算法发现数据中的频繁项集，挖掘时设置支持度阈值为 0.01，最终大约有 1948 项支持度在 0.01 之上的频繁项集被发现。

```
In[16]:## 使用FP-Growth算法获取数据中的频繁项集
       FPiterm_fre = fpgrowth(dfnew, min_support=0.01,   ## 支持度阈值
                              max_len = 6,            ## 项集中的最大元素数量
                              use_colnames=True)      ## 输出中使用列名
       ## 计算每个项集的元素数量
       FPiterm_fre["length"] = FPiterm_fre["itemsets"].apply(lambda x: len(x))
```

```
        print(FPiterm_fre.head())
Out[16]:     support                                     itemsets  length
         0  0.112378    (WHITE HANGING HEART T-LIGHT HOLDER)       1
         1  0.023365   (KNITTED UNION FLAG HOT WATER BOTTLE)       1
         2  0.021576        (RED WOOLLY HOTTIE WHITE HEART.)       1
         3  0.019173          (SET 7 BABUSHKA NESTING BOXES)       1
         4  0.015287                   (WHITE METAL LANTERN)       1
```

下面程序可视化每个频繁项集数量的分布情况，可获得图 11-8。可以发现大部分是频繁 2 项集与 1 项集，少数是频繁 4 项集与 5 项集。

```
In[17]:FPiterm_fre["length"].value_counts().plot(kind = "bar",
                              figsize = (10,5))
       plt.title("发现的频繁项集数量分布情况")
       plt.xlabel("项集元素数量");plt.ylabel("频数")
       plt.xticks(rotation = 0);plt.show()
```

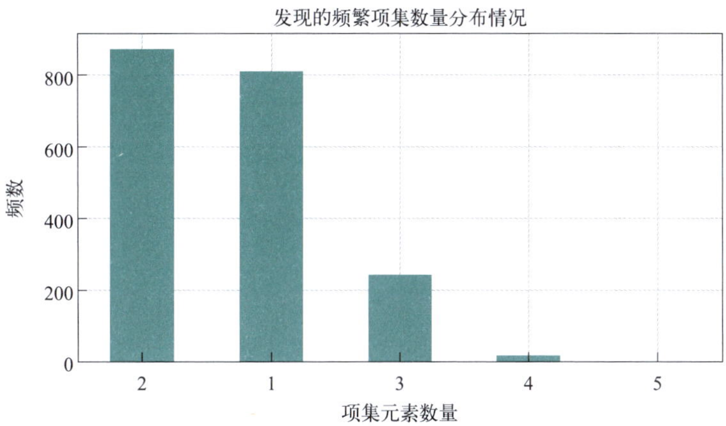

图 11-8　频繁项集的数量分布情况

11.3.2 关联规则发现与分析

针对前面找到的频繁项集，继续使用 association_rules() 函数找到关联规则，提升度大于 2 的规则一共找到了 3444 个。

```
In[18]:## 通过频繁项集找到关联规则，利用提升度筛选规则
        FPrule1 = association_rules(FPiterm_fre, metric="lift", min_
threshold=2)
        ## 计算获得的规则中相关项集的长度
        FPrule1["antecedent_len"]=FPrule1["antecedents"].apply(lambda x:
len(x))
        FPrule1["consequent_len"]=FPrule1["consequents"].apply(lambda x:
len(x))
        FPrule1["item_num"]=FPrule1["antecedent_len"]+FPrule1["consequent_len"]
        FPrule1
Out[18]:
```

	antecedents	consequents	antecedent support	consequent support	support	confidence	lift	leverage	conviction	antecedent_len	consequent_len	item_num
0	(HAND WARMER UNION JACK)	(HAND WARMER OWL DESIGN)	0.024490	0.033182	0.012066	0.492693	14.848358	0.011253	1.905786	1	1	2
1	(HAND WARMER OWL DESIGN)	(HAND WARMER UNION JACK)	0.033182	0.024490	0.012066	0.363636	14.848358	0.011253	1.532944	1	1	2
2	(HAND WARMER SCOTTY DOG DESIGN)	(HAND WARMER UNION JACK)	0.027813	0.024490	0.010992	0.395221	16.138037	0.010311	1.613001	1	1	2
3	(HAND WARMER UNION JACK)	(HAND WARMER SCOTTY DOG DESIGN)	0.024490	0.027813	0.010992	0.448852	16.138037	0.010311	1.763930	1	1	2
4	(WHITE HANGING HEART T-LIGHT HOLDER)	(HOME BUILDING BLOCK WORD)	0.112378	0.039061	0.012782	0.113740	2.911827	0.008392	1.084262	1	1	2
...	...	...	...	...	...	...	...	...	...	...	...	...
3439	(CHOCOLATE HOT WATER BOTTLE)	(HOT WATER BOTTLE KEEP CALM)	0.042742	0.039419	0.013600	0.318182	8.071749	0.011915	1.408852	1	1	2
3440	(HAND WARMER RED LOVE HEART)	(HAND WARMER OWL DESIGN)	0.020144	0.033182	0.011044	0.548223	16.521881	0.010375	2.140036	1	1	2
3441	(HAND WARMER OWL DESIGN)	(HAND WARMER RED LOVE HEART)	0.033182	0.020144	0.011044	0.332820	16.521881	0.010375	1.468652	1	1	2
3442	(HAND WARMER SCOTTY DOG DESIGN)	(HAND WARMER RED LOVE HEART)	0.027813	0.020144	0.010072	0.362132	17.977022	0.009512	1.536143	1	1	2
3443	(HAND WARMER RED LOVE HEART)	(HAND WARMER SCOTTY DOG DESIGN)	0.020144	0.027813	0.010072	0.500000	17.977022	0.009512	1.944373	1	1	2

3444 rows × 12 columns

使用散点图可视化这 3444 个规则中支持度、置信度和提升度的关系，可获得图 11-9。

```
In[19]:## 使用散点图可视化支持度、置信度和提升度的关系
       plotdata = FPrule1[["support","confidence","lift","item_num"]]
       sns.pairplot(plotdata, hue="item_num", diag_kind = "hist",
                    markers=["o","s","d","v"],plot_kws={"s": 10},
                    palette = "Set1",height = 2,aspect = 1.5)
       plt.suptitle("支持度、置信度和提升度的关系",y = 1.05)
       plt.show()
```

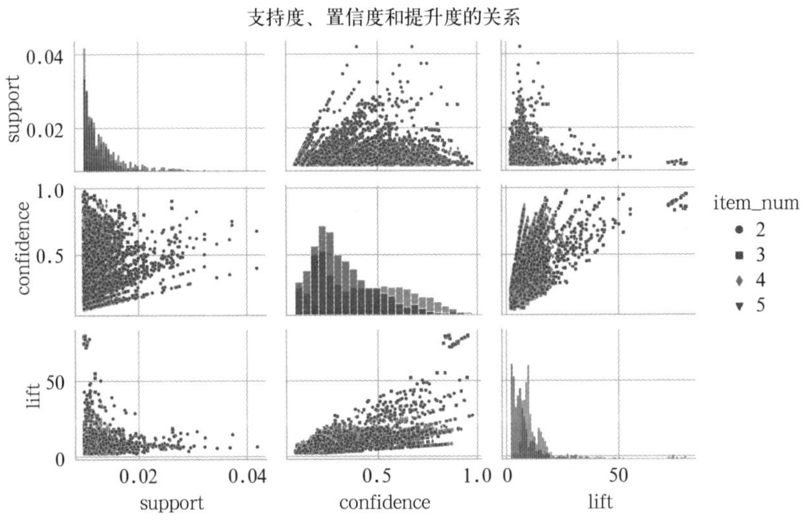

图 11-9　规则支持度、置信度和提升度的大小可视化

support—支持度；confidence—置信度；lift—提升度；item_num—规则元素数量

下面的程序则是通过关联规则中相应项集的长度，对关联规则进行筛选。可以发现，前项与后项项集均大于 1 的规则一共有 134 条。

```
In[20]:## 对获得的规则根据项集的长度进行筛选
       FPrule2 = FPrule1[ (FPrule1["antecedent_len"] > 1) &
                          (FPrule1["consequent_len"] > 1)]
       FPrule2
Out[20]:
```

	antecedents	consequents	antecedent support	consequent support	support	confidence	lift	leverage	conviction	antecedent_len	consequent_len	item_num
252	(JUMBO STORAGE BAG SUKI, JUMBO BAG BAROQUE BL...	(JUMBO BAG PINK POLKADOT, JUMBO BAG RED RETROS...	0.021525	0.041873	0.010481	0.486936	11.628790	0.009580	1.867460	2	2	4
253	(JUMBO STORAGE BAG SUKI, JUMBO BAG PINK POLKADOT)	(JUMBO BAG BAROQUE BLACK WHITE, JUMBO BAG RED...	0.026279	0.029654	0.010481	0.398833	13.449601	0.009702	1.614103	2	2	4
254	(JUMBO STORAGE BAG SUKI, JUMBO BAG RED RETROSPOT)	(JUMBO BAG BAROQUE BLACK WHITE, JUMBO BAG PIN...	0.036863	0.021064	0.010481	0.284327	13.497957	0.009705	1.367854	2	2	4
255	(JUMBO BAG BAROQUE BLACK WHITE, JUMBO BAG PIN...	(JUMBO STORAGE BAG SUKI, JUMBO BAG RED RETROSPOT)	0.021064	0.036863	0.010481	0.497573	13.497957	0.009705	1.916969	2	2	4
256	(JUMBO BAG BAROQUE BLACK WHITE, JUMBO BAG RED...	(JUMBO STORAGE BAG SUKI, JUMBO BAG PINK POLKADOT)	0.029654	0.026279	0.010481	0.353448	13.449601	0.009702	1.506021	2	2	4
...	...	...	...	...	...	...	...	...	...	...	...	...
2821	(LUNCH BAG BLACK SKULL., LUNCH BAG CARS BLUE)	(LUNCH BAG SUKI DESIGN, LUNCH BAG RED RETROSPOT)	0.026484	0.028325	0.010481	0.395753	13.972077	0.009731	1.608076	2	2	4
2822	(LUNCH BAG BLACK SKULL., LUNCH BAG RED RETROS...	(LUNCH BAG SUKI DESIGN, LUNCH BAG CARS BLUE)	0.032312	0.023876	0.010481	0.324367	13.585216	0.009710	1.444754	2	2	4
2823	(LUNCH BAG SUKI DESIGN, LUNCH BAG CARS BLUE)	(LUNCH BAG BLACK SKULL., LUNCH BAG RED RETROS...	0.023876	0.032312	0.010481	0.438972	13.585216	0.009710	1.724848	2	2	4
2824	(LUNCH BAG SUKI DESIGN, LUNCH BAG RED RETROSPOT)	(LUNCH BAG BLACK SKULL., LUNCH BAG CARS BLUE)	0.028325	0.026484	0.010481	0.370036	13.972077	0.009731	1.545352	2	2	4
2825	(LUNCH BAG CARS BLUE, LUNCH BAG RED RETROSPOT)	(LUNCH BAG BLACK SKULL., LUNCH BAG SUKI DESIGN)	0.027864	0.026177	0.010481	0.376147	14.369248	0.009752	1.560981	2	2	4

134 rows × 12 columns

下面是从规则中挑选前项中包含某些元素的规则，一共找到 162 条规则。

```
In[21]:## 从规则1中挑选前项中包含某些元素的规则
        userule1 = FPrule1[FPrule1["antecedents"] == {"JUMBO BAG RED RETROSP-
OT"}].sort_values(by = "lift",ascending=False)
        userule1
Out[21]:
```

	antecedents	consequents	antecedent support	consequent support	support	confidence	lift	leverage	conviction	antecedent_len	consequent_len	item_num
261	(JUMBO BAG RED RETROSPOT)	(JUMBO STORAGE BAG SUKI, JUMBO BAG BAROQUE BL...	0.105373	0.012015	0.010481	0.099466	8.278557	0.009215	1.097111	1	3	4
691	(JUMBO BAG RED RETROSPOT)	(JUMBO SHOPPER VINTAGE RED PAISLEY, JUMBO STOR...	0.105373	0.015747	0.013651	0.129549	8.226767	0.011992	1.130739	1	3	4
1800	(JUMBO BAG RED RETROSPOT)	(JUMBO SHOPPER VINTAGE RED PAISLEY, JUMBO BAG ...	0.105373	0.012986	0.011095	0.105289	8.107644	0.009726	1.103164	1	3	4
275	(JUMBO BAG RED RETROSPOT)	(JUMBO SHOPPER VINTAGE RED PAISLEY, JUMBO BAG...	0.105373	0.012271	0.010379	0.098496	8.027003	0.009086	1.095646	1	3	4
1754	(JUMBO BAG RED RETROSPOT)	(JUMBO STORAGE BAG SUKI, JUMBO BAG PINK POLKAD...	0.105373	0.014213	0.011964	0.113537	7.988031	0.010466	1.112045	1	3	4
...	...	...	...	...	...	...	...	...	...	...	...	...
1507	(JUMBO BAG RED RETROSPOT)	(VINTAGE SNAP CARDS)	0.105373	0.045043	0.010737	0.101892	2.262101	0.005990	1.063299	1	1	2
1479	(JUMBO BAG RED RETROSPOT)	(6 RIBBONS RUSTIC CHARM)	0.105373	0.048162	0.011044	0.104803	2.176063	0.005969	1.063273	1	1	2
1355	(JUMBO BAG RED RETROSPOT)	(VICTORIAN GLASS HANGING T-LIGHT)	0.105373	0.052252	0.011759	0.111596	2.135726	0.006253	1.066799	1	1	2
2733	(JUMBO BAG RED RETROSPOT)	(SET OF 3 CAKE TINS PANTRY DESIGN)	0.105373	0.068817	0.015338	0.145560	2.115168	0.008087	1.089817	1	1	2
785	(JUMBO BAG RED RETROSPOT)	(HEART OF WICKER SMALL)	0.105373	0.060381	0.012986	0.123241	2.041045	0.006624	1.071696	1	1	2

162 rows × 12 columns

下面则是通过多个条件进行关联规则的挑选，并且针对找到的规则使用网络图进行可视化查看，运行程序后可获得图 11-10。

```
In[22]:## 找到前项和后项长度均为1的关联规则，使用网络图可视化
       userule3 = FPrule1[(FPrule1["antecedent_len"] == 1 ) &  # 前项一个项目
                          (FPrule1["consequent_len"] == 1) &  # 后项一个项目
                          (FPrule1["confidence"] >0.8)] # 置信度阈值
       userule3 = userule3.sort_values(by = "lift",ascending=False)
       userule3 = userule3.reset_index(drop=True)
       ## 获取规则的前项和后项
       antecedents = []; consequents = []; weights = []
       for ii in range(len(userule3)):
           antecedents.append(list(userule3.antecedents.values[ii]))
           consequents.append(list(userule3.consequents.values[ii]))
           weights.append(userule3.lift.values[ii])
       ## 可视化
       plt.figure(figsize=(14,8))
       ## 生成社交网络图
       G=nx.DiGraph()
       ## 为图像添加边
```

```
        for ii in range(len(antecedents)):


G.add_edge(antecedents[ii][0],consequents[ii][0],weight=weights[ii])
        ## 根据提升度的大小定义2种边
        elarge=[(u,v) for (u,v,d) in G.edges(data=True) if d['weight'] > 40]
        esmall=[(u,v) for (u,v,d) in G.edges(data=True) if d['weight'] <= 40]
        ## 图的布局方式
        pos=nx.layout.circular_layout(G)
        # 根据规则的提升度设置节点的大小
        nx.draw_networkx_nodes(G,pos,alpha=0.4)
        # 设置边的形式
        nx.draw_networkx_edges(G,pos,edgelist=elarge,width=2,style = "-",
                               alpha=0.7,edge_color='r',arrowsize=20)
        nx.draw_networkx_edges(G,pos,edgelist=esmall,width=2,style = "--",
                               alpha=0.7,edge_color='b',arrowsize=20)
        # 为节点添加标签
        nx.draw_networkx_labels(G,pos,font_size=7)
        plt.title("部分规则的网络图可视化"); plt.show()
```

图 11-10 关联规则连接网络图可视化

11.4 本章小结

本章使用了购物篮数据进行关联规则挖掘。针对数据准备阶段，主要介绍了数据的可视探索分析、数据变换等。针对关联规则的挖掘阶段，主要介绍了基于 Apriori 算法与 FP-Growth 算法的频繁项集发现，以及关联规则挖掘相关的结果可视化分析等。

第12章

实战案例4：手写数字分类实战

本章继续使用手写数字数据，进行经典机器学习分类算法的应用实战。其中使用的分类算法主要有：k 近邻分类、决策树分类、随机森林分类、支持向量机分类、全连接神经网络以及逻辑回归分类等。同时在使用分类算法时，会基于数据的主成分特征建立分类模型，并且会利用 t-SNE 特征可视化算法的分类结果。

下面先导入会使用到的 Python 库与模块，程序如下所示：

```
In[1]:## 导入需要的库
      import numpy as np
      import pandas as pd
      import matplotlib.pyplot as plt
      from sklearn.metrics import *
      from sklearn.model_selection import train_test_split
      from sklearn.decomposition import PCA
      from sklearn.manifold import TSNE
      from sklearn.neighbors import KNeighborsClassifier
      from sklearn.svm import SVC,LinearSVC
      from sklearn.neural_network import MLPClassifier
      from sklearn.ensemble import RandomForestClassifier
      from sklearn.tree import DecisionTreeClassifier,plot_tree,
                               export_graphviz
      from sklearn.metrics import accuracy_score,confusion_matrix,
                                  classification_report
      from sklearn.linear_model import LogisticRegression
      from io import StringIO
      from sklearn.model_selection import GridSearchCV
      import graphviz
      import pydotplus
      from IPython.display import Image
```

（1）数据导入与标准化

进行分类算法之前，首先需要对数据进行相关的导入与预处理工作。首先导入手写数字数据的训练集与测试集数据，其中训练集中包含 60000 个样本，测试集中包含 10000 个样本，每个样本有 784 个特征。数据读取后，对数据的特征进行 0-1 标准化处理，程序如下所示：

```
In[2]:## 导入训练集和测试集
      mnist_train = pd.read_csv("data/chap10/mnist_train.csv")
      mnist_test = pd.read_csv("data/chap10/mnist_test.csv")
      ## 获取训练数据与测试数据对应的数据与标签
      mnist_trainX = mnist_train.iloc[:,1:].values / 225.0
      mnist_trainY = mnist_train.iloc[:,0].values
      mnist_testX = mnist_test.iloc[:,1:].values / 225.0
      mnist_testY = mnist_test.iloc[:,0].values
      print("mnist_trainX.shape",mnist_trainX.shape)
      print("mnist_trainY.shape",mnist_trainY.shape)
      print("mnist_testX.shape",mnist_testX.shape)
      print("mnist_testY.shape",mnist_testY.shape)
Out[2]:mnist_trainX.shape (60000, 784)
       mnist_trainY.shape (60000,)
       mnist_testX.shape (10000, 784)
```

```
mnist_testY.shape (10000,)
```

（2）主成分分析降维

针对预处理后的数据，使用主成分分析降维，提取数据的前 50 个主成分，减少计算量的同时，提高模型的计算效率。

```
In[3]:## 对数据进行主成分分析降维,提取数据的前50个主成分，减少计算量
      pca = PCA(n_components = 50, random_state = 123)
      ## 对数据进行PCA降维
      trainX_pca = pca.fit_transform(mnist_trainX)
      testX_pca = pca.transform(mnist_testX)
      print("trainX_pca.shape",trainX_pca.shape)
      print("testX_pca.shape",testX_pca.shape)
Out[3]:trainX_pca.shape (60000, 50)
      testX_pca.shape (10000, 50)
```

（3）t-SNE特征降维可视化

为了更好地可视化模型对数据类别的预测结果，获取测试集 t-SNE 特征，同时对测试集的数据分布进行可视化，可获得图 12-1。

```
In[4]:## 获取测试数据的t-SNE降维特征用于可视化数据分类的边界
      tsne2 = TSNE(n_components=2,random_state=123,n_jobs=4)
      mnist_tsne2 = tsne2.fit_transform(mnist_testX)
      ## 在2维空间中可视化前2个特征数据分布散点图
      fig = plt.figure(figsize=(12,8))
      sns.scatterplot(x=mnist_tsne2[:,0], y=mnist_tsne2[:,1],
                  hue = mnist_testY, c = mnist_testY,
                  style = mnist_testY,s = 80,palette = "tab10")
      plt.xlabel("t-SNE特征1");plt.ylabel("t-SNE特征2")
      plt.legend(loc = [0.85,0.35],title = "分类")
      plt.title("MNIST测试数据t-SNE数据分布")
      plt.show()
```

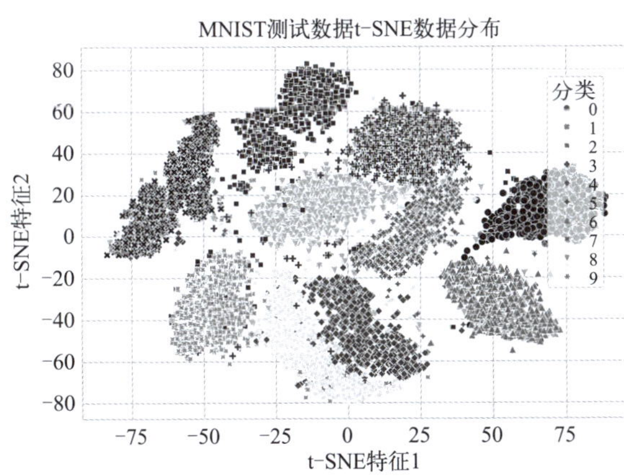

图 12-1　MNIST 测试数据 t-SNE 数据分布

12.1 k 近邻分类

首先使用 KNeighborsClassifier() 函数，通过 k 近邻（KNN）分类对数据进行建模与预测，并且搜索不同近邻数量下，模型对训练集与测试集的预测效果。运行程序可获得图 12-2。

```
In[5]:## 分析不同的k值对预测精度的影响
      Ks = np.arange(5,50,5)
      train_accs = []  # 保存训练数据的预测精度
      test_accs = []   # 保存测试数据的预测精度
      for k in Ks:
          ## k近邻分类
          knn = KNeighborsClassifier(n_neighbors = k,n_jobs=4)
          knn.fit(trainX_pca,mnist_trainY)
          ## 计算在训练集于测试集上的预测结果
          knn_lab = knn.predict(trainX_pca)
          knn_pre = knn.predict(testX_pca)
          train_accs.append(accuracy_score(mnist_trainY,knn_lab))
          test_accs.append(accuracy_score(mnist_testY,knn_pre))
      ## 可视化KNN的预测结果
      plt.figure(figsize=(12,6))
      plt.plot(Ks,train_accs,"r-o",linewidth = 3,markersize=10,
               label = "训练集精度")
      plt.plot(Ks,test_accs,"b-s",linewidth = 3,markersize = 10,
               label = "测试集精度")
      plt.legend();plt.xlabel("近邻数量");plt.ylabel("预测精度")
      plt.suptitle("k近邻分类");plt.show()
```

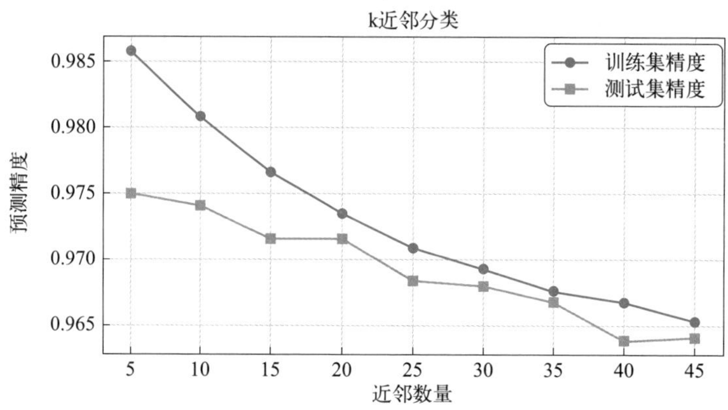

图 12-2　近邻数量对 k 近邻分类的影响

从图 12-2 中可以发现：使用 5 个近邻可以获得较好的数据分类结果，而且随着近邻数量的增加，模型的效果在变差。

下面使用 5 个近邻建立 k 近邻分类器，并输出在训练集与测试集上的最终预测精度。

```
In[6]:## 使用5个近邻进行KNN分类
      knn = KNeighborsClassifier(n_neighbors = 5,n_jobs=4)
      knn.fit(trainX_pca,mnist_trainY)
      ## 计算在训练集与测试集上的预测结果
      knn_lab = knn.predict(trainX_pca)
      knn_pre = knn.predict(testX_pca)
      print("训练集预测精度:",accuracy_score(mnist_trainY,knn_lab))
      print("测试集预测精度:",accuracy_score(mnist_testY,knn_pre))
Out[6]:训练集预测精度: 0.9858
       测试集预测精度: 0.975
```

针对模型对测试集的预测效果，下面定义 plot_classifier_res() 函数，通过混淆矩阵热力图可视化与分类散点图可视化，观察模型的预测效果，如图 12-3 所示。

```
In[7]:## 定义一个可视化模型分类结果的函数
      def plot_classifier_res(mnist_tsne2,mnist_testY,clf_pre,figurename,
                              y = 0.93):
          ## mnist_tsne2:测试数据t-SNE降维后的特征
          ## mnist_testY:测试数据的真实类别标签
          ## clf_pre:分类器预测标签
          ## figurename:图像标题;y = 0.93:图像标题的位置
          test_confm = confusion_matrix(mnist_testY,clf_pre)
          test_acc = np.round(accuracy_score(mnist_testY,clf_pre),4)
          plt.figure(figsize=(15,7.5))
          plt.subplot(1,2,1)
          sns.heatmap(test_confm, square=True, annot=True, fmt='d',
                      cbar=False,cmap="YlGnBu")
          plt.xlabel("预测的标签"); plt.ylabel("真实的标签")
          plt.title("测试集预测精度:"+str(test_acc))
          plt.subplot(1,2,2)
          sns.scatterplot(x=mnist_tsne2[:,0], y=mnist_tsne2[:,1],hue = clf_pre,
                          style = clf_pre,s = 80,palette = "tab10")
          plt.xlabel("t-SNE特征1"); plt.ylabel("t-SNE特征2")
          plt.legend(loc = [0.85,0.05],title = "分类")
          plt.title("测试集分类散点图"); plt.suptitle(figurename,y = y)
          plt.tight_layout(); plt.show()
In[8]:## 可视化数据分类的混淆矩阵与分类结果
      plot_classifier_res(mnist_tsne2,mnist_testY,knn_pre,
                          figurename="k近邻分类")
```

12.2 基于决策树算法分类

下面介绍决策树与随机森林分类算法的应用。

12.2.1 决策树分类

决策树分类可以使用 DecisionTreeClassifier() 函数，下面首先使用默认参数对手写数字数据建立决策树分类模型。从输出结果中可以发现，决策树的深度达到了

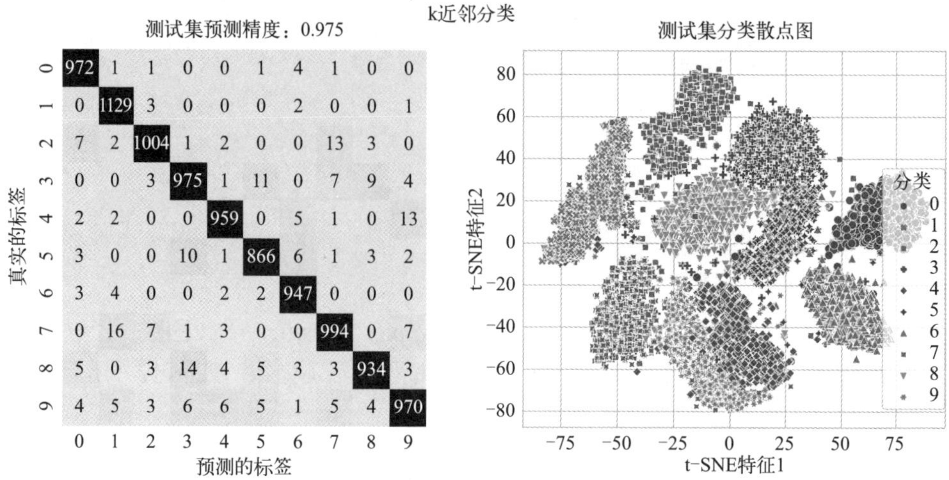

图 12-3　k 近邻分类测试集预测精度与散点图可视化

53，并且在训练集上的精度达到 100%，但是在测试集上的预测精度只有 84%，说明此时的决策树模型有一定程度的过拟合。

```
In[9]:## 使用默认的参数建立一个决策树模型
      dtc1 = DecisionTreeClassifier(random_state=1)
      ## 使用训练数据进行训练
      dtc1 = dtc1.fit(trainX_pca,mnist_trainY)
      ## 输出其在训练集和测试集上的预测精度
      dtc1_lab = dtc1.predict(trainX_pca)
      dtc1_pre = dtc1.predict(testX_pca)
      print("决策树的深度:",dtc1.get_depth())
      print("训练集上的精度:",accuracy_score(mnist_trainY,dtc1_lab))
      print("测试集上的精度:",accuracy_score(mnist_testY,dtc1_pre))
Out[9]:决策树的深度: 53
       训练集上的精度: 1.0
       测试集上的精度: 0.84
```

针对决策树的过拟合情况，下面通过搜索不同的决策树深度参数，进行决策树剪枝，运行程序后可获得图 12-4。从图像中可以发现，当决策树的深度超过 15 后，模型在测试集上的预测精度几乎不再增加。

```
In[10]:## 搜索不同参数，找到合适的决策树模型参数
       depths = np.arange(2,30,1)
       train_accs = []  # 保存训练数据的预测精度
       test_accs = []   # 保存测试数据的预测精度
       for depth in depths:
           ## 决策树分类
           dtc = DecisionTreeClassifier(max_depth = depth,random_state=1)
           dtc.fit(trainX_pca,mnist_trainY)
           ## 计算在训练集与测试集上的预测结果
           dtc_lab = dtc.predict(trainX_pca)
           dtc_pre = dtc.predict(testX_pca)
           train_accs.append(accuracy_score(mnist_trainY,dtc_lab))
```

```
        test_accs.append(accuracy_score(mnist_testY,dtc_pre))
        print("最大深度:",depth,"测试集精度:",test_accs[-1])
    ## 可视化不同最大深度下的预测结果
    plt.figure(figsize=(12,6))
    plt.plot(depths,train_accs,"r-o",linewidth = 3,markersize = 10,
             label = "训练集精度")
    plt.plot(depths,test_accs,"b-s",linewidth = 3,markersize = 10,
             label = "测试集精度")
    plt.legend();plt.xlabel("最大深度");plt.ylabel("预测精度")
    plt.suptitle("决策树分类");plt.show()
```

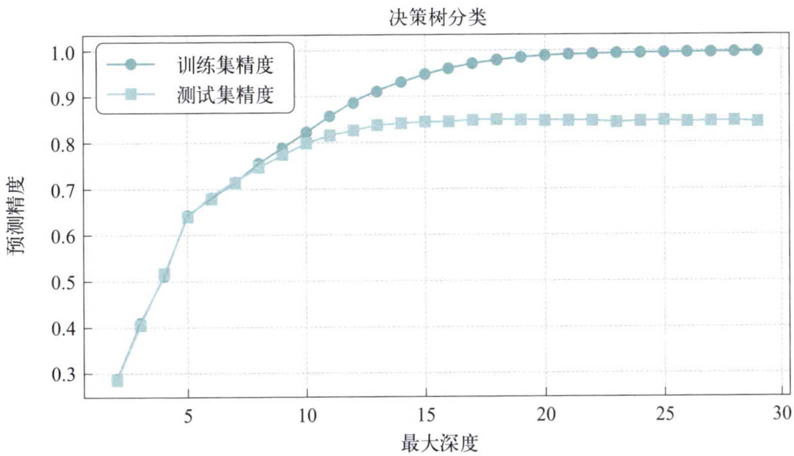

图 12-4 树最大深度对决策树分类的影响

下面使用深度 15 建立新的决策树模型。从下面的输出结果中可以发现，此时在训练集上的预测精度虽然减小，而且在测试集上的精度也没有明显变化，但是此时的模型过拟合问题得到了一定程度的解决，模型会更加稳定。

```
In[11]:## 使用指定深度参数建立一个决策树模型
       dtc2 = DecisionTreeClassifier(max_depth=15,random_state=1)
       ## 使用训练数据进行训练
       dtc2 = dtc2.fit(trainX_pca,mnist_trainY)
       ## 输出其在训练集和测试集上的预测精度
       dtc2_lab = dtc2.predict(trainX_pca)
       dtc2_pre = dtc2.predict(testX_pca)
       print("训练集上的精度:",accuracy_score(mnist_trainY,dtc2_lab))
       print("测试集上的精度:",accuracy_score(mnist_testY,dtc2_pre))
Out[12]:训练集上的精度: 0.94815
        测试集上的精度: 0.8449
```

下面针对最终的决策树分类模型，可视化其中测试集上的预测效果，运行程序可获得图 12-5。

```
In[13]:## 可视化数据分类的混淆矩阵与分类结果
       plot_classifier_res(mnist_tsne2,mnist_testY,dtc2_pre,
                           figurename="决策树分类")
```

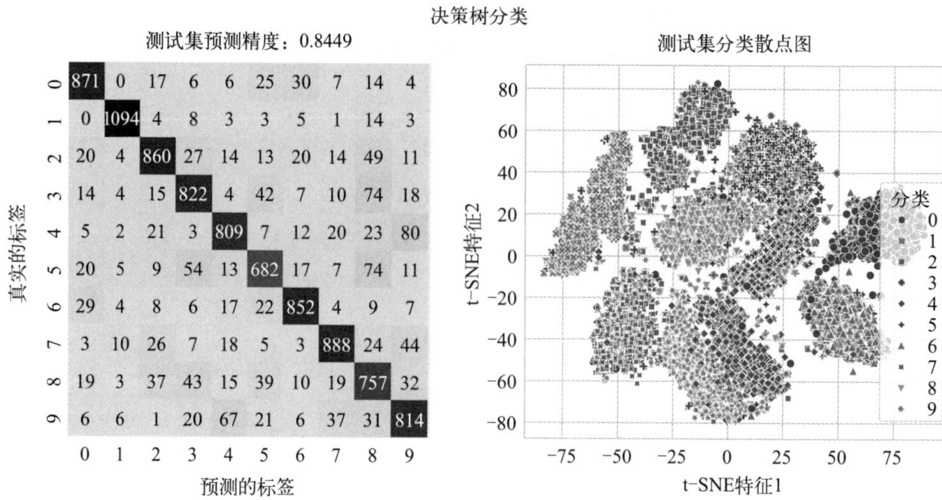

图 12-5 决策树分类测试集预测精度与散点图可视化

12.2.2 随机森林分类

随机森林分类器可以看作是决策树分类器的升级版，其通过更多的决策树模型的结果进行数据的建模与预测，因此模型的预测效果更好。下面对随机森林使用的决策树数量进行分析，寻找针对数据集更合适的模型复杂度。运行程序可获得图 12-6。

```
In[14]:## 搜索不同树的数量下随机森林算法的分类效果
       tree_nums = [10,20,50,100,150,200,300,500,700,1000]
       train_accs = []  # 保存训练数据的预测精度
       test_accs = []   # 保存测试数据的预测精度
       for num in tree_nums:
           ## 随机森林分类
           rfc = RandomForestClassifier(n_estimators = num, max_depth= 15,
                                        random_state = 1)
           rfc.fit(trainX_pca,mnist_trainY)
           ## 计算在训练集与测试集上的预测结果
           rfc_lab = rfc.predict(trainX_pca)
           rfc_pre = rfc.predict(testX_pca)
           train_accs.append(accuracy_score(mnist_trainY,rfc_lab))
           test_accs.append(accuracy_score(mnist_testY,rfc_pre))
       ## 可视化不同树数量下的预测结果
       plt.figure(figsize=(12,6))
       plt.plot(tree_nums,train_accs,"r-o",linewidth = 3,markersize = 10,
                label = "训练集精度")
       plt.plot(tree_nums,test_accs,"b-s",linewidth = 3,markersize = 10,
                label = "测试集精度")
       plt.legend(); plt.xticks(tree_nums,tree_nums,rotation = 90)
       plt.xlabel("树的数量"); plt.ylabel("预测精度")
       plt.suptitle("随机森林分类"); plt.show()
```

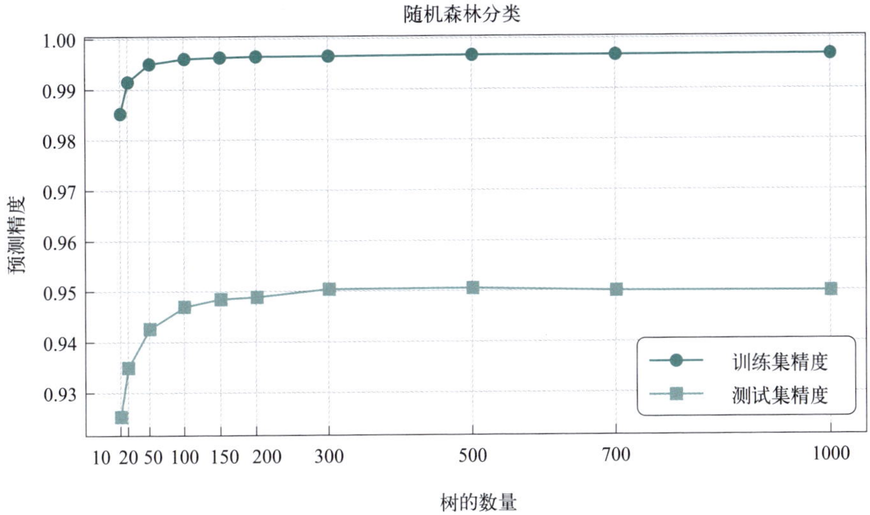

图 12-6 树的数量对随机森林分类精度的影响

从图 12-6 中可以发现：当树的数量达到 300 后，在测试集上的预测精度几乎不再增加了，而且更多的树，精度可能会稍微降低，同时也可以发现随机森林模型的精度明显地高于前面的决策树模型。因此下面使用树的数量 300 建立新的随机森林模型，程序如下所示：

```
In[15]:## 使用随机森林对手写数字数据进行分类
       rfc1 = RandomForestClassifier(n_estimators = 300, # 树的数量
                                     max_depth= 15,      # 子树最大深度
                                     oob_score=True, random_state=1)
       ## 使用训练数据进行训练
       rfc1 = rfc1.fit(trainX_pca,mnist_trainY)
       ## 输出其在训练集和测试集上的预测精度
       rfc1_lab = rfc1.predict(trainX_pca)
       rfc1_pre = rfc1.predict(testX_pca)
       print("训练集上的精度:",accuracy_score(mnist_trainY,rfc1_lab))
       print("测试集上的精度:",accuracy_score(mnist_testY,rfc1_pre))
       print("随机森林的OOB score:",rfc1.oob_score_)
Out[15]:训练集上的精度: 0.9965
        测试集上的精度: 0.9503
        随机森林的OOB score: 0.9470
```

从上面的输出结果中可以发现，随机森林模型在训练集上的预测精度超过 99%，同时在测试集上的预测精度达到 95%，模型的预测效果更好。下面同样可视化出随机森林模型对测试集数据预测的混淆矩阵热力图与分类散点图，运行程序后可获得图 12-7。

```
In[16]:## 可视化数据分类的混淆矩阵与分类结果
       plot_classifier_res(mnist_tsne2,mnist_testY,rfc1_pre,
                           figurename="随机森林分类")
```

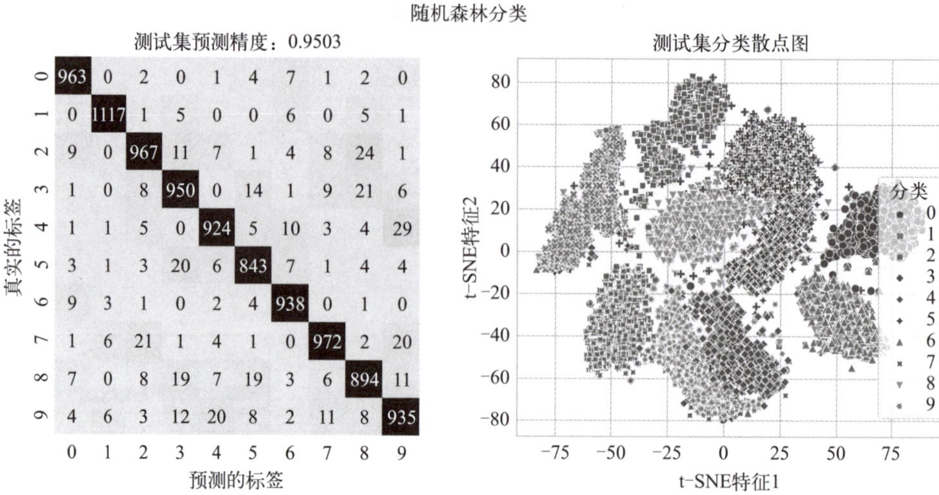

图 12-7　随机森林分类测试集预测精度与散点图可视化

12.3 支持向量机分类

针对支持向量机（SVM）分类模型，主要会介绍如何使用线性支持向量机与非线性支持向量机对手写数字数据进行分类。

12.3.1 线性 SVM

线性支持向量机可以使用LinearSVC()函数进行建立，并且使用 ℓ_2 范数（penalty = "l2"）对模型进行约束。从模型的输出结果中可知，模型在训练集与测试集上的预测精度分别为 89.5% 与 90.2%。同样可视化线性支持向量机的模型对测试集的预测效果，可获得图 12-8。

```
In[17]:## 建立线性SVM模型
       Lsvm = LinearSVC(penalty = "l2",C=2, ## 惩罚范数和参数
                        random_state= 1)
       ## 训练模型
       Lsvm.fit(trainX_pca,mnist_trainY)
       ## 计算在训练集和测试集上的预测精度
       Lsvm_lab = Lsvm.predict(trainX_pca)
       Lsvm_pre = Lsvm.predict(testX_pca)
       print("训练集预测精度:",accuracy_score(mnist_trainY,Lsvm_lab))
       print("测试集预测精度:",accuracy_score(mnist_testY,Lsvm_pre))
Out[17]:训练集预测精度: 0.8951
         测试集预测精度: 0.9021
In[19]:## 可视化数据分类的混淆矩阵与分类结果
       plot_classifier_res(mnist_tsne2,mnist_testY,Lsvm_pre,
                           figurename="线性SVM分类")
```

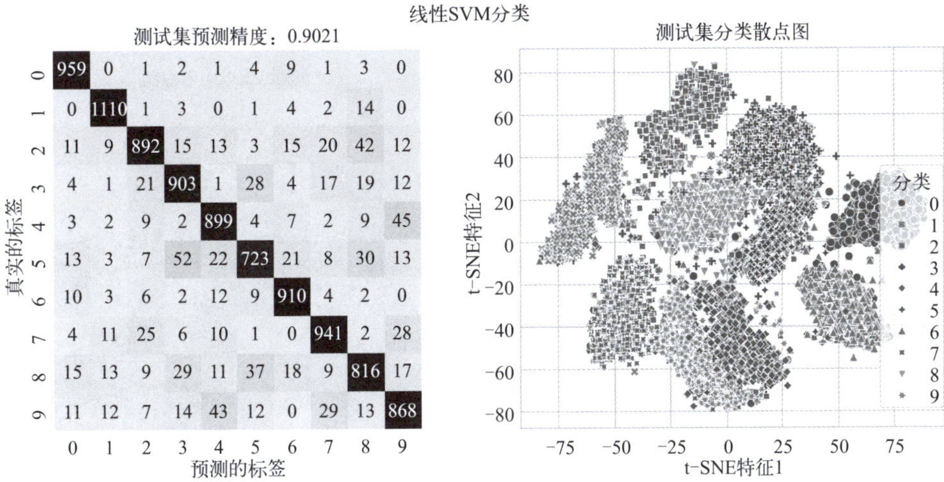

图 12-8　线性 SVM 分类测试集预测精度与散点图可视化

12.3.2　非线性 SVM

下面的程序是使用 SVC() 函数，利用 RBF 核建立非线性支持向量机。从输出结果中可知，模型在训练集上的预测精度达到 99.8%，同时在测试集上的预测精度达到 98.6%。预测的精度比线性支持向量机的精度更高。同样可视化模型对测试集的预测效果，可获得图 12-9。

```
In[20]:## 建立非线性SVM模型，使用RBF核
       rbfsvm = SVC(kernel  = "rbf",gamma=0.05, ## RBF核和对应的参数
                    random_state= 1)
       ## 训练模型
       rbfsvm.fit(trainX_pca,mnist_trainY)
       ## 计算在训练集和测试集上的预测精度
       rbfsvm_lab = rbfsvm.predict(trainX_pca)
       rbfsvm_pre = rbfsvm.predict(testX_pca)
       print("训练集预测精度:",accuracy_score(mnist_trainY,rbfsvm_lab))
       print("测试集预测精度:",accuracy_score(mnist_testY,rbfsvm_pre))
Out[20]:训练集预测精度: 0.99835
        测试集预测精度: 0.986
In[21]:## 可视化数据分类的混淆矩阵与分类结果
       plot_classifier_res(mnist_tsne2,mnist_testY,rbfsvm_pre,
                           figurename="RBF核SVM分类")
```

12.4　全连接网络分类

下面介绍使用 MLPClassifier() 建立多隐藏层的全连接网络模型，该模型包含两个隐藏层，每个隐藏层有 100 个神经元。从模型的预测精度输出中可以发现，在训

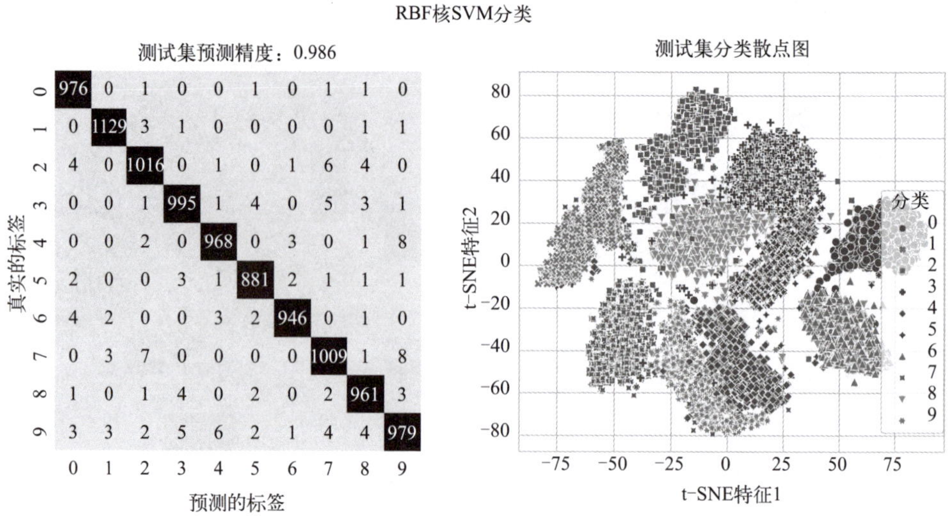

图 12-9　非线性 SVM 分类测试集预测精度与散点图可视化

练集的预测精度达到 100%，在测试集上的预测精度也达到了 98%。可视化模型对测试集的预测效果，可获得图 12-10。

```
In[22]:## 定义多隐藏层全连接网络模型的参数
       MLP=MLPClassifier(hidden_layer_sizes=(100,100),#2隐藏层，各有100个神经元
                         activation = "relu", ## 隐藏层激活函数
                         random_state = 10,verbose = False)
       ## 训练模型
       MLP.fit(trainX_pca,mnist_trainY)
       ## 计算在训练集和测试集上的预测精度
       MLP_lab = MLP.predict(trainX_pca)
       MLP_pre = MLP.predict(testX_pca)
       print("训练集预测精度:",accuracy_score(mnist_trainY,MLP_lab))
       print("测试集预测精度:",accuracy_score(mnist_testY,MLP_pre))
Out[22]:训练集预测精度: 1.0
        测试集预测精度: 0.9802
In[23]:## 可视化数据分类的混淆矩阵与分类结果
       plot_classifier_res(mnist_tsne2,mnist_testY,MLP_pre,
                           figurename="全连接网络分类")
```

12.5　逻辑回归分类

逻辑回归模型虽然在名字中包含回归，但其实际上应用于数据分类任务。下面使用 LogisticRegression() 函数，建立逻辑回归分类模型。从模型的预测精度输出中可以发现，在训练集的预测精度达到 90.87%，在测试集上的预测精度也达到了 91.23%。可视化模型对测试集的预测效果，可获得图 12-11。

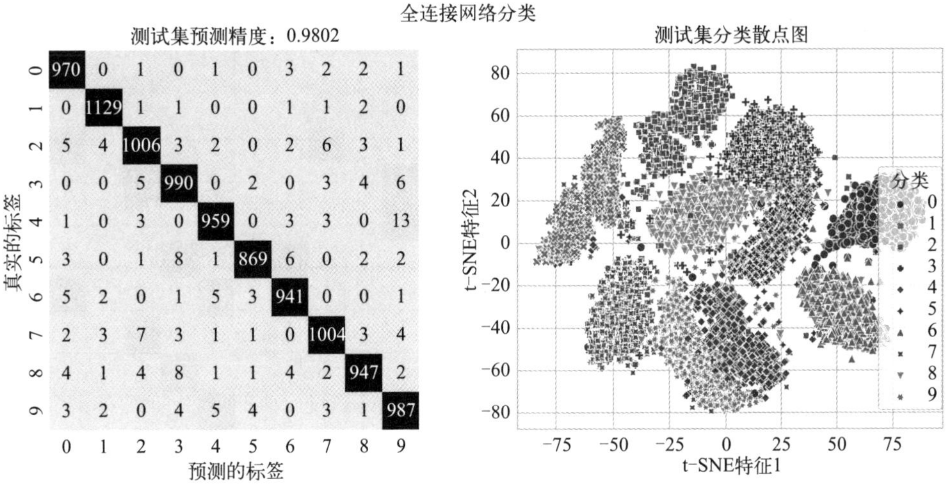

图 12-10　全连接网络分类测试集预测精度与散点图可视化

```
In[24]:## 定义逻辑回归分类模型的参数
       LogiR = LogisticRegression(C = 1,random_state = 10)
       ## 训练模型
       LogiR.fit(trainX_pca,mnist_trainY)
       ## 计算在训练集和测试集上的预测精度
       LogiR_lab = LogiR.predict(trainX_pca)
       LogiR_pre = LogiR.predict(testX_pca)
       print("训练集预测精度:",accuracy_score(mnist_trainY,LogiR_lab))
       print("测试集预测精度:",accuracy_score(mnist_testY,LogiR_pre))
Out[24]:训练集预测精度: 0.9087
        测试集预测精度: 0.9123
In[25]:## 可视化数据分类的混淆矩阵与分类结果
       plot_classifier_res(mnist_tsne2,mnist_testY,LogiR_pre,
                           figurename="逻辑回归分类")
```

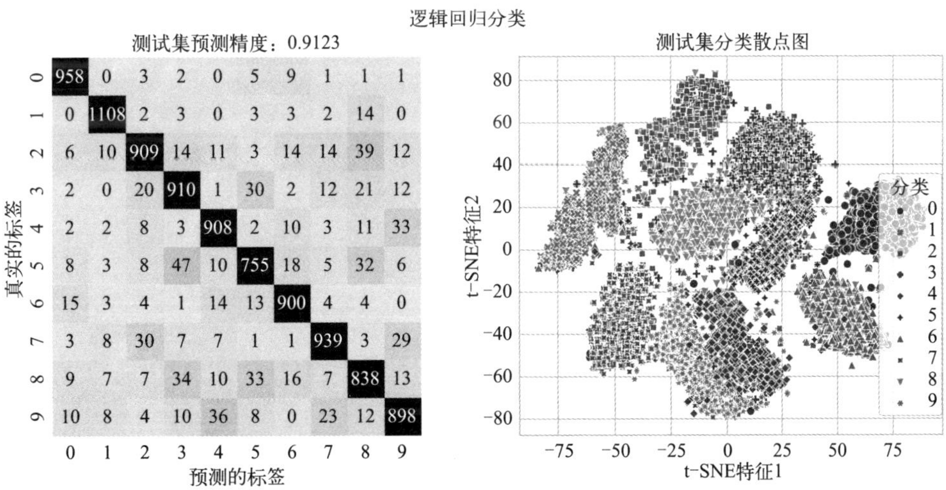

图 12-11　逻辑回归分类测试集预测精度与散点图可视化

前面对手写数字数据集，一共介绍了 7 种机器学习模型对数据的建模与预测效果，每种模型在训练集与测试集的预测精度情况，可以总结为表 12-1。

表 12-1 不同分类模型的预测精度

算法	训练集精度	测试集精度
k 近邻	0.9858	0.9750
决策树	0.94815	0.8449
随机森林	0.9965	0.9503
线性 SVM	0.8951	0.9021
非线性 SVM	0.99835	0.9860
全连接网络	1.0	0.9802
逻辑回归	0.9087	0.9123

从表 12-1 中可以发现，针对主成分特征的手写数字数据集，预测精度最高的模型是非线性支持向量机模型，决策树模型的预测效果最差。

12.6 本章小结

本章使用了手写数字数据集，介绍了机器学习中经典分类算法的应用实战。为了减少数据中的冗余信息，使用主成分特征进行建模。应用的分类模型主要有：k 近邻分类、决策树分类、随机森林分类、线性与非线性支持向量机、全连接网络、逻辑回归分类等。

第13章

实战案例5：深度学习图像分类实战

本章是深度学习图像分类实战案例，会以 CIFAR10 图像数据为例，介绍经典的深度学习网络的图像分类应用，主要包含以下几个部分：

① 数据准备：主要包含 CIFAR10 数据的导入、将数据处理为便于 Pytorch 进行 GPU 训练的模式，以及数据内容的可视化探索等。

② LeNet-5 网络图像分类：搭建卷积神经网络 LeNet-5，使用 CIFAR10 数据对网络进行训练与预测。

③ ResNet 网络图像分类：搭建各种深度的 ResNet 网络，并且会以 ResNet-50 为例，使用 CIFAR10 数据对其进行训练与预测。

④ ViT 网络图像分类：搭建自己的 ViT 网络，使用 CIFAR10 数据对其进行训练与预测。

⑤ 预训练网络图像分类：导入预训练的 ViT 网络，使用 CIFAR10 数据对其进行训练与预测，与其他模型的结果进行比较。

⑥ 基于 LoRA 微调的预训练网络图像分类：导入预训练的 ViT 网络，并且结合 LoRA 大模型微调技术，使用 CIFAR10 数据对其进行训练与预测。

下面首先导入会使用的 Python 与 Pytorch 的库与模块，并且为了加快模型的训练速度，设置会使用到的 GPU 设备，程序如下所示：

```
In[1]:## 导入本章所需要的库与模块
      import numpy as np
      import pandas as pd
      import matplotlib.pyplot as plt
      import copy
      from tqdm import tqdm
      from sklearn.metrics import confusion_matrix
      from datetime import datetime
      import time
      import torch
      import torch.nn as nn
      from torch.optim import Adam,SGD
      import torch.utils.data as Data
      from torchvision import transforms
      from torchvision.datasets import CIFAR10
      from torch.optim.lr_scheduler import StepLR
      from torchvision.models import vit_b_16, ViT_B_16_Weights
      from torchsummary import summary
      from einops import rearrange, repeat
      from einops.layers.torch import Rearrange
      ## 定义计算设备，如果设备有GPU就使用GPU，否则使用CPU
      device = torch.device("cuda:0" if torch.cuda.is_available() else "cpu")
      device
Out[1]:device(type='cuda', index=0)
```

13.1 CIFAR10 图像数据准备与探索

针对用于分类的图像数据集，首先对其进行相应的预处理操作，便于深度学习网络的应用。CIFAR10是一个用于图像识别的经典数据集，该数据集由60000张32像素 ×32像素的彩色图像组成，分为10个不同的类别，每个类别有6000张图像。这些图像涵盖飞机、汽车、鸟类、猫、鹿、狗、蛙、马、船和卡车。

针对CIFAR10数据集，直接使用torchvision库中准备好CIFAR10()函数进行数据导入即可。下面的程序则是对需要使用的训练集进行数据导入、数据标准化、数据增强、以及数据加载器定义等操作，方便后续的模型训练与预测等操作。从输出的结果中可知，数据每个batch会包含128个样本。

```
In[2]:## 数据导入,使用CIFAR10数据
      mean = [0.4914, 0.4822, 0.4465] # 训练数据的均值
      std = [0.2470, 0.2435, 0.2616]  # 训练数据的标准差
      ## 训练数据增强操作
      transform_train = transforms.Compose([
          transforms.RandomCrop(32, padding=4), # 随机裁剪
          transforms.RandomHorizontalFlip(),    # 随机反转
          transforms.RandomRotation(degrees=(-30,30)), # 随机旋转
          transforms.ToTensor(),                # 转化为张量
          transforms.Normalize(mean, std)     # 归一化操作
      ])
      ## 准备训练集,首次使用可设置download= True进行数据下载
      train_data  = CIFAR10(root = "./data/CIFAR10",
            train = True, transform  = transform_train,download= False)
      ## 定义一个数据加载器
      train_loader = Data.DataLoader(dataset = train_data, batch_size=128,
            shuffle = True, num_workers = 2 )
      ## 计算train_loader有多少个batch
      print("train_loader的batch数量为:",len(train_loader))
      ##  获得一个batch的数据
      for step, (b_x, b_y) in enumerate(train_loader):
          if step > 0:
              break
      ## 输出训练图像的尺寸和标签的尺寸
      print("b_x.shape:",b_x.shape)
      print("b_x.shape:",b_y.shape)
Out[2]:train_loader的batch数量为: 391
      b_x.shape: torch.Size([128, 3, 32, 32])
      b_x.shape: torch.Size([128])
```

下面的程序则是随机地可视化数据集中的部分样本，用于观察数据中的具体内容，运行程序可获得图13-1。

```
In[3]:## 可视化查看训练数据中的图像内容
      batch_x = b_x.numpy()
      batch_y = b_y.numpy()
      class_label = train_data.classes
      plt.figure(figsize=(12,6))
      for ii in np.arange(72):
          plt.subplot(6,12,ii+1)
          ## 图像的像素值使用0-1标准化处理到0～1之间
          im = batch_x[ii,...]
          im = (im -im.min()) / (im.max() - im.min())
          plt.imshow(im.transpose(1,2,0))
```

```
        plt.title(class_label[batch_y[ii]],size = 9)
        plt.axis("off")
    plt.subplots_adjust(wspace = 0.05,hspace=0.3)
    plt.show()
```

图 13-1　CIRAR10 数据样本可视化

针对测试集不需要对其进行数据增强等相关的操作，因此我们使用下面的程序导入测试数据，并将其处理为数据加载器 test_loader。

```
In[4]:## 准备测试集
    transform_test = transforms.Compose([transforms.ToTensor(),
                          transforms.Normalize(mean, std)])
    test_data = CIFAR10(root = "./data/CIFAR10", train = False,
                      transform = transform_test, download= False)
    ## 定义一个数据加载器
    test_loader = Data.DataLoader(dataset = test_data, batch_size=128,
                              shuffle = False, num_workers = 2 )
    ## 计算test_loader有多少个batch
    print("test_loader的batch数量为:",len(test_loader))
Out[4]:test_loader的batch数量为: 79
```

数据准备好后，下面定义几个辅助函数以便于深度学习模型的训练与测试。其中 train_model() 函数用于深度学习网络的训练，会输出训练过程中的损失函数与预测精度。

```
In[5]:## 定义网络对数据训练一个epoch的训练过程
    def train_model(model,traindataloader, criterion, optimizer):
        """ model:网络模型; traindataloader:训练集
```

```
        criterion: 损失函数; optimizer: 优化方法  """
        model.train() ## 设置模型为训练模式
        train_loss = 0.0; train_corrects = 0; train_num = 0
        start = time.time()
        for step,(b_x,b_y) in enumerate(tqdm(traindataloader)):
            b_x,b_y = b_x.to(device),b_y.to(device) # 设置数据的计算设备
            output = model(b_x)          # 数据输入模型
            pre_lab = torch.argmax(output,1)    # 计算预测的类别
            loss = criterion(output, b_y)    # 计算损失值
            optimizer.zero_grad()           # 模型优化
            loss.backward()
            optimizer.step()
            train_loss += loss.item() * b_x.size(0) # 计算所有样本的总损失
            train_corrects+=torch.sum(pre_lab==b_y.data) #计算预测正确的样
本总数
            train_num += b_x.size(0)  # 计算参与训练的样本总数
        ## 计算在一个epoch训练集的平均损失和精度
        train_loss = train_loss / train_num
        train_acc = train_corrects.double().item()/train_num
        finish = time.time()
        print('Train times: {:.1f}s, Train Loss: {:.4f}  Train Acc: {:.4
f}'.format( finish-start, train_loss, train_acc))
        return train_loss,train_acc
```

定义 val_model() 函数用于训练好的模型的验证，会输出对应的损失函数与精度。

```
In[6]:## 定义网络的对数据验证(测试)一个epoch的训练过程
    def val_model(model,testdataloader, criterion):
        """  model:网络模型; testdataloader:验证(测试)集
        criterion: 损失函数  """
        model.eval() ## 设置模型为验证模式(该模式不会更新模型的参数)
        val_loss = 0.0; val_corrects = 0; val_num = 0
        start = time.time()
        for step,(b_x,b_y) in enumerate(tqdm(testdataloader)):
            b_x,b_y = b_x.to(device),b_y.to(device) # 设置数据的计算设备
            output = model(b_x)                   # 数据输入模型
            pre_lab = torch.argmax(output,1)      # 计算预测的类别
            loss = criterion(output, b_y)         # 计算损失值
            val_loss += loss.item() * b_x.size(0) # 计算所有样本的总损失
            val_corrects+=torch.sum(pre_lab==b_y.data) #计算预测正确的样本
总数
            val_num += b_x.size(0)  # 计算参与训练的样本总数
        ## 计算在一个epoch验证集的平均损失和精度
        val_loss = val_loss / val_num
        val_acc = val_corrects.double().item()/val_num
        finish = time.time()
        print('Val times: {:.1f}s, Val Loss: {:.4f}  Val Acc: {:.4f}'.format(
            finish-start, val_loss, val_acc))
        return val_loss,val_acc
```

定义 train_val_epochs() 函数，用于将训练数据与验证数据训练与验证指定的轮数，并输出训练过程中的损失与精度变化情况，以及精度最高的训练好的模型。

```
In[7]:## 定义一个使用网络将训练数据和验证数据训练与验证指定epoch的函数
      def train_val_epochs(model,traindataloader,testdataloader, criterion,
                           optimizer,scheduler,epoch_num=50):
          """ model:网络模型; traindataloader:训练集;
          testdataloader:验证(测试)集; criterion:损失函数;
          optimizer:优化器与方法; scheduler:学习率更新方式;
          epoch_num:训练的总轮数; """
          train_loss_all = []  # 用于保存训练过程的相关结果
          train_acc_all = [];  test_loss_all = []
          test_acc_all = [];  best_acc = 0.0
          ## 训练epoch_num的总轮数
          for epoch in range(epoch_num):
              train_loss,train_acc = train_model(model,traindataloader,
                                                 criterion, optimizer)
              test_loss,test_acc = val_model(model,testdataloader, criterion)
              train_loss_all.append(train_loss)
              train_acc_all.append(train_acc)
              test_loss_all.append(test_loss)
              test_acc_all.append(test_acc)
              scheduler.step()        ## 更新学习率
              STlr = scheduler.get_last_lr()
              ## 保存最优的模型参数
              if test_acc > best_acc:
                 best_model_wts = copy.deepcopy(model.state_dict())
              best_acc = max(best_acc, test_acc)
              print("epoch = {}, Lr = {:.6f} , test_acc = {:.4f}, best_acc
= {:.4f}".format( epoch, STlr[0], test_acc,best_acc))
          return train_loss_all,train_acc_all,test_loss_all,test_acc_all,
                 best_model_wts
```

定义一个可视化函数 train_val_plot()，用于深度网络训练过程中，将输出的损失与精度变化情况进行可视化。

```
In[8]:## 定义一个可视化模型在训练过程中损失函数与精度的变化情况的函数
      def train_val_plot(train_loss,train_acc,test_loss,test_acc,
                         figsize=(14,6),figtitle = "训练与测试过程"):
      """ train_loss:训练过程损失;train_acc:训练过程精度;
      test_loss:测试过程损失;test_acc:测试过程精度;
      figsize:图像尺寸;figtitle:图像标题  """
      plt.figure(figsize=figsize)
      plt.subplot(1,2,1)
      plt.plot(train_loss,"r-.",linewidth=2.5,label = "训练集")
      plt.plot(test_loss, "b-",linewidth=2.5,label = "测试集")
      plt.legend(); plt.xlabel("epoch"); plt.ylabel("损失")
      plt.subplot(1,2,2)
      plt.plot(train_acc,"r-.",linewidth=2.5,label = "训练集")
      plt.plot(test_acc, "b-",linewidth=2.5,label = "测试集")
      plt.xlabel("epoch"); plt.ylabel("精度"); plt.legend()
      plt.suptitle(figtitle,y = 0.93)
      plt.tight_layout(); plt.show()
```

定义一个可视化混淆矩阵热力图的函数 confmat_plot()，用于深度网络训练过程中，将输出的损失与精度变化情况进行可视化。

```
In[9]:## 定义一个可视化测试集混淆矩阵的函数
      def confmat_plot(test_y_all,pre_lab_all,class_label,
                       figtitle="测试集预测精度"):
      ## test_y_all:数据集真实标签,pre_lab_all:数据集预测标签
      ## class_label:数据的类别;figtitle:图像标题
      acc = torch.sum(pre_lab_all == test_y_all) / len(test_y_all)
      conf_mat = confusion_matrix(test_y_all,pre_lab_all)
      df_cm = pd.DataFrame(conf_mat, index=class_label,
                           columns=class_label)
      plt.figure(figsize=(10,7))
      heatmap = sns.heatmap(df_cm, annot=True, fmt="d",cmap="YlGnBu")
      heatmap.yaxis.set_ticklabels(heatmap.yaxis.get_ticklabels(),
                                   rotation=0, ha='right')
      heatmap.xaxis.set_ticklabels(heatmap.xaxis.get_ticklabels(),
                                   rotation=45, ha='right')
      plt.ylabel("真实标签"); plt.xlabel("预测标签")
      plt.title(figtitle+":"+str(acc.cpu().numpy()))
      plt.show()
```

13.2 LeNet-5 实现 CIFAR10 图像分类

定义 LeNet-5 深度学习网络，并验证其对 CIFAR10 图像的分类效果。

13.2.1 LeNet-5 网络搭建

首先使用下面的程序搭建 LeNet-5 网络用于图像分类，主要包含卷积层、池化层与全连接层等，并且将网络的结构使用 summary() 函数进行输出，程序和相应的结果如下：

```
In[10]:## 搭建LeNet-5网络用于图像分类
       class LeNet5(nn.Module):
           def __init__(self):
               super(LeNet5,self).__init__()
               ## 定义第一个卷积层与池化层
               self.conv1 = nn.Sequential(
                   nn.Conv2d(
                       in_channels = 3,## 输入的feature map
                       out_channels = 6,## 输出的feature map
                       kernel_size = 5, ##卷积核尺寸
                       stride=1,    ##卷积核步长
                       padding=0, # 进行填充
                   ), ## 卷积后: (1*32*32) ->(6*28*28)
                   nn.ReLU(),   # 激活函数
                   nn.AvgPool2d(
                       kernel_size = 2,## 平均值池化层,使用 2*2
                       stride=2,    ## 池化步长为2
                   ), ## 池化后: (6*28*28)->(6*14*14)
               )
               ## 定义第二个卷积层与池化层
```

```
        self.conv2 = nn.Sequential(
            nn.Conv2d(6,16,5,1), ## 卷积操作(6*14*14)->(16*10*10)
            nn.ReLU(),  # 激活函数
            nn.AvgPool2d(2,2) ## 平均值池化操作(16*10*10)->(16*5*5)
        )
        ## 定义全连接层
        self.classifier = nn.Sequential(
            nn.Linear(16*5*5,120),
            nn.ReLU(),
            nn.Linear(120,84),
            nn.ReLU(),
            nn.Linear(84,10)
        )
    ## 定义网络的向前传播路径
    def forward(self, x):
        x = self.conv1(x)
        x = self.conv2(x)
        x = x.view(x.size(0), -1) # 展平多维的卷积图层
        output = self.classifier(x)
        return output
In[11]:## 输出我们的网络结构
       lenet5 = LeNet5().to(device)
       summary(lenet5, (3, 32, 32))
Out[11]:----------------------------------------------------------------
        Layer (type)               Output Shape         Param #
================================================================
            Conv2d-1            [-1, 6, 28, 28]             456
              ReLU-2            [-1, 6, 28, 28]               0
         AvgPool2d-3            [-1, 6, 14, 14]               0
            Conv2d-4           [-1, 16, 10, 10]           2,416
              ReLU-5           [-1, 16, 10, 10]               0
         AvgPool2d-6             [-1, 16, 5, 5]               0
            Linear-7                  [-1, 120]          48,120
              ReLU-8                  [-1, 120]               0
            Linear-9                   [-1, 84]          10,164
             ReLU-10                   [-1, 84]               0
           Linear-11                   [-1, 10]             850
================================================================
Total params: 62,006
Trainable params: 62,006
Non-trainable params: 0
----------------------------------------------------------------
Input size (MB): 0.01
Forward/backward pass size (MB): 0.11
Params size (MB): 0.24
Estimated Total Size (MB): 0.36
----------------------------------------------------------------
```

13.2.2 LeNet-5 网络训练与测试

定义好 LeNet-5 网络后，开始使用 CIFAR10 数据集对网络进行训练与测试，训练过程会使用 SGD 优化器进行参数更新，同时使用交叉熵损失函数进行模型分类中损失的计算。为了获得更有效的模型，在网络的参数更新过程中，会使用

StepLR() 来更新优化器的学习率。最后则是使用前面定义的 train_val_epochs() 函数对训练数据与测试数据训练与测试 100 个 epoch，并使用 train_val_plot() 函数将训练过程进行可视化。运行下面程序后可获得图 13-2。

```
In[12]:## 对模型进行训练与测试
       optimizer = SGD(lenet5.parameters(), lr=0.01, momentum=0.9,
                       weight_decay=1e-4, nesterov=True)
       criterion = nn.CrossEntropyLoss()   # 交叉熵损失函数
       ## 设置等间隔调整学习率,每隔step_size个epoch,学习率为原来的gamma倍
       scheduler = StepLR(optimizer, step_size=20, gamma=0.4)
       ## 使用数据对模型进行训练与测试
       train_loss,train_acc,test_loss,test_acc,best_model_wts =
              train_val_epochs(lenet5,train_loader,test_loader, criterion,
                               optimizer,scheduler,epoch_num=100)
       ## 可视化模型在训练过程中损失函数与精度的变化情况
       train_val_plot(train_loss,train_acc,test_loss,test_acc,
                      figtitle = "LeNet-5对CIFAR10分类的训练与测试过程")
```

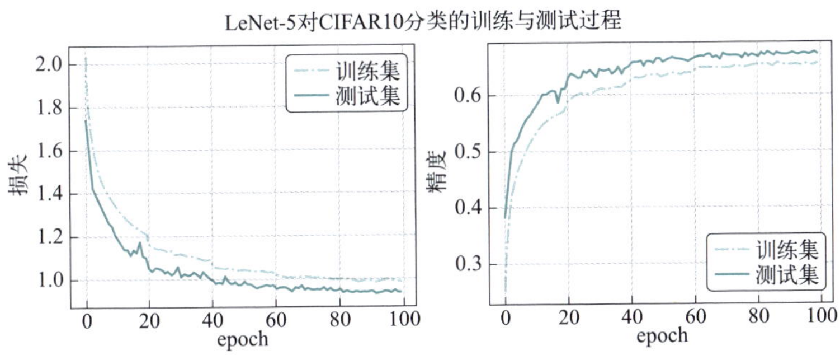

图 13-2　LeNet-5 对 CIFAR10 分类的损失与精度变化情况

对图像 13-2 中 LeNet-5 的训练与测试情况进行分析，可以发现损失迅速下降然后趋于稳定，精度迅速上升然后趋于稳定，精度稳定在 65% 左右。

下面则是使用最优的模型，计算对测试集的预测结果，并可视化出测试集预测的混淆矩阵热力图，运行程序后可获得图 13-3，可知 LeNet-5 对 CIFAR10 模型预测的最优精度为 0.6767。

```
In[13]:## 对测试集进行预测并计算精度
       lenet5.load_state_dict(best_model_wts) # 设置最优的模型参数
       lenet5.eval() ## 设置模型为评估(验证)模式
       test_y_all = torch.LongTensor()  # 用于保存真实类别
       pre_lab_all = torch.LongTensor() # 用于保存预测类别
       for step,(b_x,b_y) in enumerate(tqdm(test_loader)):
           b_x,b_y = b_x.to(device),b_y.to(device) # 设置数据的计算设备
           out = lenet5(b_x)
           pre_lab = torch.argmax(out,1)
           test_y_all = torch.cat((test_y_all,b_y.cpu())) ##测试集的标签
           pre_lab_all = torch.cat((pre_lab_all,pre_lab.cpu()))##测试集的预测标签
       ## 计算混淆矩阵并可视化
       confmat_plot(test_y_all,pre_lab_all,class_label,
```

```
            figtitle="LeNet-5对CIFAR10测试集预测精度")
```

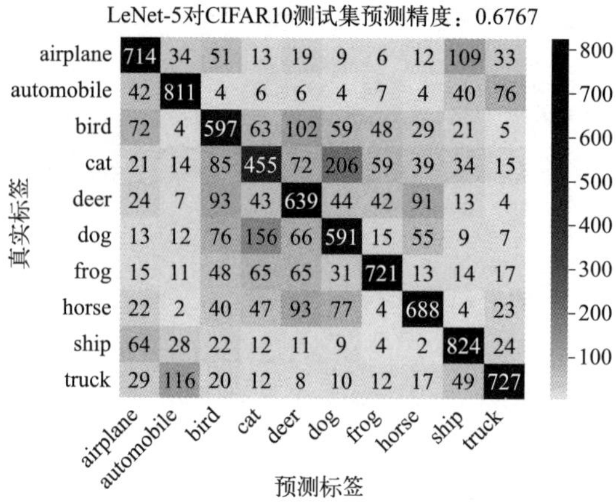

图 13-3　LeNet-5 对 CIFAR10 测试集预测精度

13.3　ResNet 实现 CIFAR10 图像分类

本节介绍如何使用 ResNet 网络对 CIFAR10 图像进行分类。

13.3.1　ResNet 网络搭建

由于不同深度的 ResNet 网络，有两种不同的基本块，下面首先定义这两种基本块，程序如下所示：

```
In[14]:## 创建针对ResNet-18和ResNet-34的基本块
      class BasicBlock(nn.Module):
         expansion = 1   # 用于区分BasicBlock和BottleNeck
         def __init__(self, in_channels, out_channels, stride=1):
             super().__init__()
             # residual function
         self.residual_function = nn.Sequential(
            nn.Conv2d(in_channels, out_channels, kernel_size=3,
                      stride=stride, padding=1, bias=False),
            nn.BatchNorm2d(out_channels),
            nn.ReLU(inplace=True),
            nn.Conv2d(out_channels, out_channels * BasicBlock.expansion,
                      kernel_size=3, padding=1, bias=False),
            nn.BatchNorm2d(out_channels * BasicBlock.expansion)
         )
         # shortcut
         self.shortcut = nn.Sequential()
         # 利用1*1的卷积操作来匹配维度
         if stride!=1 or in_channels!=BasicBlock.expansion*out_channels:
```

```
            self.shortcut = nn.Sequential(
                nn.Conv2d(in_channels, out_channels*BasicBlock.expansion,
                          kernel_size=1, stride=stride, bias=False),
                nn.BatchNorm2d(out_channels * BasicBlock.expansion)
            )
        def forward(self, x):
            return nn.ReLU(inplace=True)(self.residual_function(x) + self.
shortcut(x))
In[15]:## 为超过50层的ResNet定义残差块
    class BottleNeck(nn.Module):
        expansion = 4   # 用于区分BasicBlock和BottleNeck
        def __init__(self, in_channels, out_channels, stride=1):
            super().__init__()
            self.residual_function = nn.Sequential(
                nn.Conv2d(in_channels, out_channels, kernel_size=1,
                          bias=False),
                nn.BatchNorm2d(out_channels),
                nn.ReLU(inplace=True),
                nn.Conv2d(out_channels, out_channels, stride=stride,
                          kernel_size=3, padding=1, bias=False),
                nn.BatchNorm2d(out_channels),
                nn.ReLU(inplace=True),
                nn.Conv2d(out_channels, out_channels * BottleNeck.expansion,
                          kernel_size=1, bias=False),
                nn.BatchNorm2d(out_channels * BottleNeck.expansion),
            )
            self.shortcut = nn.Sequential()
            if stride!=1 or in_channels!=out_channels*BottleNeck.expansion:
                self.shortcut = nn.Sequential(
                    nn.Conv2d(in_channels, out_channels*BottleNeck.expansion,
                              stride=stride, kernel_size=1, bias=False),
                    nn.BatchNorm2d(out_channels * BottleNeck.expansion)
                )
        def forward(self, x):
            return nn.ReLU(inplace=True)(self.residual_function(x) + self.
shortcut(x))
```

定义好基础的块 BasicBlock() 与 BottleNeck() 后，使用下面的程序定义 ResNet 网络：

```
In[16]:## 定义ResNet网络
    class ResNet(nn.Module):
        def __init__(self, block, num_block, num_classes=10):
            super().__init__()
            self.in_channels = 64
            ## 定义第一个卷积层，用于匹配输入的数据
            self.conv1 = nn.Sequential(
                nn.Conv2d(3, 64, kernel_size=3, padding=1, bias=False),
                nn.BatchNorm2d(64),
                nn.ReLU(inplace=True))
            #定义不同的子模块
            self.conv2_x = self._make_layer(block, 64, num_block[0], 1)
            self.conv3_x = self._make_layer(block, 128, num_block[1], 2)
            self.conv4_x = self._make_layer(block, 256, num_block[2], 2)
            self.conv5_x = self._make_layer(block, 512, num_block[3], 2)
```

```
            self.avg_pool = nn.AdaptiveAvgPool2d((1, 1))  # 自适应平均值池化
            self.fc = nn.Linear(512 * block.expansion, num_classes)
        def _make_layer(self, block, out_channels, num_blocks, stride):
            """ 为每个层（ResNet中的子模块）生成内容
                block: 块的类型, BasicBlock块或者BottleNeck块
                out_channels: 本层输出深度通道数
                num_blocks: 每层多少块
                stride: 该层第一个块的步幅
                输出：ResNet中的一个子模块  """
            strides = [stride] + [1] * (num_blocks - 1)
            layers = []
            for stride in strides:
                layers.append(block(self.in_channels, out_channels, stride))
                self.in_channels = out_channels * block.expansion
            return nn.Sequential(*layers)
        def forward(self, x):
            output = self.conv1(x)
            output = self.conv2_x(output)
            output = self.conv3_x(output)
            output = self.conv4_x(output)
            output = self.conv5_x(output)
            output = self.avg_pool(output)
            output = output.view(output.size(0), -1)
            output = self.fc(output)
            return output
```

然后针对定义好的 ResNet()，使用不同的基础块与块数量参数，可以定义不同层的 ResNet 网络，分别可以获得：resnet18()、resnet34()、resnet50()、resnet101()、resnet152() 等。

```
In[17]:## 定义不同深度的ResNet网络
       def resnet18():     ## ResNet-18
           return ResNet(BasicBlock, [2, 2, 2, 2])
       def resnet34():     ## ResNet-34
           return ResNet(BasicBlock, [3, 4, 6, 3])
       def resnet50():     ## ResNet-50
           return ResNet(BottleNeck, [3, 4, 6, 3])
       def resnet101():     ## ResNet-101
           return ResNet(BottleNeck, [3, 4, 23, 3])
       def resnet152():      ## ResNet-152
           return ResNet(BottleNeck, [3, 8, 36, 3])
```

我们以网络深度适中的 ResNet-50 网络为例，分析其对 CIFAR10 数据的分类性能，下面的程序是定义该网络并输出其基础情况：

```
In[18]:## 获取ResNet-50网络
       Resnet50 = resnet50().to(device)
       summary(Resnet50, (3, 32, 32))
Out[18]:----------------------------------------------------------------
               Layer (type)               Output Shape         Param #
       ================================================================
                   Conv2d-1           [-1, 64, 32, 32]           1,728
              BatchNorm2d-2           [-1, 64, 32, 32]             128
```

```
             ReLU-3              [-1, 64, 32, 32]               0
            Conv2d-4              [-1, 64, 32, 32]           4,096
       BatchNorm2d-5              [-1, 64, 32, 32]             128
...
AdaptiveAvgPool2d-156           [-1, 2048, 1, 1]               0
          Linear-157                  [-1, 10]          20,490
================================================================
Total params: 23,520,842
Trainable params: 23,520,842
Non-trainable params: 0
```

13.3.2 ResNet-50 网络训练与测试

下面的程序中使用 SGD 优化器进行网络的训练，使用交叉熵损失函数进行模型分类中损失的计算，在网络的参数更新过程中，会使用 StepLR() 来更新优化器的学习率。使用 train_val_epochs() 函数对训练数据与测试数据迭代 100 个 epoch，并使用 train_val_plot() 函数将训练过程进行可视化。运行下面程序后可获得图 13-4。

```
In[19]:## 对模型进行训练与测试
       optimizer = SGD(Resnet50.parameters(), lr=0.01, momentum=0.9,
                       weight_decay=1e-4, nesterov=True)
       criterion = nn.CrossEntropyLoss()    # 交叉熵损失函数
       ## 设置等间隔调整学习率,每隔step_size个epoch,学习率为原来的gamma倍
       scheduler = StepLR(optimizer, step_size=20, gamma=0.4)
       ## 使用数据对模型进行训练与测试
       train_loss,train_acc,test_loss,test_acc,best_model_wts =
             train_val_epochs( Resnet50,train_loader,test_loader, criterion,
                               optimizer, scheduler, epoch_num=100)
       ## 可视化模型在训练过程中损失函数与精度的变化情况
       train_val_plot(train_loss,train_acc,test_loss,test_acc,
                      figtitle = "ResNet-50对CIFAR10分类的训练与测试过程")
```

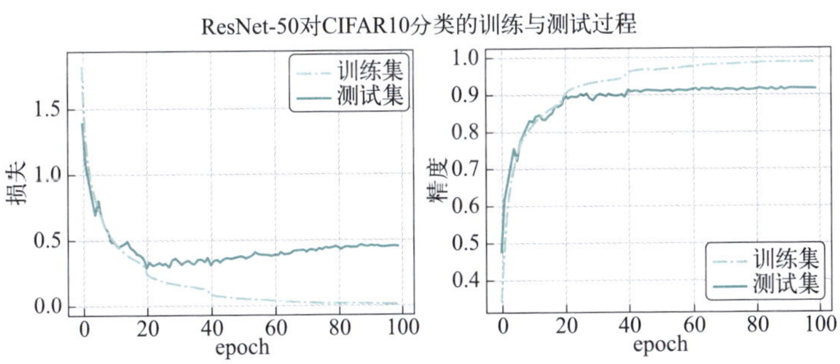

图 13-4　ResNet-50 对 CIFAR10 分类的损失与精度变化情况

从图 13-4 中可以发现：损失迅速下降然后趋于稳定，精度迅速上升然后趋于稳定，同时在训练集与测试集上的预测精度均超过 90%。

下面则是使用最优的模型，计算并可视化出测试集预测的混淆矩阵热力图，运行程序后可获得图 13-5，可知 ResNet 网络对 CIFAR10 数据预测的最优精度约为 0.9191。

```
In[20]:## 对测试集进行预测并计算精度
       Resnet50.load_state_dict(best_model_wts) # 设置最优的模型参数
       Resnet50.eval() ## 设置模型为评估(验证)模式
       test_y_all = torch.LongTensor()  # 用于保存真实类别
       pre_lab_all = torch.LongTensor() # 用于保存预测类别
       for step,(b_x,b_y) in enumerate(tqdm(test_loader)):
           b_x,b_y = b_x.to(device),b_y.to(device) # 设置数据的计算设备
           out = Resnet50(b_x)
           pre_lab = torch.argmax(out,1)
           test_y_all = torch.cat((test_y_all,b_y.cpu())) ##测试集的标签
           pre_lab_all=torch.cat((pre_lab_all,pre_lab.cpu())) ##测试集的预测标签
       ## 计算混淆矩阵并可视化
       confmat_plot(test_y_all,pre_lab_all,class_label,
                  figtitle="ResNet-50对CIFAR10测试集预测精度")
```

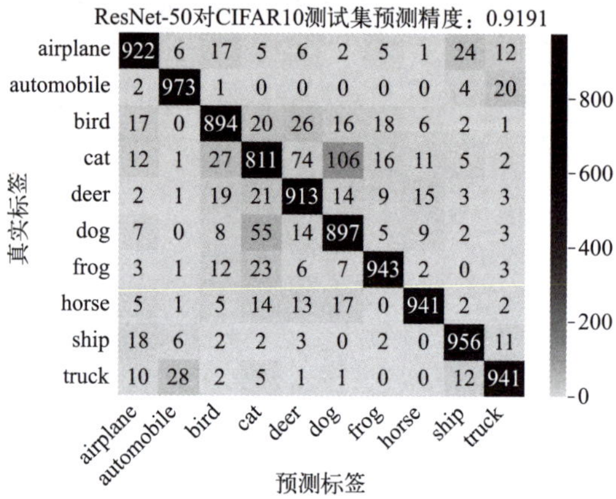

图 13-5 ResNet-50 对 CIFAR10 测试集预测效果

13.4 ViT 实现 CIFAR10 图像分类

下面介绍如何使用 ViT 网络对 CIFAR10 图像进行分类。

13.4.1 ViT 网络搭建

下面搭建 ViT 深度学习网络，针对相关网络单元，先搭建层归一化模块与全连接模块，程序如下所示：

```
In[21]:## Layer归一化层+一层计算(多头注意力或者MLP)
       class PreNorm(nn.Module):
           def __init__(self, dim, fn):
               super().__init__()
               self.norm = nn.LayerNorm(dim)
               self.fn = fn
```

```
        def forward(self, x, **kwargs):
            return self.fn(self.norm(x), **kwargs)
    ## 全连接层
    class FeedForward(nn.Module):
        def __init__(self, dim, hidden_dim, dropout = 0.):
            super().__init__()
        self.net = nn.Sequential(
            nn.Linear(dim, hidden_dim),
            nn.GELU(),
            nn.Dropout(dropout),
            nn.Linear(hidden_dim, dim),
            nn.Dropout(dropout)
        )
    def forward(self, x):
        return self.net(x)
```

下面搭建多头注意力模块 Attention()，程序如下所示：

```
In[22]:## 多头注意力机制
    class Attention(nn.Module):
        def __init__(self, dim, heads = 8, dim_head = 64, dropout = 0.):
            super().__init__()
            """  dim:子模块输入和输出的维度(经全连接层后);
            heads:多头注意力的数量; dim_head:每个头使用的维度; """
            inner_dim = dim_head *  heads
            ## 判断是否为多头注意力
            project_out = not (heads == 1 and dim_head == dim)
            self.heads = heads
            self.scale = dim_head ** -0.5
            self.attend = nn.Softmax(dim = -1)
            self.dropout = nn.Dropout(dropout)
            self.to_qkv = nn.Linear(dim, inner_dim * 3, bias = False)
            ## 多头还有一个全连接层，单头直接输出
            self.to_out = nn.Sequential(
                nn.Linear(inner_dim, dim),
                nn.Dropout(dropout)
            ) if project_out else nn.Identity()
        def forward(self, x):
            qkv = self.to_qkv(x).chunk(3, dim = -1) # 权重切块后进行维度变换
            q, k, v = map(lambda t: rearrange(t, 'b n (h d) -> b h n d',
h = self.heads), qkv)
            ## q*(k^T) / sqrt(dim_head)
            dots = torch.matmul(q, k.transpose(-1, -2)) * self.scale
            ## softmax(q*(k^T) / sqrt(dim_head))
            attn = self.attend(dots)
            attn = self.dropout(attn)
            ## softmax(q*(k^T) / sqrt(dim_head)) * v
            out = torch.matmul(attn, v)
            out = rearrange(out, 'b h n d -> b n (h d)')
            return self.to_out(out)
```

前面定义好相应的基础模块后，使用下面的程序定义 Transformer 网络。

```
In[23]:## 定义一个Transformer网络
    class Transformer(nn.Module):
```

```
        def __init__(self, dim,depth,heads, dim_head, mlp_dim, dropout=0.):
            super().__init__()
            """  dim:子模块输入和输出的维度(经全连接层后);
            depth:Transformer enconder模块的数量;
            heads:多头注意力的数量; dim_head:每个头使用的维度;
            mlp_dim:全连接层的中间维度;  """
            self.layers = nn.ModuleList([])
            for _ in range(depth):
                self.layers.append(nn.ModuleList([
                    PreNorm(dim, Attention(dim, heads = heads,
                            dim_head = dim_head, dropout = dropout)),
                    PreNorm(dim, FeedForward(dim, mlp_dim, dropout = dropout))
                ]))
        def forward(self, x):
            for attn, ff in self.layers:
                x = attn(x) + x
                x = ff(x) + x
            return x
In[24]:## 将单个数值生成为数组
        def pair(t):
            return t if isinstance(t, tuple) else (t, t)
```

最后我们使用前面定义的相关模块，定义最终的 ViT 网络，该网络中的图像块大小决定了序列的长度，较小的图像块通常会在自注意力机制中进行更多的信息交换。

```
In[25]:## 定义ViT网络的结构
        class ViT(nn.Module):
            def __init__(self, *, image_size, patch_size, num_classes, dim,
                         depth, heads, mlp_dim, pool = "cls", channels = 3,
                        dim_head = 64, dropout = 0.,emb_dropout = 0.):
                super().__init__()
                """ image_size:图像的输入尺寸;   patch_size:图像块的尺寸;
                num_classes:图像数据的类别;
                dim:子模块输入和输出的维度;  depth: Transformer encoder模块的数量;
                heads:多头注意力的数量;  mlp_dim:全连接层的中间维度;
                pool:池化的种类; channels:输入图像的通道数; dim_head:每个头使用的维度;
                """
                image_height, image_width = pair(image_size)   # 输入图像尺寸
                patch_height, patch_width = pair(patch_size)   # 图像块尺寸
                ## 图像的尺寸必须能够被图像块的尺寸整除
                assert image_height % patch_height == 0 and image_width %
patch_width == 0
                ## 计算图像块的数量
                num_patches = (image_height // patch_height) * (image_width
// patch_width)
                patch_dim = channels * patch_height * patch_width
                assert pool in {"cls", "mean"}, "pool type must be either cls
(cls token) or mean (mean pooling)"
                ## 图像块
                self.to_patch_embedding = nn.Sequential(
                    Rearrange('b c (h p1) (w p2) -> b (h w) (p1 p2 c)',
                              p1 = patch_height, p2 = patch_width),
                    nn.LayerNorm(patch_dim),
                    nn.Linear(patch_dim, dim),
```

```
            nn.LayerNorm(dim),
        )
        self.pos_embedding = nn.Parameter(torch.randn(1,num_patches+1,
                                                      dim))
        self.cls_token = nn.Parameter(torch.randn(1, 1, dim))
        self.dropout = nn.Dropout(emb_dropout)
        self.transformer = Transformer(dim, depth, heads, dim_head,
                                       mlp_dim, dropout)
        self.pool = pool
        self.to_latent = nn.Identity()
        self.mlp_head = nn.Sequential(
            nn.LayerNorm(dim),
            nn.Linear(dim, num_classes)
        )
    def forward(self, img):
         x = self.to_patch_embedding(img)
         b, n, _ = x.shape
         cls_tokens = repeat(self.cls_token, '1 1 d -> b 1 d', b = b)
         x = torch.cat((cls_tokens, x), dim=1)
         x += self.pos_embedding[:, :(n + 1)]
         x = self.dropout(x)
         x = self.transformer(x)
         x = x.mean(dim = 1) if self.pool == 'mean' else x[:, 0]
         x = self.to_latent(x)
         return self.mlp_head(x)
```

前面定义好 ViT 网络后，下面初始化一个 ViTB-16 网络，并输出其基本情况：

```
In[26]:## 初始化一个ViT网络
       ViTB16 = ViT(image_size = 32, patch_size = 4, num_classes = 100,
                    dim = 768, depth = 6, heads = 12, mlp_dim = 1024,
                    dropout = 0.1, emb_dropout = 0.1 )
       ViTB16.to(device)
       summary(ViTB16, (3, 32, 32))
Out[26]:        Layer (type)                Output Shape         Param #
        ================================================================
               Rearrange-1                [-1, 64, 48]               0
               LayerNorm-2                [-1, 64, 48]              96
                  Linear-3               [-1, 64, 768]          37,632
               LayerNorm-4               [-1, 64, 768]           1,536
       …
             LayerNorm-104                   [-1, 768]           1,536
                Linear-105                   [-1, 100]          76,900
       ================================================================
       Total params: 23,744,452
       Trainable params: 23,744,452
       Non-trainable params: 0
       ----------------------------------------------------------------
```

13.4.2 ViT 网络训练与预测

下面的程序中，继续使用 SGD 优化器进行网络的训练，使用交叉熵损失函数进行模型分类中损失的计算，在网络的参数更新过程中，会使用 StepLR() 来更新优化器的学习率。使用 train_val_epochs() 函数对训练数据与测试数据迭代 100 个 epoch，并使用 train_val_plot() 函数将训练过程进行可视化。运行下面程序后可获得图 13-6。

```
In[27]:## 对模型进行训练与测试
       optimizer = SGD(ViTB16.parameters(), lr=0.01, momentum=0.9,
                       weight_decay=1e-4, nesterov=True)
       criterion = nn.CrossEntropyLoss()   # 交叉熵损失函数
       ## 设置等间隔调整学习率,每隔step_size个epoch,学习率为原来的gamma倍
       scheduler = StepLR(optimizer, step_size=20, gamma=0.4)
       ## 使用数据对模型进行训练与测试
       train_loss,train_acc,test_loss,test_acc,best_model_wts=
           train_val_epochs(ViTB16,train_loader,test_loader,criterion,
                            optimizer, scheduler, epoch_num=100)
       ## 可视化模型在训练过程中损失函数与精度的变化情况
       train_val_plot(train_loss,train_acc,test_loss,test_acc,
                      figtitle = "ViT对CIFAR10分类的训练与测试过程")
```

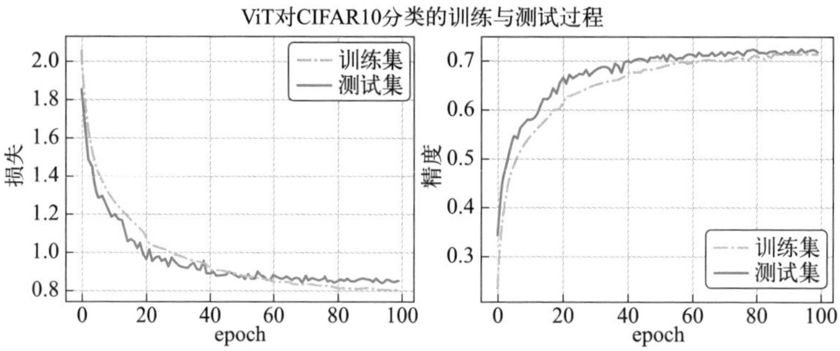

图 13-6　ViT 对 CIFAR10 分类的损失与精度变化情况

从图 13-6 中可以发现：损失迅速下降然后趋于稳定，精度迅速上升然后趋于稳定，同时在训练集与测试集上的预测精度只有 70% 左右，模型的分类效果并不好。

下面则是使用最优的模型，计算并可视化出测试集预测的混淆矩阵热力图，运行程序后可获得图 13-7，可知 ViT 网络对 CIFAR10 数据预测的最优精度约为 0.7172。

```
In[28]:## 对测试集进行预测并计算精度
       ViTB16.load_state_dict(best_model_wts) # 设置最优的模型参数
       ViTB16.eval() ## 设置模型为评估(验证)模式
       test_y_all = torch.LongTensor()   # 用于保存真实类别
       pre_lab_all = torch.LongTensor() # 用于保存预测类别
       for step,(b_x,b_y) in enumerate(tqdm(test_loader)):
          b_x,b_y = b_x.to(device),b_y.to(device) # 设置数据的计算设备
          out = ViTB16(b_x)
          pre_lab = torch.argmax(out,1)
          test_y_all = torch.cat((test_y_all,b_y.cpu())) ##测试集的标签
          pre_lab_all = torch.cat((pre_lab_all,pre_lab.cpu()))##测试集的预测
标签
      ## 可视化在测试集上的混淆矩阵
      confmat_plot(test_y_all,pre_lab_all,class_label,
                   figtitle="ViT对CIFAR10测试集预测精度")
```

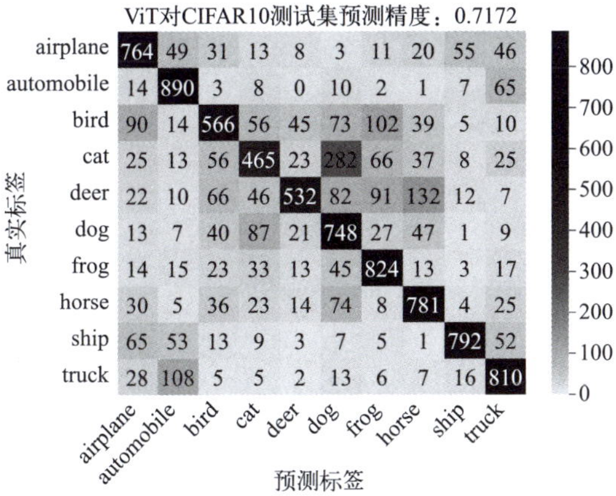

图 13-7　ViT 对 CIFAR10 测试集预测效果

13.5　预训练网络的 CIFAR10 图像分类

前面使用了从头训练的 ViT 网络，可以发现由于 CIFAR10 数据样本较少，导致模型的预测精度并不高，下面我们尝试 Pytorch 中提供的预训练 ViT 网络，分析 ViT 网络对 CIFAR10 数据的预测精度。

首先重新对数据进行预处理，数据尺寸转化为 224×224 的大小，然后重新定义新的数据加载器；接着使用 vit_b_16() 导入预训练的 ViTB-16 网络，并将其分类头进行修改，用于 10 分类；然后使用 SGD 优化器进行网络的训练，在网络的参数更新过程中，会使用 StepLR() 来更新优化器的学习率，由于网络中大多数参数都是预训练好的，因此只继续训练 20 个 epoch。模型的训练过程的可视化输出如图 13-8 所示。

```
In[29]:## 准备训练集
       transform_train = transforms.Compose([
          transforms.Resize((256,256)),transforms.RandomCrop((224,224)),
          transforms.RandomHorizontalFlip(),transforms.RandomVerticalFlip(),
          transforms.ToTensor(),transforms.Normalize(mean, std) ])
      train_data  = CIFAR10(root = "./data/CIFAR10",
            train = True, transform  = transform_train,download= False)
      train_loader = Data.DataLoader(dataset = train_data, batch_size=32,
            shuffle = True, num_workers = 2 )
      ## 准备测试集
      transform_test = transforms.Compose([
            transforms.Resize((224,224)),transforms.ToTensor(),
            transforms.Normalize(mean, std) ])
      test_data = CIFAR10(root = "./data/CIFAR10", train = False,
                  transform = transform_test, download= False)
      ## 定义一个数据加载器
      test_loader = Data.DataLoader(dataset = test_data, batch_size=16,
                         shuffle = False, num_workers = 2 )
```

```
## 初始化一个预训练的ViT网络
weights = ViT_B_16_Weights.IMAGENET1K_V1
ViTB16Pre = vit_b_16(weights=weights)
## 修改分类头用于预测10个类别的数据
ViTB16Pre.heads = nn.Sequential(nn.Linear(in_features=768,
                         out_features=10))
ViTB16Pre.to(device)  # 设置GPU训练
## 对模型进行训练与测试
optimizer = SGD(ViTB16Pre.parameters(), lr=0.01, momentum=0.9,
                     weight_decay=1e-4, nesterov=True)
criterion = nn.CrossEntropyLoss()    # 交叉熵损失函数
## 设置等间隔调整学习率,每隔step_size个epoch,学习率为原来的gamma倍
scheduler = StepLR(optimizer, step_size=10, gamma=0.2)
## 使用数据对模型进行训练与测试
train_loss,train_acc,test_loss,test_acc,best_model_wts =
    train_val_epochs(ViTB16Pre,train_loader,test_loader, criterion,
                     optimizer, scheduler,epoch_num=20)
## 可视化模型在训练过程中损失函数与精度的变化情况
train_val_plot(train_loss,train_acc,test_loss,test_acc,
            figtitle = "微调预训练ViT对CIFAR10分类的训练与测试过程")
```

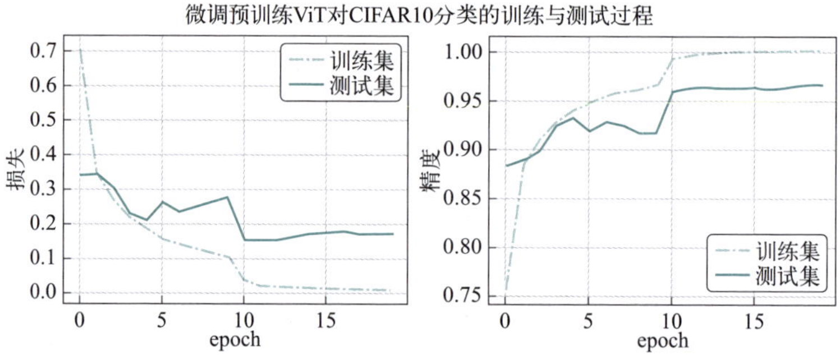

图 13-8　预训练 ViT 对 CIFAR10 分类的损失与精度变化情况

从图 13-8 中可以发现：在训练集上的预测精度高达 100%，在测试集上的预测精度也超过了 95%，模型的分类效果更好。

13.6　基于 LoRA 微调的 CIFAR10 图像分类

LoRA 是一种大模型微调技术，其只需要训练远少于原模型的参数量，即可获得全模型微调的效果。下面基于预训练的 ViT 模型，利用 LoRA 微调技术，训练其在图像数据集 CIFAR10 上的分类模型，并展示其微调过程与微调后模型的预测精度。下面首先定义一个使用网络将训练数据和测试数据训练和测试指定 epoch 的函数 train_val_epochs_lora()，程序如下所示：

```
In[30]:## 定义一个使用网络将训练数据和测试数据训练和测试指定epoch的函数
       def train_val_epochs_lora(model,traindataloader,testdataloader,
```

```
                        criterion,optimizer,epoch_num=5):
        """
        model:网络模型；traindataloader:训练集;testdataloader:验证(测试)集
        criterion:损失函数；optimizer:优化器与方法；epoch_num:训练的总轮数；
        """
        train_loss_all = []  # 用于保存训练过程的相关结果
        train_acc_all = []; test_loss_all = []; test_acc_all = []
        best_acc = 0.0
        ## 训练epoch_num的总轮数
        for epoch in range(epoch_num):
        train_loss,train_acc = train_model(model,traindataloader,
                                criterion, optimizer)
        test_loss,test_acc = val_model(model,testdataloader, criterion)
        train_loss_all.append(train_loss)
        train_acc_all.append(train_acc)
        test_loss_all.append(test_loss)
        test_acc_all.append(test_acc)
        ## 保存最优的模型参数
        if test_acc > best_acc:
           best_model_wts = copy.deepcopy(model.state_dict())
           best_acc = max(best_acc, test_acc)
        print("epoch = {}, test_acc = {:.4f}, best_acc = {:.4f}".format(
              epoch, test_acc, best_acc))
        return train_loss_all,train_acc_all,test_loss_all,test_acc_all,
best_model_wts
```

下面会通过 peft 库调用其中的 LoRA 微调功能，对 timm 库中预训练好的 ViT 模型的参数进行微调。在微调前会首先对预训练好的 ViT 模型的分类头进行调整，从而可以让其对 10 分类数据进行预测；然后设置 LoRA 微调时的相关参数，主要会对预训练 ViT 模型中的某些层进行微调；从 Out[31] 的输出中可知，需要训练的参数只占全部参数的 0.8607%，这相对于所有参数来说，是很少的参数量。

```
In[31]:import peft
       import timm
       ## 导入预训练的ViT模型，修改分类头用于预测10个类别的数据
       model_id_timm = "timm/vit_base_patch16_224"
       model = timm.create_model(model_id_timm, pretrained=True,
                                 num_classes=10)
       ## 设置LoRA微调相关的参数，r和lora_alpha可以控制最终可训练参数的总数
       config = peft.LoraConfig(
          r=8,  # LoRA的低秩维度，数值越小可训练的参数越少
          lora_alpha=8,  # LoRA层缩放参数alpha
          ## 主要对QKV以及MLP层进行微调
          # target_modules=["qkv",".*\.mlp\.fc\d"],
          target_modules=r".*\.mlp\.fc\d",
          modules_to_save=["head"] # 保证分类器也会进行训练
       )
       ## 定义微调的模型
       peft_model = peft.get_peft_model(model, config).to(device)
       ## 输出可训练的参数数量
       peft_model.print_trainable_parameters()
Out[31]: trainable params: 744,970 || all params: 86,551,316 || trainable%:
0.8607
```

下面基于定义好的可微调模型 peft_model，利用 CIFAR10 数据集对其进行训练，并且输出在训练过程中每经过一个 epoch 后，在训练集与测试集上的损失函数与预测精度情况。运行下面的程序后可获得可视化结果图（图 13-9），从图像中可知，微调的模型收敛得很快，并且在测试集上的预测精度很高，保持在 98% 左右。

```
In[31]:## 对模型进行训练与测试
       peft_model.to(device)  # 设置GPU训练
       optimizer = torch.optim.Adam(peft_model.parameters(), lr=2e-4)
       criterion = nn.CrossEntropyLoss()    # 交叉熵损失函数
       ## 使用数据对模型训练与测试5个epoch
       train_loss,train_acc,test_loss,test_acc,_ = train_val_epochs_lora(
            peft_model,train_loader,test_loader, criterion,
            optimizer,epoch_num=5)
       ## 可视化模型在训练过程中损失函数与精度的变化情况
       train_val_plot(train_loss,train_acc,test_loss,test_acc,
                     figtitle = "基于LoRA微调ViT对CIFAR10分类的训练与测试过程")
```

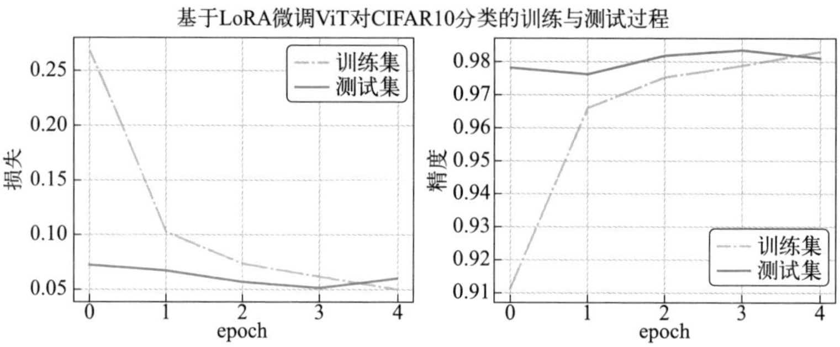

图 13-9　基于 LoRA 微调 ViT 对 CIFAR10 分类的损失与精度变化情况

13.7　本章小结

本章以 CIFAR10 图像分类数据为例，由浅入深地介绍了多种深度神经网络的实战应用，主要包括：LeNet 网络、ResNet 网络、ViT 网络图像分类，以及如何基于 LoRA 对 ViT 网络进行微调等。针对每一种网络，都介绍了其网络搭建、损失函数、优化器应用，以及训练过程中如何更新优化器学习率等，并将每种方法的训练过程与结果进行了可视化展示。

第14章

实战案例6：深度学习语义分割实战

本章是利用 U-Net 网络进行图像语义分割的实战案例，通过该案例可以快速理解语义分割模型的应用场景与过程。主要包含下面几个步骤：

① 数据准备：认识与理解语义分割数据集 PASCAL VOC 的组织形式，进行数据导入、数据增强、数据可视化等。

② U-Net 网络准备：主要包含网络的搭建。

③ U-Net 语义分割：包含使用 PASCAL VOC 训练集对 U-Net 网络的训练，以及训练好的网络的语义分割测试。

为方便读者学习，提高效率，本实例的具体实现步骤将以电子版提供，读者可扫码有针对性地阅读。

扫码阅读
电子文档

第15章

实战案例7：深度图像迁移学习实战

本章是利用深度学习网络进行迁移学习的实战案例，主要包含图像风格迁移与图像迁移学习分类。

① 图像风格迁移：会介绍基于深度网络 VGG-19，如何进行固定风格固定内容的图像风格迁移。

② 图像迁移学习分类：针对图像分类问题中的数据来源与分布不同的情况，介绍如何使用迁移学习算法，进行无监督域自适应分类。

为方便读者学习，提高效率，本实例的具体实现步骤将以电子版提供，读者可扫码有针对性地阅读。

扫码阅读
电子文档

第16章

实战案例8：自然语言聚类与分类实战

本章是对自然语言数据进行聚类与分类的实战应用案例，会基于 Python 与 Pytorch 对真实的文本数据从数据预处理开始到最终的数据挖掘。本章主要包含以下几个部分：

① 文本数据预处理：主要介绍文本数据导入以及中文文本分词等操作。

② 文本数据特征提取：介绍如何对预处理后的文本数据，获取数据集的 TF-IDF 特征。

③ 朴素贝叶斯分类：介绍 GaussianNB（先验为高斯分布的朴素贝叶斯）、MultinomialNB（先验为多项式分布的朴素贝叶斯）、BernoulliNB（先验为伯努利分布的朴素贝叶斯）三种算法，对文本数据的分类过程以及分类效果。

④ LDA 主题模型聚类：介绍如何使用 LDA 主题模型，对预处理好的文本数据进行聚类分析，并对聚类结果进行分析。

⑤ 文本深度学习分类：主要介绍如何借助 Pytorch 平台，进行数据准备，以及 LSTM 网络与 FastText 网络的文本分类等内容。

为方便读者学习，提高效率，本实例的具体实现步骤将以电子版提供，读者可扫码有针对性地阅读。

扫码阅读
电子文档

参考文献

[1] 余本国 , 孙玉林 . Python 在机器学习中的应用 [M]. 北京 : 中国水利水电出版社 , 2019.

[2] 孙玉林 , 余本国 . Pytorch 深度学习入门与实战 [M]. 北京 : 中国水利水电出版社 , 2020.

[3] 薛震 , 孙玉林 . R 语言统计分析与机器学习 [M]. 北京 : 中国水利水电出版社 , 2020.

[4] 孙玉林 , 余本国 . Python 机器学习算法与实战 [M]. 北京 : 电子工业出版社 , 2021.

[5] 周志华 . 机器学习 [M]. 北京 : 清华大学出版社 , 2016.

[6] 李航 . 统计学习方法 [M]. 北京 : 清华大学出版社 , 2012.

[7] 邱锡鹏 . 神经网络与深度学习 [M]. 北京 : 机械工业出版社 , 2020.

[8] 斯图尔特・罗素 , 彼得・诺维格 . 人工智能 : 现代方法 [M]. 4 版 . 张博雅 , 陈坤 , 田超 , 等译 . 北京 : 人民邮电出版社 , 2022.

[9] 伊恩・古德费洛 , 约书亚・本吉奥 , 亚伦・库维尔 . 深度学习 [M]. 赵申剑，黎彧君 , 符天凡 , 等译 . 北京 : 人民邮电出版社 , 2017.

[10] 吴飞 . 人工智能导论 : 模型与算法 [M]. 北京 : 高等教育出版社 , 2020.

[11] 王晋东 . 迁移学习导论 [M]. 2 版 . 北京 : 电子工业出版社 , 2022.

[12] 韩少云 . 自然语言处理应用与实战 [M]. 北京 : 电子工业出版社 , 2023.

[13] 刘超 . 时间序列分析——方法、数据与 R 的应用 [M]. 北京 : 高等教育出版社 , 2023.

[14] 刘鹏 , 张玉宏 . 人工智能 [M]. 北京 : 高等教育出版社 , 2020.

[15] 宗成庆 , 夏睿 , 张家俊 . 文本数据挖掘 [M]. 2 版 . 北京 : 清华大学出版社 , 2022.

[16] 冯朝路 , 于鲲 , 杨金柱 , 等 . 人工智能的数学基础 [M]. 北京 : 清华大学出版社 , 2022.

[17] 孙玉林 . Python 机器学习 : 基础、算法与实战 [M]. 北京 : 化学工业出版社 , 2023.

[18] 孙玉林 . R 语言数据分析 : 基础、算法与实战 [M]. 北京 : 化学工业出版社 , 2023.

[19] 茆诗松 , 程依明 , 濮晓龙 . 概率论与数理统计教程 [M]. 3 版 . 北京 : 高等教育出版社 , 2019.

[20] 安俊秀 , 叶剑 , 陈宏松 . 人工智能原理、技术及应用 [M]. 北京 : 机械工业出版社 , 2022.

[21] 言有三 . 深度学习之图像识别 : 核心算法与实战案例 (全彩版)[M]. 北京 : 清华大学出版社 , 2023.

[22] 孙玉林 . 计算机视觉从入门到进阶实战 : 基于 Pytorch[M]. 北京 : 化学工业出版社 , 2024.